国家重点研发计划项目［2022YFC2805900］资助

海洋地质勘探技术与装备

万步炎 等 编著

机械工业出版社

海洋是人类生存和发展的物理空间,是人类开发和利用的资源宝库。海洋地质勘探技术与装备是人类认识海洋、开发海洋、建设海洋、保护海洋的重要手段。本书以作者长期科学研究与工程实践为基础,按照理论与实践相结合、系统性与前沿性相结合的原则,系统地介绍海洋地质勘探技术与装备,着重阐述海洋地质勘探工艺流程、技术原理与装备设计。全书共7章,内容包括绪论、海洋地球物理勘探技术与装备、海底表层地质取样技术与装备、搭载式探测与取样技术及装备、海底钻机钻探技术与装备、海洋地质勘探母船配套甲板支持系统、钻探船技术与装备。

本书可作为海洋矿产资源开发、工程建设、地球科学研究及其装备设计制造等行业科技人员的参考书,也可以作为海洋技术、地质工程和海洋机器人等相关专业教师和研究生的教学参考书。

图书在版编目(CIP)数据

海洋地质勘探技术与装备 / 万步炎等编著. -- 北京:机械工业出版社,2025.3. -- ISBN 978-7-111-77811-0

Ⅰ. P736

中国国家版本馆 CIP 数据核字第 20255WR995 号

机械工业出版社(北京市百万庄大街22号 邮政编码100037)
策划编辑:马军平　　　　　　责任编辑:马军平 范秋涛
责任校对:薄萌钰 王 延　　　封面设计:张 静
责任印制:常天培
北京宝隆世纪印刷有限公司印刷
2025年3月第1版第1次印刷
184mm×260mm・24.25印张・2插页・599千字
标准书号:ISBN 978-7-111-77811-0
定价:198.00元

电话服务　　　　　　　　网络服务
客服电话:010-88361066　　机 工 官 网:www.cmpbook.com
　　　　　010-88379833　　机 工 官 博:weibo.com/cmp1952
　　　　　010-68326294　　金　书　网:www.golden-book.com
封底无防伪标均为盗版　　　机工教育服务网:www.cmpedu.com

前　言

海洋是人类生存和发展的物理空间，是人类开发和利用的资源宝库。海洋地质勘探技术及其装备，是深入探索、合理开发、科学建设及有效保护海洋的关键工具。借助这些技术与装备，我们能够获取海洋矿产资源开发、海洋工程与国防设施建设所需的地质样品与资料，同时也为海洋地球科学研究提供了不可或缺的物质样品与地学信息。与陆地地质勘探不同，海洋水体独特的物理化学性质及其形成的宏大空间，不但凸显了海洋地质勘探技术装备在海洋地质科学和资源开发中的极端重要性，而且孕育了海洋地质勘探从方法手段到仪器设备、从技术原理到装备设计等诸方面的多样性、特殊性和复杂性。鉴于海洋地质勘探技术与装备在各类海洋科学研究与工程活动中的关键作用，相关知识与成果虽散见于海洋资源开发、海洋工程和海洋科学研究等领域的文献中，但尚未有从工艺流程、技术原理到装备设计制造的系统性总结。

作者团队长期深耕海洋矿产资源勘探与地质取样技术及其装备的科学研究与工程实践，成功主持并完成了包括国家863计划、国家重点研发计划、国家长远发展大洋专项和国家自然科学基金等系列项目。结合海洋科学研究与地质勘探的实际需求，团队研发了一系列创新的海底取样装备，如箱式取样器、活塞取样器等重力取样装备，沉积物取样器、生物取样器等搭载式取样装备，以及海底砂钻、海底钻机等钻孔取样装备。尤为值得一提的是，"海牛"系列海底钻机的成功研发，标志着我国海底钻机技术实现了从零到一的突破，从跟随到并行，再到引领的飞跃。这些成果已在太平洋、印度洋、中国南海及东海等多个海域得到广泛应用，完成了多座国际海底矿山的勘探任务，结束了我国依赖国外钻探船进行海域"可燃冰"勘探的历史，开创了我国利用海底钻机进行海底工程地质勘查的新纪元。

本书从海洋探测系统层面上聚焦于海洋地质勘探技术与装备，为了保持系统性，结合国内外该领域相关研究成果，专章介绍了地球物理勘探和钻探船技术。全书内容中注重工艺与装备、理论与实践、系统性与前沿性相结合。本书由万步炎主持编写，全书内容共分为7章，第1章金永平、彭奋飞参加编写；第2章刘威、杨庆参加编写；第3章金永平、朱伟亚、宁宇、李旻昊参加编写；第4章刘广平、申远、刘树立参加编写；第5章金永平、侯井宝、董向阳、江山强参加编写；第6章全伟才、刘鹏、杨吉鑫参加编写；第7章王佳亮、顾新佩、彭潇潇参加编写。

在此，感谢国家科技部、自然资源部、国家自然科学基金委员会和湖南省相关部门等对本书研究与开发工作的长期支持；感谢湖南科技大学和合作单位长期以来的关心支持；感谢海洋矿产资源探采装备与安全技术国家地方联合工程实验室、"海牛"团队精诚合作、团结奋进的同事和研究生们。将海洋地质勘探技术与装备作为地质资源与地质工程和海洋科学与技术领域的重要交叉分支进行系统梳理，是一项探索性的工作。我们希望通过本书，能够激发更多同行对该领域的关注与研究。在编写过程中，为了尽可能使本书内容系统全面，我们吸收了国内外同行的相关研究成果，尽管已在各章中列出了主要参考文献，但难免有所疏漏，敬请海涵；另外，受作者水平与时间限制，书中某些内容在理论与实践上可能尚待完善，甚至可能存在不足之处，敬请读者批评指正。

2024 年 3 月 12 日

目 录

前言
第1章 绪论 ... 1
1.1 海洋概况 ... 1
1.1.1 海洋分布 ... 1
1.1.2 海洋环境 ... 2
1.2 海洋矿产资源及其开发利用 ... 5
1.2.1 海洋矿产资源概况 ... 5
1.2.2 海底矿产资源开发利用 ... 6
1.3 海洋地质勘探技术与装备 ... 8
1.3.1 海洋地质勘探技术装备分类 ... 8
1.3.2 海洋地质物化探技术与装备 ... 11
1.3.3 海洋地质取样技术与装备 ... 13
主要参考文献 ... 15

第2章 海洋地球物理勘探技术与装备 ... 16
2.1 海洋地震勘探 ... 16
2.1.1 地震波的传播 ... 16
2.1.2 海洋反射地震法 ... 18
2.1.3 海洋折射地震法 ... 23
2.1.4 海洋地震勘探技术与装备 ... 26
2.2 海洋电磁勘探 ... 38
2.2.1 海洋大地电磁法 ... 38
2.2.2 海洋可控源电磁法 ... 40
2.2.3 海洋瞬变电磁法 ... 43
2.2.4 海洋电磁勘探技术与装备 ... 46
2.3 海洋重磁勘探 ... 55
2.3.1 海洋重力勘探 ... 55
2.3.2 海洋磁法勘探 ... 58
2.3.3 海洋重磁勘探技术与装备 ... 60
2.4 海洋地球物理勘探展望 ... 69
主要参考文献 ... 70

第3章 海底表层地质取样技术与装备 ... 73
3.1 海底表层地质取样机理与技术 ... 73
3.1.1 海底表层地质特征 ... 73
3.1.2 海底表层地质取样过程分析 ... 75
3.1.3 海底表层地质取样技术 ... 85
3.2 重力活塞取样器 ... 88
3.2.1 工作原理 ... 88
3.2.2 基本结构 ... 90
3.2.3 波动力学分析 ... 92
3.2.4 冲击取样性能及其影响因素分析 ... 102
3.2.5 动态响应有限元建模与分析 ... 112
3.2.6 应用情况 ... 116
3.3 箱式取样器 ... 119
3.3.1 工作原理 ... 119
3.3.2 基本结构 ... 120
3.3.3 取样性能 ... 121
3.4 拖网 ... 121
3.4.1 工作原理 ... 121
3.4.2 基本结构 ... 121
3.4.3 常见类型 ... 122
3.4.4 岩石拖网作业案例 ... 124
3.5 抓斗取样器 ... 125
3.5.1 工作原理 ... 125
3.5.2 基本结构 ... 126
3.5.3 常见类型 ... 126
3.5.4 抓斗取样器作业案例 ... 128
3.6 其他取样器 ... 130
3.6.1 振动取样器 ... 130
3.6.2 冲击式取样器 ... 131
3.6.3 蓄电池驱动的扭摆式取样器 ... 132
3.7 海底表层地质取样技术发展趋势 ... 133
主要参考文献 ... 135

第4章 搭载式探测与取样技术及装备 ... 137
4.1 搭载平台发展历程与趋势 ... 137
4.1.1 深海载人潜水器的发展历程 ... 138

4.1.2　深海遥控潜水器的发展历程 …… 139
　　4.1.3　深海自主无人潜水器的发展
　　　　　历程 ……………………………… 140
　　4.1.4　水下滑翔机的发展历程 ……… 141
　　4.1.5　深海潜水器搭载的作业工具和
　　　　　传感器 …………………………… 142
4.2　机械手持式沉积物气密
　　　取样器 ……………………………… 145
　　4.2.1　单管取样器总体结构 ………… 145
　　4.2.2　多管取样器总体结构 ………… 149
　　4.2.3　取样器关键技术 ……………… 150
　　4.2.4　取样器实验及应用 …………… 160
4.3　机械手持式深海宏生物
　　　采样器 ……………………………… 169
　　4.3.1　采样器总体结构 ……………… 169
　　4.3.2　采样器关键技术 ……………… 173
　　4.3.3　采样器实验及应用 …………… 180
4.4　机械手持式微型钻机 ………… 190
　　4.4.1　微型钻机总体结构 …………… 190
　　4.4.2　微型钻机关键技术 …………… 194
　　4.4.3　微型钻机实验及应用 ………… 195
4.5　地球物理化学探测传感器 …… 197
　　4.5.1　温盐深仪 ……………………… 198
　　4.5.2　溶解氧传感器 ………………… 199
　　4.5.3　磁参数测量传感器 …………… 199
　　4.5.4　浊度计 ………………………… 201
　　4.5.5　氧化还原电位计 ……………… 203
　　4.5.6　甲烷传感器 …………………… 204
　　4.5.7　pH 传感器 …………………… 206
　　4.5.8　温度传感器 …………………… 207
主要参考文献 ……………………………… 208

第 5 章　海底钻机钻探技术与装备　211

5.1　海底钻机发展历程 ……………… 211
　　5.1.1　浅孔钻机 ……………………… 212
　　5.1.2　中深孔钻机 …………………… 213
　　5.1.3　深孔钻机 ……………………… 215
　　5.1.4　超深孔钻机 …………………… 221
5.2　海底钻机工作原理及系统
　　　组成 ………………………………… 222
　　5.2.1　海底钻机工作原理 …………… 222
　　5.2.2　海底钻机系统组成 …………… 224
5.3　海底钻机关键技术 ……………… 239

　　5.3.1　液压动力技术 ………………… 239
　　5.3.2　高压供变电技术 ……………… 243
　　5.3.3　动力头与钻管接卸技术 ……… 249
　　5.3.4　取芯工艺技术 ………………… 260
　　5.3.5　稳定支撑与调平技术 ………… 271
5.4　海底钻机发展趋势 ……………… 275
　　5.4.1　适应海深全覆盖 ……………… 276
　　5.4.2　钻深能力新突破 ……………… 276
　　5.4.3　高质钻探新需求 ……………… 277
　　5.4.4　模块化和智能化 ……………… 277
主要参考文献 ……………………………… 278

第 6 章　海洋地质勘探母船配套甲板
　　　　支持系统　280

6.1　辅助作业需求与配套甲板
　　　支持设备 …………………………… 280
　　6.1.1　辅助作业需求 ………………… 280
　　6.1.2　甲板支持设备 ………………… 281
6.2　海洋绞车 ………………………… 285
　　6.2.1　海洋绞车分类 ………………… 285
　　6.2.2　单卷筒绞车 …………………… 287
　　6.2.3　双卷筒绞车 …………………… 290
　　6.2.4　自动排缆技术 ………………… 292
　　6.2.5　多电动机同步控制技术 ……… 294
6.3　升沉补偿装置 …………………… 295
　　6.3.1　被动式升沉补偿装置 ………… 296
　　6.3.2　主动式升沉补偿装置 ………… 302
　　6.3.3　复合式升沉补偿装置 ………… 305
　　6.3.4　升沉补偿驱动器 ……………… 307
6.4　海洋地质勘探装备用缆绳 …… 310
　　6.4.1　缆绳分类 ……………………… 310
　　6.4.2　缆绳制备工艺 ………………… 318
　　6.4.3　缆绳附件 ……………………… 326
6.5　A 形架 …………………………… 327
　　6.5.1　工作原理与组成结构 ………… 327
　　6.5.2　关键零部件 …………………… 328
6.6　专用收放装置 …………………… 329
　　6.6.1　海底钻机专用收放装置 ……… 329
　　6.6.2　重力活塞取样器专用收放装置 … 334
主要参考文献 ……………………………… 336

第 7 章　钻探船技术与装备　339

7.1　钻探船发展概况 ………………… 339

7.1.1 钻探船作业原理 ………………… 339
  7.1.2 国外代表性钻探船 ……………… 340
  7.1.3 国内代表性钻探船 ……………… 347
  7.1.4 钻探船发展趋势 ………………… 351
 7.2 钻探船动力定位技术 …………………… 351
  7.2.1 船舶定位方式与工作原理 ……… 351
  7.2.2 动力定位系统组成 ……………… 352
  7.2.3 动力定位技术发展历程 ………… 356
 7.3 钻探船钻孔重入技术 …………………… 357
  7.3.1 钻孔重入技术功用 ……………… 357
  7.3.2 钻孔重入技术原理 ……………… 357
  7.3.3 钻孔重入技术分类 ……………… 358
  7.3.4 钻孔重入工艺流程 ……………… 361
  7.3.5 钻孔重入技术发展历程 ………… 362

 7.4 船载钻机系统技术 ……………………… 363
  7.4.1 船载钻机的分类 ………………… 363
  7.4.2 船载钻机组成 …………………… 364
  7.4.3 船载钻机发展趋势 ……………… 365
 7.5 钻探船钻探取芯技术 …………………… 366
  7.5.1 取芯方法分类 …………………… 366
  7.5.2 代表性取芯技术原理 …………… 367
 7.6 钻探船钻井液技术 ……………………… 373
  7.6.1 钻井液的作用与类型 …………… 373
  7.6.2 钻井液主要性能参数 …………… 374
  7.6.3 钻井液的技术体系 ……………… 376
  7.6.4 钻井液面临的挑战与发展趋势 … 377
主要参考文献 ………………………………… 378

第1章

绪 论

海洋,作为生命的摇篮,被科学界广泛认为是生命起源之地。海洋既是人类生存与发展的物理空间,还是人类开发与利用的资源宝库。海洋地质勘探技术与装备在认知海洋、开发海洋资源、构建海洋设施及保护海洋环境等方面扮演着至关重要的角色,应用这些技术与装备为海洋资源的开发与利用、海洋工程及国防设施的建设、海洋地球科学研究提供了不可或缺的物质样本与地质信息。同时,对海洋分布特征、海水理化特性、海洋资源分布、海流及海风等知识的了解,是研发海洋地质勘探技术与装备的基础。一方面,对海洋的深入认知,有助于把握海洋地质勘探技术与装备的发展趋势,因为海洋探测、开发与建设的实际需求是推动海洋技术装备研发的根本动力;另一方面,对海洋的深入认知,也有助于理解海洋地质勘探技术与装备的特点,因为海洋本身是这些装备服役的作业对象、场所与环境。本章首先介绍海洋分布与环境,随后介绍海洋矿产资源及其开发利用情况,最后系统地梳理海洋地质勘探技术装备的主要类型。

1.1 海洋概况

1.1.1 海洋分布

海洋覆盖地球约71%的表面积,总面积约为3.6亿 km^2,依据大陆框架与地域特征,被划分为太平洋、大西洋、北冰洋、印度洋及南冰洋(通常是指南极洋,但"四大洋"分类中不常包括南冰洋)五大水域,它们之间水系相通,缺乏明确界限,通常以水下海岭或地球经线为界。

海洋与陆地在地球表面的分布极不均衡,北半球集中了全球67%的陆地面积,而南半球则拥有57%的海洋面积;在北半球,海洋占海陆总面积的61%,南半球则高达81%。地理上,北纬60°~70°区域陆地占比高达71%,而南纬56°~65°则几乎无陆地,因此有"陆半球"与"水半球"之称。

海洋平均水深约为3795m，最深处为太平洋的马里亚纳海沟，深达11.034km。各大洋中，太平洋面积最大，平均深度3970m，最大深度11034m；大西洋平均深度3597m，最深处位于波多黎各海沟，深9218m；印度洋平均深度3897m，最深处8047m，位于蒂阿曼蒂那海沟；北冰洋平均深度最小，约1205m，最深处5449m，位于南森海盆。

中国凭借其辽阔疆域与漫长海岸线，拥有约470万km^2的毗邻海域，依据《联合国海洋法公约》，主张管辖的海域面积约300万km^2。中国海域包括渤海、黄海、东海、南海四大海域。东海也称东中国海，岛屿众多，面积约70万km^2，平均水深349m，其66.7%为大陆架，水深200m以内，大陆架面积51万km^2，大陆坡向东南方向延伸，约占东海总面积的33%，最深处位于冲绳海槽，约2700m。南海位于中国南部，被多国陆地与岛屿环绕，面积356万km^2，平均水深1212m，中央海盆水深超过3500m，最深处5567m，地貌类型齐全，包括大陆架、大陆坡与海盆。渤海为近封闭内海，位于中国大陆东部最北端，面积77284km^2，平均水深18m，最大水深85m，93%以上海域深度小于30m，海底地势平坦。黄海位于中国大陆与朝鲜半岛之间，平均水深44m，最深处140m，全为大陆架。

1.1.2 海洋环境

1. 海水的物理化学性质

海洋是地球水圈的主体，主导全球水循环，并汇聚大陆岩石风化的产物，其成分随地壳运动和生物活动不断变化。原始海水由HCl溶液（0.3mol/dm^3）与岩石反应形成，溶解Ca、Mg、K、Na、Fe、Al等元素，Fe、Al以氢氧化物形式沉淀，携带物质降至海底。贝壳和海洋沉积记录表明，海水化学组成在数亿年内保持稳定，其锶钙浓度比与现代海水相近。现代海水物质可分为颗粒物质（有机和无机）、胶体物质（有机物胶体和Fe、Al离子胶体）、气体（O_2、CO_2及溶解空气）和溶解物质（无机离子、分子及小分子有机物），氢与氧构成水分子，是生命基础。全球水总量为$1.38×10^9 km^3$，海洋占97%，淡水占3%，为生命诞生提供条件。海水理化性质源于水的高溶解性，海水中已发现80余种化学元素，浓度差异可达10^9倍以上。常量元素（Cl、Na、Mg、S、Ca、K、Br、C、Sr、B、Si、F等）占总量的99%以上，以离子形式存在；微量元素（Li、Ni、Fe、Mn、Zn、Pb、Cu、Co、U、Hg等）含量较低，N、P、Si、Mn、Fe等元素为营养盐，影响海洋生物生长。海水常量元素组成的恒定性源于水体迁移速率快于元素化学过程速率。

盐度是衡量海水溶解物质总量的指标。直接测定含盐量困难，因此科学家通过测定电导率推算盐度。世界大洋盐度分布受降水、蒸发等自然环境因素影响。沿岸海域盐度受河流、地下水输入影响；开阔大洋表层水盐度受蒸发、降水控制。洋流流经不同盐度区域也会改变海域盐度。例如，北大西洋蒸发速率高于北太平洋，导致其表层水盐度（37.3）高于北太平洋（35.5）。

海中压强为单位面积上海水施加的法向力。压强梯度力显著抵消海洋中的向下重力，使海中设备下沉需额外动力。压强梯度力维持海洋稳定性，导致压强随深度增加而增大，流体静力平衡状态即指向下重力与向上压强梯度力之间的平衡。特定点压强主要取决于该点上方水体的总质量。测量压强时常同步测量温度、盐度等，这些物理量与压强存在函数关系。水平海流主要由水平压强差驱动。大尺度洋流水平流动显著强于垂直分量。垂直压强梯度虽强度大，但受重力平衡作用，无法直接驱动洋流。水平压强差异主要因质量分布不均导致。海底的巨大压强制约了海底探测与开采技术发展。马里亚纳海沟的压强约为标准大气压的1067倍。随着科技进步，人类已能探测到海洋最低点，我国"奋斗者号"潜水器成功潜入马里亚纳海沟，达到10909m深度。

海水温度是海洋科学研究与人类活动关注的重点。温度与海水密度紧密相关，影响声速。海水温度反映了原子活动的剧烈程度及能量状态，海水温度对海洋渔业及灾害预防有深远影响。鱼类对海水温度的适应性敏感，其生命周期各阶段对海水温度有特定要求。海水温度的空间分布模式与渔场位置、鱼群迁徙等密切相关。

密度对海水在特定深度的平衡状态至关重要。海面处海水密度最低，海底因受强大压强压缩密度最高。密度分布受多种外部因素影响，其中地转和热盐环流尤为显著。密度相同海水间的混合高效，能保存位温和盐度，相比之下，分层海水间的混合需更多能量，效率较低。因此，可利用等密度海面图描绘海洋中某些性质的分布特征。

在海洋中，声波是海底生物最为有效的信息获取与传播工具。声波在水中的传播速度远大于空气中，导致声波难以从水传入空气。人类在水下无法交谈，因为人声依赖声带振动与喉咙内空气作用。声速受介质压缩性影响，海水温度升高时，压缩性降低；压强增大时，液体分子间距缩小、硬度增加，降低压缩性。盐度变化对海水压缩性影响甚微。因此，表层水域海水温度高，声速也高；随深度增加，温度降低，声速下降，但深层海水压强大，对声速有所补偿，导致声速在海洋中呈现两端高、中间低的分布特征。声波在海洋探测中具有重大意义，其在海水中的传播衰减远低于电磁波。声波被广泛应用于海洋测量与观察，如测定沉积物分层、测量海底地形、探测鱼群、监视迁徙特性、判断鱼群种类、预防潜在灾害等。声波在海洋研究中的应用深化了人类对海洋的认识，促进了海洋资源的开发与利用。

特定波长的光线穿透大气层进入海洋，与海洋表层的水分子及溶解或悬浮物质相互作用。这些光线为浅层水生植物提供光合作用能量，部分被海水吸收提升温度，部分被海面散射或反射回大气中。尽管大气层会对卫星探测信号造成干扰，但仍可通过分析观测到的海洋水色与影响光辐射的因素建立联系。海水对光的吸收能力显著强于大气。短波光线进入海洋后，部分被散射，但几乎全部被上层100m内的海水吸收，导致深层海洋几乎无自然光亮。海水层中用于光合作用的区域被称为透光层或真光层。进入海洋的辐射量受太阳辐射分布、海面反射和海底条件制约。海水的内在光学性质决定其对光辐射的吸收和散射，且与波长呈函数关系，不同光在海洋中的穿透力各异，清澈海水中蓝光和绿光穿透力较强，红光更易被吸收。浮游生物分布也影响海水对太阳光的吸收，导致阳光辐射穿透深度差异，进而影响海面混合层的形成。

海洋颜色从深蓝色渐变至黄绿色，取决于地理位置和生物生产力。赤道及热带海域、生物生产力较低的海域通常呈深蓝色，纬度较高地区则多呈绿色，沿岸海水则多呈黄、绿色。低纬度开阔海域呈蓝色的原因包括水分子对短波蓝光散射强烈和海水对黄光和红光吸收能力强。浮游植物分布显著影响海域颜色，大量聚集时海水变为绿色，并因有机物含量增加而产生其他颜色。沿岸水域受河流携带溶解性有机物影响呈黄绿色，富营养化导致红棕色浮游植物大量繁殖，引发红色赤潮现象。历史上采用塞奇盘（Secchi Disk）测定海水颜色和光线穿透深度，现则采用多功能仪器及卫星彩色传感器进行观测。

2. 大洋海流

地球上海洋被划分为太平洋、大西洋、北冰洋、印度洋及南冰洋等"五大洋"，其中，太平洋和大西洋进一步细分为南太平洋与北太平洋、南大西洋与北大西洋。海洋五大水域，它们之间水系相通。在这些海域中，海水沿特定方向流动，形成所谓的"海流"。

大西洋上层海洋的环流主要由风力驱动，包括大洋环流和热带环流两种类型。大洋环流及其西边界流涵盖北大西洋和南大西洋的反气旋副热带环流，以及北大西洋北部的气旋副极地环流。副热带环流包含东边界流上升系统，如北大西洋的加那利海流系统和南大西洋的本格拉海流系统。热带环流则主要为纬向流动，包括北赤道逆流和南赤道流，并伴有低纬度西边界流。南大西洋的表层环流由南部的东向南极绕极流、与印度洋副热带环流相连的反气旋副热带环流，以及气旋热带环流共同构成。

太平洋的海洋上层环流和热带环流同样主要为风生环流，其平均海面风主要由极地周围约30°范围内的西风带（北半球和南北半球均有）及低纬度处的偏东信风组成。夏季，大西洋南部盛行东南信风，温带纬区风力强劲，暴风常现于40°~60°纬线；北半球热带纬区5~10月常发飓风。

与大西洋相似，太平洋的主要海表环流包括南北半球的副热带环流、赤道附近的海流、北冰洋附近的副极地环流及最南端的南极绕极流。其中，北太平洋和西太平洋的西边界流分别为黑潮和东澳大利亚暖流。

印度洋由于其面积相对较小且主要集中于热带附近，尤其是北部几乎全部处于热带区域，因此其表层洋流主要是南印度洋的副热带环流及热带附近的季风环流。南印度洋的平均风场与大西洋和太平洋相似，高纬度区域（南大洋）为西风带，低纬度区域为信风带，北部及热带区域则处于季风风力作用下。印度洋的季风风向从夏季到冬季完全相反，其海洋环流也相应发生变化。夏季时，北印度洋的西南季风从西南吹向东北，源自印度洋西部和阿拉伯海，吹向印度地区（西南季风是横穿赤道的东南季风的延续，全年持续存在）。由于西南季风比东北季风风力更强，因此该海区的年平均风场主要由西南风主导。西南季风与东北季风之间的过渡时间短暂，通常发生在4~6月和10~11月的4~6周内，过渡期间东向的赤道风主导印度洋的风场。

北冰洋的表面循环主要由北欧海和欧亚海盆中的气旋式环流，以及加拿大海盆中的反气旋式环流（博福特环流）构成。北极贯穿流是连接这两个系统的主要海流。北冰洋的表层环流以逆时针环流和博福特环流中的顺时针环流为主。一股主要的海流——北极贯穿流直接贯通这两种环流之间的海域，从白令海峡延伸至弗拉姆海峡。北大西洋注入北极的海水通过挪威大西洋海流进入北欧海；来自太平洋的海流则通过白令海峡进入西斯匹次卑尔根海流，然后北向汇入巴伦支海。部分拉布拉多海的水流进入巴芬湾和哈德逊湾海域，但这些水流并未继续北向进入北冰洋内部。

南大洋的环流主要由南极绕极流主导，这是一支强劲的深层东向海流，完整环绕地球流动，形成大型的全球性环流，也是地球上唯一一支与其他所有洋流均有关联的洋流。南极绕极流附近存在强劲的西风，驱动表面海水向东流动。南极绕极流可视为西风漂流与地转流合成的环流。该环流并非完全带状分布，其最北端位于大西洋西南部的阿根廷沿岸，最南端则处于太平洋西南部的德雷克海峡以西。广阔的南极绕极流对南大洋的水团具有重要影响。在南极绕极流的南部，存在两个气旋式"副极地"环流，分别位于威德尔海和罗斯海，这些环流导致沿南极海岸的西向水流。

3. 我国海域的海风

风,作为大气的水平运动现象,其特性主要通过风速与风向两大指标进行量化测定。在海洋气象学中,风不仅是至关重要的气象要素,还是导致海上天气多变的关键因素之一。在气象学及海洋研究中,风向均指风的来源方向。海上作业时,风是首要关注的气象要素,由其产生的风压、激发的海浪、诱导的风生流及引发的天气变化,均对海上航行安全及研究设施构成直接影响。风力大小,即风对物体作用强度的度量,被划分为13个等级,通常以蒲福风级表示,范围是0~12级。

我国近海区域属于东亚季风区,其海上天气气候特征主要由冬季和夏季两大季风主导,进而决定了海区风向与风速的变化规律。冬季风持续时间较长,通常从10月延续至次年3月,期间风向强劲且稳定,渤海至南海均受东北季风控制,但具体风向随纬度变化,如渤海、黄海为西北风或北风,东海南部转为东北风,南海大部为东北风,仅北部湾、越南中部沿岸及吕宋岛北部沿岸为偏北风。相比之下,夏季风持续时间较短,一般6~8月,受南至西南风影响,稳定性较差,风力较弱。7月时,赤道附近5°N以南为偏北风,以北则盛行西南风,至20°N、130°E附近,西南季风与太平洋东南季风交汇形成辐合带,辐合带以北为东南季风,以南为偏东风。南海南部以西南风为主,北部及台湾海峡则为南至西南风,台湾岛东岸为偏南风,东海与黄海则以偏南风为主,渤海及黄海北部则为南风和东南风。

我国海域的季风转换具有显著特点,冬季风向夏季风转变通常发生在4~5月,过渡期为2个月;夏季风向冬季风转变则更为迅速,一般9月开始,至10月初即影响南海海域,过渡期较短。我国位于欧亚大陆东端,濒临太平洋,海陆热力差异显著,有利于季风充分发展。冬季,欧亚大陆冷高压从内陆经我国进入太平洋海域,形成的风力较同纬度洋面更大,风速更快。例如,1月东海30°N海面风速可达7~8m/s,较同纬度太平洋区域高出1~3m/s,也大于大西洋东西部的风速(6~7m/s);20°N南海海面风速通常达8~9m/s,而同纬度太平洋中部一般为7m/s,东部平均为5~6m/s,大西洋西部和东部则平均为6~8m/s。近海季风年变化特征表现为冬季强夏季弱,冬季风更为强劲稳定,平均风速远高于夏季风。春秋季风过渡季节,风向紊乱,风力减弱。近海大风主要由强冷空气入侵、温带气旋生成及热带气旋影响所致,这些天气系统进入海区后,获取大量热量和水分,得到充分发展,导致大风天气,增加月平均风速。此外,独特地形也是海区大风的重要成因,如台湾海峡因狭管效应,冬季风经过时风力可增大2~3级,成为中国冬季最大大风区之一。

1.2 海洋矿产资源及其开发利用

1.2.1 海洋矿产资源概况

海洋作为地球上占地面积最为辽阔的自然区域,蕴藏着极为丰富的自然资源,自古以来便一直是人类开发利用的对象。随着全球经济的持续发展与人口数量的不断增长,陆地资源逐渐枯竭,生态环境也遭受了严重破坏。为维护我们共同依存的陆地环境,同时促进资源的有效开发与利用,各国纷纷将战略目光从陆地转向海洋,致力于海洋资源的合理开发与利用,加速海洋经济的发展,这已成为未来国家发展的战略重点。自20世纪以来,人类在海洋探索方面的技术与装备日益先进,对海洋资源的认知也愈发深入。尽管目前人类对海洋的全面认知尚待完善，但已探明的海洋资源已令人叹为观止，包括水资源、海洋生物资源、能源资源和矿产资源。

海洋矿产资源即海洋中所含各类矿产资源的总称，近年来随着海底勘探的深入，其丰富性与多样性逐渐显现。这些资源多为地质运动历经数千年乃至数百万年形成的，属于不可更新、不可再生的自然资源。地球上已发现的百余种元素理论上均可在海洋中找到，但受限于当前科技，仅80余种被检测到，其中60余种可被提取利用。广义上，海洋矿产资源分为海底与海水两类，但通常仅指海底资源，而海水中的则归为海洋化学资源。依据矿藏性质，可分为金属与非金属矿产；依据存在形态，则分为液态与固体矿。海底资源涵盖浅海、深海、大洋盆地及洋中脊的各类矿产，按成因与赋存状态进一步细分为海洋砂矿、海底油气资源、多金属结核矿、多金属硫化矿床及天然气水合物等。

存于海水中和富集于海底的海洋矿产资源起源也有所不同。陆生起源资源如金属沉淀物、宝石等，由陆地岩石经雨水侵蚀后汇入河流，以微粒或溶解态携带入海，于大陆边缘沉积成矿；火山作用起源的金属资源，则源于海底火山热液喷口的剧烈活动，将地壳金属元素带至海床沉积。深海多金属结核的形成包括液化与成岩两种过程，均涉及金属物质的沉积。

深海与大陆地壳均由多种岩石构成，尽管成矿过程存在差异，但许多地球过程具有共性。地壳运动频繁，海陆变迁，故海底与陆地矿产蕴藏量在单位面积上或相当。鉴于地球71%为海洋，海洋矿产资源总量远超陆地。海水中富含多种元素，如黄金约550万t、银约5500万t、钡约27亿t等。近海大陆架已发现具有商业价值的重金属矿藏，如铜、金、铁、稀土元素等，与经济发展密切相关，是芯片、航天及高端制造领域的关键原料。

除金属矿产外，石油与天然气也是重要的海洋矿产资源，起源于生物，经长时间化学变化形成，是第二次工业革命以来的主要能源之一。海底石油储量约为380亿t，天然气约为40万亿m^3，占全球总量的34%，且大量油气尚未探明。海底非金属矿产如天然气水合物，由天然气与水分子在低温高压下结合形成，燃烧产物污染小，储量巨大，被视为石油的接替能源。

海洋矿产资源被视为21世纪陆地矿产的重要接替资源，随着陆上矿产资源消耗，海洋矿产资源成为各国战略竞争的重点。目前，人类已探测到约12类海洋矿物产品，部分已成功开采，包括石油、天然气、稀土资源、海沙、锰、盐、硫黄、钻石、锡、黄金等重矿物。随着海洋地质勘探、开采与利用技术的发展，更多的矿物种类被发现，更多的新富矿区被探测和开发，特别是一些涉及材料、信息、航天及高端制造等新兴产业领域的关键原材料的海洋金属矿产资源勘探、开采与利用，新的竞争即将展开。

1.2.2 海底矿产资源开发利用

海洋砂矿主要源自陆源岩矿碎屑，经河流、海水及风力搬运，最终在海滨或陆架区沉积富集。海泽矿砂包括滨海矿砂与浅海矿砂，均位于水深不超过数十米区域，富含矿物且具有工业价值，易于开采。此类矿砂中可提炼出黄金等贵金属及金刚石、石英等非金属矿产，因此日益受到各国重视。目前，全球已有超过30种滨海砂矿被开采利用，其资源量与开采量在全球矿产中占据重要地位，如金红石、锆石等珍贵矿石主要来自砂矿。滨海砂矿在浅海矿产资源中，经济价值仅次于石油、天然气。中国拥有漫长的海岸线与辽阔的浅海，已探明的砂矿种类包括石英砂、钛铁矿、沙金、金红石、磁铁矿和锆石等，并发现金刚石和铂矿，其中钛铁矿、锆石、独居石、石英砂等资源量最为丰富。

多金属结核也称锰结核，是含量丰富的矿产资源，由铁、锰氢氧化物壳层包围核心构成，形态多变，多为球状、椭圆状或扁平状，大小多在 30~70mm。其内含数十种元素，包括铜、钴、镍、锰、铁等工业所需金属，储量远超陆地，是现代化工、电子、新能源、机械及运输工业的重要原料。此外，还富含稀有分散元素和放射性元素。据估算，每年从太平洋采集 100 万 t 锰结核，可满足世界锰矿需求的 10%~20% 及钴矿的 2%~15%。多金属结核在深海中持续生长，形成新矿床，加之其高经济价值，成为各国关注的深海矿产资源。它们主要分布在太平洋、大西洋和印度洋的 2000~6000m 深海底部，其中太平洋分布最广、储量最大，呈带状分布。国际海底权益争夺因此愈发激烈，多个国家或集团已获得联合国批准，拥有合法的海洋锰结核开发海域。

海底多金属硫化物是高温海底热液与低温海水反应后凝固形成的结晶矿物，富含铜、锌、铁、锰、银、金、钴、镍、铅等金属元素。该类矿物主要分布在水深 1500~3000m 处，矿体多为烟囱状构造，易于开采和冶炼，经济价值高。海底热液矿藏又称"重金属泥"，由火山熔岩与海水反应形成富含金属的热液，从孔隙中喷射出，形成富含金属的烟囱状堆积体，增长迅速，但喷出孔寿命短。其含有金、铜、锌等稀贵金属，且含量高，被誉为"海底金银库"。海底多金属硫化物主要产于海底扩张中心地带，如大洋中脊、弧后盆地等，按产状可分为土状含金属沉积物与高温热水沉淀物两类。全球已有 70 多处发现热液多金属硫化物产出。与大洋锰结核或富钴结壳相比，海底多金属硫化物主要分布在大洋中脊区域，堆积在 2000~3000m 中等深度的海底，具有分布密度大、形成快速、易于开发等特点，经济价值巨大，且周边生态系统具有极高研究价值。

富钴结壳矿是生长在海底岩石或岩屑表面的结壳状铁锰氧化物和氢氧化物沉积物，钴平均品位高达 0.8%~1.0%，是大洋锰结核中钴含量的 4 倍。其表面形态多样，厚度变化大，平均约 2cm，最厚可达 15cm。富钴结壳一般产于海山、海台等顶部或上部斜坡的裸露基岩上，分布深度主要在 800~3000m。由于源量大、潜在经济价值高、产出部位浅且多位于专属经济区，法律争议少，各国均大力开发。太平洋地区专属经济区内富钴结壳潜在资源总量不少于 10 亿 t，钴资源量达 600 万~800 万 t。我国南海也发现富钴结壳，其中钴和稀土元素含量高，工业价值高。

天然气水合物是在特定温压条件下由天然气与水分子结合形成的结晶物质，主要成分为甲烷，可作为新型烃类资源。其能量密度高、规模大、清洁环保，被认为是未来最有可能的石油替代资源。海底天然气水合物蕴藏量约为 500 万亿 m^3，是全球传统化石能源储量的两倍以上。天然气水合物主要赋存于高压、低温环境的海底浅表层沉积物和永久冻土带中，约 97% 分布于海洋中。我国已探明的天然气水合物主要分布在南海海底，资源量丰富。初步勘测显示，南海天然气水合物资源量为 700 亿 t 油当量。

海底石油资源极其丰富，总量约占全球石油资源总量的 34%，已探明储量约为 380 亿 t。随着工业化进程加速和能源需求增加，加之石油的不可再生性，各国对海洋油气资源的勘探和开发更加重视。海洋油气资源分布不均，波斯湾海域最为丰富，约占海洋油气总储量的一半，其余依次为马拉开波湖海域、北海海域等。海洋油气资源主要分布在大陆架附近，约占 60%，但大陆坡深水、超深水域的油气资源潜力巨大，约占 30%。我国管辖海域面积约 300 万 km^2，其中近海大陆架蕴藏丰富油气资源。近年来，我国在海洋油气开采领域取得不断探索与突破，海洋油气产量屡创新高。

1.3 海洋地质勘探技术与装备

1.3.1 海洋地质勘探技术装备分类

1. 海洋探测体系

"工欲善其事，必先利其器"，此古训同样适用于现代海洋科学研究和海洋资源开发利用的广泛领域。无论是深入探究海洋科学的复杂问题，还是开发利用海洋渔业、生物资源、矿产资源及油气能源，或是构建各类海洋工程设施，乃至维护国家的海洋权益，由于海洋水体独特的物理化学性质及其形成的宏大空间距离，都高度依赖于各类先进的海洋探测技术与装备，如图1.1所示。

图1.1 海洋探测

依据探测装备所处的空间位置，可将其划分为空中探测、水面探测、水中探测及海底探测四大类；根据探测对象的不同，又可分为海水特性探测、海洋生物探测及海底地质构造探测；而从探测目的的角度出发，则可进一步细分为科学研究、资源勘探调查及国防军事应用等方面。一般而言，这些直接用于海洋探测的传感器、工具及设备，通常是搭载于各类运载系统与平台之上。值得注意的是，部分运载系统本身也具备探测功能，扮演着探测设备的角色。具体而言，常见的运载系统与平台大致可归纳为以下几类。

人造卫星、宇宙飞船、飞机、气球等利用不同波段的星载或机载雷达技术，对海洋特性的远距离非接触式测量与记录，从而获取海洋景观及要素的图像与数据资料，该技术涵盖了遥感器设计及海洋信息收集、传输、处理、解析与分类等多个环节。

水面船舶与平台依据移动方式分为自主航行船舶与漂浮式平台；按功能则分为综合型、专业型与特种型调查船；依据航行范围可分为远洋调查船与近岸调查船。综合型海洋探测船，如"向阳红""东方红""大洋""科学"等系列科考船，具备多种探测功能。专业型与特种型调查船则侧重于特定任务和环境，如"雪龙号"极地科考船、"梦想号"钻探船等。

浮标系统包括水面浮标与水下潜标，旨在高效、精确地收集全球海洋上层的水温、盐度剖面数据，以提升气候预报的精确度，有效应对全球气候灾害。其中，"ARGO 计划"（Array for Real-time Geostrophic Oceanography）尤为著名，中国于 2002 年加入该计划，并成功投放了系列 ARGO 浮标，其中白龙浮标为中国首个在印度洋投放的深海浮标，且首个实现全球电信系统（GTS）共享。

海底观测网络的建设，基于地震监测及长期连续观测的需求，已成为各国海洋科研的重要方向。美国蒙特利湾外的 MARS（Monterey Accelerated Research System）海底观测系统、加拿大的 VENUS（Victoria Experimental Network Under the Sea）、欧洲海底观测网（EMOS）及日本的 DONET（Dense Oceanfloor Network System for Earthquakes and Tsunamis）均为知名案例。中国也在东海、南海建立了海底观测网。

深海空间站是一种设想中的水下运载平台，拟称为"龙宫"，可相对固定于海底，计划载人并长期驻留。该平台将配备穿梭式多功能载人潜水器及多种探测装备，其搭载能力相当于一艘潜入海底的科考潜艇。

潜水器或水下机器人相较于海底观测网等定点平台，展现出更高的灵活性。在极端或特殊环境下，潜水器能将探测设备送达目标附近进行原位探测。潜水器依据动力与控制方式分为载人式（Human Occupied Vehicles，HOV）、远程遥控式（Remotely Operated Vehicle，ROV）、自主式（Autonomous Underwater Vehicle，AUV）、混合型遥控式（HROV）及水下滑翔机等。自主式潜水器与水下滑翔机受限于动力，主要搭载传感器与监测仪器；载人式潜水器与远程遥控式潜水器则属于作业级，既搭载传感器与监测仪器，也配备多种取样工具。

自太空卫星至空中飞行器，经由海面浮标直至海底观测系统，特别是随着我国自主研发的首艘旨在探索万米深海的超深水科考船——"梦想号"大洋钻探船的正式入列，一个空、天、海、潜、地（井）的五位一体海洋探测技术体系正逐步成型，其中海洋地质勘探技术的重要性日益凸显。

2. 海洋地质勘探技术分类法

海洋地质勘探构成了海洋探测的关键分支，涵盖区域地质调查、矿产地质勘查、工程地质勘查及地球科学研究勘探等多个维度。区域地质调查旨在通过全面、系统且综合的地质研究，揭示选定区域内岩石、地层、构造、地貌及水文地质等基本地质特征及其内在联系，为后续的矿产勘探提供基础地质资料。矿产地质勘查则运用多种勘查技术和方法，对矿床地质特征和矿产资源进行系统性的调查研究，以精确评估矿产资源的储量和质量。工程地质勘察则侧重于通过各种勘察手段，深入分析和评价建筑场地与地基的工程地质条件，为工程设计与施工提供坚实的地质依据。地球科学研究勘探则是以钻探和取样为手段,直接观测地层中正在进行的物理、化学及生物过程,获取地下岩层的地学信息,以深入研究地球科学问题及其与人类生存密切相关的气候、环境、地震等议题。

海洋地质勘探方法大致分为间接与直接两大类。间接方法不直接接触海底提取岩样,包括水声探测、地球物理方法及地球化学方法等。直接方法则包括观测法与取样法,如图1.2所示,其中直接从海底表面及其地层采集、提取样品是最常用且有效的手段,同时伴随原位探测,如CPT等。依据取样位置,直接方法可进一步细分为底表、浅层及深层取样;根据取样动力来源,则可划分为重力式、机械手及动力驱动式三种。拖网与抓斗等工具主要用于收集海底表面样品;潜水器机械手可直接抓取底表样品,或利用搭载的取样器获取浅层样品;重力取样技术装备则依靠自身质量冲击海底,提取深度可达数米至数十米的沉积物样品。对于需从砂石或坚硬地层,或需深入海底数十米乃至数百米以上提取样品的任务,则需使用带有独立动力驱动系统的装备,如振动钻、海底钻机及钻探船等。这些装备还可根据工作水深、取样深度等特征进行分类。此外,依据勘探装备的收放方式,又可分为搭载船舶直接收放和通过潜水器收放与作业两种。利用船舶直接收放的装备,如重力取样器、海底钻机等,其质量受到收放系统的制约;而从潜水器上布放的勘探工具,如生物取样器、沉积物取样器等,其质量则受到潜水器载重和机械手负荷的严格限制。

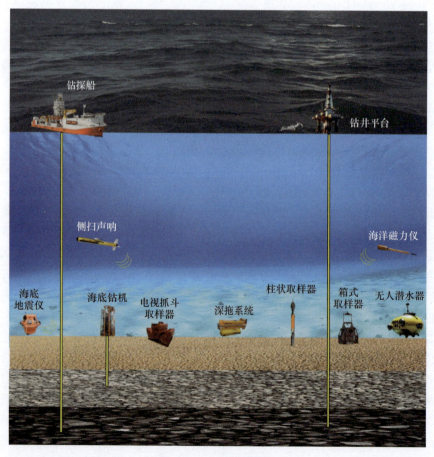

图1.2 海洋地质勘探

1.3.2 海洋地质物化探技术与装备

海洋地质间接勘探技术主要依赖于高精度仪器，以非接触方式探测岩石矿物的性质及其埋藏深度。此类方法的核心在于利用岩石矿物性质的差异所导致的反馈差异，从而间接判别矿物性质。常用的高精度仪器包括精密回声探测仪与旁侧扫描声呐等。具体而言，海洋地质间接勘探技术主要包含以下三种方法：水声海底探测方法、地球物理勘探方法及地球化学勘探方法。由于观测法虽然属于直接法，但并不直接接触海底，故也合并于间接法一起介绍。

1. 水声海底探测方法

水声测深技术是水下探测领域的关键技术，专注于测量水中物体位置、形态及描绘水下地形。鉴于光与电磁波在水中探测范围受限，声波因其在水中传播衰减较小且传递范围可达数千米，成为水中观察与测量的首选手段。此外，低频声波能穿透海底数千米地层，获取地层信息。水声探测仪器，如回声测深仪、侧扫声呐及多普勒海流剖面仪等，不仅用于水下目标探测与定位，还是探究海底地貌、海水与卤水密度界面、海底沉积物及矿物质的重要工具。

回声测深仪通过换能器发射声波，声波遇障碍物反射回换能器，根据声波往返时间及水域中声波速度，计算障碍物与换能器距离。该技术常用于海底地形测绘与图像获取，低频回声测深仪更能穿透表层沉积物，反映海底真实面貌，并辅助鱼群定位。

侧扫声呐则精细描绘海底地貌，对砂坡、砂带尤为敏感。在锰结核勘探中，远程侧扫声呐拖曳于海床，将海底地理勘探结果反馈至处理器，绘制海底结构图，科研人员据此分析并选定采样点，通过样品分析确定高品位锰结核的深海环境。

多普勒海流剖面仪利用多普勒效应，对浅海及深海上层海流剖面进行连续观测。固定频率声波在海流中的浮游生物、气泡上产生声散射，散射波频率随声传播方向与海流流向的夹角变化而变化。仪器由正交并倾斜的发射与接收平板换能器组成，或采用三个互成120°的平板换能器发射与接收。通过测量多普勒频移，结合罗经数据，可获得不同深度层海流剖面分布。

2. 地球物理勘探方法

地球物理勘探方法旨在通过分析地球物理场的变化，如密度、磁性、电性及放射性等性质的差异，预测矿产资源的分布。在海洋科学研究中，海洋地球物理探测主要应用于海底矿产勘探。此领域涵盖海洋重力测量、海洋磁测、海洋电磁探测、海底热流测量及海洋地震勘探等手段。

海洋地震勘探利用海洋与地下介质在弹性和密度上的差异，通过观测和分析天然或人工激发地震波在海洋与大地中的响应，研究地震波的传播特性，进而推断地下岩石层的性质、形态及海洋水团结构。该过程中，人工激发地震波的激发与接收均在水下完成，且多采用非炸药震源以保护环境。

海洋重力测量通过在调查船上或海底安装重力仪进行观测，以揭示海底地壳各岩层质量分布的不均匀性。海底不同密度地层的分界面起伏会导致重力场的变化。通过对重力异常的分析与延拓，可获取地球形状、地壳结构及沉积岩层界面异常的信息，为解决大地构造、区域地质问题提供基础数据，并为金属矿产资源的勘探提供依据。

专用拖曳式快速探矿系统则主要依据海洋电法和电磁法原理，利用船只搭载不同探测器进行近底拖曳探测，特别适用于海底块状硫化物的勘探。该系统常用的方法包括激发极化法、自然电位法和可控源电磁法。

拖曳式激发极化法探矿系统由拖缆上的发射电极、接收电极及前置放大器构成。系统运作时，拖缆负责探测并将信息通过复合电缆传输至船上的处理计算机。计算机处理信息后输出结果，供工作人员分析。该系统通过发射电极向水中发射电信号，由两组接收电极接收，利用地球内部的电化学作用，绘制出地表以下地质的定性资料图。

3. 地球化学勘探方法

地球化学勘探方法涵盖回收物质分析与海底现场分析两大方面，通过系统性地测定海水、海底沉积物及岩石的地球化学特性，依据与成矿作用紧密相关的地球化学分散晕数据，来圈定并追踪矿体。该方法通常涉及采集海水、海底表层沉积物及岩石样本，并在科考船载实验室中对这些样本进行特定元素的微量及痕量分析，以此为基础进行海洋矿产资源的勘探。

地球化学勘探方法主要应用于油气资源、热液矿床及海底天然气水合物等重要海洋矿产资源的勘探。在海底矿产勘探实践中，需根据不同类型的矿床及勘探阶段的特点，选择适宜的勘探方法，但综合多种方法进行勘探是普遍采用的策略。

4. 观测法

观测法分为潜水员直接观测、载人潜水器观测及水下相机观测等。水下相机观测法所采用的水下照相机，通常由电子控制单元、闪光灯及触发器构成。该照相机在触发器重锤触及海底时自动启动拍摄，拍摄完成后能自主上浮至水面以供回收。然而，其局限性在于无法连续作业且缺乏实时反馈能力，故在当前探测实践中应用较少。

水下电视监测技术则能实现海底情况的连续、即时探知。当前广泛采用的是可见光水下电视系统，该系统由水下摄像机、传输线缆、控制器及监视器等部件组成。水下摄像机被置于抗压、耐腐蚀且防水的保护壳内，可由潜水员携带或安装于深潜器内，并送至指定位置进行工作。利用水下电视，可以连续监测海底情况，并将观测结果实时传输至监视器成像，同时录制成录像资料以供长期保存。然而，深海光线匮乏及摄像系统分辨率限制，导致每次摄像仅能覆盖相对较小的海底区域，且摄像机需以慢速拖曳，故操作耗时较长。

在当前的科考活动中，载人潜水器与无人潜水器常被用作水下照相机及水下摄像机的搭载平台。中国已成功研制出多艘具有自主知识产权的载人潜水器，如"蛟龙号""深海勇士号"及"奋斗者号"等。其中，"奋斗者号"于2020年11月10日创造了10909m的中国载人深潜新纪录，是目前全球下潜能力最深的作业型深海载人潜水器。此类载人潜水器携带有大型摄像设备及取样工具，能实现对海底环境的实时拍摄、设备信息的实时传输，并允许搭载人员进行一定程度的水下取样作业。

无人潜水器作为另一重要的水下拍摄载体，无须考虑乘坐者活动区域，因此体积相对较小。然而，其无法搭载大型取样设备，故无法执行复杂的水下取样任务，目前主要应用于深海探测及海底拍摄。例如，哈尔滨工程大学研发的"悟空号"全海深无人潜水器已实现超万米深度的拍摄，能在无母船伴随的情况下，于万米水下紧贴海底进行航线探测、远距离通信，并实时拍摄海底图像。此外，我国的"海马"号4500m级深海无人遥控潜水器（ROV）不仅能在深海进行海底拍摄，还能搭载小型取样机械手进行取样作业，以及布放标志物等深海操作。

1.3.3 海洋地质取样技术与装备

1. 底表取样法

海洋底表取样是一种通过拖网、拖斗、电视抓斗等工具直接从海底获取表层物质样品的方法。具体而言，拖斗取样涉及在海洋调查船行进过程中，拖曳一个形似"铁皮水桶"的装置至海底，以剥取岩石并收集岩样。拖网取样则是一种更为常规的取样手段，它利用地质钢缆将拖体精确放置于海底特定深度和位置，随后船只拖动拖体向预定方向慢速移动，通过监控钢缆长度、绞车张力及水深数据来判断取样成功与否。

拖斗与拖网式取样器均主要由拖拽缆绳、采样框架及网篮等部件构成，于船舶航行期间释放并投入工作。两者均设计有排水孔，以排出多余海水，常用于采集结核矿、岩块等固体样品，其中拖网还适用于生物采样，可根据目标生物特性选择不同网径的拖网。然而，这两种取样方式均无法实现定点采样，主要应用于沉积物及底栖生物的采样调查。

抓斗或蚌壳式取样器则常用于采集海底表层沉积物样品。该装置由中心结合轴、爪瓣及重锤等结构组成。采样时，利用调查船上的起重设备将抓斗吊起并自由下放至海底，随后通过提升抓斗使爪瓣在钢索拉力作用下闭合，从而抓取沉积物样品。该取样方法具备成本低廉、操作灵活、不受海水深度限制及适用范围广泛等优势。然而，由于取样过程中无法对样品进行分类处理，导致所获取的样品往往混合，因此仅适用于定性研究，难以进行定量分析。

2. 浅层取样法

浅层取样是一种利用多种取样管获取海底以下特定深度柱状样品的方法，常用的采样工具包括重力柱状取样器、重力活塞取样管及振动取样器等，这些取样器在抵达海底完成取样后，由船只通过钢缆吊回船上。

振动取样器主要用于采集长柱状砂质样品，其工作原理是依赖振动器的冲击力将采样管嵌入海底沉积物中。该装置由管架、采样管、振动器活塞及起吊设备等部件构成，通过管架固定采样位置，并利用绞车进行升降操作，适用于海岸带或浅水区域的底质采样。新型高频振动取样器采用变频控制技术，通过调节振动频率来控制取样器的激振力，有效解决了海底浅表层松散、土砂互层及易扰动等难题，具有取样速度快、质量高及深度大等优势。

重力柱状取样器则常用于采集海底沉积物的柱状样品。其采样管内设有衬管，以确保样品在抽样过程中不受扰动。取样器入水后，顶端阀门开启，允许海水顺畅通过。随后，依靠自身重力插入沉积物底部。采样完成后，船只上的绞车将取样器吊起，上升过程中，取样器顶端的阀门因水压作用而闭合，确保样品在管内不受损失。

长岩芯重力活塞取样器是海底沉积物柱状取样的另一种设备，属于新型重力活塞取样器。该取样器由样管、释放系统、提管重物、刀口联合式全封闭管口封，以及带可调压限压阀、球阀、门式活塞等部分组成。通过重锤、样管和活塞等机构的协同作用，将海底沉积物吸入样管内，再由船载绞车吊起完成取样。

鉴于上述柱状采样器均需船只起吊，操作烦琐且耗时较长，为简化取样流程，自反式重力采样器（又称无缆采样器）应运而生。该采样器不依赖绳索，而是依靠自重和气室空气浮力实现自动降落和起浮。其结构包括采样网、气室浮球及压载物，可携带重物、采泥器或小型自拍海底照相机，利用自重自由降落到海底，使采样管插入沉积物中取样。取样完成后，压载物自动脱落并触发机制，使气室内药物爆炸产生气体，从而产生强大浮力使采样器起浮，同时采样网爪瓣合拢采集海底样品。浮出水面后，采样器发射无线电信号，便于工作人员发现并回收样品。该采样器主要应用于多金属结核的调查与采样。

3. 钻探取样法

钻探取样是一种利用海上钻井平台、钻井船、钻探船及海底钻机等专业海上钻探装备，获取深部地层资料的方法，其最终目标为穿透覆盖层，采集深部岩石样本。依据采样深度的不同，钻井平台与钻井船可分为浅孔钻探与深孔钻探两类：浅孔钻探适用于海底砂层下部矿物的取样，常用钻探装置包括旋转钻、落锤钻及打桩钻等，其中空心钻可提取岩芯，便于定量分析；深孔钻探则适用于海底坚硬岩层的勘探。

海底钻机是一种完全工作于海底的钻探系统，无须依托钻探船或钻井平台，具有钻探成本低、样品扰动小、易保压、体积小及操作简便等优势，可有效避免海洋环境与恶劣天气的干扰，是海底资源勘探、海洋地质调查及海洋科学考察的重要技术装备。海底钻机主要由钻具（含岩芯管、钻头、钻杆及套管）、推进旋转机构（含动力头、滑架及推进缸）、储管架与接卸机械手（含底部接卸卡盘）、液压动力站、控制系统（含水下压力补偿液压阀箱、检测传感器及耐压电子舱）及水面操纵台等组成。我国海底钻机技术历经由浅至深、由简单至智能化的演进，2021年，湖南科技大学成功研制的"海牛Ⅱ号"海底大孔深保压取芯钻机系统，在南海超过2000m水深成功下钻至231m，刷新了世界深海海底钻机的钻探深度纪录。

钻探船作为依托船体的钻探装备，用于勘探水底地质结构。船上设有井架、钻机及采样、化验等设备，实现可移动的水上钻井作业。钻探船可分为地质取芯船与海洋石油钻探船，漂浮于水面，适用于深浅水作业。通常井架设于船中央，以减少船体摇晃对钻井的影响。钻探船具备自航能力，具有移动灵活、适用范围广、自持力强及可搭载多种设备等优势。除移动式钻井外，钻探船还可搭载ROV（遥控潜水器）、AUV（自主水下航行器）及船上实验室等勘探设备。我国自主设计建造的首艘超深水科考"梦想号"大洋钻探船，设计排水量4.2万t，具备油气钻探与大洋科学钻探两大作业模式，并首次配备国际一流标准的古地磁与超净实验室。

大洋钻探是依托于钻探船的全球性海洋科学钻探活动。从20世纪60年代的"深海钻探计划"（Deep Sea Drilling Program，DSDP）到80年代的"大洋钻探计划"（Ocean Drilling Program，ODP），科学家通过海洋科学钻探，验证了大陆漂移、海底扩张假说及板块构造理论，创立了古海洋学，揭示了洋壳结构与海底高原的形成机制，证实了气候演变的轨道周期与地球环境的突变事件，分析了汇聚大陆边缘深部流体的作用，并发现了海底深部生物圈与天然气水合物，这些发现推动了地球科学的重大突破。进入21世纪，"大洋钻探计划"进入"综合大洋钻探计划"（Integrated Ocean Drilling Program，IODP）的新阶段。IODP以"地球系统科学"思想为指导，旨在打穿大洋壳，抵达地壳与地幔分界的莫霍面（Moho），揭示地震机理，查明深部生物圈与天然气水合物，了解极端气候与快速气候变化过程，为国际学术界构建地球系统科学研究的新平台，同时服务于深海资源勘探开发、环境预测及防震减灾等实际目标。因为莫霍面是地壳同地幔间分界面，其出现的深度在大陆之下平均为33km，而在大洋之下平均为7km，因此，可望率先从海洋抵达莫霍面。

主要参考文献

[1] 刘贵杰，严谨，黄桂丛. 海洋资源勘探开发技术和装备现状与应用前景［M］. 广州：广东经济出版社，2015.

[2] 张训华，赵铁虎. 海洋地质调查技术［M］. 北京：海洋出版社，2017.

[3] 陈鹰，等. 海洋技术基础［M］. 北京：海洋出版社，2018.

[4] 王明和. 深海固体矿产资源开发［M］. 长沙：中南大学出版社，2015.

[5] SHARMA R. Deep-sea Mining, Resource Potential, Technical and Environmental Considerations［M］. Heidelberg：Springer International Publishing，2017.

[6] 中国学科及前沿领域2035发展战略研究（2021—2035）项目组. 中国海洋科学2035发展战略［M］. 北京：科学出版社，2021.

[7] 徐行. 我国海洋地球物理探测技术发展现状及展望［J］. 华南地震，2021，41（2）：1-12.

[8] 张雪薇，韩震，周玮辰，等. 智慧海洋技术研究综述［J］. 遥感信息，2020，35（4）：1-7.

[9] YANG J C, WANG C, ZHAO Q M, et al. Marine surveying and mapping system based on cloud computing and internet of things［J］. The International Journal of Geoscience，2018，85：39-50.

[10] JUN H J, BYUNG W J, RANA M K, et al. A cloud computing-based damage prevention system for marine structures during berthing［J］. Ocean Engineering，2019，180：23-28.

第 2 章

海洋地球物理勘探技术与装备

海洋地球物理勘探技术在深海能源和矿产资源开发中具有重要意义。随着全球对石油、天然气及各类矿产资源的需求不断攀升，精准、高效的海洋地球物理勘探技术成为获取深海资源、评估资源储量及优化开采方案必不可少的工具。在这一领域，海洋地震、海洋电磁、海洋重磁等勘探技术与装备相继发展，以非侵入式的方式提供了多维度的海底探测能力，不仅能够对海底复杂地质环境进行精确的分析，还能够保障资源勘探与开发过程中的环境可持续性。在全球海洋资源勘探需求不断增长的背景下，助力深海资源的高效开发和海洋环境的有效保护。本章将深入探讨海洋地震勘探、电磁勘探、重力和磁力勘探等技术装备的原理、方法和应用，并展望其未来发展趋势。

2.1 海洋地震勘探

海洋地震勘探是一种利用地下介质在弹性和密度上的差异，通过分析地震波在这些介质中的传播特征，研究地下岩层结构、性质及形态等地质特征的方法。它通过激发天然或人工地震波，观察这些波在海洋与地下介质的反射和折射响应，从而推断地下地质结构，如图 2.1 所示。其高分辨率的成像能力为海底资源开发和工程建设提供了重要的地质信息，促进了相关领域的科学研究和工程决策。

2.1.1 地震波的传播

当存在应力梯度时，弹性体内相邻质点的应力变化导致质点的相对位移，形成的波动称为弹性波。地震波是从震源向四周扩散的弹性波，通常由可控源或天然地震产生，包括体波和面波两种截然不同的类型。地震波以体波和面波的形式在地球深部和表面传播。

体波分为纵波（压缩波，P 波）和横波（剪切波，S 波）。P 波是在胀缩力的扰动下，弹性介质发生体积应变引起的波动，其特征是介质中质点的运动方向与波传播方向平行。P 波传播速度 v_P 的公式为：

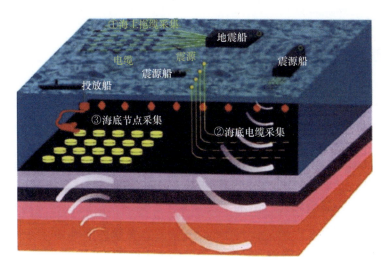

图 2.1 海洋地震勘探工作示意图

$$v_\mathrm{P} = \left(\frac{K + \frac{4}{3}G}{\rho}\right)^{\frac{1}{2}} \tag{2.1}$$

式中，K 为体积弹性模量；G 为剪切模量；ρ 为介质密度。在海洋勘探中，可以利用悬浮在水中的压力传感器（水听器）或者海底位移检波器接收 P 波。

S 波是在旋转力的扰动下，弹性介质发生剪应变引起的波动，其特征是介质中质点的运动方向与波传播方向垂直。S 波传播速度 v_S 小于 v_P，公式为：

$$v_\mathrm{S} = \left(\frac{\mu}{\rho}\right)^{\frac{1}{2}} \tag{2.2}$$

$v_\mathrm{P}/v_\mathrm{S}$ 与介质泊松比 σ 相关：

$$\frac{v_\mathrm{P}}{v_\mathrm{S}} = \left(\frac{1-\sigma}{0.5-\sigma}\right)^{\frac{1}{2}} \tag{2.3}$$

由于液体不能产生剪应力，所以海水中观测不到 S 波，其传播速度 v_S 为零，但是可以在海底或钻孔内利用地震检波器观测到 S 波。S 波与 P 波的传播速度与频率无关，都是非频散的。S 波没有特定的偏振方向，地震波检波器一般只接收海底地面运动的水平偏振分量和垂直偏振分量。

当弹性波从震源向外传播时，由于波前的扩散、介质的不均匀性、弹性能量转化为热能，会引起能量的反射、折射和衍射，导致质点运动振幅不断减小。在均匀弹性介质中，球面体波的振幅衰减与传播距离成反比。在一般地层中，P 波和 S 波的传播速度通常会随着深度增加而提升，从而加剧下行波的扩散，使振幅衰减速率超过理想的球面扩散。此外，质点运动过程中产生的摩擦热也会导致弹性能量逐步耗散。在理想的球面扩散情况下，仅考虑单位时间内通过垂直于波传播方向的单位面积的能量流，弹性波的振幅将随着传播距离的增加呈指数减小。若 I 为距离震源 r 的能量密度，那么：

$$I = I_0 \mathrm{e}^{\eta r} \tag{2.4}$$

式中，I_0 为初始能量密度；η 为吸收系数（dB/λ）。对于水听器观测，波振幅与压强（单位面积上的压力）成正比。

2.1.2 海洋反射地震法

海洋反射地震（Marine Secismic Reflection）是一种海洋地震勘探技术，利用介质的弹性和密度差异，分析地震波在海水和海底下地层的反射响应，从而研究地震波在海底传播的规律，推测地下岩层的性质、形态及构造特征。

1. 旅行时间和地震速度

在地震反射波法中，将震源和检波器拖曳在船后，震源按照一定的频率间隔产生爆炸，通过记录地震波的波至振幅，可以在时间轴上绘制出详细的海底反射体剖面。利用不同炮检距的波至时间，确定每条射线路径上的地震波速度，可将反射时间转换为反射体的埋藏深度。在深度为 z_0 的海底平面发生反射、炮检距为 x 时，反射波的旅行时间为：

$$t_x = \frac{2}{v_0}\left[z_0^2 + \left(\frac{x}{2}\right)^2\right]^{\frac{1}{2}} \tag{2.5}$$

式（2.5）可转换为如下标准双曲线方程：

$$\frac{v_0^2 t_x^2}{4z_0^2} - \frac{x^2}{4z_0^2} = 1 \tag{2.6}$$

若检波器为水听器的线性排列，如图 2.2 所示，那么地震反射波波至将沿着双曲线与 t 轴的交点下降，交点为正常入射时间 t_0 或 $2z_0/v_0$，重新变换式（2.6）可得：

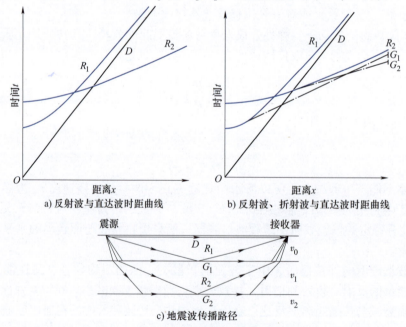

图 2.2 水平地层地震波路径和时距曲线

$$t_x = \frac{2z_0}{v_0}\left[1 + \left(\frac{x}{2z_0}\right)^2\right]^{\frac{1}{2}} = t_0\left[1 + \left(\frac{x}{v_0 t_0}\right)^2\right]^{\frac{1}{2}} = t_0\left[1 + \frac{1}{2}\left(\frac{x}{v_0 t_0}\right)^2 - \frac{1}{8}\left(\frac{x}{v_0 t_0}\right)^4 + \cdots\right]$$

$$\tag{2.7}$$

当偏移距远小于反射体深度，即 $x \ll z$ 时，式（2.7）可变为：

$$t_x = t_0 \left[1 + \frac{1}{2}\left(\frac{x}{v_0 t_0}\right)^2 \right] \tag{2.8}$$

在不同炮检偏移距上记录的反射时间差被称为时差，令 t_1 和 t_2 为偏移距 x_1 和 x_2 的反射波旅行时，那么时差 $t_2 - t_1$ 为：

$$t_2 - t_1 = \frac{x_2^2 - x_1^2}{2v_0^2 t_0} \tag{2.9}$$

令 t_0 为垂直入射时间，那么 t_x 与 t_0 的差 Δt 称为正常时差（Normal Moveout，NMO），则：

$$\Delta t = t_x - t_0 = \frac{x^2}{2v_0^2 t_0} \tag{2.10}$$

据此，则可以推导出反射体速度 v_0：

$$v_0 = \frac{x}{(2t_0 \Delta t)^{\frac{1}{2}}} \tag{2.11}$$

当偏移距远大于反射体深度时，即 $x \gg z$ 时，如图 2.2 所示，反射波双曲线则近似成直达波线 D 的渐近线。

Dix 将式（2.6）变换为以下形式：

$$t_x^2 = \frac{x^2}{v_0^2} + t_0^2 \tag{2.12}$$

在 $t_x^2 - x^2$ 曲线图上，v_0 可以依据反射波曲线斜率推导出，z 可以根据截距时间 t_0^2 得到。

当海底倾角为 α 时，下倾方向为 x 正向，时距方程式（2.12）变为：

$$t_x = \frac{(x^2 + 4z'^2 + 4xz'\sin\alpha)^{1/2}}{v_0} \tag{2.13}$$

式中，z' 表示炮点和反射点之间的垂向距离，上式可以转换为：

$$\frac{v_0^2 t^2}{(2z'_0 \cos\alpha)^2} - \frac{x + 2z'_0 \sin\alpha}{(2z_0 \cos\alpha)^2} = 1 \tag{2.14}$$

反射双曲线的对称轴线方程为：

$$x = -2z'\sin\alpha \tag{2.15}$$

由截去二项扩展的表达式给出旅行时间：

$$t_x = t_0 \left[1 + \frac{(x^2 + 4xz'\sin\alpha)}{8z'^2} \right] \tag{2.16}$$

依据自中间炮点上行和下行等偏移距 Δx 的旅行时间，可以求得海底倾角 α。若 t_1、t_2 表示下行、上行时间，那么：

$$t_1 = t_0 \left[1 + \frac{(\Delta x)^2 + 4\Delta x z' \sin\alpha}{8z'^2} \right] \tag{2.17}$$

$$t_2 = t_0 \left[1 + \frac{(\Delta x)^2 - 4\Delta x z' \sin\alpha}{8z'^2} \right] \tag{2.18}$$

$$\Delta t_d = t_1 - t_2 = t_0 \left(\frac{\Delta x \sin\alpha}{z'}\right) = \frac{2\Delta x}{v_0}\sin\alpha \tag{2.19}$$

因此，可以根据下式求得倾角 α：

$$\sin\alpha = \frac{1}{2}v_0\left(\frac{\Delta t_d}{\Delta x}\right) \tag{2.20}$$

式中，$\Delta t/\Delta x$ 称作倾角差。若倾斜层是各向异性的，入射角和反射角将不再相等，此时反射曲线也不再呈双曲线形状。

$t_x^2 - x^2$ 线弯曲源于垂向速度变化。若速度垂直向下增大，随着 x 增加时，则射线穿过高速介质的时间会变长。在零偏移距时，$t_x^2 - x^2$ 曲线的梯度为 $1/v_{rms}^2$，可以得到以下关系：

$$t_x^2 = \frac{x^2}{v_{rms}^2} + t_0^2 \tag{2.21}$$

式中，v_{rms} 为反射体上方介质的均方根速度。如果 x 相对较小，n 层叠加后的 v_{rms} 为：

$$v_{rms}^2 = \frac{\sum_{i=1}^{n} v_i^2 \Delta t_i}{\sum_{i=1}^{n} \Delta t_i} \tag{2.22}$$

式中，v_i 为第 i 层的层间速度，Δt_i 为穿过该层的单程旅行时间。此公式在大偏移距的情形下并不成立，Shah 和 Levin 给出了更精确的表达式。

如果偏移距相对反射体深度较小，第 n 层界面深度为 z，那么该界面反射能量的旅行时间 t_n 为：

$$t_n = \frac{(x^2 + 4z^2)^{1/2}}{v_{rms}} \tag{2.23}$$

第 n 层反射界面的正常时差为：

$$\Delta t_n = \frac{x^2}{2v_{rms}^2 t_0} \tag{2.24}$$

因而，可由正常时差求出反射界面以上介质的 v_{rms}。因为反射层不同，v_{rms} 会相应变化，因此，可以依据 Dix 公式计算得到层速度 v_i：

$$v_i^2 = \frac{v_{rms(n)}^2 t_n - v_{rms(n-1)}^2 t_{n-1}}{t_n - t_{n-1}} \tag{2.25}$$

式中，$v_{rms(n-1)}$、t_{n-1} 和 $v_{rms(n)}$、t_n 分别表示相应反射界面以上介质的均方根速度和旅行时间。

2. τ-p 域地震数据分析

Diebold 和 Stoffa 推导出了倾斜层的旅行时间方程，以及在偏移距远大于地震穿透深度情况下，多船进行地震实验的震源-检波器的几何关系。如图 2.3a 所示的平行层，整个旅行时间 t 可以表示为：

$$t = px + \tau \tag{2.26}$$

式中，p 表示旅行时曲线瞬时斜率；τ 表示截距时间。

在水平叠加的均匀层中，其中一层的截距时间 $\Delta\tau_j$ 为：

$$\Delta\tau_j = 2z_j(u_j^2 - p^2)^{1/2} \tag{2.27}$$

式中，z_j 表示第 j 层的地层厚度；u_j 为第 j 层地层速度的倒数，即慢度。

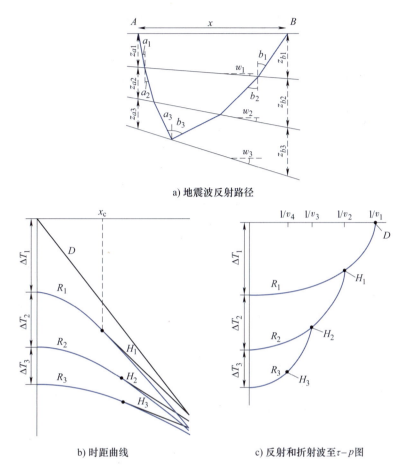

a) 地震波反射路径

b) 时距曲线

c) 反射和折射波至$\tau-p$图

图2.3 界面倾斜的多层均匀层的地震波反射路径、时距曲线和波至 $\tau-p$ 图

注：图b中层速度为v_i、双程垂直旅行时间为$\Delta\tau_i(0)$，D为直达波，R_i为反射波波至线，H_i为首波折射线，x_c为接收首波的最小距离；图c为图a中反射和折射波至的$\tau-p$图，直达波和首波用点表示。

地震数据在$\tau-p$平面内可以用一个椭圆方程来表示，双程旅行时间$2z_ju_j$和该地层的慢度u_j为椭圆半轴长。对于所有水平叠加层，所有椭圆的总和即$\tau-p$域的绘图。如图2.3c所示，在椭圆交点（对应临界反射点）处，首波减弱，在距离较大时，首波逐渐接近反射波。

为将地震数据转换到$\tau-p$域内，要求能在速度-深度平面上进行分带。如图2.3所示，A点为震源或检波器，A点到B点的旅行时间为：

$$t = p_b x + \sum_j z_{aj}(q_{aj} + q_{bj}) \tag{2.28}$$

式中，x为炮检偏移距；z_{aj}为A层下第j层的厚度，$p_b = \sin b_i/v_1$，$q_{aj} = \cos a_j/v_j$，$q_{bj} = \cos b_j/v_j$。

3. 自不连续界面的地震反射

当P波以一定角度倾斜入射到密度差异明显的弹性界面上时，将会产生反射和透射的P波和S波。根据斯奈尔定律（Snell's Law），海底及很多不连续界面遵循如下规律产生反射和透射P波和S波：

$$\frac{\sin\theta_1}{v_{P1}} = \frac{\sin\theta_3}{v_{P2}} = \frac{\sin\theta_2}{v_{S1}} = \frac{\sin\theta_4}{v_{S2}} \qquad (2.29)$$

式中,v_{P1}、v_{P2} 分别是上、下层介质中的 P 波速度,v_{S1}、v_{S2} 为对应的 S 波速度;θ_1、θ_3 是 P 波的反射和折射角度,θ_2、θ_4 为 S 波的反射和折射角度。

基于弹性界面的压力、位移,可以获得反射波和折射波的振幅,其要求压力在垂向和切向上必须连续变化。当振幅为 A_0 的 P 波入射到弹性界面上时,依据边界条件,可以得到以下一般表达式:

$$A_1\cos\theta_1 - B_1\sin\theta_2 + A_2\cos\theta_3 + B_2\sin\theta_4 = A_0\cos\theta_1 \qquad (2.30)$$

$$A_1\sin\theta_1 + B_1\cos\theta_2 - A_2\sin\theta_3 + B_2\cos\theta_4 = -A_0\sin\theta_1 \qquad (2.31)$$

$$A_1\rho_1 v_{P1}\cos2\theta_2 - B_1\rho_1 v_{S1}\sin2\theta_2 - A_2\rho_2 v_{P2}\cos2\theta_4 - B_2\rho_2 v_{S2}\sin2\theta_4 = -A_0\rho_1 v_{P1}\cos2\theta_2 \qquad (2.32)$$

$$A_1(A_{S1}/v_{P1})\rho_1 v_{S1}\sin2\theta_1 + B_1\rho_1 v_{S1}\cos2\theta_2 + A_2(A_{S2}/v_{P2})\rho_2 v_{S2}\sin2\theta_3 - B_2\rho_2 v_{S2}\cos2\theta_4 = A_0(A_{S1}/v_{P1})\rho_1 v_{P1}\sin2\theta_1 \qquad (2.33)$$

式中,A_1 和 A_2 为反射和折射 P 波振幅;B_1 和 B_2 为反射和折射 S 波振幅。

因在垂直入射时,剪力和位移为零,因此剪切波不产生,即 B_1、B_2 均为零,式(2.30)~式(2.33)化简为:

$$A_1 + A_2 = A_0 \qquad (2.34)$$

$$Z_1 A_1 - Z_2 A_2 = -Z_1 A_0 \qquad (2.35)$$

式中,Z_1、Z_2 是上、下介质的波阻抗,$Z_1 = \rho_1 v_{P1}$,$Z_2 = \rho_2 v_{P2}$。记反射系数 R_{c0} 表示反射波和折射波振幅比,转换系数 T_{c0} 表示折射波和入射波振幅比,则:

$$R_{c0} = \frac{A_1}{A_0} = \frac{Z_2 - Z_1}{Z_2 + Z_1} \qquad (2.36)$$

$$T_{c0} = \frac{A_2}{A_0} = \frac{2Z_1}{Z_2 + Z_1} \qquad (2.37)$$

反射波振幅会随着界面阻抗的增加而增大,当 $Z_1 > Z_2$ 时,反射波会发生 180° 相位反转;当 $Z_1 < Z_2$ 时,入射波和反射波相位一致。

4. 地震反射体的分辨率

纵向分辨率(也称垂向分辨率或时间分辨率)是指地震记录在垂直方向上能够区分的最小地层厚度。通常有两种含义:一种是指地震记录中能够准确识别地层顶、底界面反射波的能力;另一种是指能够从地震记录中识别薄层反射波,从而确认地下薄层的存在。横向分辨率(也称水平分辨率或空间分辨率)是指地震记录在水平方向上能够区分的最小地质体的宽度。在地震勘探中,通常将菲涅尔带的大小作为横向分辨率的度量。

在前述章节中,假设地震波波至从某一点反射,并未考虑地层的厚度。纵向分辨率取决于地震波的波长,决定了能否分辨出单一层的能力。图 2.4 展示了单界面和楔形体界面的反射,其中楔形体的速度为 v_2,位于速度为 v_1 和 v_3 的两层之间,入射波为零相位的正弦子波,楔形体的厚度由剖面的双程旅行时间表示。当楔形体的厚度大于 $\lambda/4$ 时,自楔形体顶部和底部的反射可以清晰地区分,且随着厚度的增加,反射波形逐渐变得明显;对于厚度小于 $\lambda/4$、甚至是 $\lambda/10$ 的楔形体,虽然能够接收到其反射能量,但无法分辨。

纵向分辨率随着波长的增大而降低,同时由于地球对高频能量的吸收,反射时间会增长。在实际工作中，还需要考虑噪声和传播损失对分辨率的影响。炮检距和接收器间距是影响横向分辨率的关键因素，通常来说，间距越小，分辨率越高。此外，检波器接收到的能量不仅仅来源于单一反射点，还来自多个离散反射点，因此，横向分辨率还与地震波的长度有关。噪声、平面外能量及采样等因素也会对横向分辨率产生影响。

在反射过程中，当能量在半波长范围内反射时，会发生干涉作用，从而增强信号。与此相关的区域被称为第一菲涅尔带，如图 2.5 所示：在其周

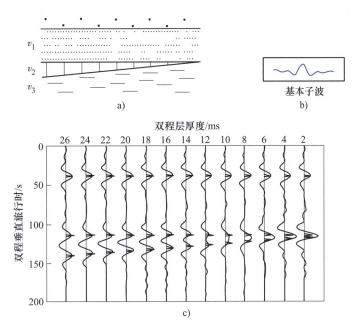

图 2.4 单界面和楔形体界面的反射示意图

围存在一个环形区域，其中能量通过干涉逐渐减弱，最终使得地震信号的幅度降至最低。通常，地震勘探无法分辨出菲涅尔带宽度以下的反射体。如果震源峰值能量的波长为 λ，反射体深度为 z，且深度远大于波长 λ，那么第一菲涅尔带的宽度 w_f 可以通过下式近似计算：

$$w_f \approx (2z\lambda)^{1/2} \tag{2.38}$$

可以看出，由于高频能量在传播过程中迅速衰减，第一菲涅尔带的宽度会随着深度的增加而扩大。

2.1.3 海洋折射地震法

海底折射地震（Marine Seismic Refraction）是另一种海洋地震勘探技术，通常采用多分量海底地震仪接收地震波在海水和海底下地层的折射响应，主要用于勘测地壳及岩石圈地幔的速度结构。

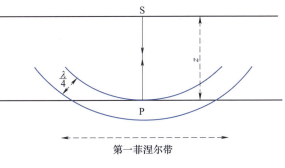

图 2.5 第一菲涅尔带

1. 层状介质中波的传播

如图 2.6 所示，一个简单的由均匀层组成（$v_P = v_0$）的两层结构，分隔界面以一定角度 α 倾斜于 P 波波速 v_1 较大的各向同性介质中。当地震波的入射角达到临界角 i_c（见式 2.39）时地震波会在界面上折射。

$$i_c = \arcsin\left(\frac{v_0}{v_1}\right) \tag{2.39}$$

当 P 波以速度 v_1 沿海底传播时，其能量以速度 v_0 的"首波"形式穿过水层向上传播。下行传播的临界折射波从震源到海面检波器的总旅行时间为：

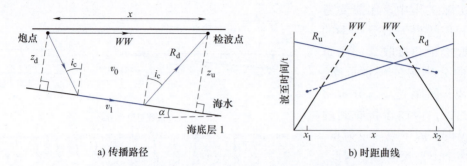

图 2.6 两层均匀地层中的地震波传播路径和时距曲线

注：图 a 为直达波（WW）和临界折射波（R_d）在折射界面倾斜的两层结构中的地震波传播路径；
图 b 为直达波和首波在正向和反向传播时的时距曲线。

$$t_{\text{downdip}} = \frac{x}{v_0}\sin(i_c + \alpha) + \frac{2z_d(v_1^2 - v_0^2)^{\frac{1}{2}}}{v_1 v_0} \tag{2.40}$$

式中，z_d 表示上覆层的厚度，即震源到折射界面的垂直距离。可以利用从震源到检波器的地震能量直接传播（直达波）的旅行时间，确定速度 v_0。在时距曲线图上，直达波线的斜率为 $1/v_0$，首波的视速度 v_{downdip} 是穿过临界折射波初至点的线（图 2.6b 中 R_d）的斜率倒数：

$$v_{\text{downdip}} = \frac{v_0}{\sin(i_c - \alpha)} \tag{2.41}$$

为了得到下伏地层速度 v_1 及折射界面的倾角 α，如图 2.6b 所示，可以通过反转，将地震剖面转为上行传播，其上行旅行时为：

$$t_{\text{updip}} = \frac{x}{v_0}\sin(i_c - \alpha) + \frac{2z_u(v_1^2 - v_0^2)^{\frac{1}{2}}}{v_1 v_0} \tag{2.42}$$

式中，z_u 为上覆层厚度，即震源到倾斜边界的垂直距离。

上行视速度为：

$$v_{\text{updip}} = \frac{v_0}{\sin(i_c - \alpha)} \tag{2.43}$$

然后通过式（2.40）和式（2.42）确定速度 v_1 的临界角 i_c 和倾角 α：

$$i_c = 0.5\left(\arcsin\frac{v_0}{v_{\text{downdip}}} + \arcsin\frac{v_0}{v_{\text{updip}}}\right) \tag{2.44}$$

$$\alpha = 0.5\left(\arcsin\frac{v_0}{v_{\text{downdip}}} - \arcsin\frac{v_0}{v_{\text{updip}}}\right) \tag{2.45}$$

式中，$x-t$ 时距曲线图中上倾界面和下倾界面的时距曲线斜率分别为：

$$m_u = 1/v_{\text{updip}} \tag{2.46}$$

$$m_d = 1/v_{\text{downdip}} \tag{2.47}$$

实际上，震源和检波器通常都放在上覆水层中，因此在计算旅行时间时，需要将其校正到某个参考面上，这个参考面通常是海面或海底。

2. 速度梯度和波的传播

（1）海水中的速度梯度

震源和检波器通常都设置在水体中,而水中的声速随深度变化较大,使得地震波的射线发生弯曲。在使用直达波来确定炮检距时,必须考虑水层的折射效应。如图 2.7a 所示的近海面的 P 波折射,射线的弯曲导致无法出现传统意义上的"直达波"。如图 2.7b 所示,如果水中的声速随着深度增加,那么弯曲的射线可能会到达海底,这种情况需要在通过海底反射波计算炮检距时特别留意。当震源附近的水层声速较低时,大部分地震波能量将会在水层内完全折射,形成一个称为 SOFAR 通道(也称深海低频声学通道)的波导区域。在该区域内,地震波能量的损失较低。

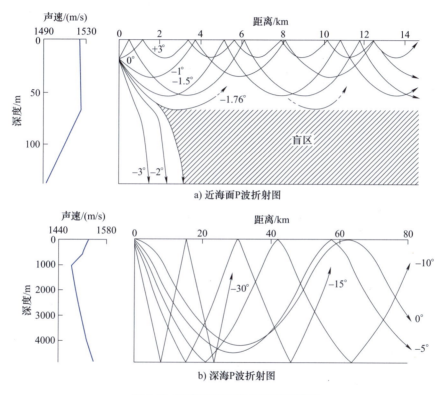

图 2.7 近海面和深海 P 波折射示意

(2)海底之下的速度梯度

在海底之下,P 波和 S 波的速度梯度源于不同的沉积充填模式、成岩作用过程及岩性变化特征。大范围岩性变化可以导致小尺度的速度跳变,整体上将导致地震射线明显弯曲。目前,很多基于表面测量、井孔测量的速度-深度函数已经被提出,其中最简单的是,假设 P 波速度随着深度的增加呈线性增长,则在深度 z 处的 P 波速度 v_z 可表示为:

$$v_z = v_0 + kz \tag{2.48}$$

式中,v_0 为表面速度;k 为速度梯度。射线路径是以表面以上 v_0/k 处为圆心的圆弧,这称为潜水射线。最大穿透深度 z_{max} 为:

$$z_{max} = \frac{v_0}{k}\left\{\left[1 + \left(\frac{kx}{2v_0}\right)^2\right]^{\frac{1}{2}} - 1\right\} \tag{2.49}$$

式中,x 为半空间内射线入射点和出射点之间的距离,此距离的旅行时间 t 为:

$$t = \frac{2}{k}\text{arcsinh}\left(\frac{kx}{2v_0}\right) \tag{2.50}$$

在 $x-t$ 时距曲线上，式（2.50）表现为下凹曲线，距离 x 处的梯度的倒数是该距离内在 $z_{\max}$ 处的速度。

3. 射线追踪和合成地震图

射线追踪是一种分析折射波波至的通用方法，其基本步骤包括建立速度-深度模型、计算旅行时间、调整初始模型，直到计算结果与实际观测的旅行时间在合理误差范围内匹配。射线追踪过程中需综合考虑速度在垂直和水平方向的梯度变化、不连续性、界面弯曲、不规则界面及低速层的影响。

此外，还可通过生成与模型结构对应的地震图，即合成地震图，将其与实际地震记录对比来约束模型结构。基于结构模型表面一点随已知震源信号产生的运动，运用 Fuchs 和 Muller 提出的全波形反射技术可生成合成地震图。由于球面波可分解为一系列平面波，各层结构的响应也可整合。假设震源为表面爆炸产生的球面纵波（不产生剪切波和面波），在频率域中计算各平面波的响应，并归结为所有检波器位置的波至入射角，最终的时间域响应可通过傅里叶变换得到。

2.1.4 海洋地震勘探技术与装备

海底地震勘探是一种通过与海底直接接触的地震传感器进行地下结构成像的新型勘探技术。与传统的拖曳式多道反射地震勘探相比，海底地震勘探具有以下四大优势：①通过将多分量地震传感器直接部署在海底，不仅能够接收到穿透海底的纵波信号，还能通过传感器的水平分量捕获横波信号，从而克服了横波在水中无法传播的技术限制；②海底地震探测能够实现船载气枪震源与信号接收器的分离，突破了电缆长度的限制，从而使得检波器可以接收到长偏移距的广角折射/反射信号，这使得深部结构成像成为可能；③由于震源和接收器的分离配置，能够全方位记录地震数据，射线路径的多样性为目标区域提供了更为精确的照明，有助于提高结构成像的准确性；④传感器安置在相对安静的海底环境中，远离表面噪声源，从而显著提高了信噪比。

随着海底地震仪（Ocean Bottom Seismometer，OBS）、海底电缆（Ocean Bottom Cable，OBC）和海底节点式地震仪（Ocean Bottom Node，OBN）技术的迅速发展，海底地震探测已进入由高新技术主导的时代，多震源、宽频带、宽方位、高密度的采集技术已被提出并付诸应用。最新的海底永久或半永久性节点设备支持高效、快速的多期次地震监测，推动了海上时延地震技术（4D 地震勘探）的快速发展。在采集流程日趋成熟的基础上，未来海底地震勘探将在仪器设备上进行升级，朝着更高精度、更大道数、更智能、更轻便、更具特色和一体化的方向发展。

1. 海底地震仪探测技术

OBS 是一种将地震传感器直接部署在海底的地震记录仪器，广泛应用于天然地震观测和海洋背景噪声监测及人工震源探测，前者称为被动源 OBS 探测，后者称为主动源 OBS 探测。被动源和主动源 OBS 地震勘探工作原理如图 2.8 所示。OBS 设备包括四个检波器分量，其中有三个正交地震计和一个水听器。被动源 OBS 主要用于研究大洋岩石圈和深部地幔的结构，主动源 OBS 则主要用于探测海底地壳和沉积盆地的结构。近年来，OBS 逐渐成为了解地球内部物质构成、深部地质过程及壳幔结构演化的重要工具。

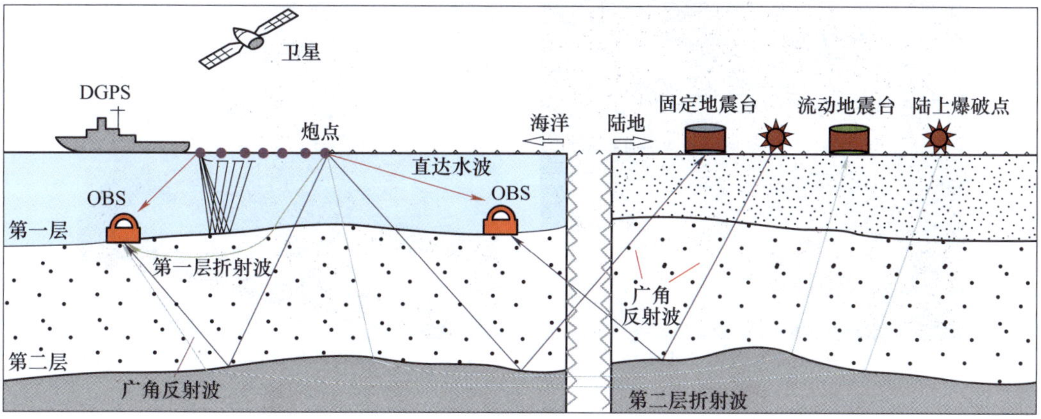

图 2.8　OBS 地震勘探工作原理

海底地震仪的研发始于 20 世纪 60~70 年代，多个国家陆续推出了 OBS 仪器。随着技术的发展和制造成本的降低，OBS 的应用已广泛涵盖天然地震观测与人工地震勘探，成为海底勘探和科学研究的重要手段。目前，拥有成熟 OBS 技术的国家和机构主要包括美国的 OBSIC、英国的 OBIC 及 Guralp 公司、德国的 GeoPro 公司和 GEOMAR、法国的 Sercel 公司与 IFREMER、加拿大的 Nanometrics 公司及日本东京大学等。与国际相比，国内在海底地震仪领域起步较晚。进入 21 世纪后，中国科学院地质与地球物理研究所成功研制出 OBS，并随后推出了宽频七通道 OBS(I-7C)，经过多次海上试验，获得了良好的应用效果。2020—2021 年，自然资源部第二海洋研究所研制的"海豚"系列移动式海洋地震仪、南方科技大学的"磐鲲"和"磐龟"系列 OBS、中国科学院南海海洋研究所研制的原子钟 OBS 等设备的涌现，为我国海洋科技事业的进步提供了重要的装备保障。图 2.9 展示了国内外部分 OBS 外观结构。

(1) OBS 技术原理

目前世界各国生产的 OBS 类型多样，在外部结构、上浮系统、电源系统及数据读取方法均存在不同程度的差异，但是在设计原理、地震计、记录器等主要方面还是高度一致的。如图 2.10 所示，总的来说，一台海底地震仪主要由地震计、采集记录单元、沉耦装置、释放装置、压力舱及其他功能性模块组成。

1) 地震计模块。地震计主要负责将检测到的地动信号转化为电信号。地震计通常由三个正交的地震检波器（两个水平方向，一个垂直方向）置于球底和一个任意的水中检波器组成。检波器被安装在一个充满高黏度硅油的玻璃圆柱内的阻尼万向平衡支架上，使检波器在海底面倾斜时可以保持其原来的平衡位置。

2) 采集记录单元。采集记录单元的主要功能是将地震计输出信号进行数字化，并将其记录在内部存储卡上。记录单元内均内置有自己的操作系统，用户可以通过网络接口或者蓝牙设备提供采集参数设置及数据下载服务。

3) 沉耦装置模块。沉耦装置一般由铁架或不锈钢架组成，通过钢丝绳与释放装置连接。沉耦架的设计需要平衡仪器的重力与浮力，确保仪器能够稳定下沉。下沉速度过快可能

a) 德国海底地震仪NAMMU　　　　b) 德国海底地震仪SEDIS Ⅳ

c) 国产"磐鲲"宽频带海底地震仪　　d) 国产"磐龟"短周期海底地震仪

图 2.9　国内外部分 OBS 外观结构

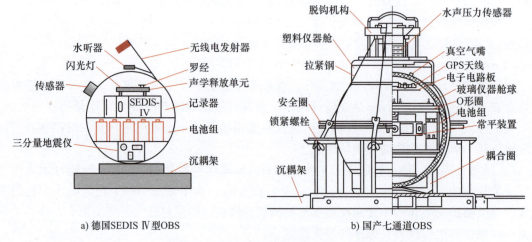

a) 德国SEDIS Ⅳ型OBS　　　　b) 国产七通道OBS

图 2.10　德国 SEDIS Ⅳ型 OBS 与国产七通道 OBS 结构示意图

导致机械结构损坏，下沉速度过慢则可能引起横向漂移过大。

4）释放装置模块。释放装置控制 OBS 仪器与沉耦架分离，使仪器依靠自身的浮力浮出水面。该装置决定着 OBS 是否顺利回收，因此往往考虑两种释放方式：声学释放和定时释放。当系统接收到船上发出的特定声学指令后，会触发固定在沉耦装置上的熔断丝，导致断开，从而使 OBS 主体设备与沉耦装置分离。此时，沉耦装置会留在海底，而 OBS 主体则依靠浮力上浮至水面。定时释放则根据释放装置的内置时间发出燃烧熔断丝的命令。

5) 压力舱模块。压力舱一般由两半对开的玻璃球密封制成，经过特殊工艺处理后能够承受较大压力。目前，OBS 技术已在马里亚纳海沟成功完成万米深度的实验，回收后发现压力舱未出现漏水现象，数据也正常。

采集模块及其他功能模块，如采集模块、时钟系统、储存模块、电源模块和交互系统，都被封装在压力舱内，确保在极端环境下的可靠性。

(2) OBS 作业方法

根据探测对象的差异，可针对性实施被动源 OBS 探测或主动源 OBS 探测。前者通常部署长周期、宽频带的 OBS 在海底一段时间（一般为 6~12 个月），再通过唤醒上浮回收。后者作业流程较为复杂，需要实时导航配合人工地震源的激发。主动源 OBS 勘探工作系统如图 2.11 所示。

图 2.11 主动源 OBS 勘探工作系统

在主动源 OBS 实际勘探工作中，往往使用 OBS 投放回收船和气枪放炮船共同作业来提高效率。如图 2.12 所示，具体的工作流程可以概括为 OBS 投放阶段、放炮阶段及 OBS 回收阶段：

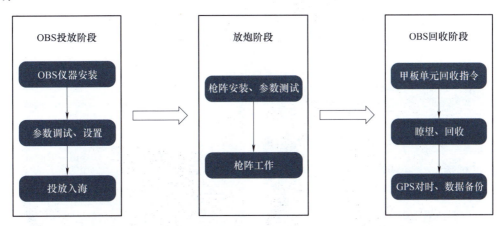

图 2.12 主动源 OBS 勘探作业流程

1) OBS 投放阶段。根据预定点位，船载 GPS 导航至目标点附近，降低船速至不超过 2 节，用绞车、撑竿使 OBS 缓慢下降到水面上并保持空中稳定姿态，根据海况和水流方向在预定投放点上方迅速释放脱钩器，使 OBS 平稳入水，OBS 以 1 m/s 左右的速度沉降到海底。此时需记录实际投放点坐标，作为后续数据处理的初始坐标。图 2.13 展示了 OBS 的投放现场和海底姿态。

图 2.13　OBS 的投放现场和海底姿态

2）放炮阶段。利用枪控系统和气枪阵列，走航式激发震源。根据研究目标的不同模拟震源子波，确定气枪阵列的排列方式及气枪阵列总容积，依据预先设计的放炮测线走航式激发空气枪阵列，气枪放炮过程中使用 GPS 导航定位系统确定精确的放炮时间及位置。对于地壳尺度的探测，通常采用低频大容量气枪阵列组合，炮间距较大，一般为 150~300m，以避免前炮的后续震相被后炮浅层震相所覆盖；对于浅层结构或水合物探测，则采用高频 GI 枪阵列，炮间距通常为几十米，以提高精度。图 2.14 展示了"海洋石油 720"物探船配备的"海经"震源控制系统和气枪阵列。

图 2.14　"海洋石油 720"物探船配备的"海经"震源控制系统和气枪阵列

3）OBS 回收阶段。通常在距离投放点 1~2km 处进行，将甲板单元的换能器投入水中，发出声学释放信号。若释放成功，系统会显示反馈信息并显示 OBS 与换能器之间的距离。仪器回收依靠电腐蚀熔断钢丝，将沉耦架遗弃海底，OBS 凭借浮力上浮至水面。一般 OBS

的上浮速度为 0.5~1m/s，可根据距离预估仪器到达海面的时间。由于水下卫星通信技术尚未成熟，OBS 沉入海底后无法与卫星交互，因此无法实时获取其具体位置。在回收后，需要通过 GPS 校正 OBS 的时间漂移，才能进行数据提取和拷贝。

（3）OBS 数据处理

主动源 OBS 的数据处理过程可以细分为以下几个步骤：①数据截裁，使用导航文件对原始记录的海底数据进行截取，存储为标准的 SEGY 格式；②震源位置校正，主要解决气枪激发位置和时间的误差；③时间校正和位置校正，修正由洋流、深海环境等因素造成的偏移，确保准确的地震走时数据；④数据处理，如几何扩散校正、增益调整、相邻道叠加等，提高信噪比，去除噪声干扰，保证数据质量；⑤震相拾取和速度反演，通过对每个站点的震相进行准确拾取，结合走时反演算法，可以得到地下的速度结构，最终为地下地质结构的研究提供可靠的数据信息。

主动源 OBS 数据处理的核心目标是准确获取走时数据，这是进行海底地震探测和地下结构反演的基础。在主动源 OBS 探测中，地震信号主要通过气枪激发，在海底被 OBS 接收器记录。由于 OBS 设备通常采用多分量记录，每个分量记录的地震波类型和传播路径不同，因此，数据处理的关键问题是如何准确还原这些信号的走时，并获得清晰的地震剖面。这个过程涉及以下几个重要步骤：

1）震源信息整理。震源信息整理是整个数据处理过程的基础。每次气枪激发产生的地震波信息需要包括气枪的激发时间和位置信息，并记录为一个标准的信息库。在 OBS 探测中，无论 OBS 是否与测线路径对准，它都可能记录来自附近震源的信号。因此，必须为每台 OBS 进行完整的震源信息整理。通过构建震源信息库，在后续数据处理中，可以确保有效信号的提取，减少误差。

2）OBS 位置和时钟校正。在 OBS 投放后，由于洋流的影响，设备往往不能准确垂直下沉，可能会偏离设计投放点。此外，OBS 设备内部的时钟系统在海底工作时，会因压力和温度变化导致时钟漂移，进而影响数据的准确性。因此，位置和时钟的校正是确保数据质量的关键步骤。通常，首先通过 GPS 授时来校准 OBS 的时钟漂移，回收后再次通过 GPS 时钟进行校正。对于位置偏差的校正，基于水波直达波的走时数据和辅助仪器（如 CTD、深度仪等）的数据，可以利用非线性算法进一步提高定位精度。

3）信号增益与剖面绘制。在完成位置和时钟校正后，下一步是信号增益与剖面绘制。由于海底环境的影响，地震波在传播过程中会逐渐衰减。因此，增益处理可以增强信号的可读性，尤其是深层信号。常见的方法包括自动增益控制（AGC）和带通滤波器，这有助于去除噪声并突出有效信号。通过这些处理，最终获得的 OBS 地震剖面可以准确反映地下结构，为后续的速度结构反演提供清晰的输入数据。

（4）OBS 应用案例

2010 年 2 至 3 月，中国大洋第 21 航次第六航段在西南印度洋中脊进行了一次综合地球物理调查。由多家研究机构联合组成的科研团队，成功完成了针对龙旂热液区的三维 OBS 地震探测试验。如图 2.15a 所示，通过船载 GPS 导航，布设了两个网格，并设置了东西向主测线进行有效覆盖。此次试验共投放了 40 台 OBS，使用了四支大容量气枪阵列（总容量 $0.0983m^3$），其低频信号有助于研究深部地壳结构。试验共进行 52 条测线，总长度达 2650km，放炮数量为 10832 次，最终回收了 38 台 OBS，回收率达到 95%。

如图2.15b所示,根据OBS数据分析,西南印度洋中脊地壳主要分为上洋壳和下洋壳两层,整体地壳厚度为8~10km,离轴区域逐渐变薄至3~5km。地壳厚度的变化主要集中在下洋壳层。厚地壳的发现验证了地幔柱理论的全球适用性,可能与热地幔和熔融物的供给增多有关。与典型超慢速扩张洋中脊相比,西南印度洋中脊的地壳较厚,地幔未发生蛇纹石化,且存在低速区,这表明区域内可能存在残留岩浆房,成因可能与热点或岩浆供给增多有关。

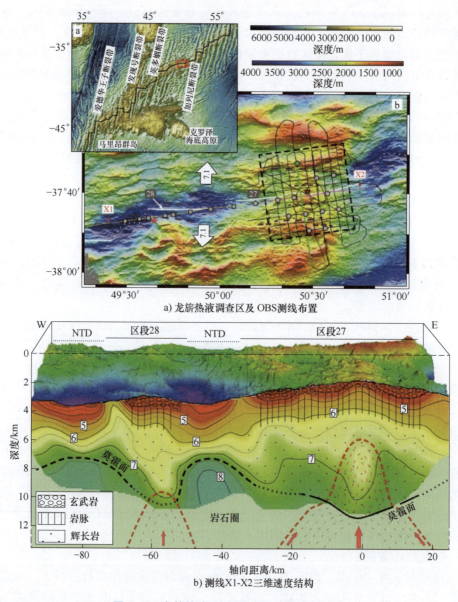

图2.15 龙旂热液区三维OBS地震探测试验

2. 海底电缆地震探测技术

(1) OBC 技术简介

OBC技术涉及将带有检波器的电缆或光缆铺设在海底,以采集地震数据,如图2.16所示。这项技术的核心优势在于其稳定的检波器位置和低干扰环境，使其特别适合用于油气藏的监测。通过将检波器安装在海底的电缆或光缆中，OBC 系统能够提供高信噪比的数据，并通过实时的有线传输方式，将采集到的数据直接传输到远程的记录系统。

OBC 的技术特点包括有线连接和外部供电。电缆的铠装可以有效保护检波器，并通过远程集中式或分散式供电保证系统的稳定运行。此外，OBC 系统通常能够与震源系统同步工作，确保数据采集的精确性。由于海底位置稳定且干扰较少，OBC 系统能够提供更高质量的地震数据，特别是在浅水油气勘探和监测中表现出色。电缆被沉放在海底后，由于噪声较低，频带宽广，且较易消除鬼波的影响，信号的清晰度和分辨率得到了显著提高。因此，OBC 能够实现长偏移距、广方位、全方位的地震数据采集，支持多波多分量数据的同时采集，尤其对于联合纵波和转换横波的信息获取，能够显著提升油气检测的精度，降低勘探的风险。

图 2.16　OBC 探测示意图

OBC 技术的一个显著优势是其炮检点可互换的设计理念，这使得通过多次激发炮点而减少检波器布设的数量，从而降低了成本。采用这种多分量接收方式，不仅能够获取更多种类的地下波信息，还能对地下地质结构进行更为全面的分析。20 世纪 90 年代初，OBC 技术开始推广并于 1996 年左右实现了商业化应用。随着 21 世纪的到来，国际石油公司如 Hydro、壳牌和 Fairfield 等逐渐将 OBC 作为主要的油气勘探手段，并通过持续的技术更新和装备优化，提升了 OBC 系统的性能。

尽管 OBC 技术展现了众多优势，但其在实际应用中仍面临一些挑战。例如，海底电缆上检波器的精确定位问题。由于检波器放置在海底后，其位置可能发生偏移，因此需要定期进行校正。为了准确获取数据，需要采用声学定位或者初至波定位等技术，确保检波器的准确位置。此外，集中式电缆供电方式也限制了 OBC 系统的带道数和记录能力，因此，在设计 OBC 系统时，需要考虑到这一因素，以便更好地满足不同勘探区域和数据采集需求。

（2）OBC 作业方法

OBC 的野外采集作业通常包括四个主要阶段：放缆作业、电缆定位作业、地震数据采集和数据质量检查与补充炮点：

1）放缆作业。放缆作业是 OBC 探测中的第一步，主要任务是将包含检波器的电缆或节点按照设计的路径和预定的空间位置准确地铺设到海底。

2）电缆定位作业。电缆定位作业是确保 OBC 地震勘探数据精度的关键环节。此作业通过声学定位技术或初至波定位技术来确认电缆上检波器或单独节点的具体空间位置。

3）地震数据采集。一旦电缆布设和定位完成，OBC 的主要作业便是地震数据采集。在这一阶段，震源船会在海洋中人为激发地震波，通常通过爆炸震源或空气炮来激发地震波。激发出的地震波会穿透海底，反射回海底电缆上的检波器。通过检波器采集到的地震信号将被传输至远程记录系统进行实时记录和分析。

4）数据质量检查与补充炮点。在完成一次作业后，通常会对采集到的地震数据进行质量检查，特别是对每条测线的数据进行面元覆盖统计，确保每个区域的采集数据具有足够的覆盖度。若检查发现数据缺失或质量不足，通常会进行补炮作业，以进一步完善数据采集，确保最终数据的完整性和准确性。

（3）OBC 应用案例

在曹妃甸工区，由于地震数据质量较差，采取了宽方位三维地震采集技术，并选用了 8L4S176T 正交束状观测系统。该采集包括 8 条接收线，每条线包含 176 道地震道，接收线间距为 200m，接收点间距为 50m，激发线间距为 50m，激发点间距为 100m，面元尺寸为 25m×25m，最终覆盖面积达到 630km²。该采集方式实现了多道数、宽方位和高覆盖的目标。

经过初步处理，如图 2.17 所示，地震剖面显示出较高的信噪比，反射层连续性良好，层内和层间波组特征清晰，断层明显，成像效果得到显著改善，信息量大幅增加，资料质量得到了显著提升。

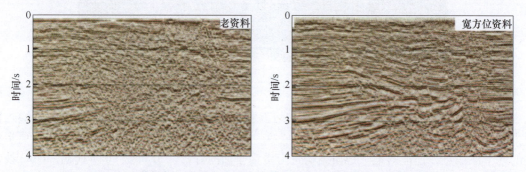

图 2.17　曹妃甸工区宽方位三维地震资料与老地震资料的对比结果

3. 海底节点地震探测技术

（1）OBN 技术简介

OBN 技术是一种新型的海洋地震勘探方法，旨在通过布设在海底的独立节点地震仪采集地震信号，如图 2.18 所示。这些节点地震仪通过记录从海水激发的地震波，并通过地下介质反射的地震信号，获得高质量的多方位角和多偏移距的数据集。这项技术特别适用于在海上钻井密集区和其他复杂地质环境下进行高精度勘探，提供比传统拖缆地震采集更为丰富的信息。

与 OBS 和 OBC 方法不同，OBN 技术通过独立的节点地震仪在海底进行数据采集，每个节点具备内置的存储单元和时钟功能，不依赖电缆进行数据传输。这种方式使得 OBN 能够在海底提供更加灵活的部署与操作，避免了传统方法中电缆连接带来的局限性。节点采集到的地震数据被存储在内部，回收后通过系统进行数据传输和分析。

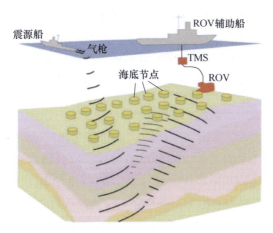

图 2.18　OBN 探测示意图和水下机器人在海底放置 OBN

OBN 技术的优势包括：

1）高精度与高分辨率。OBN 系统采用四分量检波器，能够同时采集纵波和横波信息，结合纵横波的联合反演，大幅提高了勘探的精度和油气藏的识别能力。特别是在裂缝区、气云带等特殊目标区，OBN 技术能够提供显著的勘探精度提升。

2）无电缆束缚。OBN 的布设不受电缆束缚，能够灵活设计观测系统。可以实现更大的偏移距和更广的方位角采集，提供全方位的地震数据采集，尤其适用于那些传统地震勘探方法无法覆盖的盲区。

3）高数据质量。OBN 节点与海床良好耦合，能够有效减少数据采集过程中的噪声，提高信号质量。此外，OBN 还具有较强的矢量保真度，确保了高精度的地震数据采集。

4）持续监测能力。OBN 接收点的位置稳定，可以多次重复部署，并且能够精确测量四维时延地震数据，适合进行长时间和高频次的油气藏监测，尤其在进行油藏动态变化监测和评估时具有优势。

尽管 OBN 技术具有显著优势，但也面临着一些挑战，尤其是在高成本、操作复杂性及电池寿命等方面：

1）高成本问题。OBN 技术的设备投入较高，节点布设和回收需要依赖高端设备（如遥控水下机器人）和大量人工操作，因此单位勘探成本较高。这使得 OBN 主要应用于需求较为精准的勘探场景，而不适合所有类型的地震勘探任务。

2）节点布设与回收的复杂性。尽管 OBN 技术能够提供灵活的部署方式，但在深水区和复杂的海底地形中，节点的布设和回收仍然面临挑战。潮流、海底地形的变化及其他自然因素可能会影响节点的布设精度，从而影响数据的采集质量。

3）电池寿命与数据传输问题。OBN 节点通常依赖内置电池供电，而电池寿命有限，长时间的使用可能需要频繁更换电池。此外，节点之间的无线数据传输容易受到信号衰减和海底地形干扰，尤其是在深海环境中，数据传输的稳定性可能成为制约技术应用的瓶颈。

随着海洋油气勘探技术的不断发展，OBN 技术的创新研发更加强调提高采集自动化、优化全波场成像和解释方法的精度。近年来，OBN 技术已逐步向更高的自动化和精确度发展，致力于通过自动化采集技术提高采集效率，降低采集成本。自动化采集技术的研究正成为 OBN 技术未来发展的核心方向，这将进一步降低人工操作的复杂性，提高勘探的效率和精度。混合地震采集技术的引入将帮助降低采集成本，增强 OBN 技术在不同环境中的适应性，并提高勘探效益。此外，采用全波场成像技术进一步提升了成像质量，并且通过时空一体的解释方法提升了勘探的准确性。

（2）OBN 作业方法

OBN 的作业方法主要涉及以下几个步骤：

1）作业规划与节点布设。OBN 作业的第一步是对目标区域的全面规划。这包括对海底环境、地质结构、海流等因素的调研，选择适合的 OBN 系统并确定节点的布设方案。OBN 节点的布设通常采用较大的网格间距来布放，以确保覆盖目标层的全方位角地震反射信号。如图 2.18 所示，OBN 的布设通常使用遥控水下机器人（Remotely Operated Vehicle，ROV）进行，这种方式能够确保节点在海底的准确放置，避免了传统 OBS 中因接收点位置漂移带来的误差。ROV 能够根据预定的布设方案精确定位节点，确保每个节点在相同位置的重复布设，从而为油藏监测和四维地震测量提供稳定的数据支持。

2）数据采集与存储。在节点布设完成后，OBN 进入数据采集阶段。震源通过气枪或其他方式激发地震波，地震波经地下介质反射，由海底节点接收并记录。这些节点同时采集纵波、横波等多种类型的地震波，能够提供比传统拖缆地震更多的信息。OBN 节点具有内置的存储单元和时钟，可以独立工作并存储采集的数据，避免了对实时数据传输的依赖。每个节点能够独立记录海底发生的地震信号，并将数据保存在内部存储中，待节点回收后，再通过声学信号或其他无线方式将数据传输至地面数据中心进行分析。

3）节点回收与数据处理。数据采集完成后，OBN 节点通过 ROV 或其他设备进行回收。回收过程需要确保节点的数据完整性，特别是在深海或复杂海底环境下，回收过程可能会受到潮流、海底地形等因素的影响。回收后的数据通常会通过无线方式传输至数据处理系统，进行进一步分析。OBN 数据的处理过程包括位置校正、时间校正、波场分离、镜像偏移成像等技术。这些步骤有助于提高数据的准确性和成像效果，确保油气藏的精确识别和勘探风险的降低。

4）数据分析与成像。OBN 采集的数据通常需要通过全波场成像处理技术进行分析。常见的成像方法包括镜像偏移成像、PS 波成像等，这些方法可以显著提高成像质量，提供更加清晰的地下结构图像。通过波场分离技术，可以有效分离上行波和下行波，进而压制多次波，从而提高成像精度。OBN 数据的处理和解释不仅仅依赖于传统的成像技术，还需要结合 4D 时延地震的精确测量进行四维地震数据分析。这些技术方法使得 OBN 能够提供比传统拖缆地震更加详细和精确的地下结构信息，进一步提升油气勘探的准确性。

（3）OBN 应用案例

在安哥拉海 Bonga 深水油气田开发中，4D 地震勘探用于监测油气藏动态变化，并优化开发策略。2008 年，实施的 4D 拖缆时移地震监测为油气田开发提供了流体运移模型。然而，海底复杂管线及与浮式油气平台（Floating Production Storage and Offloading，FPSO）连接的设施，如图 2.19 所示，给拖缆和 OBC 地震资料采集带来了障碍，导致地震采集存在盲区，油藏监测区的炮检距不均匀，射线覆盖不均匀，信号干扰严重。OBN 技术能够避免这些限制，提供高质量的地震数据。

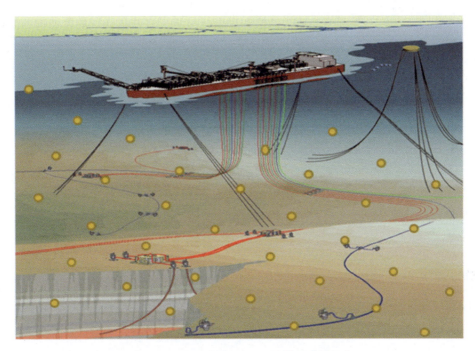

图 2.19　Bonga 油田 FPSO 及基础设施示意

OBN 采集围绕油气开发区进行，使用遥控水下机器人在 412.5m 网格上布设了 1010 个多分量海底节点，震源点间距为 37.5m，总共激发了超过 30 万次气枪阵列。OBN 摆脱了电缆和地震船的束缚，遥控水下机器人能够均匀、精确地布放节点。通过 4D 时延差异分析，预测油藏动态演化，识别油水边界移动速率，更新油藏描述，帮助定位潜在采油区域。如图 2.20 所示，OBN 与 TS 数据差异的蓝色区域反映了油气开采过程中储层原油的消耗和孔

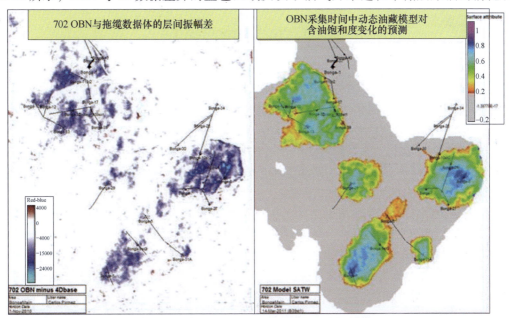

图 2.20　安哥拉海 Bonga 深水油气田 4D 地震时延监测平面图

隙空间的水替代。此外，预测的油藏含油饱和度变化显示，浅蓝色区域的含油饱和度已下降超过60%。

2.2　海洋电磁勘探

海洋电磁勘探通过在海底布设电磁源和接收器，测量地下介质对电磁场的响应，获取地层的电阻率分布，如图2.21所示。该方法利用地下介质的电性差异，能够有效识别高阻异常体（如油气藏）、低阻异常体（如矿藏、盐层等），特别适用于复杂海底环境。其高穿透力在深水和超深水区的资源勘探中具备独特优势，是现代海洋地质调查的重要工具。

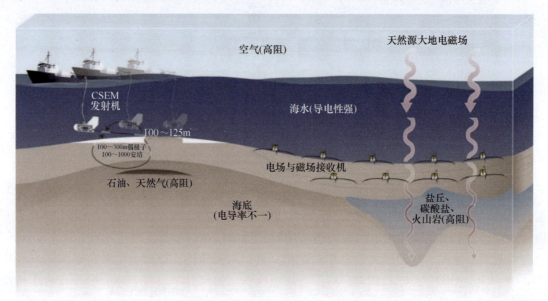

图2.21　海洋电磁勘探工作原理

2.2.1　海洋大地电磁法

海洋大地电磁（Magnetotelluric，MT）测深技术是通过将仪器布设在海底，测量天然电磁场源产生的平面波，这些波向海洋及海底传播，并在地下介质中感应出与地质电性结构相关的大地电磁场，如图2.21右侧所示。经过信号处理后，可以得到海底测点的视电阻率和阻抗相位的频率响应，从而研究不同深度的介质导电性分布，并根据地质体的电性差异推测地下的地质结构，帮助解决相关地质问题。

大地电磁测深作为一种利用天然场源的探测技术，其设备简便，易于在海洋环境中部署，不受高阻层的屏蔽效应影响，对低阻层反应敏感，且能够探测到下地壳和上地幔。海洋MT测深在不同水深条件下，使用的信号频率范围通常为$10^{-5} \sim 10$Hz，最大探测深度可达上地幔。因此，大地电磁法在海洋深部探测中占据了重要地位，并且是为数不多的可以进行深部地质探测的地球物理方法之一。

1. 基本原理

大地电场与地球变化磁场密切相关，两者的场源都是来自地球外部的各种电流体系，如地电日变化、地电微变化、地电湾扰、地电暴等，因而具有相同类型的变化，这种变化的电场和磁场统称为大地电磁场。麦克斯韦方程组是电磁场必须遵从的微分方程组，在国际单位制中的表达式为：

$$\nabla \times \boldsymbol{E} = -\frac{\partial \boldsymbol{B}}{\partial t} \tag{2.51}$$

$$\nabla \times \boldsymbol{H} = \boldsymbol{J} + \frac{\partial \boldsymbol{B}}{\partial t} \tag{2.52}$$

$$\nabla \cdot \boldsymbol{B} = 0 \tag{2.53}$$

$$\nabla \cdot \boldsymbol{D} = \rho \tag{2.54}$$

式中，$\boldsymbol{E}$ 为电场强度（V/m）；$\boldsymbol{B}$ 为磁感应强度（Wb/m^2）；$\boldsymbol{H}$ 为磁场强度（A/m）；$\boldsymbol{J}$ 为电流密度（A/m^2）；$\boldsymbol{D}$ 为电位移矢量（C/m^2）；ρ 为自由电荷密度（C/m^3）。

在各向同性介质中：

$$\boldsymbol{D} = \varepsilon \boldsymbol{E} \tag{2.55}$$

$$\boldsymbol{B} = \mu \boldsymbol{H} \tag{2.56}$$

$$\boldsymbol{J} = \sigma \boldsymbol{E} \tag{2.57}$$

式中，σ 为电导率（S/m）；ε 和 μ 为介质的介电常数和磁导率。一般介电常数和磁导率都以相对介电常数 ε_r 和相对磁导率 μ_r 的形式给出，它们是介质的参数 ε 或 μ 和真空中的相应的参数 ε_0 和 μ_0 的比值：

$$\varepsilon_r = \frac{\varepsilon}{\varepsilon_0}, \ \mu_r = \frac{\mu}{\mu_0}$$

真空中 ε_0 和 μ_0 为 $1/36\pi \times 10^{-9}$ F/m 和 $4\pi \times 10^{-7}$ H/m。

海洋大地电磁运用的信号频率通常为 $10^{-5} \sim 10$ Hz，地下介质电阻率通常取值在 $1 \sim 10000 \Omega \cdot m$。这时，位移电流 $\partial D/\partial t$ 相对于传导电流 $\boldsymbol{J} = \sigma \boldsymbol{E}$ 可以忽略不计（$\omega\varepsilon \ll \sigma$）。取时域中的谐变因子为 $e^{-i\omega t}$，将式（2.55）~式（2.57）代入麦克斯韦方程组，则有：

$$\nabla \times \boldsymbol{E} = i\mu\omega \boldsymbol{H} \tag{2.58}$$

$$\nabla \times \boldsymbol{H} = \sigma \boldsymbol{E} \tag{2.59}$$

$$\nabla \cdot \boldsymbol{E} = 0 \tag{2.60}$$

$$\nabla \cdot \boldsymbol{H} = 0 \tag{2.61}$$

式中，$\nabla \cdot \boldsymbol{E} = 0$ 是因为导电介质内部体电荷密度实际上为零，式中的时间因子都隐含在场 $\boldsymbol{E}$ 和 $\boldsymbol{H}$ 之中。式（2.58）~式（2.61）是大地电磁测深理论研究的出发点。

对式（2.58）两边取旋度：

$$\nabla \times \nabla \times \boldsymbol{E} = -i\omega\mu(\nabla \times \boldsymbol{H}) \tag{2.62}$$

式（2.62）左边有：

$$\nabla \times \nabla \times \boldsymbol{E} = \nabla(\nabla \cdot \boldsymbol{E}) - \nabla^2 \boldsymbol{E} = -\nabla^2 \boldsymbol{E} \tag{2.63}$$

式（2.62）右边用式（2.59）代入，则有：

$$-\nabla^2 \boldsymbol{E} = i\omega\mu\sigma \boldsymbol{E} \tag{2.64}$$

或写成：

$$\nabla^2 \boldsymbol{E} - k^2 \boldsymbol{E} = 0 \tag{2.65}$$

式中，$k = \sqrt{-i\omega\mu\sigma}$ 称为传播常数，也称为复波数。

同理，可以求得：

$$\nabla^2 \boldsymbol{H} - k^2 \boldsymbol{H} = 0 \tag{2.66}$$

式（2.65）和式（2.66）称为亥姆霍兹方程（Helmholtz Equation），它们是在谐变场的情况下 E 波和 H 波的波动方程。给定相应的边界条件，即可求解大地电磁的定解问题。

2. 层状介质波阻抗

层状介质地面波阻抗和地下介质电阻率分布之间的关系，可以用递推公式来表示。该递推公式是将地面波阻抗依次用下伏相邻地层顶面的波阻抗来表示，直至最底部的第 N 层，而最 N 层顶面的波阻抗等于介质的特征阻抗 $Z_N = Z_{0N} = -\mathrm{i}\omega\mu/k_N$。因此，该递推公式的关键是导出相邻两层顶面波阻抗之间的关系。考虑到波阻抗在分界面上是连续的，任意一层底界面的波阻抗等于其下伏相邻介质顶界面的波阻抗，因而该问题转化为求解同一层顶面和底面波阻抗之间的关系。

假设地下介质由 N 层水平层状介质构成，各层的电阻率分别为 ρ_1，ρ_2，$\cdots$，ρ_N，相应的层厚度为 h_1，h_2，$\cdots$，h_{N-1}，$h_N \to \infty$。层状介质的地面波阻抗可以通过以下递推公式求得：

$$Z_m = Z_{0m} \frac{1 - L_{m+1}\mathrm{e}^{-2k_m h_m}}{1 + L_{m+1}\mathrm{e}^{-2k_m h_m}} \tag{2.67}$$

$$L_{m+1} = \frac{Z_{0m} - Z_{m+1}}{Z_{0m} + Z_{m+1}} \tag{2.68}$$

$$Z_n = Z_{0N} = -\mathrm{i}\omega\mu/k_N \tag{2.69}$$

式中，$m = 1$，2，$\cdots$，$N-1$。

递推计算从最底部第 N 层开始，当令 $m+1 = N$ 时，有 $Z_{m+1} = Z_{0N}$，可以通过式（2.67）和式（2.68）求得 L_{m+1} 和 Z_m，得到第 $N-1$ 层顶面的波阻抗。然后，逐次递减 m，把所求得的界面波阻抗视为式（2.68）中的 Z_{m+1}，进一步推算更上一层介质顶面的波阻抗 Z_m，如此反复，直至求出地面波阻抗（$m=0$）。

显而易见，地面波阻抗是地下各层介质的电阻率、厚度和电磁波周期 T 的函数，可以表示为：

$$Z(0) = f(\rho_1, \rho_2, \cdots, \rho_N, h_1, h_2, \cdots, h_N, T) \tag{2.70}$$

最后，根据以下公式求得视电阻率和相位：

$$\rho_a = \frac{1}{\sqrt{\omega\mu\rho}}|Z_1|^2 \tag{2.71}$$

$$\varphi = \arctan \frac{\mathrm{Im}[Z_1]}{\mathrm{Re}[Z_1]} \tag{2.72}$$

由此可知，只需要获得一定频率下海底电场和磁场强度的值，即可求得地下视电阻率及相位随频率的关系，开展后续反演工作。

2.2.2 海洋可控源电磁法

可控源电磁法（Controlled Source Electromagnetic Method，CSEM）是一种依据电阻率的不同来区分储层与围岩的频率域主动源电磁法。如图 2.21 左侧所示，其原理是场源（电性源或磁性源）在导电的地球内部产生感应电流，测量感应电流的电磁特征，从而得到地下电导率的分布信息。场源强度、发送的频率及波形均可控，避免了天然场源微弱及随机性强的缺点。

1. 基本原理

在频率域麦克斯韦方程中加入电偶源和磁偶源项，就可以得到适于有源电磁场的麦克斯韦方程：

$$\nabla \times \boldsymbol{E} + \mathrm{i}\mu_0\omega \boldsymbol{H} = -\boldsymbol{J}_\mathrm{m}^\mathrm{s} = -\mathrm{i}\mu_0\omega \boldsymbol{M}^\mathrm{s} \tag{2.73}$$

$$\nabla \times \boldsymbol{H} - (\sigma + \mathrm{i}\varepsilon\omega)\boldsymbol{E} = -\boldsymbol{J}_\mathrm{e}^\mathrm{s} = -\mathrm{i}\omega \boldsymbol{P}^\mathrm{s} \tag{2.74}$$

在定义域的每个均匀区段，将电磁场分别视为电偶源和磁偶源产生的电磁场的叠加，即：

$$\boldsymbol{E} = \boldsymbol{E}_\mathrm{m} + \boldsymbol{E}_\mathrm{e} \tag{2.75}$$

$$\boldsymbol{H} = \boldsymbol{H}_\mathrm{m} + \boldsymbol{H}_\mathrm{e} \tag{2.76}$$

因此，磁偶源产生的电磁场可表示为 $[\boldsymbol{E}_\mathrm{m}, \boldsymbol{H}_\mathrm{m}]$，且电流密度为 0；电偶源产生的电磁场可表达为 $[\boldsymbol{E}_\mathrm{e}, \boldsymbol{H}_\mathrm{e}]$，且磁流密度为 0。则 $[\boldsymbol{E}_\mathrm{m}, \boldsymbol{H}_\mathrm{m}]$、$[\boldsymbol{E}_\mathrm{e}, \boldsymbol{H}_\mathrm{e}]$ 即为下述方程的解：

$$\nabla \times \boldsymbol{E}_\mathrm{m} = -\boldsymbol{J}_\mathrm{m}^\mathrm{s} - \mathrm{i}\mu_0\omega \boldsymbol{H}_\mathrm{m} \tag{2.77}$$

$$\nabla \times \boldsymbol{H}_\mathrm{m} = (\sigma + \mathrm{i}\varepsilon\omega)\boldsymbol{E}_\mathrm{m} \tag{2.78}$$

$$\nabla \times \boldsymbol{E}_\mathrm{e} = -\mathrm{i}\mu_0\omega \boldsymbol{H}_\mathrm{e} \tag{2.79}$$

$$\nabla \times \boldsymbol{H}_\mathrm{e} = \boldsymbol{J}_\mathrm{e}^\mathrm{s} + (\sigma + \mathrm{i}\varepsilon\omega)\boldsymbol{E}_\mathrm{e} \tag{2.80}$$

再对式（2.77）~式（2.80）取散度，则得到：

$$\nabla \cdot \boldsymbol{H}_\mathrm{m} = -\frac{\nabla \cdot \boldsymbol{J}_\mathrm{m}^\mathrm{s}}{\mathrm{i}\mu_0\omega} \tag{2.81}$$

$$\nabla \cdot \boldsymbol{E}_\mathrm{m} = 0 \tag{2.82}$$

$$\nabla \cdot \boldsymbol{H}_\mathrm{e} = 0 \tag{2.83}$$

$$\nabla \cdot \boldsymbol{E}_\mathrm{e} = -\frac{\nabla \cdot \boldsymbol{J}_\mathrm{e}^\mathrm{s}}{\sigma + \mathrm{i}\varepsilon\omega} \tag{2.84}$$

在较复杂的情况下，麦克斯韦方程的求解是比较困难的，因此，谢昆诺夫在麦克斯韦方程求解中引入势函数，根据式（2.82）和式（2.83）可知，必定能够找到两个矢量函数满足如下关系式：

$$\boldsymbol{E}_\mathrm{m} \equiv -\nabla \times \boldsymbol{F} \tag{2.85}$$

$$\boldsymbol{H}_\mathrm{e} \equiv \nabla \times \boldsymbol{A} \tag{2.86}$$

将式（2.85）、式（2.86）分别代入式（2.87）和式（2.88），并引入标量势 U 和 V，则可得到：

$$\boldsymbol{H}_\mathrm{m} = -(\sigma + \mathrm{i}\varepsilon\omega)\boldsymbol{F} - \nabla U \tag{2.87}$$

$$\boldsymbol{E}_\mathrm{e} = -\mathrm{i}\mu_0\omega \boldsymbol{A} - \nabla V \tag{2.88}$$

通过代入势函数，式（2.77）~式（2.80）可改写为如下形式：

$$\nabla \times \nabla \times \boldsymbol{F} = \nabla\nabla \cdot \boldsymbol{F} - \nabla^2 \boldsymbol{F} = \boldsymbol{J}_\mathrm{m}^\mathrm{s} - (\sigma + \mathrm{i}\varepsilon\omega) \cdot \mathrm{i}\mu_0\omega \boldsymbol{F} - \mathrm{i}\mu_0\omega \nabla U \tag{2.89}$$

$$\nabla \times \nabla \times \boldsymbol{A} = \nabla\nabla \cdot \boldsymbol{A} - \nabla^2 \boldsymbol{A} = \boldsymbol{J}_\mathrm{e}^\mathrm{s} - (\sigma + \mathrm{i}\varepsilon\omega) \cdot \mathrm{i}\mu_0\omega \boldsymbol{A} - \mathrm{i}\mu_0\omega \nabla V \tag{2.90}$$

为了方便计算，用洛伦兹条件对标量势 U 和 V 做如下限定：

$$\nabla \cdot \boldsymbol{F} = -\mathrm{i}\mu\omega U \tag{2.91}$$

$$\nabla \cdot \boldsymbol{A} = -(\sigma + \mathrm{i}\varepsilon\omega)V \tag{2.92}$$

则式（2.89）和式（2.90）可以简化为分别关于 $\boldsymbol{F}$ 和 $\boldsymbol{A}$ 的非齐次赫姆霍兹方程，用于有源电磁场的求解：

$$\nabla^2 \boldsymbol{F} + k^2 \boldsymbol{F} = -\boldsymbol{J}_\mathrm{m}^\mathrm{s} \tag{2.93}$$

$$\nabla^2 \boldsymbol{A} + k^2 \boldsymbol{A} = -\boldsymbol{J}_\mathrm{e}^\mathrm{s} \tag{2.94}$$

式中，$k^2 = -(\sigma + \mathrm{i}\varepsilon\omega) \cdot \mathrm{i}\mu\omega$。再对上述公式分别取散度，并结合上述洛伦兹限定及连续性方程得到电荷与磁荷守恒律，明确电流密度 $\boldsymbol{j}_\mathrm{e}$ 与电荷密度 ρ_e、磁流密度 $\boldsymbol{j}_\mathrm{m}$ 与磁荷密度 ρ_e 的关系：

$$\nabla \cdot \boldsymbol{j}_\mathrm{e} + \frac{\partial \rho_\mathrm{e}}{\partial t} = 0 \tag{2.95}$$

$$\nabla \cdot \boldsymbol{j}_\mathrm{m} + \frac{\partial \rho_\mathrm{m}}{\partial t} = 0 \tag{2.96}$$

可求得关于 U 和 V 的赫姆霍兹方程：

$$\nabla^2 U + k^2 U = -\frac{1}{\mu}\rho_\mathrm{m}^\mathrm{s} \tag{2.97}$$

$$\nabla^2 V + k^2 V = -\frac{\mathrm{i}\omega}{\sigma + \mathrm{i}\varepsilon\omega}\rho_\mathrm{m}^\mathrm{s} \tag{2.98}$$

将式（2.85）和式（2.88）求和，便可得到总的电场值，同理可求得总磁场值：

$$\boldsymbol{E} = -\mathrm{i}\mu_0\omega\boldsymbol{A} - \nabla V - \nabla \times \boldsymbol{F} = -\mathrm{i}\mu_0\omega\boldsymbol{A} + \frac{1}{\sigma + \mathrm{i}\varepsilon\omega}\nabla(\nabla \cdot \boldsymbol{A}) - \nabla \times \boldsymbol{F} \tag{2.99}$$

$$\boldsymbol{H} = -(\sigma + \mathrm{i}\varepsilon\omega)\boldsymbol{F} - \nabla U - \nabla \times \boldsymbol{A} = -(\sigma + \mathrm{i}\varepsilon\omega)\boldsymbol{F} + \frac{1}{\mathrm{i}\mu_0\omega}\nabla(\nabla \cdot \boldsymbol{F}) - \nabla \times \boldsymbol{A} \tag{2.100}$$

2. 工作原理

海洋电磁场工作原理如图 2.22 所示。首先将多分量接收机按照一定规律摆放在海底，通常设定的路线垂直目标地层构造。之后作业船只按照预定的路线拖拽发射系统在离海底 25~100m 的范围内发射低频电磁波。为增加电磁场幅度，一般选用最大电流幅值，目前国内发射机电流强度可达 500A。勘探任务结束后，在甲板发射声学信号，释放器完成接收机与底部水泥块的分离，接收机上浮至海面。回收接收机，获取系统中记录的海洋可控源电磁法数据。需要注意的是，接收机自激活后便一直采集海底电磁信号，当无激发信号时，接收机采集海底大地电磁数据。

发射机工作时，水平偶极子天线发射电磁波，产生的电磁场如图 2.22 所示。其中黑色细线是发射天线产生的一次场。一次场的传播过程中遇到电阻率不同的地质体，会产生二次场，二次场被接收机捕获，形成反映地下地层状况的电磁信号。

接收机接收到的信号主要分为四类：

1）直达波。由偶极子天线经海水传播直接到达接收机的电磁波，如图 2.22 中路线 a 所示。

2）反射-折射波。发射天线产生的电磁波，向地下传播，经与围岩存在明显电阻率差异的地质体反射后的被接收天线捕获的电磁波，如图 2.22 中路线 b 所示。

3）空气波。一部分电磁波向上传播，经空气-海水界面的反射到达接收机，如图 2.22

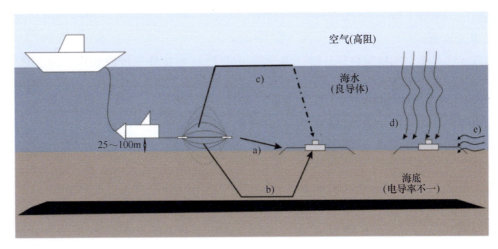

图 2.22 海底电磁场工作原理

中 c 所示。

4)海底大地电磁。接收机工作过程中一直受到海底大地电磁的影响,如图 2.22 中 d 所示。海洋可控源电磁法勘探中需要选取合适的观测参数,增强有效的反射-折射波信号,从而达到探测海底高阻油气层或天然气水合物的目的。

2.2.3 海洋瞬变电磁法

瞬变电磁法(Transient Electromagnetic method,TEM),是利用不接地回线或接地线源向地下发射一次脉冲磁场,在一次脉冲磁场间歇期间,利用线圈或接地电极观测二次涡流场的方法,如图 2.23 所示。二次涡流场衰减过程一般分为早、中和晚期。早期的电磁场相当于频率域中的高频成分,衰减快,趋肤深度小;而晚期成分则相当于频率域中的低频成分,衰减慢,趋肤深度大。由于良导电体内感应电流的热损耗,二次磁场大致按指数规律随时间衰减,形成瞬变磁场。二次磁场主要来源于良导电地质体的感应电流,因此它包含着与地质体相关的地质信息,通过接收二次磁场,对观测到的数据进行分析及处理,解释地质体及相关

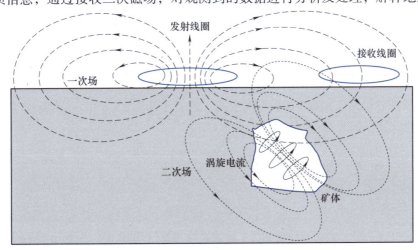

图 2.23 瞬变电磁法工作原理

物理参数。

1. 基本原理

深海海底是全空间地球物理环境，海洋拖曳式 TEM 系统处于近海底作业时，瞬变电磁天线全空间环境中的海水电阻率极低，海水深度达上千米，海水涡流响应二次场相对较强，衰减较慢，因此全空间的海水作用不可忽略。

海洋环境中电磁场的扩散是在全空间进行的，而海水的高电导率极易产生感应电流，因此必须将海水空间的感应电流考虑进去。本节先从垂直磁偶极子出发，然后扩展到中心回线装置，进而分析深海瞬变电磁二次磁场垂直分量的响应特征。

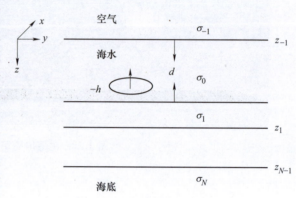

图 2.24 海洋瞬变电磁层状半空间模型

建立图 2.24 所示的层状半空间模型，场源位于 $z=-h$ 处，由于采用垂直磁偶极源，任意点只有水平电流密度，因此，磁场分量可只借用谢昆诺夫势 F_z 进行求解：

$$H_x = \frac{1}{\hat{z}} \frac{\partial^2 F_z}{\partial x \partial z} \tag{2.101}$$

$$H_y = \frac{1}{\hat{z}} \frac{\partial^2 F_z}{\partial y \partial z} \tag{2.102}$$

$$H_z = \frac{1}{\hat{z}} \left(\frac{\partial^2}{\partial z^2} + k^2 \right) F_z \tag{2.103}$$

式中，$\hat{z}$ 为阻抗率，$\hat{z}=-\mathrm{i}\omega\mu$，磁偶极源 J_m 沿着 z 方向，假设强度为 $-\hat{z}_0 m$，磁矩表示成电流和面积的乘积，即 $m=Ids$。在任意层，F_z 可表示为：

$$\nabla^2 F_z + k^2 F_z = -\hat{z}_0 m \delta(x) \delta(y) \delta(z+h) \tag{2.104}$$

借助层界面的磁场和电场切向分量连续，经过烦琐推导，可得坐标 (ρ, z) 处海水层中 F_z 的表达式：

$$F_z(\rho, z) = \frac{\hat{z}m}{4\pi} \int_0^\infty \left[e^{-u_0|z+h|} + r_{\mathrm{TE}}^+ e^{u_0(z-h)} + r_{\mathrm{TE}}^- e^{-u_0(z+d-h)} \right] \frac{\lambda}{u_0} J_0(\lambda\rho) \mathrm{d}\lambda \tag{2.105}$$

式中，J_0 表示零阶贝塞尔函数；ρ 表示收发距；λ 表示波数；r_{TE}^- 和 r_{TE}^+ 为对应于海水上下界面的反射系数，其表达式为：

$$\begin{cases} r_{\mathrm{TE}}^- = \dfrac{u_0 - u_{-1}}{u_0 + u_{-1}} \\ r_{\mathrm{TE}}^+ = \dfrac{u_0 - \hat{u}_1}{u_0 + \hat{u}_1} \end{cases} \tag{2.106}$$

式中，$u_j = (\lambda^2 - k_j^2)^{1/2}$，$j=-1, 0, \cdots, N$ 表示每层的本征系数，系数 $\hat{u}_1$ 可经由递推获得，递推方式为：

$$\hat{u}_n = u_n \frac{\hat{u}_{n+1} + u_n \tanh(u_n h_n)}{u_{n+1} + \hat{u}_{n+1} \tanh(u_n h_n)} \quad (n = 1, 2, \cdots, N) \tag{2.107}$$

由于空气层电导率 $\sigma_{-1} = 0$，$u_{-1} = \lambda$。将式（2.105）代入式（2.101）~式（2.103）可得磁偶极发射在任意测点（ρ, z）接收的磁场表达式：

$$H_z(\rho, z) = \frac{m}{4\pi} \int_0^\infty \left[e^{-u_0|z+h|} + r_{TE}^+ e^{u_0(z-h)} + r_{TE}^- e^{-u_0(z+d-h)} \right] \frac{\lambda^3}{u_0} J_0(\lambda \rho) d\lambda \tag{2.108}$$

在深海环境中，由于 d 远远大于磁偶极源到海底的距离 h 及目标探测深度，因此空气层的影响十分微弱，往往可以忽略，可得 $r_{TE}^+ = 0$，即将海水视为均匀半空间，进而可得到：

$$H_z(\rho, z) = \frac{m}{4\pi} \int_0^\infty \left[e^{-u_0|z+h|} + r_{TE}^- e^{-u_0(z+d-h)} \right] \frac{\lambda^3}{u_0} J_0(\lambda \rho) d\lambda \tag{2.109}$$

由于采用中心回线等装置，一般回线源不能被近似为偶极子。为得到半径为 a 的线圈的场，测点坐标为（ρ, z），需要将上述偶极源的场沿着线圈所围面积进行面积分，假设回线的响应为 H_z^c，其表达式为：

$$H_z^c(\rho, z) = \frac{I}{4\pi} \iint_s \int_0^\infty \left[e^{-u_0|z+h|} + r_{TE}^- e^{u_0(z+d-h)} \right] \frac{\lambda^3}{u_0} J_0(\lambda R) d\lambda ds \tag{2.110}$$

借助贝塞尔函数恒等式关系：

$$\begin{cases} J_0(\lambda R) = \sum_{m=-\infty}^{m} J_m(\lambda \rho) J_m(\lambda \rho') \cos m\varphi \\ \int x^n J_{n-1}(x) dx = x^n J_n(x) \end{cases} \tag{2.111}$$

可将式（2.110）化简得到：

$$H_z^c(\rho, z) = \frac{Ia}{2} \int_0^\infty \left[e^{-u_0|z+h|} + r_{TE}^+ e^{u_0(z-h)} + r_{TE}^- e^{-u_0(z+d-h)} \right] \frac{\lambda^2}{u_0} J_0(\lambda \rho) J_1(\lambda a) d\lambda \tag{2.112}$$

由此获得了频率域磁场的响应表达式。考虑计算模型为深海场景，且在线圈中心轴线上观测，因此 $\rho = 0$，$r_{TE}^- \approx 0$，可得：

$$H_z^c(\rho, z) = \frac{Ia}{2} \int_0^\infty \left[e^{-u_0|z+h|} + r_{TE}^+ e^{u_0(z-h)} \right] \frac{\lambda^2}{u_0} J_1(\lambda a) d\lambda \tag{2.113}$$

通过式（2.112）计算两个线圈的响应，易于获得具有反磁线圈类似装置的响应。在频率响应计算时，均需计算核函数和贝塞尔函数乘积的积分，常用的计算方法有数值积分方法、数字滤波方法、复平面积分方法等。获得频率域响应后通过频时转换可获得脉冲响应。

参考考夫曼，脉冲响应的频时转换公式为：

$$\frac{\partial h_z(t)}{\partial t} = \frac{2}{\pi} \int_0^\infty \mathrm{Im} H(\omega) \sin\omega t d\omega = -\frac{2}{\pi} \int_0^\infty \mathrm{Re} H(\omega) \cos\omega t d\omega \tag{2.114}$$

频时转换常用的方法分为傅里叶逆变换快速算法和拉普拉斯逆变换快速算法两种，傅里叶逆变换快速算法有快速正弦或余弦变换，拉普拉斯逆变换算法有 Gaver-Stehfest 逆变换、Euler 算法和 Talbot 算法等。本书采用 Key 所推导的 201 点正余弦滤波系数实现频时转换。正余弦滤波算法的基本原理为：

$$f(t) = \frac{\sum_{i=N_1}^{N_2} W_i F\left(\frac{(A_i - x)}{t}\right)}{t} \tag{2.115}$$

式中，$f(t) = \partial h_z(t)/\partial t$；$F\left(\frac{(A_i - x)}{t}\right) = \mathrm{Im} H\left(\frac{(A_i - x)}{t}\right)$；$W_i$ 表示滤波系数；A_i 表示横坐标；x 表示横坐标平移系数；t 表示要计算的时间。

电磁场相对于时间和频率的变化近乎指数，因此一般对频率和时间进行指数抽样。由于每计算一个时刻 t 的响应均需计算 201 个频率，效率较慢。为了加速计算，可通过三次样条插值进行加速，即首先计算固定频点的场值，然后插值计算所需频率的场值，如此可实现频时转换的快速计算。

2. 工作原理

如图 2.25 所示，海洋 TEM 与陆地 TEM 的基本原理相同，但是由于上覆的高导海水及海洋特殊试验环境，在海底理论响应、天线装置和仪器方面需要进行适当的技术改进。瞬变电磁法测量装置由发射回线和接收回线两部分组成，工作过程分为发射、电磁感应和接收三部分。

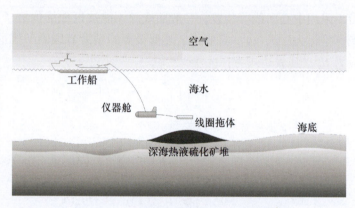

图 2.25 海洋瞬变电磁工作原理示意图

海洋环境与陆地环境的最大不同在于高导海水的存在。虽然高电导率的海水有"屏蔽"电磁效应，但海水"屏蔽"的主要是高频电磁波，低频电磁信号能"穿过"海水，实现探测海底的目的，在所采用的时间域电磁方法中，发射频率采用的均为低频电磁波，能够探测海底。为了减小高导海水的影响，在实际观测中需要将观测装置（发射接收线圈）置于接近海底位置，以便对被测介质施加最大强度的激励场，从而产生较强的海底二次响应。

2.2.4 海洋电磁勘探技术与装备

1. 海底大地电磁与可控源电磁

目前，海洋 MT 主要用于海洋岩石圈结构研究、大陆架区域地质调查和海洋油气资源勘探，无论在基础地学研究或资源勘探开发利用方面都发挥了重要作用。从方法原理上看，海洋 MT 测深方法与陆地上广泛应用的 MT 测深完全一样，只是观测技术与数据处理技术有所不同。海洋 MT 测深是把仪器布设在海底，仪器自容式记录海底大地电磁场 E_x、E_y、H_x、H_y、H_z 五个分量的宽频带时间序列及仪器的方位角；观测一段时间（根据观测频段决定，通常 1~2 周）后将仪器打捞回收；之后下载数据经过傅里叶变换把时间序列数据转换到频率域，并估算其阻抗张量；分别计算出阻抗和相位的频率响应，用以反演计算研究海底以下不同深度的岩层导电性结构。

将陆上的大地电磁法与可控源电磁法运用到海洋中，需要解决一系列的工程技术问题，如深水环境下的密封与承压问题、有效电磁场信号提取、非实时监控过程中的同步问题等。

目前,国内外都在海底电磁(Ocean Bottom Electromagnetic Meter,OBEM)测量装置的研发上取得了一系列的进展。在传统的海洋电磁探测中,一般采用磁通门或者光纤传感器测量磁场分量,DC 耦合电场传感器来测量电场分量。在实际应用中,需要仪器具备以下功能:①能够在水下环境测量电场与磁场分量的时间序列数据;②长周期长时间的数据记录与存储功能;③水下抗干扰能力,由于海底电场强度非常微弱,Ag-AgCl 的电极工艺被用于海底电场测量,可以最大限度地保证传感器的电场测量能力。图 2.26 为部分机构研发的 OBEM 设备实物图。

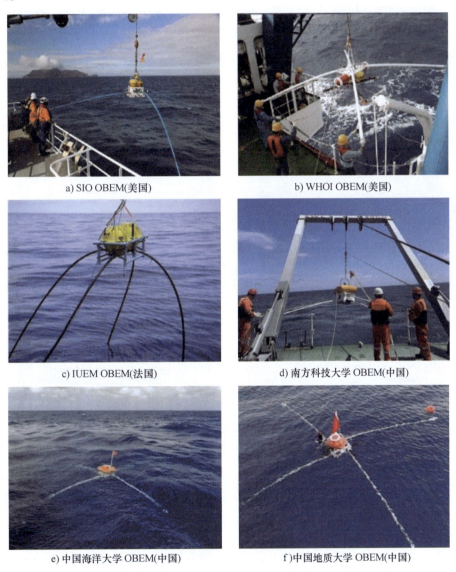

图 2.26　国内外部分机构研发的 OBEM 设备

2020 年 7—8 月,中国地质调查局广州海洋地质调查局与中国地质大学(北京)联合研发的海底大地电磁仪器系统(OBEM-Ⅲ)部署于"海洋地质四号"船,成功完成了国内首条横跨南海古扩张脊的超深水海洋大地电磁调查。该次调查的测线全长约 260km,平均水深

4100m，创下了国内海洋大地电磁调查的规模与水深纪录。调查线路横跨了平均深度为4.3km的西南次海盆406（图2.27a），共设立了53个站点，仪器回收率达到96.2%。在46个测量点中，有36个测点水深超过4000m，最深处达到4443m（图2.27b）。经过数据分析与预处理，所有测点均获得有效数据，且有效采集时长均超过100h，最长达到232h，确保了数据信息的完整性（图2.27c）。根据相关标准评估，超过80%的测点数据质量达到了优良级别。如图2.27d所示，优良级视电阻率曲线ρ_{xy}与ρ_{yx}的均方相对误差分别为5.7%和8.5%；而图2.27e所示的最差视电阻率曲线ρ_{xy}与ρ_{yx}的均方相对误差分别为48.6%和25.4%。此次成功实施的超深水海洋大地电磁调查，标志着我国在海洋大地电磁仪器技术方面取得了显著突破，对于揭示南海深部岩石圈的电性结构具有重要的科学意义。

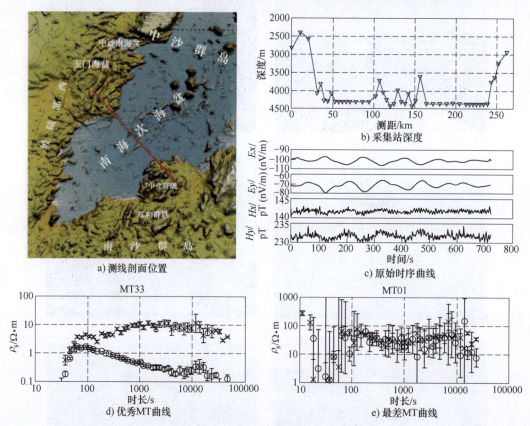

图2.27 海洋大地电磁采集工作及成果

2. 近海底瞬变电磁

（1）深海拖曳式双拖体瞬变电磁系统

2006年，中南大学席振铢教授团队基于提出的深海拖曳式双拖体瞬变电磁系统探测方案和重叠回线装置，组织研制了深海拖曳式双拖体瞬变电磁探测系统（MTEM-08），该系统是国内首套用于深海热液硫化物勘探的瞬变电磁系统。MTEM-08的水下部分包含天线拖体舱、40m中继缆和仪器拖体舱，如图2.28所示。

MTEM-08系统由甲板控制系统、万米光电复合缆、仪器拖体舱和天线拖体舱组成，如图2.29所示。其中，水上甲板控制系统包括控制中心、光纤通信机、船载GPS、多功能辅助信息、导航信息、TEM 数据采集、TEM 快速成像;水下仪器舱拖体内放置了光纤通信模块,连接有 TEM 发射机、TEM 接收机、超短基线应答器、姿态传感器、CTD、避碰声呐、离底高度计;水下天线拖体内放置了发送天线、接收天线、姿态传感器及前置放大器。

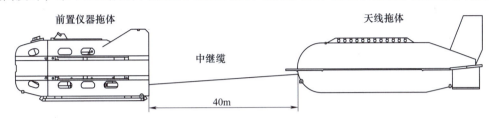

图 2.28　深海拖曳式双拖体瞬变电磁系统 MTEM-08 水下部分结构

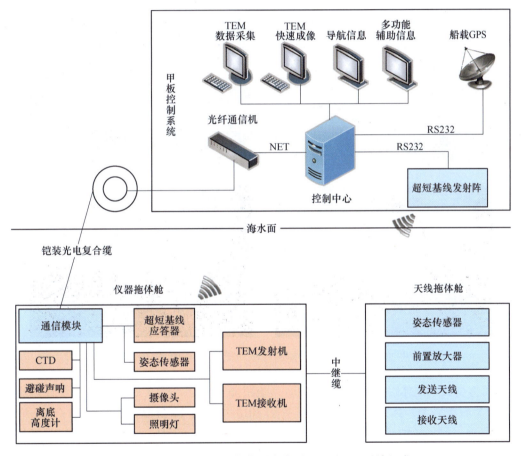

图 2.29　深海拖曳式双拖体瞬变电磁 MTEM-08 系统组成

深海拖曳式双拖体瞬变电磁系统 MTEM-08 作业流程:首先,甲板布放需要仪器拖体舱与天线拖体舱并排放置,中继缆呈 8 字形顺势排放;其次,地质绞车通过释放机械锁与天线拖体舱相连,起吊后通过 A 形架摆出下放至海平面;然后,通过绳索控制释放机械锁,将天线拖体舱释放到海水中;待天线拖体舱入水后,作业船保持 1~2 节的顶流速度,作业人员通过同轴缆绞车起吊仪器拖体舱,A 形架摆出,设备入水,船速保持,设备通过同轴缆绞车系统以 20~30m/min 的速度下放，当离底高度接近 100m 时，适当降低下放速度，在到达预定海域后，以合适高度开始作业。仪器拖体舱回收和释放过程与此类似。

2010 年，在大洋 22 航次前的海试中，MTEM-08 系统在南海近海海域成功探测到了海底输油管道及光缆。同年，该系统跟随"大洋一号"进行了大洋 22 航次环球科考，在"贝利珠"热液区获取了海底热液金属硫化物矿的瞬变电磁异常。2012 年，在大洋 26 航次科考中，MTEM-08 系统有效探测到 TAG 热液区金属硫化物的瞬变电磁响应特征。2013—2014 年，MTEM-08 系统作为重大装备在大洋 30 航次西南印度洋勘探合同区进行了调查研究，并在 49.6°E 区域获得了良好的电磁异常。在 2014—2015 年的大洋 34 航次及 2015—2016 年的大洋 39 航次，MTEM-08 系统作为重大装备，在海底获得西南印度洋合同区上百千米的有效数据。图 2.30 所示为深海拖曳式双拖体瞬变电磁系统现场释放和回收。

图 2.30 深海拖曳式双拖体瞬变电磁系统 MTEM-08 现场释放和回收

深海拖曳式双拖体瞬变电磁 MTEM-08 系统跟随"大洋一号"在西南印度洋脊热液区进行了第 3X 航次科考，其第 2 航段测量任务从 2014 年 2 月 13 日开始，到 2014 年 2 月 14 日结束，完成 TEM 测线 2 条。TEM01 测线使用频率 0.625Hz，由起点 49°41.2211′W，37°50.1218′N 以 1.5 节的速度向终点 49°37.6156′W，37°45.0265′N 拖曳，测线长度 7.62km。如图 2.31 所示，TEM01 测线在 19：57：07~20：00：01 时间范围内（坐标 49.650865°W，37.791660°N~49.650256°W，37.790960°N），响应剖面在点号 30~60 号异常之间呈现幅值隆起，由 3.525ms 一直持续到 51.48ms，异常形态呈山丘状，异常特征明显。经过视电阻率快速成像，得到图 2.32 所示的拟二维视电阻率断面，再结合典型的热液硫化物矿地质模型，推测对应的地质断面，如图 2.33 所示。海底表面主要为浅部沉积物，在 30~60 号点异常区浅部−40m 范围内呈帽状覆盖，电阻率极低，推测为热液硫化物矿堆，宽约 30m，厚度约 30m；在 30~60 号点异常区的 -40~-120m 范围内电阻率低，且向下延伸成管状异常，推测为蚀变岩；在管状异常两侧视电阻率呈现较大梯度变化，推测为弱蚀变岩；异常两侧视电阻率相对较高，推测为玄武岩围岩。

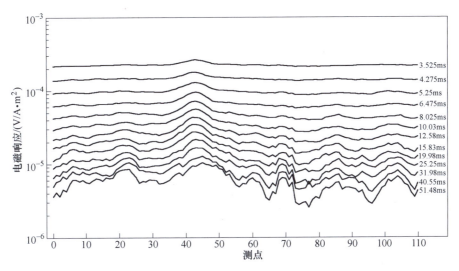

图 2.31　大洋 3X 航次 TEM01 测线局部瞬变电磁响应剖面

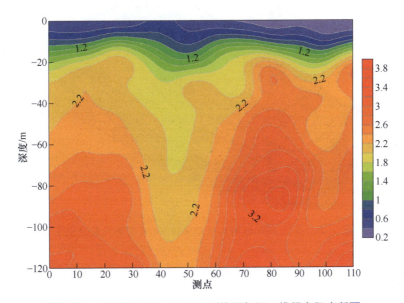

图 2.32　大洋 3X 航次 TEM01 测线局部拟二维视电阻率断面

(2) 深海 6000m 拖曳式单拖体瞬变电磁系统

2017 年，为简化收放模式，降低安全风险，同时保证探测效果，席振铢教授团队基于提出的广义等值反磁通瞬变电磁装置，组织研制了深海 6000m 拖曳式单拖体 TEM 探测设备，如图 2.34 所示。

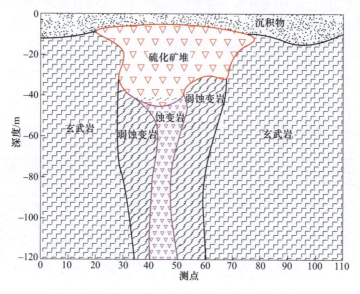

图 2.33 大洋 3X 航次 TEM01 测线局部地质解译

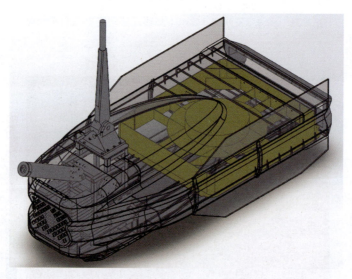

图 2.34 深海 6000m 拖曳式单拖体 TEM 探测设备透视图

如图 2.35 所示，深海 6000m 拖曳式单拖体 TEM 系统主要由甲板控制系统、万米光电复合缆、深海单拖体组成。其中，水上甲板控制系统中控制工作站是数据处理终端，负责通过光纤转换模块给水下单拖体下发控制指令和信息采集，以及负责船载导航、超短基线阵列、多功能辅助系统等多类型传感器数据采集及分发，最终在三个显示终端显示多功能辅助信息、瞬变电磁采集信息和导航信息；水下单拖体内的 6000m 级别仪器耐压舱放置了光纤通信模块、电源系统、TEM 发送机、TEM 接收机和超短基线应答器；水下单拖体搭载了 CTD 设备、离底高度计、灯、姿态传感器、自然电位阵列等传感器；深海 6000m 单拖体 TEM 系统不同于双拖体 TEM 系统，深海单拖体将发射接收天线与水下仪器舱进行了一体化融合，释放和回收过程更为简单可靠,在海底的作业时间更长(可达 24h),可以在不回收至甲板的情况下,直接转场作业。

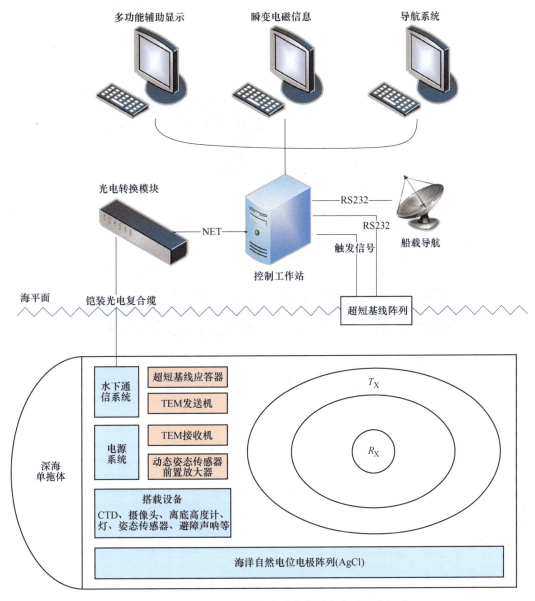

图 2.35 深海 6000m 拖曳式单拖体瞬变电磁系统组成

深海拖曳式单拖体瞬变电磁系统省略了烦琐、困难、危险的天线拖体舱释放回收作业,既节省人力,又缩短释放回收作业时间,整个作业过程仅需要光电铠装缆绞车、止荡绳和少数作业人员即可完成,降低了作业风险,提高了工作效率,节省了宝贵的科考船时。图 2.36 展示了深海 6000m 单拖体 TEM 系统释放回收作业现场。

在大洋 4X 航次第三航段和第四航段的瞬变电磁探测工作中,搭载在"向阳红 10 号"的深海 6000m 拖曳式单拖体瞬变电磁系统在西南印度洋大洋中脊开展热液硫化物矿的探测工作。2018 年 5 月 13 日,在 4XⅣ-SXXX-L001-TEM001-03 号站位工作中,单拖体瞬变电磁以 1.2km 的速度，在离底不到 30m 的情况，上线作业 6 小时 11 分钟，总计有效勘探里程 4.58km。如图 2.37a 所示，在 08：05～09：15 点时间段内，将时间坐标结合拖曳速度换算为里程 1500～2500m，发现在 1725～1800m 段，瞬变电磁多道剖面表现为早期道至晚期道异常响应比较明显。经数据处理，得到对应的拟二维视电阻率断面，如图 2.37b 所示。该段视电阻率横向不连续，低阻呈现向下延伸，其异常形态表现为深海热液硫化物矿的丘状形态，据此推测此段为典型的热液硫化物矿。

图 2.36 深海 6000m 拖曳式单拖体瞬变电磁系统释放回收作业现场

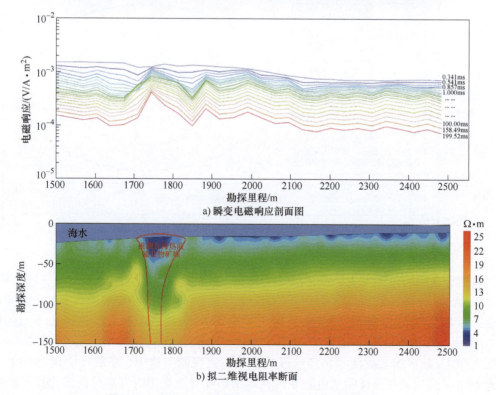

图 2.37 大洋 4X 航次热液硫化物矿瞬变电磁局部成果

2.3 海洋重磁勘探

海洋重力和磁法勘探通过测量地球重力场和磁场的微小变化，推断地下地质体的密度和磁性特征。重力勘探利用密度差异来识别地下构造，如盆地、隆起和断裂带；磁法勘探则利用岩石的磁性差异，识别磁性矿物的分布和地质构造。由于重力和磁力测量可以在大范围内进行，成本相对较低，常用于区域性的地质调查和初步资源评价。

2.3.1 海洋重力勘探

1. 重力及重力加速度

如图 2.38 所示，在地球表面的物体 A，其同时受到两种力的作用：地球质量对其产生的万有引力 F 和地球自转引起的离心力 C。F 和 C 的矢量和 G 就称为重力，方向大致指向地心。

$$G = F + C \tag{2.116}$$

在重力作用下，物体自由下落会产生重力加速度 g，其与重力 G 之间的关系为

$$G = mg \tag{2.117}$$

式中，m 为物体的质量。上式可转换为：

$$\frac{G}{m} = g \tag{2.118}$$

由式（2.118）可知，重力加速度在数值上等于单位质量所受的重力，其方向与重力相同。由于重力 G 与质量 m 有关，不易反映客观的重力变化，后续不特别注明时，重力均指重力加速度或重力场强度。

如图 2.39 所示，取直角坐标系，地心选作原点，地球自转轴为 Z 轴，XY 平面取赤道面。根据牛顿万有引力定律，地球质量对其外部任一点 A 处的单位质量所产生引力 F 的大小为：

$$F = G_0 \int_M \frac{\mathrm{d}m}{\rho^2} \tag{2.119}$$

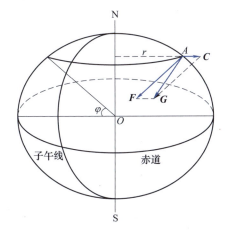

图 2.38 地球的重力

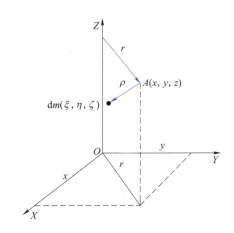

图 2.39 计算地球重力的直角坐标系

式中，G_0 为万有引力常数，dm 表示地球内部的质量元，其坐标为 (ξ, η, ζ)，ρ 表示地球内部质量元到 A 点的距离。令 A 点和该地球内部质量元的坐标分别为 (x, y, z) 和 (ξ, η, ζ)，则有：

$$\rho = (\xi - x)^2 + (\eta - y)^2 + (\zeta - z)^2 \tag{2.120}$$

由地球自转引起的单位质量的离心力 C 为：

$$C = \omega^2 r \tag{2.121}$$

式中，ω 为地球自转角速度，r 为地球自转轴到 A 点的矢径。

引力 F 和离心力 C 沿图 2.39 中 X、Y、Z 坐标轴方向 i、j、k 的分量大小为：

$$F_x = F\cos(\boldsymbol{F}, \boldsymbol{i}) = G_0 \int_M \frac{\xi - x}{\rho^3} dm \tag{2.122}$$

$$F_y = F\cos(\boldsymbol{F}, \boldsymbol{j}) = G_0 \int_M \frac{\eta - y}{\rho^3} dm \tag{2.123}$$

$$F_z = F\cos(\boldsymbol{F}, \boldsymbol{k}) = G_0 \int_M \frac{\zeta - z}{\rho^3} dm \tag{2.124}$$

$$C_x = C\cos(\boldsymbol{C}, \boldsymbol{i}) = \omega^2 x \tag{2.125}$$

$$C_y = C\cos(\boldsymbol{C}, \boldsymbol{j}) = \omega^2 y \tag{2.126}$$

$$C_z = C\cos(\boldsymbol{C}, \boldsymbol{k}) = 0 \tag{2.127}$$

根据式 (2.116)，可得重力 g 在 X、Y、Z 坐标轴方向 i、j、k 的分量大小为：

$$g_x = G_0 \int_M \frac{\xi - x}{\rho^3} dm + \omega^2 x \tag{2.128}$$

$$g_y = G_0 \int_M \frac{\eta - y}{\rho^3} dm + \omega^2 y \tag{2.129}$$

$$g_z = G_0 \int_M \frac{\zeta - z}{\rho^3} dm \tag{2.130}$$

因此，重力 g 的大小为：

$$g = (g_x^2 + g_y^2 + g_z^2)^{1/2} \tag{2.131}$$

其方向与过该点的水平面内法线方向一致，即一般所说的铅垂方向。

2. 重力场及重力位

地球的重力场是指在地球周围空间内任一点所受到的重力作用或效应，通常以地球表面或其附近某点单位质量所受的重力来表示，数值上等同于重力加速度。作为一种力场，重力场广泛分布于地球表面及其附近区域，任何质点在该区域内都会受到重力的影响。重力场是引力场和离心力场的合成场。

可以发现，式 (2.128)~式 (2.130) 是下列函数：

$$W(x, y, z) = G \int_v \frac{\sigma dv}{\rho} + \frac{1}{2}\omega^2(x^2 + y^2) \tag{2.132}$$

关于 x、y、z 的偏导数，即：

$$g = \mathbf{grad} W \tag{2.133}$$

因此，函数 $W(x, y, z)$ 就是重力场的位函数，简称重力位。这个位函数的存在说明重力场是一个位场，即场力做功与路径无关。

令 U、V 分别表示式（2.132）右端第一项和第二项，这两个函数分别表示引力场、离心力场的场强度在 X、Y、Z 坐标轴上的三分量，因此，U 和 V 分别表示引力位及离心力位。由此，式（2.132）可以转换为：

$$W = U + V \tag{2.134}$$

即重力位等于引力位与离心力位之和。

重力场的几何性质可以通过一些具有恒定重力位的曲面来描述，这些曲面被称为重力位面。若在某一曲面上的各点具有相同的重力位，则该曲面被称为重力位水准面。重力位水准面的方程为：

$$W = 常数 \tag{2.135}$$

当上式右端取不同常数值时，会得到一系列重力位水准面。在同一重力位水准面上，各点的重力位相等，且重力方向垂直于该面。假设海洋面处于静止状态，海洋面上的重力将垂直于海面，否则海水将流动。因此，静止状态下的海洋面与某一重力位水准面重合，这一重力位水准面称为大地水准面。由于海洋面不可能完全静止，实际定义为与平均海洋面最接近的重力位水准面，即大地水准面。大地水准面是描述地球形状和外部重力场的关键概念，也是重力测量中的重要应用。

3. 正常重力场

由于地球形状不规则且内部质量分布不均匀，直接研究地球的重力场存在诸多困难。为简化研究，通常引入"正常重力场"这一假设模型。正常重力场假设地球是一个形状与质量分布规则的匀速旋转体，这个假想的物体被称为"正常地球"。在正常重力场中，等位面称为正常水准面，这一模型为地球重力场提供了近似值。

确定正常重力场的方法主要有两种：拉普拉斯（Laplace）方法和斯托克斯（Stokes）方法。这两种方法各有优缺点。拉普拉斯方法可以精确地接近实际地球的重力场，但生成的正常水准面的形状较为复杂，难以直接应用于大地测量中的归算问题。为了简化计算，通常选用旋转椭球作为归算面，且当前大多采用绕短轴旋转的"水准椭球"作为正常地球模型，其质心与几何中心重合。

4. 全球重力场模型

全球重力场模型是真实重力场的近似表达，特指扰动重力位球谐函数或椭球谐函数展开表达式，公式如下：

$$T(r, \theta, \lambda) = \frac{G_0 M}{r} \sum_{n=2} \left(\frac{R}{r}\right)^2 \sum_{m=-n}^{n} T_{nm} Y_{nm}(\theta, \lambda) \tag{2.136}$$

式中，T 为同一点上地球重力位与正常位之差，称为扰动位；(r, θ, λ) 为球坐标；G_0 为万有引力常数；M 为地球的总质量；T_{nm} 为球谐展开系数；Y_{nm} 为伴随 Legendre 多项式；n 和 m 表示球谐展开的阶次。确定全球重力场模型，简而言之，就是根据已有的观测数据，求解扰动重力位球谐展开式中的待定系数 T_{nm}。

全球重力场模型自 20 世纪 30~40 年代起步，随着卫星技术的快速发展，尤其是 GRACE 和 GOCE 卫星的发射，全球重力场模型得到了显著提升。这些卫星的应用推动了全球重力场模型的快速发展，产生了大量新的模型，如 EGM2008、GECO、GOCO06s、XGM2019e 和 Tongji-GOGR2019s。作为一种解析形式的数值模型，全球重力场模型为表示和计算大地水准面、重力异常、垂线偏差及其他重力场参量提供了便捷且高效的手段。它广泛应用于大地测量、卫星轨道计算、现代武器发射、地球物理学以及海洋学等多个领域。

5. 重力测量参考系统

地球表面上，若测得的是某测点的重力绝对值，则为绝对重力测量；若是测得两点间的重力差，则为相对重力测量。相对重力测量中，为确定某点的绝对重力值，需要以已知绝对值的参考点为起点，结合点间重力差推算出目标点的绝对重力值。

从1906年至1966年，波茨坦（Potsdam）绝对重力点被国际公认为全球重力基准，其重力值为（981274.20±3）mGal，并作为波茨坦系统的基础。1971年，在国际地球物理与地质学联合会会议上，决定建立国际重力基准网（IGSN-71），对波茨坦基点的重力值进行校准，修正后的重力值为（981260.19±0.017）mGal。现今，所有重力测量均基于此标准。我国的重力基准网于2002年由国家测绘局、总参测绘局和中国地震局联合建立，名为2000国家重力准网，包含259个重力点，其中21个为重力基准点、126个为重力基本点、112个为重力引点，整体精度为±7.4×10^{-8}m/s^2（μGal）。重力基准点通过绝对重力仪测定，作为全国基准；重力基本点则通过相对重力仪与基准点联测，数量更多且分布较密集，便于用户开展联测。

2.3.2 海洋磁法勘探

1. 地磁要素

地球周围存在的磁场称为地磁场。地面某一点的地磁场总强度矢量T，即磁感应强度矢量，通常可用直角坐标系来表示。如图2.40所示，以观测点为坐标原点，设定x、y、z轴的正方向分别指向地理北、东和垂直向下。此时，磁感应矢量T在直角坐标系内的三个轴上的投影分别为：北向分量X，东向分量Y和垂直分量Z。磁感应总强度T在xy水平面上的分量称为水平分量H，指向磁北。与水平面之间的夹角为倾斜角I，当T向下倾斜时，I为正，向上倾斜时为负。通过水平分量H所在的铅直平面为磁子午面，该面与地理子午面的夹角称为地磁偏角D，若磁北相对于地理北偏东，则D为正，偏西则为负。T、X、Y、Z、H、I和D统称为地磁要素，描述了该点地磁场的大小和方向特征。基于图2.39的几何关系，可以得到：

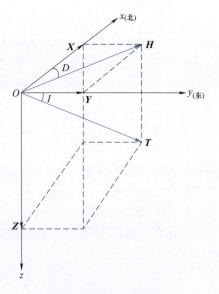

图2.40 磁场分量示意

$$\begin{cases} H = T\cos I, \ X = H\cos D, \ Y = H\sin D, \ Z = T\sin I = H\tan I \\ T^2 = H^2 + Z^2 = X^2 + Y^2 + Z^2 \\ \tan I = \dfrac{Z}{H}, \ \tan D = \dfrac{Y}{H} \end{cases} \tag{2.137}$$

地磁场的总强度等值线在大多数地区大致平行于纬线。其强度在磁赤道附近为30000~40000nT，并随着距离赤道的增远而逐渐增大，最终在南北磁极处达到60000~70000nT。根据地磁要素在地理上的分布特点，地球的基本磁场模式可以近似视为一个位于地球中心、与自转轴倾斜11.5°的偶极子场。虽然两者的磁要素分布大体相似，但在广泛区域内，仍然可以观察到显著的差异。

2. 岩石磁性

均匀无限磁介质受到外部磁场 H 的作用,衡量物质被磁化的程度的磁化强度 M 为:

$$M = \kappa H \tag{2.138}$$

式中,κ 为表征物质受磁化难易程度的磁化率,量纲为 1;M 和 H 的单位为 A/m。

磁场 H 在各向同性磁介质内部某点产生的磁感应强度(磁通密度)B 为:

$$B = \mu H \tag{2.139}$$

在真空介质中,则有:

$$B_0 = \mu_0 H \tag{2.140}$$

式中,μ_0 为真空介质磁导率。

磁导率 μ 为:

$$\mu = \mu_0 \mu_r \tag{2.141}$$

式中,μ_r 表示相对磁导率。

将式(2.141)代入式(2.139)可得:

$$B = \mu_0 \mu_r H = \mu_0 H + \mu_0 (\mu_r - 1) H = \mu_0 (1 + \kappa) H = \mu_0 (H + M) \tag{2.142}$$

可以看到,介质受磁化后产生的附加场大小与介质的磁化率成正比。相对磁导率 $\mu_r = 1 + \kappa$ 是一个纯量,μ 与 μ_0 之间的关系为:

$$\mu = \mu_0 (1 + \kappa) \tag{2.143}$$

3. 正常地磁场和磁异常

地磁场可根据研究目的分为正常地磁场(正常场)和磁异常(异常场)两部分。在地磁学中,正常地磁场和磁异常具有明确的定义。在井中磁法测量中,通常将地磁场 T 视作为正常场 T_0 与异常场 T_a 的和,即:

$$T = T_0 + T_a \tag{2.144}$$

一般情况下,正常场与异常场是相对概念,正常地磁场被视为磁异常的背景场或基准场。例如,研究大陆磁异常时,中心偶极子场作为正常地磁场;而研究地壳磁场时,正常场则是中心偶极子场与大陆磁场的合成。因此,正常场的选取依据具体的研究对象和异常类型。

在磁法勘探中,正常磁场的选择也具有相对性,取决于研究的目标、测量区域的规模及对不同深度场源的探讨。例如,在弱磁性或非磁性地层中,若目标是定位强磁性岩体或矿体,则通常将前者所产生的磁场视为正常背景场,而将后者的磁场视为磁异常。

4. 地球磁场模型

1838 年,高斯首先提出表示全球范围内地磁场的分布及长期变化的球谐分析方法,该方法还可以区分外源场(电离层场和磁层场)和内源场(地核场和地壳场)。地球磁场的高斯球谐表达式为:

$$X = \sum_{n=1}^{N} \sum_{m=0}^{n} \left(\frac{R}{r}\right)^{n+2} [g_n^m \cos(m\lambda) + h_n^m \sin(m\lambda)] \frac{d}{d\theta} \overline{P_n^m}(\cos\theta) \tag{2.145}$$

$$Y = \sum_{n=1}^{N} \sum_{m=0}^{n} \left(\frac{R}{r}\right)^{n+2} \frac{m}{\sin\theta} [g_n^m \sin(m\lambda) - h_n^m \cos(m\lambda)] \overline{P_n^m}(\cos\theta) \tag{2.146}$$

$$Z = -\sum_{n=1}^{N}\sum_{m=0}^{n}(n+1)\left(\frac{R}{r}\right)^{n+2}\left[g_n^m\cos(m\lambda)+h_n^m\sin(m\lambda)\right]\overline{P_n^m}(\cos\theta) \qquad (2.147)$$

式中，R 表示地球平均半径；$\theta=90°-\varphi$，φ 为 P 点的地理纬度；λ 为以格林尼治向东起算的 P 点地理经度；g_n^m、h_n^m 称为 n 阶 m 次高斯球谐系数。

1968 年，国际地磁学与高空物理学协会首次提出 1965.0 年代高斯球谐分析模型，并于 1970 年正式批准该模型，命名为国际地磁参考场。该模型用于描述地球的基本磁场及其长期变化，每五年发布一次球谐系数，并更新全球地磁图。

由于数据和计算能力的限制，传统的球谐分析无法提供足够高的分辨率，尤其不适用于描述局部地区的磁场或小尺度的磁异常。因此，为了精确表示某一地区的正常地磁场，需要建立地区性地磁场模型。此类模型依赖于密度更高的局部磁测数据，这些数据能够更准确地反映区域地磁场的特征。常用的地区性建模方法包括多项式拟合法、矩谐分析法和球冠谐分析法等。

随着地磁卫星技术的不断发展，卫星磁力测量逐渐成为构建地磁场模型的主要方法。结合地面台站、航空和船载磁测数据，卫星磁力测量能够高效构建近地空间（从地面到 2000km 高空）的全球地磁场模型。目前，常见的全球地磁场模型包括地磁场综合模型（Comprehensive Model of Geomagnetic Field，CM）、增强地磁场模型（Enhanced Magnetic Model，EMM）、基于张衡一号卫星的全球地磁场模型（China Seismo-Electromagnetic Satellite-Global Geomagnetic Field Model，CGGM）等。对于海洋地磁场，地磁场模型被广泛应用于地磁日变修正、大洋地磁场分析等研究。

2.3.3　海洋重磁勘探技术与装备

1. 近海底重力测量

海洋重力测量的传统方法是船载走航式方法。相比海面观测，近海底观测具有两个明显的优势：一是信号强度增加；二是最小可检测的异常波长减小，这避免了高频成分的衰减，从而获取更强的重力信号。这一特点在海洋地质勘探和资源调查等方面具有重要意义。根据重力仪的运动状态，水下重力测量可分为静态和动态两种方式。

（1）近海底/海底静态重力测量

1923 年，Vening Meinesz 首次在潜艇上使用摆仪进行海洋重力测量，但当时潜艇测量面临多种挑战，包括测量时间长、成本高、下潜深度有限等困难。1941 年，Pepper 设计了一种远程操作系统，该系统将常规海洋重力仪置于设备中，通过电缆放置于海底。操控人员可远程调整设备，通过照相方式获取读数，即使在中等振动的干扰下，仍能确保精确测量。1947 年，Frowe 等人将重力仪放入水下潜水舱，直接在海底读取数据，最大测量深度可达 250ft（1ft=0.3048m）。该系统较少受风浪和潮汐影响，且结构上能够承受 500ft 深度的水压。1990 年，罗壮伟等研发了我国首批高精度近海重力测量设备。如图 2.41 所示，该设备采用由加拿大先达利公司研发的石英弹簧重力仪改造而成的 CG-3 型全自动重力仪，通过全球定位系统，定位海底重力仪的平面位置并进行高精度测量。在水深小于 50m 的情况下，平面定位精度优于±10m，高程精度优于±0.4m，总布格异常精度优于 0.2mGal。

1998 年，Sasagawa 等开发了基于 ROV 的海底重力测量系统 ROVDOG，如图 2.42 所示。ROVDOG 系统将重力仪安装在 ROV 上，使用电动装置进行精确调平，并可远程操作仪器，实时监控数据。ROVDOG 将陆地重力仪改造为适应海底环境的设备，重力传感器核心部件提取自 Scintrex CG-3M 重力仪，并集成于一个调平装置内。如图 2.43 所示，微控制器监控调平平台，控制数据采集，其他电路负责电源、压力测量、信号调节和系统监控等功能。ROVDOG 通过软电缆与 ROV 连接，避免了 ROV 振动对测量数据的影响。重力测量深度使用 Paroscific 石英压力计，31K 型测量深度可达 700m，410K 型可测深度达 7000m。压力计安装在 ROVDOG 的压力箱中，通过高压端口与海水相连接。

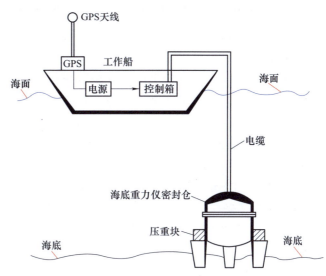

图 2.41　海底高精度重力测量系统示意

海底基准点确保重力仪的精确定位，为避免拖网捕鱼的干扰，ROVDOG 海底基准设计为裙板形状。

（2）近海底动态重力测量

相比于传统的船载测量，水下重力测量可以更精确地获取海底及近海底区域的重力数据，这对于研究海底地形、海洋动力学及地壳构造等问题至关重要。然而，传统的水下静态重力测量技术存在一些局限性，如成本高、效率低、覆盖面积小等问题，这些因素限制了其在广阔海域中的应用。

为了解决这些问题，科学家们不断探索新的水下重力探测技术，并逐步发展出适用于海洋环境的高精度重力测量设备。1997 年，Zumberge 等开发了一个多功能移动平台的深拖重力测量系统，这一系统显著提高了水下重力测量的效率与精度。如图 2.44 所示，该系统通过拖体将重力

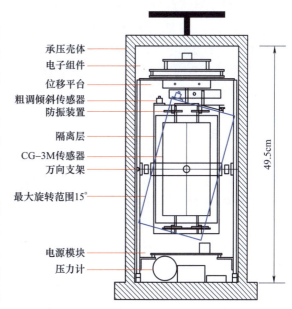

图 2.42　ROVDOG 海底重力仪

传感器固定在接近海底的位置，最大化捕捉海底区域的重力异常信息。该系统由 LaCoste & Romberg 船载重力仪改装而成，并通过两个球形压力箱保护重力仪和电气系统，确保测量仪器在海底复杂环境下的稳定运行。

随着水下移动平台技术的不断进步，ROV 和自主水下航行器（Autonomous Underwater Vehicle，AUV）逐渐成为水下重力测量的重要平台。相比传统的船载测量，这些平台具备

更高的灵活性和稳定性，能够适应深海及复杂海域的重力测量需求。图2.45展示了基于水下移动平台的重力测量图。

1995年，Cochran等将Bell BGM-3型航空重力仪成功搭载在Alvin载人潜水器上，进行近海底水下动态重力测量。试验在东太平洋海隆地区进行，重力仪离海底3~7m，航速为1~2节，单条测线长达8km。在多次测量过程中，航次间的重复性误差控制在0.3mGal以内，且测量线上的重力异常分辨率达到了130~160m。为了确保精确的定位，Cochran团队采用了三台水声应答器进行水下导航，且在导航中出现的数据丢失部分通过插值法进行修正，从而提高了测量的连续性和精度。

在此基础上，斯克里普斯海洋研究所的研究团队与工业界合作，于1998~2008年间开发了一款深海重力仪。该仪器基于商用Scintrex CG5型石英弹簧传感器，经过封装后放入深海压力箱中。该重力仪配备了两种搭载方式：一是通过ROV在海底固定位置进行长期观测，用于监测海底储层密度的时间变化；二是将仪器搭载到AUV上，进行深海勘探。相比传统的海面重力测量，AUV在海底操作的优势在于其与震源更近、环境更平稳，能够获得更高的测量精度，达到了3μGal。

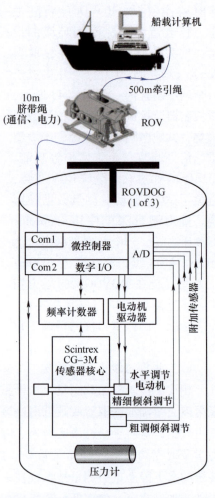

图2.43 ROVDOG重力测量系统的信号流程图和微控制器

日本东京大学的Fujimoto团队在AUV水下动态重力测量领域做出了很多努力。自1996年起，Fujimoto等便开始研发水下重力仪。初期他们将传感器和控制系统分开，并安装在不同的压力容器中，考虑到成本和结构问题，后续他们将所有组件封装在同一个压力容器内。如图2.46所示，经过多次海试后，团队进一步改进了传感器设计，增加了空间扩展，优化了系统的稳定性。在2000年，他们将改造后的Scintrex CG-3M重力仪成功安装在AUV上进行试验，重力仪被固定在光学陀螺稳定平台上，配备温控系统（60℃）和减振装置，以减少海洋环境中的振动干扰。AUV则搭载了INS/DVL组合导航系统，并通过水声定位进行补充，以确保导航精度，最终实现了1mGal的仪器精度。在2012年和2013年，Fujimoto团队开发了新型水下重力仪和重力梯度仪搭载到"URASHIMA"AUV上进行重力测量，如图2.47所示。重力梯度传感器采用了两个垂直分离的加速度计和静止参考摆系统，摆头使用钨合金材质，光学传感器安装在摆头顶部。这一设计允许精确检测摆的运动，进一步提高了重力测量的精度和稳定性。如图2.48所示，加速度计单元的尺寸为140mm（直径）和170mm（高度），使得传感器在深海环境中表现出更强的适应性和灵敏度。

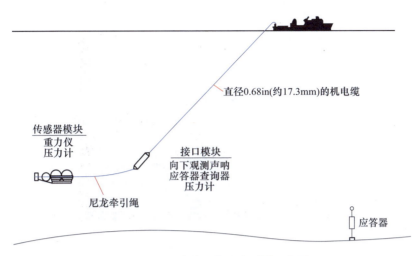

图 2.44　近海底深拖重力测量示意图

（3）应用案例

在威海北部海域某勘探工作中，山东省物化探勘查院使用了两台由加拿大 Sintrex 公司生产的 INO 海底重力仪，专门用于浅海区的重力测量。该设备以陆域 CG-5 重力仪为核心，测量精度相当，属于全球型相对重力仪。配备的"INO Gravity Logging Software"操控系统，支持对重力仪进行远程控制，并能够在倾斜角度小于 25°的情况下实现自动调平和精准测量。重力仪的高抗压防腐密封舱直径为 60cm，能够有效隔绝海水对内部电子组件的侵蚀，同时减轻海流引发的振动干扰，确保在 600m 水深的极端环境下仍能稳定工作。虽然该仪器采用点测方式进行测量，效率较低，但其高精度使其在复杂海域环境中具有优势。

图 2.45　基于水下移动平台的重力测量示意图

在使用 INO 海底重力仪进行海底静态观测时，操作程序通常包括调查船稳定锚定后，利用绞车将仪器缓慢下放至海底，如图 2.49 所示。下放过程中，通过甲板单元实时监控仪器的倾斜角度和下放深度等参数，确保设备在下放过程中不发生渗水等问题。当重力仪触底后，释放钢缆使其稳定在海床，最小化海流对测量结果的影响。随后，通过甲板控制系统调平设备，确保仪器水平状态，开始进行精确的重力测量。测量完成后，重力仪被回收到船上，并继续前往下一个测量点。

根据重力测量数据及相关位场转换分析，并结合区域地质与构造特征，研究区内推断出了 10 条主要断裂。其中，牟平—即墨断裂带在区域构造演化中起到决定性作用。该断裂带包括牟平—即墨断裂（F1）、桃村断裂（F2）和海阳断裂（F8）。

图 2.46 日本东京大学的 Fujimoto 团队研发的海底重力仪部署图

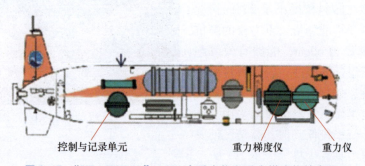

图 2.47 "URASHIMA" AUV 中重力仪和重力梯度仪的布局

如图 2.50 所示，在布格重力异常图中，牟平—即墨断裂（F1）在陆域南部呈现等值线错动或扭曲特征，在海域北部则形成显著的重力梯级带，表明该断裂带具有较强的重力场特征。特别是在海域北段，重力异常与欧拉反褶积解的结果高度一致，部分区域的解深度超过 3km。桃村断裂（F2）作为牟平—即墨断裂带的西支，是胶东半岛一条规模较大的区域性断裂。布格重力异常图显示，该断裂表现为大规模、水平变化率大的重力梯级带。自南向北，重力场逐渐展现出从重力梯级带、同相轴局部弯曲到错动的变化。海阳断裂（F8）是牟平—即墨断裂带的东支，呈 NNE 向展布，整体走向约为 20°，主体倾向 SE，局部倾角范围在 65°~80°。布格重力异常图表明，海阳断裂的重力异常特征相较于牟平—即墨断裂（F1）

和桃村断裂（F2）较为不明显。海阳断裂的南北段表现为大规模、水平变化率较大的重力梯级带，显示出较为陡峭的密度界面和稳定的构造特征。中段则被 NE 向的武宁断裂（F7）错断，进一步影响了该区域的重力场分布。

2. 近海底磁力测量

（1）近海底深拖磁力测量

近海底磁力测量主要有两种方法：一种是深海拖曳式测量，如图 2.51 所示，磁力仪被拖曳至近海底，通常在 200～400m 的海底上方工作，具体高度取决于海底起伏和船速；另一种方法是将磁力仪安装在水下移动平台上，进行高分辨率的磁力测量，适合探测较小的目标，如热液点等。

图 2.48　加速度计作为重力传感器

采用调查船拖曳磁力仪的测量方式可以减小船磁干扰，提高磁法测量数据的准确性。20 世纪 50 年代末，斯克里普斯海洋学研究所（Scripps Institution of Oceanography，SIO）和美国海岸与大地测量局采用拖曳方式对美国西海岸进行了大规模磁法测量，为海洋磁法测量奠定了基础，并推动了这一技术在全球范围内的应用。1973 年，SIO 开发了首个基于质子磁力仪的深海拖曳系统，此举标志着深拖磁测的开始。随后，SIO 进一步发展了包括三轴磁通门和加速度传感器的复杂深拖系统，使得磁力测量精度和测量范围得到了显著提升。

随着深海拖曳磁法探测技术的发展，多个国家和研究机构开展了深海磁法探测的实地应用。例如，1990 年，美国的 Alvin 深潜器在大西洋 TAG 热液区进行了近海底磁异常测量，而 1996 年法国的 Nautile 深潜器也完成了类似的任务，在大西洋中脊进行了 19 次潜水，采集了详细的磁力数据。

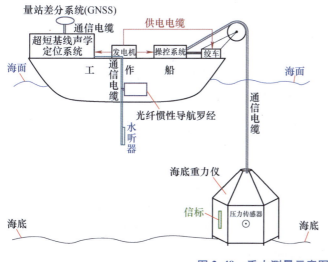

图 2.49　重力测量示意图

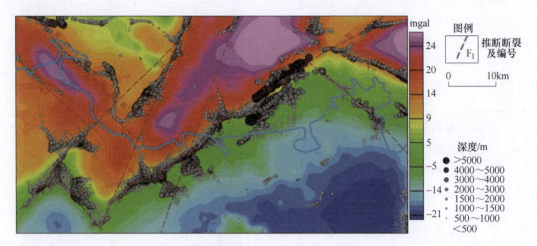

图 2.50　研究区欧拉反褶积计算结果及推断地断裂

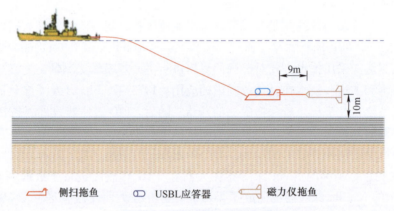

图 2.51　拖曳式磁力测量示意图

（2）基于水下移动平台的近海底磁力测量

水下移动平台（ROV、AUV、HOV）的快速发展，使得深海磁法探测技术进入了一个新的阶段。相较于传统的深海拖曳方式，水下移动平台能够更灵活地进行精细化、定点化的测量，尤其是在近海底磁异常探测中表现突出。这些平台通过搭载先进的磁力仪，能够在近海底数十米的高度进行高分辨率的磁力测量，适用于探测小尺度的热液点、矿床等目标。

水下移动平台的应用始于 20 世纪 80 年代末至 90 年代初，早期的研究主要集中在 ROV 和 AUV 的应用上。2007 年，法国的 Victor ROV 在大西洋中脊的 Krasnov 热液区进行近海底（50m 高度）磁力测量，成功获取了高分辨率的磁力数据。2008 年和 2011 年，日本东京大学分别利用 r2D4 AUV 和 Urashima AUV 进行了类似的磁力测量，并取得了令人满意的结果。AUV 特别适合执行高分辨率的磁力测量任务。2012 年，德国基尔亥姆霍兹海洋研究中心利用 Abyss AUV 在第勒尼安海进行近海底地磁矢量测量，研究了玄武岩型热液区的绝对磁化强度和围区熔岩流的极性倒转。随着水下机器人技术的发展，越来越多的研究开始采用

ROV 和 AUV 进行多参数数据采集，如热液流体的温度、盐度、氧化还原电位等与磁力数据相结合，提供了更多关于海底热液活动的综合信息。中国在深海磁法探测方面的研究也取得了重要进展。2015 年，中国自主研发的 4500m 级 AUV "潜龙二号"完成了南海试验和西南印度洋的应用，并在多个航次中搭载磁力探测传感器进行高精度磁力测量。2016 年，"潜龙二号"AUV 在龙旂热液区完成了五次潜水作业，总作业时间达 106.7h，测线长度达到 277.1km，成功采集了高质量的近海底磁力三分量数据，同时也获取了与热液流体相关的温盐深、氧化还原电位、甲烷浓度等数据，为研究海底热液区和地壳磁化特性提供了宝贵的资料。图 2.52 展示了"潜龙二号"AUV 海试及热液区海底硫化物图。

图 2.52 "潜龙二号"AUV 海试及热液区海底硫化物

(3) 应用案例

磁法探测是海底光缆探测中一种重要的非破坏性探测手段。湾区互联海底光缆（Bay to Bay Express，BtoBE）连接粤港澳大湾区与美国旧金山大湾区，是首条实现两个湾区之间直接连接的跨太平洋海缆。此外，该海缆还设有分支延伸至新加坡、菲律宾等东南亚地区。主干线中的 S1 段（HK-BU1）从中国香港出发，穿越南海北部陆架及陆坡，最终到达南海北部陆坡坡底的 BU1 连接点，长度约为 570km。在这一段海域内，BtoBE 海底光缆与多个海底光缆系统交汇，包括东亚交汇海底光缆系统（East Asia Crossing，EAC）、亚太直达国际海底光缆（Asia Pacific Gateway，APG）、亚洲快线海底光缆（Asia Submarine-cableExpress，ASE）和环球光缆（Fiber-Optic Link Around the Globe，FLAG），其中理论交越点共计 7 个。

在 BtoBE 海缆与其他海底光缆交越点（如 APG、EAC、ASE 等）的探测中，通过三条布设在交越点附近的测线进行数据采集，提取并滤波后，观察到磁异常的变化幅度分别为 28nT、24nT、26nT，如图 2.53 所示。异常值的变化幅度与磁力仪与光缆之间的距离密切相关。这些磁异常的变化反映了海底光缆铠装钢丝与周围地磁背景的相互作用，通过对这些异常值的分析，可以明确光缆的位置和走向。绘制三条测线磁异常的平面剖面图，通过虚线勾勒出磁异常突变的剖面几何中点，可以准确地确定交越光缆（如 APG）的走向。

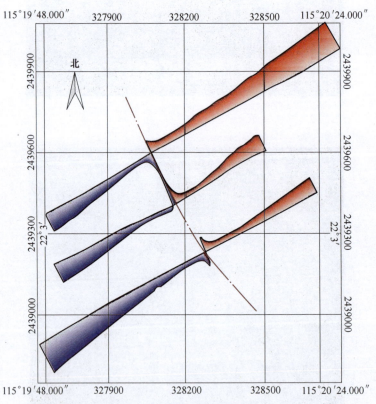

图 2.53　BtoBE 与 APG 光缆 S6 段交越点 1 磁力测线平剖图
（WGS 1984 UTM_ZONE_50N）

2.4 海洋地球物理勘探展望

随着全球对海洋资源需求的日益增长,海洋地球物理勘探技术正朝着更加高效、精确、智能化的方向发展。未来的海洋地球物理勘探不仅需要突破当前深海探测的技术瓶颈,还要在数据处理、设备创新、自动化操作、跨学科融合等方面取得新的突破。以下是海洋地球物理勘探技术与装备未来发展的几个关键趋势:

1. 深海勘探技术的突破

1)超深海探测技术的进步。深海探测仍然是海洋地球物理勘探面临的最大挑战之一。随着深海勘探技术的发展,潜水器、自动化水下平台、深海采样技术等设备将向更高的耐压、耐腐蚀性、长时间自主工作的能力迈进。通过材料科技的进步,特别是耐高压、抗腐蚀材料的应用,水下设备的可靠性将大大提高,为深海勘探提供更为精确的勘测数据。

2)水下通信技术的发展。深海环境中的水下通信技术仍然是一个难题,尤其是在水深较大的区域,水下声波通信往往受到海水盐度、温度等因素的干扰。未来,水下通信将更加依赖于光纤通信和新型无线电波传播技术。通过采用更为高效的信号传输技术,未来的海洋勘探设备将在深海环境中实现实时数据传输和远程操作控制,进一步提升勘探效率。

3)高分辨率成像与三维成像技术。目前海洋勘探技术的分辨率,尤其是在深海区域,往往无法满足高精度地质探测的需求。随着海洋地震勘探、海洋电磁勘探等技术的不断进化,三维成像和超高分辨率成像技术将成为核心发展方向。

2. 智能化与自动化的融合发展

1)人工智能与机器学习的应用。人工智能(Artificial Intelligence,AI)与机器学习在海洋地球物理勘探中的应用前景广阔。AI 技术将为数据处理、模式识别、异常检测和预测分析提供强大的支持,可以帮助自动化地处理和解释海量勘探数据,减少人工干预,提高勘探效率和数据解析的精度。另外,机器学习算法将推动海洋勘探数据的实时处理与动态调整,尤其是在需要长时间监测的环境中,自动化技术将显著提升数据的实时性和有效性。未来智能化勘探系统将能根据实时数据自动调整探测策略,实现更加精细化的勘探操作。

2)自主水下平台与无人系统的应用。随着无人技术的成熟,未来海洋勘探将大幅依赖 AUVs 和 ROVs。这些自动化水下平台不仅能够在深海中长时间自主运行,还能进行精确的物理量测量、采样和图像采集等任务。

3. 集成化与多传感器系统的创新

1)多物理场联合勘探技术。单一的勘探技术已经无法满足深海勘探日益复杂的需求,未来海洋地球物理勘探将朝着多物理场联合探测的方向发展。通过采用多传感器系统对海底进行综合性勘察,采集海底不同物理场的数据,能够更全面、精确地了解海底结构、沉积层特征和矿产资源分布。多物理场勘探技术不仅可以提高数据的综合解析能力,还能有效减少数据之间的偏差,提高勘探结果的准确性。

2)大数据技术的集成应用。随着勘探设备数据采集量的急剧增加,大数据技术在海洋地球物理勘探中的应用将成为未来发展的重要趋势。数据融合、云计算、边缘计算等技术将使得大量的探测数据能够快速处理、存储并进行智能分析。海洋勘探设备将更加依赖于大数据分析平台,通过分布式计算和云服务技术实现数据的实时共享和动态调整,提升勘探操作的效率和精度。通过大数据分析，不仅能够实时监控海底环境变化，还能够对勘探数据进行长期跟踪和分析，形成完整的资源勘探档案，为决策提供精准支持。人工智能与大数据的结合，将使得海洋地球物理勘探进入一个更加精准和高效的时代。

4. 环境保护与可持续发展

1）低噪声与环保技术的应用。海洋地球物理勘探常常面临着对环境的潜在影响，尤其是在深海油气勘探、矿产资源开采等过程中，可能会对海洋生态系统造成干扰。因此，未来的海洋勘探设备将越来越注重环保和可持续性。低噪声勘探技术、绿色能源驱动设备、环保材料的使用将成为技术创新的重要方向。

2）环境监测与灾害预警的集成。未来海洋地球物理勘探设备将与海洋环境监测系统进行紧密结合，形成综合性的海洋生态保护与灾害预警系统。例如，通过在海洋勘探设备上集成水温、盐度、海流、海洋酸化等环境监测传感器，能够实时监测海洋生态变化，预测可能的海洋灾害（如海底地震、海啸等）。这种集成化的系统不仅有助于提高勘探的精确度，还能为海洋环境保护提供数据支持。

海洋地球物理勘探技术与装备的未来将朝着高精度、高效率、智能化、可持续化方向不断发展。随着技术创新的不断推动，海洋勘探将变得更加精准、快速和环保。深海探测、人工智能、大数据、多传感器融合等新兴技术的应用将进一步拓展海洋地球物理勘探的应用领域，为能源、资源勘探、环境监测和灾害预警提供更加坚实的技术保障。同时，勘探技术的绿色发展也将为海洋生态保护和可持续利用提供有力支持。在这一过程中，跨学科的协同创新和多方参与将成为推动未来海洋地球物理勘探技术进步的关键力量。

主要参考文献

[1] 曹华霖. 重力场与重力勘探［M］. 北京：地质出版社，2005.

[2] 邓明，魏文博，盛堰，等. 深水大地电磁数据采集的若干理论要点与仪器技术［J］. 地球物理学报，2013，56（11）：3610-3618.

[3] 邓明，魏文博，谭捍东，等. 海底大地电磁数据采集器［J］. 地球物理学报，2003，46（2）：217-223.

[4] 管志宁. 地磁场与磁力勘探［M］. 北京：地质出版社，2005.

[5] 郝天珧，游庆瑜. 国产海底地震仪研制现状及其在海底结构探测中的应用［J］. 地球物理学报，2011，54（12）：3352-3361.

[6] 何继善. 海洋电磁法原理［M］. 北京：高等教育出版社，2012.

[7] 黄漠涛，管铮，翟国君，等. 海洋重力测量理论方法及其应用［M］. 北京：海洋出版社，1997.

[8] 金翔龙，等. 海洋地球物理［M］. 北京：海洋出版社，2009.

[9] 李斌，冯奇坤，张异彪，等. 海上 OBC-OBN 技术发展与关键问题［J］. 物探与化探，2019，（6）：1277-1284.

[10] 李金铭. 地电场与电法勘探［M］. 北京：地质出版社，2005.

[11] 刘训矩，郑彦鹏，刘洋廷，等. 主动源 OBS 探测技术及应用进展［J］. 地球物理学进展，2019，34（4）：1644-1654.

[12] 罗壮伟，刘文锦，程振炎. 海底高精度重力测量系统及方法技术研究和应用［J］. 海洋技术，1995，1：38-51.

[13] 吕俊军，陈凯，苏建业，等．海洋中的电磁场及其应用［M］．上海：上海科学技术出版社，2020．
[14] 聂佐夫，陶春辉，沈金松，等．复杂地形结构下瞬变电磁三维正演模拟：以大西洋洋中脊 TAG 热液区为例［J］．海洋学报，2021，43（6）：145-156．
[15] 牛之琏．时间域电磁法原理［M］．长沙：中南大学出版社，2007．
[16] 阮爱国，李家彪，陈永顺，等．国产 i-4c 型 obs 在西南印度洋中脊的试验［J］．地球物理学报，2010，53（4）：1015-1018．
[17] 王守君．海底电缆地震技术优势及在中国近海的应用效果［J］．中国海上油气，2012，24（2）：5．
[18] 吴涛．西南印度洋脊热液硫化物区近底磁法研究［D］．长春：吉林大学，2017．
[19] 吴时国，徐辉龙，万奎元，等．海洋地球物理：探测技术与仪器设备［M］．北京：科学出版社，2023．
[20] 吴时国，张建，等．海洋地球物理探测［M］．北京：科学出版社，2017．
[21] 吴治国，臧凯，刘洪波，等．高精度海底重力测量在探测隐伏断裂中的应用［J］．华北地震科学，2024，42（1）：18-24．
[22] 吴志强，张训华，赵维娜，等．海底节点（OBN）地震勘探：进展与成果［J］．地球物理学进展，2021，36（1）：412-424．
[23] 席振铢，李瑞雪，宋刚，等．深海热液金属硫化物矿电性结构［J］．地球科学，2016，41（8）：1395-1401．
[24] 熊章强，周竹生，张大洲．地震勘探［M］．长沙：中南大学出版社，2010．
[25] 支鹏遥．主动源 OBS 探测及地壳结构成像研究：以渤海 2010 测线为例［D］．青岛：中国海洋大学，2012．
[26] 周普志，李正元，沈泽中，等．海底光缆磁法探测技术研究与应用［J］．中山大学学报（自然科学版），2021，60（04）：100-110．
[27] 周胜，宋刚，黄龙，等．深海 6000m 拖曳式瞬变电磁系统及其应用［J］．地球物理学报，2017，60（11）：4294-4301．
[28] 周胜．深海 6000m 拖曳式瞬变电磁关键技术研究及应用［D］．长沙：中南大学，2022．
[29] ARAYA A，KANAZAWA T，SHINOHARA M，et al. Gravity gradiometer implemented in AUV for detection of sea floor massive sulfides［C］．Oceans，IEEE，2012．
[30] CONSTABLE S. Ten years of marine CSEM for hydrocarbon exploration［J］．Geophysics，2010，75（5）：75A67-75A81．
[31] DETOMO R，QUADT E，PIRMEZ C，et al. Ocean bottom node seismic：Learnings from Bonga，deepwater offshore Nigeria［C］．82th Annual International Meeting，2012，SEG Expanded Abstracts：1-4．
[32] DIEBOLD J B，STOFFA P L. The traveltime equation，tan-p mapping，and inversion of common midpoint data［J］．Geophysics，1981，46：238-254．
[33] DIX C H. Seismic velocities from surface measurements［J］．Geophysics，1995，20：68-86．
[34] EWING J L. Elementary theory of seismic refraction and reflection measurements［M］．London：Wiley-Interscience，1963．
[35] FUCHS K，MULLER G. Computation of synthetic seismograms with the reflectivity method and comparison with observations［J］．Geophysical Journal of the Royal Astronomical Society，1971，23：417-433．
[36] FUJIMOTO H，NOZAKI K，KAWANO Y，et al. Remodeling of an ocean bottom gravimeter and littoral seafloor gravimetry：Toward the seamless gravimetry on land and seafloor［J］．Journal of the Geodetic Society of Japan，2009，55（3）：325-339．
[37] KALLWEIT R S，WOOD L C. The limits of resolution of zero-phase wavelets［J］．Geophysics，47，42-439．
[38] KAUFMAN A A，KELLER G V. Frequency and transient sounding［J］．Elsevier Methods in Geochemistry &

Geophysics, 1983, 21.
[39] KEY K. Is the fast Hankel transform faster than quadrature [J]. Geophysics, 2012, 77: F21-F30.
[40] LI F Y, GAO Y. The first ultra deep water electromagnetic survey across the paleo spreading ridge of the South China Sea [J]. Chinese Science Bulletin, 2021, 66 (4-5): 405-406.
[41] LI J, JIAN H, CHEN Y J, et al. Seismic observation of an extremely magmatic accretion at the ultraslow spreading Southwest Indian Ridge [J]. Geophys Res Lett, 2015, 42: 2656-2663.
[42] MCQUILLIN R, BACON M, BARCLAY W. An introduction to seismic interpretation [M]. 2nd ed. Graham and Trotman, London, 1984.
[43] SASAGAWA G S, CRAWFORD W, EIKEN O, et al. A new sea-floor gravimeter [J]. Geophysics, 2003, 68 (2): 544-553.
[44] SHAH P M, LEVIN F K. Gross properties of time-distance curves [J]. Geophysics, 1973, 38: 643-656.
[45] URICK R J. Principles of underwater sound [M]. 3rd ed. New York: McGraw-Hill, 1983.
[46] ZHANG P, PAN X, LIU J. Denoising marine controlled source electromagnetic data based on dictionary learning [J]. Minerals, 2022, 12: 682.
[47] ZUMBERGE M. Deep ocean measurements of gravity [J]. Seg Technical Program Expanded Abstracts, 2008, 27 (1): 3550.

第 3 章

海底表层地质取样技术与装备

海底表层地质是海洋的关键边界层，蕴含着大量的海底沉积地质数据信息，如含水量、抗扭强度、抗剪强度等物理参数，是海底地质历史演化和资源状况分析与研究的重点。海底表层地质取样技术与装备是海底表层赋存矿产资源普查与详细勘探的关键，这对加快海洋地质调查与资源勘探的效率和准确度具有重要意义。由于深海高压水体的限制，研究人员根据不同海底地质情况，开发了大量的海底地质取样装备。当前，对于海底表层地质取样，常规的类型主要有重力活塞取样器、箱式取样器、拖网、抓斗取样器及其他表层取样器。本章将深入探讨海底表层地质取样理论和技术，详细剖析重力活塞取样器、箱式取样器、拖网、抓斗取样器、振动取样器、冲击式取样器和蓄电池驱动的摆扭式取样器的取样机理、基本结构、常见类型及取样性能等，并展望表层取样装备的发展趋势。

3.1 海底表层地质取样机理与技术

3.1.1 海底表层地质特征

获取海底表层地质信息是科技工作者了解海洋资源种类、分布、成矿条件、资源前景的基础，也是海底底质调查的重要手段。海底沉积物是海底表层地质的主要成分，了解海底沉积物的赋存条件、结构特征、力学性质等信息，对揭示海底表层地质取样机理具有重要的作用。海洋沉积物是指各种海洋沉积作用所形成的海底沉积物的总称，是以海水为介质沉积在海底的各类矿物组成的"未固结"饱和集合体，主要组分为砂、粉砂和黏土，含可见微结核、鱼牙骨、生物残渣及硅质碎屑。在沉积之前，这些物质都经历了复杂的生物、化学过程。海洋地质界依据沉积物组分的粒径对其进行了分类（见表 3.1）：$\phi<-1$ 为砾，$-1\leqslant\phi<4$ 为砂，$4\leqslant\phi<8$ 为粉砂，$8\leqslant\phi$ 为黏土。

表 3.1　海底沉积物粒级划分

沉积物类型		粒级/mm	φ
砾		>2	<-1
砂	极粗砂	2~1	-1~0
砂	粗砂	1~0.5	0~1
砂	中砂	0.5~0.25	1~2
砂	细砂	0.25~0.125	2~3
砂	极细砂	0.125~0.0625	3~4
泥	粉砂	0.0625~0.0039	4~8
泥	黏土	≤0.0039	≥8

深海海底沉积物颜色、质地相对较为均一，但与埋藏深度相关，表层沉积物颜色多呈现黄褐色，深层沉积物则以灰色为主，颜色差异主要受沉积物组分的影响。沉积物的颗粒很小，粒径一般低于1mm，而深海海底沉积物粒度一般不超过0.01mm，呈黏性流动的液态，属于高敏感度黏性土。

沉积物含水量受水深影响明显，浅海沉积物含水量相对较低，深海沉积物含水量相对更高，如100~200m水深沉积物含水量保持在30%~65%，而5000m深海含水量可以达到120%~150%。沉积物的湿密度则恰恰相反，浅海沉积物的湿密度较深海沉积物的相对较大，且差异较为明显，如100~200m水深沉积物湿密度为1.70~2.0g/cm³，而5000m深海湿密度则仅有1.2~1.5g/cm³。同时，沉积物的湿密度又与沉积物的埋藏深度相关，在同一水深条件下，表层沉积物是在快速沉积条件下形成的，颗粒较细，没有经过压实作用，其颗粒缝隙内富含大量的水分，随着埋藏深度的增大，沉积物含水量逐渐减小，密度逐渐增大，这种规律的出现与沉积物的排水固结相关。深海沉积物孔隙度为40%~80%，并且与埋藏水深密切相关，调查研究发现深海沉积物的孔隙度相对较大。

沉积物力学特征以其变形特性和强度特性为主，分别以压缩系数、抗剪强度来表示。土的力学特性除了与其组分、粒径、结构和构造有关外，还与其沉积过程、受力历史有关。弹性指标是描述物体弹性性质的重要指标，是进行科学研究的基本物理参数。众多学者对海底沉积物弹性指标进行了分析，发现沉积物纵波、横波的波速相差无几，且与水深关系不大。各个海域、深度沉积物的弹性模量也十分接近。沉积物的体积弹性模量随水深表现出明显差异，浅水区域表层沉积物的体积弹性模量明显高于深海沉积物的。沉积物的压缩系数变化相对略大，为0.2~0.5，均值约为0.3，随水深表现出明显差异，深海沉积物的变形系数相对较小。沉积物的泊松比未表现出明显的水深差异，为0.46~0.5，均值约为0.48，但可能与分布海域有所关联。沉积物的黏聚力并不是不变的，随着时间的推移，松散的沉积物颗粒排水固结，其内部的黏聚力增加，因此导致了埋藏深的沉积物的黏聚力高于表层沉积物。沉积物的极限抗压强度随含水量、孔隙度的变化趋势相似，基本是先随着含水量、孔隙度的增大而增大，然后随着含水量、孔隙度的增大而减小，在含水量为40%~45%及孔隙度为50%~55%时分别取得最大值。极限抗压强度在不同围压下呈现明显差异，即不同埋深沉积物的极限抗压强度差异明显。

3.1.2 海底表层地质取样过程分析

1. 球孔扩张模型

基本假设：①深海海底沉积物发生塑性变形，是可压缩的塑性固体，可压缩性极小；②土体的屈服适用于摩尔-库仑屈服准则；③未发生塑性变形的土体为满足线性变形、各向同性的固体。

无限土体中的球孔扩张的解答满足空间球对称问题，其内部存在各向同性的原始应力 p_0。图 3.1 所示为球孔扩张力学模型示意图，球形孔的初始半径为 a_0，在内压力 p 的作用下球形孔向外扩张，扩张后的球孔半径为 a。靠近球孔的土体中的内应力首先达到弹塑性临界应力 p_y，土体发生塑性变形，随着球孔的扩张土体中发生塑性变形的区域逐渐扩大，记距球孔扩张中心半径为 r 的土体向外扩展的位移为 μ_r，发生塑性变形的土体半径为 r_p，弹塑性边界向外扩展的距离为 μ_{r_p}。

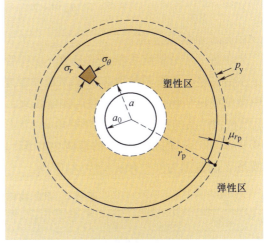

图 3.1 球孔扩张力学模型示意图

2. 渗流体积力

深海海底沉积物土骨架内的海水在水头差[指渗流系统中不同位置的水头（水位或压力）差异]的作用下发生渗透，并施加一定的推动力和拖曳力，即渗流体积力。假定各处的渗透系数在各个方向相等，因此，球孔扩张渗流连续微分方程可以写为：

$$\frac{d^2 p_i}{dr^2} + \frac{2}{r}\frac{dp_i}{dr} = 0 \tag{3.1}$$

式中，p_i 为渗流体积力。假设球孔扩张后孔壁处的渗流体积力为 p_w，则根据渗流边界条件 $p_{i(r=a)} = p_w$，$p_{i(r\to\infty)} = 0$ 可得：

$$p_i = \frac{a p_w}{r} \tag{3.2}$$

同时，在较短的渗流距离内，不考虑渗透过程的能量损失，渗流体积力还可以表示为：

$$p_i = \gamma_w \frac{dh}{dL} = \frac{du}{dL} \tag{3.3}$$

式中，γ_w 为流体的重度；dh 为两截面的水头差；du 为两截面的孔隙水压力差；dL 为渗流路径长度。所以：

$$p_w = \lim_{dL\to 0}\lim_{r\to a} p_i = \lim_{dL\to 0}\lim_{r\to a}\frac{du}{dL} = \left.\frac{\partial u}{\partial L}\right|_{r=a} \tag{3.4}$$

孔隙水压力增量 Δu 可以根据 Henkel 公式计算：

$$\Delta u = \beta \Delta \sigma_{OCT} + \alpha_f \Delta \tau_{OCT} \tag{3.5}$$

$$\alpha_f = 0.707(3A_f - 1) \tag{3.6}$$

式中，$\Delta\sigma_{OCT}$、$\Delta\tau_{OCT}$ 分别为八面体正应力增量和剪应力增量；β、α_f 为 Henkel 孔隙水压力

参数，饱和土中 $\beta=1$；A_f 为 Skempton 孔隙水压力参数，取 $A_f=2$。

由于球形扩张是中心对称问题，因此式（3.5）可以写成：

$$\Delta u = 2\sigma_r - \sigma_\theta - p_0 \tag{3.7}$$

式中，σ_r 为土体中的径向应力；σ_θ 为土体中的环向应力。

将式（3.7）代入式（3.4）可得扩孔后孔壁处的渗透体积力：

$$p_w = \left(2\frac{\partial \sigma_r}{\partial r} - \frac{\partial \sigma_\theta}{\partial r}\right)\bigg|_{r=a} \tag{3.8}$$

3. 沉积物扰动范围

为了进一步分析沉积物力学参数、取样管结构参数等因素对沉积物扰动的影响规律，以海牛深海海底钻机沉积物取芯钻具（取样管厚度 $B=3\text{mm}$，内径 $d=62\text{mm}$）为例，结合南海某海域海底沉积物力学性能参数的测定结果，对扩孔岩芯扰动比 S 进行量化分析。表 3.2 为 6 组沉积物样品的黏聚力 c、内摩擦角 φ、泊松比 ν 和弹性模量 E 参数，其中黏聚力 c 的范围为 $0.9 \sim 2.8\text{kPa}$；内摩擦角 φ 的范围为 $0.57° \sim 1.86°$；泊松比 ν 的范围为 $0.460 \sim 0.470$；弹性模量 E 的范围为 $(1.16 \sim 3.44) \times 10^6 \text{Pa}$。

表 3.2　沉积物样品的力学性能参数

编号	黏聚力 c/kPa	内摩擦角 φ/(°)	泊松比 ν	弹性模量 $E/10^6\text{Pa}$
1	0.9	1.70	0.470	2.08
2	1.6	1.86	0.468	3.07
3	2.7	0.90	0.465	3.44
4	2.8	0.57	0.460	3.02
5	2.3	1.72	0.467	1.16
6	1.8	1.09	0.463	1.62
均值	2.02	1.31	0.466	2.40

利用球形孔扩张理论对岩芯扰动情况进行分析，首先需要判断在球孔扩张过程中，球孔周围的沉积物是否发生了塑性变形。根据国内众多学者的分析结果可以看出，当球孔扩张到一定比例，即扩孔半径与原始孔半径的比值（a/a_0）超过一定值时，沉积物即发生塑性变形。本模型中，取原始孔半径为 0，因此，在球形孔扩张过程中，沉积物必然产生塑性变形。

（1）沉积物扰动范围求解

1）弹性区解答。考虑孔隙水渗流的球孔扩张平衡微分方程为：

$$\frac{\partial \sigma_r}{\partial r} + 2\frac{\sigma_r - \sigma_\theta}{r} + \frac{\partial p_i}{\partial r} = 0 \tag{3.9}$$

根据弹塑性理论，沉积物弹性变形阶段的几何方程和物理方程分别为：

$$\begin{cases} \varepsilon_r = -\dfrac{\mathrm{d}u_r}{\mathrm{d}r} \\ \varepsilon_\theta = -\dfrac{u_r}{r} \end{cases} \tag{3.10}$$

$$\begin{cases}\sigma_r = \dfrac{E}{(1+\nu)(1-2\nu)}[(1-\nu)\varepsilon_r + 2\nu\varepsilon_\theta]\\ \sigma_\theta = \dfrac{E}{(1+\nu)(1-2\nu)}(\varepsilon_\theta + \nu\varepsilon_r)\end{cases} \quad (3.11)$$

将式（3.3）代入式（3.9）可得：

$$\frac{\partial \sigma_r}{\partial r} + 2\frac{\sigma_r - \sigma_\theta}{r} - \frac{\partial p_w}{r^2} = 0 \quad (3.12)$$

将几何方程式（3.10）代入物理方程式（3.11），可得弹性方程：

$$\begin{cases}\sigma_r = \dfrac{E}{(1+\nu)(1-2\nu)}\left[-\dfrac{\mathrm{d}u_r}{\mathrm{d}r}(1-\nu) - 2\nu\dfrac{u_r}{r}\right]\\ \sigma_\theta = -\dfrac{E}{(1+\nu)(1-2\nu)}\left(\dfrac{u_r}{r} + \nu\dfrac{\mathrm{d}u_r}{\mathrm{d}r}\right)\end{cases} \quad (3.13)$$

再将式（3.13）代入式（3.12）得：

$$-\frac{\partial^2 u_r}{\partial r^2} - \frac{2}{r}\frac{\partial u_r}{\partial r} + 2\frac{u_r}{r^2} - \frac{(1+\nu)(1-2\nu)ap_w}{E(1-\nu)}\frac{1}{r^2} = 0 \quad (3.14)$$

求解方程（3.14），可得弹性区位移场和应力场分别为：

$$u_r^e = \frac{C_1 r}{3} + \frac{C_2}{r^2} + \frac{(1+\nu)(1-2\nu)ap_w}{2E(1-\nu)} \quad (3.15)$$

$$\begin{cases}\sigma_r^e = \dfrac{C_1 E}{3(2\nu-1)} + \dfrac{2C_2 E}{r^3(\nu+1)} + \dfrac{\nu ap_w}{r(\nu-1)}\\ \sigma_\theta^e = \dfrac{C_1 E}{3(2\nu-1)} - \dfrac{C_2 E}{r^3(\nu+1)} + \dfrac{ap_w}{2r(\nu-1)}\end{cases} \quad (3.16)$$

假设沉积物中原始应力为 p_0，则球孔扩张弹性区域满足边界条件：$\sigma_r|_{r=r_p} = p_y$，$\sigma_r|_{r\to\infty} = p_0$，将边界条件代入式（3.16），可求得常系数 C_1、C_2 分别为：

$$\begin{cases}C_1 = \dfrac{3p_0(2\nu-1)}{E}\\ C_2 = (p_y - p_0)\dfrac{r_p^3(\nu+1)}{2E} - \dfrac{r_p^2\nu(\nu+1)}{2E(\nu-1)}ap_w\end{cases} \quad (3.17)$$

所以，弹性区域应力场、位移场分别为：

$$\begin{cases}\sigma_r = p_0 + \dfrac{r_p^3}{r^3}\left[(p_y - p_0) - \dfrac{\nu ap_w}{r_p(\nu-1)}\right] + \dfrac{\nu ap_w}{r(\nu-1)}\\ \sigma_\theta = p_0 - \dfrac{r_p^3}{2r^3}\left[(p_y - p_0) - \dfrac{\nu ap_w}{r_p(\nu-1)}\right] + \dfrac{ap_w}{2r(\nu-1)}\end{cases} \quad (3.18)$$

$$u_r = \frac{2\nu-1}{E}\left[p_0 r - \frac{(1+\nu)ap_w}{2(1-\nu)}\right] + \frac{r_p^2(\nu+1)}{2Er^2}\left[r_p(p_y - p_0) + \frac{\nu ap_w}{(1-\nu)}\right] \quad (3.19)$$

因此，弹塑性边界的位移为：

$$u_{r_p} = \frac{3(\nu-1)r_p p_0 + (\nu+1)r_p p_y + (\nu+1)ap_w}{2E} \quad (3.20)$$

2）塑性区解答。摩尔-库仑准则被广泛应用于土体应力分析过程，其表示为：

$$\sigma_r = A_0 \sigma_\theta + B_0 \tag{3.21}$$

$$A_0 = \frac{1+\sin\varphi}{1-\sin\varphi}, \quad B_0 = \frac{2c\cos\varphi}{1-\sin\varphi} \tag{3.22}$$

式中，c 为土体的黏聚力；φ 为土体的内摩擦角。

临塑扩孔压力 p_y 可通过式（3.18）、式（3.21）求得：

$$p_y = \frac{3A_0 p_0 + 2B_0}{2+A_0} + \frac{\nu+1}{2+A_0} \frac{A_0 a p_w}{r_p(\nu-1)} \tag{3.23}$$

将式（3.21）代入式（3.12）可得塑性区的平衡微分方程：

$$\frac{\partial \sigma_r}{\partial r} + 2\frac{(A_0-1)\sigma_r + B_0}{A_0 r} - \frac{a p_w}{r^2} = 0 \tag{3.24}$$

求解式（3.24）可得塑性区域径向应力：

$$\sigma_r = C_3 r^{\frac{2}{A_0}-2} + \frac{A_0 a p_w (A_0-1) - B_0 r(A_0-2)}{r(A_0-1)(A_0-2)} \tag{3.25}$$

由弹塑性应力边界条件，可以求得系数 C_3，因此，球孔扩张塑性区应力场表示为：

$$\begin{cases} \sigma_r = \left(\frac{r_p}{r}\right)^{2-\frac{2}{A_0}}\left[p_y - \frac{1}{r_p}\left(\frac{A_0 a p_w}{A_0-2} - \frac{B_0 r_p}{A_0-1}\right)\right] + \frac{1}{r}\left(\frac{A_0 a p_w}{A_0-2} - \frac{B_0 r}{A_0-1}\right) \\ \sigma_\theta = \left(\frac{r_p}{r}\right)^{2-\frac{2}{A_0}}\left[\frac{p_y}{A_0} - \frac{1}{A_0 r_p}\left(\frac{A_0 a p_w}{A_0-2} - \frac{B_0 r_p}{A_0-1}\right)\right] + \frac{1}{A_0 r}\left(\frac{A_0 a p_w}{A_0-2} - \frac{B_0 r}{A_0-1}\right) - \frac{B_0}{A_0} \end{cases} \tag{3.26}$$

所以，将式（3.26）、式（3.23）代入式（3.8），可得扩孔后孔壁处的渗透体积力为：

$$p_w = -\frac{6r_p^2(2A_0-1)(B_0 - p_0 + A_0 p_0)}{J_1\left(\frac{r_p}{a}\right)^{2/A_0} + J_2 r_p} \tag{3.27}$$

其中：

$$\begin{cases} J_1 = A_0(A_0+2)a^2\left(\frac{2A_0-1}{A_0-2} + a\right) \\ J_2 = \frac{4A_0(A_0-1)(A_0-2\nu)a}{(\nu-1)(A_0-2)}\left(2 - \frac{1}{A_0}\right) \end{cases} \tag{3.28}$$

根据球孔扩张过程中弹塑性区域的体积变化关系，并略去 μ_{r_p} 的高阶项，可以得出：

$$a^3 - a_0^3 = 3r_p^2 u_{r_p} + (r_p^3 - a^3)\Delta \tag{3.29}$$

式中，Δ 为塑性区的体积变化应变。

将式（3.23）、式（3.20）代入式（3.29），可得塑性区半径 r_p 满足下式：

$$\left[\frac{18(A_0\nu + \nu - 1)p_0 + 6B_0(\nu+1)}{2+A_0} + 2E\Delta\right]r_p^3 n + \\ 6(1+\nu)a p_w \frac{A_0\nu + \nu - 1}{(2+A_0)(\nu-1)}r_p^2 + 2E(a_0^3 - a^3 - \Delta a^3) = 0 \tag{3.30}$$

图 3.2 所示为取样管扰动模型，取样管的壁厚为 B，内径为 d。将取样管看作是 n 个等

体积、半径为 $B/2$ 的扩张球孔的叠加，取样管插入沉积物的过程近似为一系列相互叠加的球孔向下运动，将沉积物向两侧挤压，最终形成一连串扩孔半径 $a=B/2$ 的球形孔。

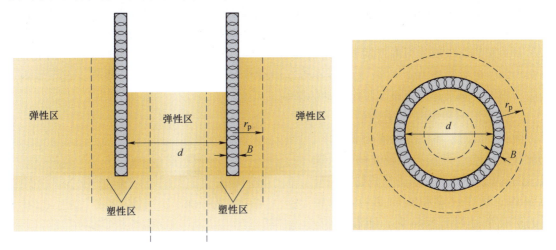

图 3.2　取样管扰动模型

发生弹性变形的沉积物在外力作用下产生形变，当外力去除后形变完全消失，恢复至原始状态；而塑性变形由于超过弹性变形范围而发生了永久的变形，卸载外力后出现不可恢复的残余变形。因此，可以采用岩芯扰动比 S（取样管内发生塑性变形的样品半径与取样管内径的比值）表示沉积物样品的扰动程度：

$$S = \frac{r_p - B/2}{d/2} \tag{3.31}$$

（2）球孔扩张过程海水渗透力

图 3.3、图 3.4 展示了原始应力环境 p_0 为 0kPa、10kPa、20kPa 和 30kPa 时管壁处海水渗透力 p_w 随扩孔半径 a 的变化规律，以及球孔扩张扩孔半径 $a=1.5$mm 时，海水渗透力 p_i 随半径 r 的变化规律。

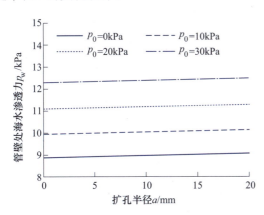

图 3.3　扩孔半径为 1.5mm 时，管壁处海水渗透力 p_w 随扩孔半径 a 的变化规律

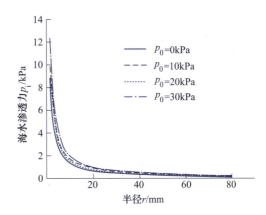

图 3.4　海水渗透力 p_i 随半径 r 的变化规律

由图 3.3 可以看出，管壁处的海水渗透力 p_w 与 a 呈线性关系，随 a 的增大而增大，但幅度有限，研究范围内其变化幅值小于 0.02kPa，可见扩孔半径对渗透力影响有限；由图 3.4 可见，管壁处的海水渗透力最大，随着距管壁的距离增大，渗透力迅速减小，并逐渐趋近于 0。同时，由两图可看出，海水渗透力受沉积物原始应力 p_0 影响明显，p_0 越大，球孔扩张引起的海水渗透力也就越大，p_0 分别为 0kPa、10kPa、20kPa 和 30kPa 时，四条曲线分布均匀，可见渗透力 p_i 与 p_0 之间存在着近似线性关系，在深海高压环境下，沉积物内原始应力较大，海水渗透力对沉积物扰动的影响不可忽略。

（3）孔周沉积物应力与应变

图 3.5 给出了不同原始应力状态下，扰动区域半径 r_p 与扩孔半径 a 的关系曲线。图 3.6、图 3.7 分别为沉积物原始应力 0kPa、10kPa、20kPa 和 30kPa 条件下，扩孔半径为 1.5mm 时，随着半径 r 的增大，扩张球孔周围沉积物径向应力 σ_r、环向应力 σ_θ 在弹性变形区域、塑性变形区域的分布情况。

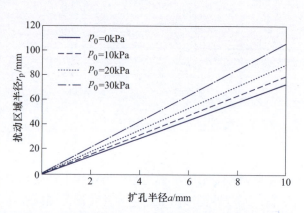

由图 3.5 可知，扰动区域（塑性变形区域）半径 r_p 与扩孔半径 a 呈线性关系，研究范围内扰动区域半径 r_p 为扩孔半径 a 的 7~10 倍；扰动区域半径受原始应力影响明显，扩孔半径一定时，原始应力越大，沉积物扰动区域半径 r_p 也就越大。

图 3.5 扰动区域半径 r_p 随距扩孔半径 a 变化规律

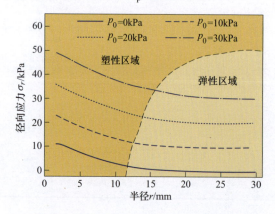

图 3.6 径向应力 σ_r 随距半径 r 变化规律

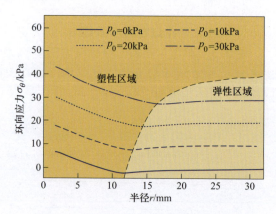

图 3.7 环向应力 σ_θ 随半径 r 变化规律

由图 3.6、图 3.7 可以看出，靠近管壁的沉积物发生塑性变形，管壁处（$r=1.5$mm）径向应力 σ_r、环向应力 σ_θ 最大，远离取样管管壁，σ_r、σ_θ 逐渐减小；进入弹性变形区域后，σ_r、σ_θ 逐渐趋于沉积物原始应力。与径向应力 σ_r 不同的是，σ_θ 在弹塑性交界处取得极小值，进入弹性区域后，又逐渐增大趋于 p_0。

对比不同原始应力 p_0 下的曲线发现，p_0 大小与由球孔扩张引起的应力增量无关，但会影响扰动区域的范围，分析弹塑性边界可知，原始应力越大，同等扩孔半径条件下，扰动区域越大,该结果与图 3.5 结果一致。同时,由弹塑性边界可以看出,原始应力 p_0 越大,发生塑性变形时的临界应力 p_r 越大,随着 p_0 的增大,临界应力 p_r 逐渐趋于一个稳定值。

(4) 岩芯扰动比

图 3.8、图 3.9 所示分别为各因素下岩芯扰动比 S 随取样管壁厚 B 和内径 d 的变化规律。由两图可以看出,沉积物样品的黏聚力 c、内摩擦角 φ、泊松比 ν 和弹性模量 E 四个因素中,内摩擦角 φ 的范围为 $0.57° \sim 1.86°$,泊松比 ν 的范围为 $0.460 \sim 0.470$,变化范围有限,两者对 S 的影响可以忽略不计;黏聚力 c、弹性模量 E 的波动对 S 的影响较为明显,随着其增大,岩芯扰动比 S 趋于平缓。因此,沉积物的弹性模量 E 和黏聚力 c 是决定沉积物发生扰动的主要因素,对岩芯扰动比的影响较为明显。

整体来看,岩芯扰动比 S 与取样管的内径 d 呈负相关,管径 d 较小时,随着 d 的增大,岩芯扰动比 S 迅速减小,但逐渐趋于平缓;壁厚 B 分别为 2mm、4mm、6mm 和 8mm 时,各曲线分布均匀,可见 S 与取样管的壁厚 B 存在近似线性关系,岩芯扰动比 S 随着壁厚的增加均匀增大。

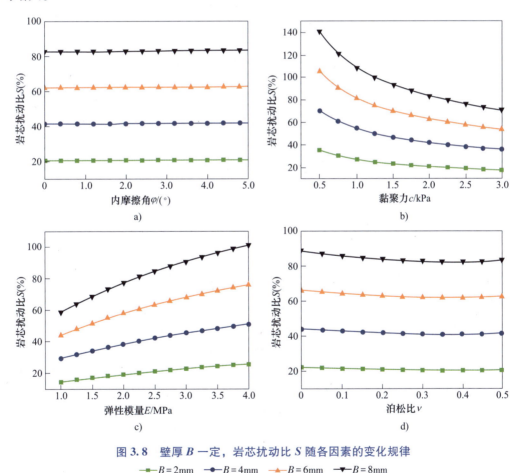

图 3.8 壁厚 B 一定,岩芯扰动比 S 随各因素的变化规律
$B=2mm$　$B=4mm$　$B=6mm$　$B=8mm$

从图 3.8 可以看出,当取样管壁厚 B 为 4mm 时,沉积物岩芯扰动比为 30%~70%,即该条件下发生塑性变形的岩芯半径不超过岩芯半径的 70%,可以获取低扰动的沉积物样品。

由图3.8b可知,当取样管壁厚B超过6mm时,岩芯极可能全部发生剧烈扰动。因此,为保证岩芯扰动比S不超过0.5,壁厚B不宜超过3.1mm。

从图3.9可以看出,取样管内径d为60mm时,沉积物岩芯扰动比保持在20%~50%,扰动的岩芯未超过岩芯的一半,取芯效果良好。同时可以看出,为保证岩芯扰动比S不超过0.5,内径d不宜小于60mm。

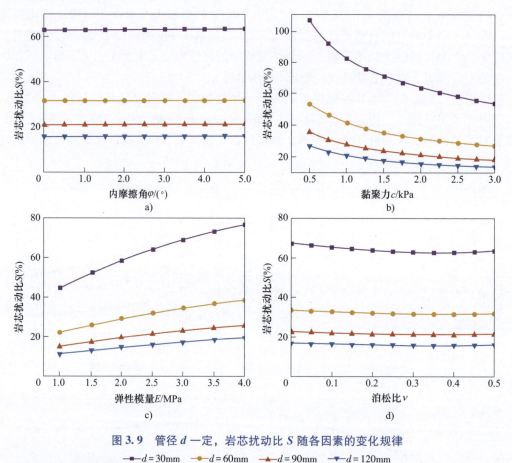

图3.9 管径d一定,岩芯扰动比S随各因素的变化规律
—■— $d=30$mm　—●— $d=60$mm　—▲— $d=90$mm　—▼— $d=120$mm

4. 样品取样扰动机理

海底沉积物样品的取样率受到多种因素影响,导致沉积物样品长度短于孔深度。通常而言,海底沉积物质地较为单一,渗透性相对较弱,在取样装备采样过程中,沉积物内部水分不易排出,沉积物的孔隙度变化不大。因此,样本长度减少的原因可能是在取样器下沉时,部分沉积物从管靴前端流失。在取样器穿透沉积物的过程中,取样管的内外两侧与沉积物之间产生摩擦力,导致取样器的下降速度减缓。同时,这种力也作用于管靴切割刃前的沉积物,引起沉积物的形变。这种力对未采集的沉积物层的影响程度,取决于沉积物的抗剪强度和塑性特性。

在遇到软硬交替出现的沉积物时,管靴前端的沉积物变形可能会导致较软、塑性更强的样本更容易向周围扩散或流失,使得进入取样管的样本层相对较薄,如图3.10所示。这就会导致在取样过程中,尽管所有沉积物层都有所减少,但软质样本层的减薄程度相对于硬质样本层更为显著。随着取样器的进一步推进，管靴前端的变形也会更加严重，采集的沉积物样品变得更薄。样本最终会堆积到一定高度，此时内壁与样本间的摩擦力会阻止样本的进一步进入。在这种情况下，沉积物在管靴下方会形成球形或圆锥形结构，当取样管继续推进时，就像实心棒一样将沉积物推向四周，这种现象被称为"桩效应"，如图3.11所示。

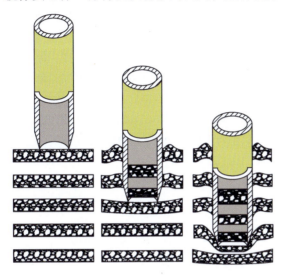

图 3.10　取样器取样示意图

图 3.11　"桩效应"

（1）"桩效应"机理

"桩效应"导致取样器内的沉积物样本被压缩，这不仅对样本造成了破坏和较大程度的干扰，还阻止了更深层沉积物的进入，导致取样效率降低，带来了严重的不利影响。因此，考虑沉积物的物理力学特性、取样管的几何参数及贯入方法，分析沉积物取样过程，为沉积物高效取样装备的最优机构设计提供理论依据。根据国内外文献，取样管在静载荷作用下穿透沉积物层的实验结果表明，样本在管内的填充程度主要受取样管的直径、岩芯与管壁之间的摩擦力及沉积物层强度的影响。可以通过式（3.32）来估算填充高度的临界值，这个临界值意味着一旦达到这个高度，沉积物层就无法继续被推入管内；如果取样管继续下压，样本将被压缩。

$$h_{tf} = 3d/f \tag{3.32}$$

式中，h_{tf} 为样本在取样管内达到的最大填充高度；d 为取样管的内径；f 为沉积物与管壁之间的摩擦系数，以砂土与钢材接触为例，该系数在较宽的范围内变动，介于 0.3~0.8。

式（3.32）是基于大量实验数据得出的经验公式。实验中使用了不同直径的管，在静载荷作用下，将其压入含有 0.08~4.00mm 粒径的水饱和砂土和砾石层中。从式（3.32）可以推断，在静压状态下，很难获得较长的沉积物样本。例如，当摩擦系数 f 为 0.3 时，临界填充高度为 10 倍的管内径。

由上述"桩效应"机理分析可知，提高样品取样率，可以通过使用摩擦系数较低的材料来制作取样管，如采用的有机玻璃或聚乙烯内衬管，可以有效减少摩擦，从而提升取样效率；或者利用活塞式取样器，借助活塞的抽吸功能来抵消样本与取样管之间的摩擦力，这样可以延缓"桩效应"的发生，进而提升取样的成功率。

(2)冲击式取样力学分析

在取样管受到冲击或振动而穿透土层时,土体中的颗粒间的黏聚力会减弱,导致土壤"松弛",这会显著减少管内外表面的摩擦系数。因此,与仅使用静压方式相比,冲击或振动方式的穿透深度和临界填充高度要大得多。然而,需要注意的是,在冲击或振动取样过程中,样本可能会被压实,层位可能会受到干扰,甚至在取样管壁周围可能出现严重的矿物分层,这些都会影响样本的质量,对于获取低扰动样本是不利的。

在避免"桩效应"的情况下,如果取样管以非常缓慢的速度插入沉积物,那么可以通过计算取样管内外表面所受的力的总和来确定使取样管穿透沉积物层所需的外力 P,见式(3.33)。

$$P = F_H + F_D + F_K - G \tag{3.33}$$

式中,F_H 为沿管子外侧的阻力(N);F_D 为作用于管靴端面的正向阻力(N);F_K 为岩芯与管内壁之间的摩擦力(N);G 为取样器在水中的重力(N)。

管子外侧所受的阻力为:

$$F_H = \sum f_i S_i \tag{3.34}$$

式中,f_i 为第 i 层土壤对管子外表面的单位面积阻力(Pa);S_i 为第 i 层土壤覆盖的管子外表面的总面积(m^2)。

当取样管贯入时,正面阻力为:

$$F_D = \tau_f S_D \tag{3.35}$$

式中,τ_f 为沉积物层的抗剪强度(Pa);S_D 为管靴的端面积(孔底环状)(m^2)。

岩芯与管内壁的摩擦力 F_K 计算公式为:

$$F_K = fN = f\pi d\gamma(h^2/2)\tan^2(45° + \varphi/2) \tag{3.36}$$

式中,f 为管内壁与样品的摩擦系数;γ 为岩土的重度(N/m^3);h 为取样管贯入深度(m);φ 为沉积物内摩擦角(°);d 为取样管内径(m)。

如果考虑增大取样器重量 G,则可以省略外加动力 P,将自身重力作为动力源,则式(3.33)变为:

$$G = F_H + F_D + F_K \tag{3.37}$$

通过式(3.37)可以确定取样器的配重。

(3)取样扰动影响因素分析

低扰动样品是通过使用保护样品原始结构的精密取样器和取样技术获得的。这类样品适合进行剪切、固结和渗透等工程性质的实验室测试。通常使用小口径管状取样器来采集未扰动样品。为了获得长且扰动小的样品,需要降低取样器内外表面与样品之间的摩擦力。在土力学领域,为了采集未扰动样品,对管靴的形状和尺寸有一定的规范要求。

1)面积比

$$C_a = \frac{D_w^2 - D_e^2}{D_e^2} \tag{3.38}$$

式中,D_w 为刀口的外径;D_e 为刀口的内径。

面积比是决定低扰动样本质量的一个关键因素。适宜的面积比取决于采集的沉积物种类、强度和敏感度,以及取样的目标。Hvorslev 提出面积比应尽可能低,理想情况下不超过

10%~15%，但过低的面积比可能导致取样管脆弱，在采样过程中容易发生弯曲。国际土力学及基础工程学会建议，在调整刀口锥角的情况下，可以接受更大的面积比，该组织建议当面积比从5%增加到20%时，刀口锥角应从15°调整至9°。

2）内径比

$$C_l = \frac{D_s - D_e}{D_e} \quad (3.39)$$

式中，D_s为取样衬筒的内径。

若采集的样本直径略小于取样衬筒的直径，可以减少它们之间的摩擦力。Hvorslev建议，在采集短样本时，内径比可设置为0.5%~1%；采集中等长度样本时，内径比可设置为0.5%~3%；而采集长样本时，内径比可以设置得更高。对于大多数沉积物，当样本的长径比为6~8（中等长度）时，内径比可采用0.75%~1.5%。具体的内径比应根据沉积物的特性进行调整。

3）外径比

$$C_o = \frac{D_w - D_t}{D_t} \quad (3.40)$$

式中，D_t为取样筒的外径。

取样筒的外侧摩擦同样可能对样本质量造成影响。对于黏土类土壤，外径比的实际应用范围应控制在2%~3%以下；而对于非黏性土壤，外径比应接近于零。

4）管靴刀口的形式及角度。刀口的形式主要分为两种：单斜面刀口（图3.12a）和双斜面刀口（图3.12b）；单斜面刀口的倾斜角度通常约为10°。除了这两种外，还有一种是使用收缩节（图3.12c），取样器的刀口部分由一个薄壁管和一个收缩节构成。这种刀口形式适合在软土层中采集未扰动土样，收缩节的下刃长度一般介于5~15cm。

采集柔软黏性沉积物时，过高的内径比可能导致样本向周围扩散，引起样本结构的扰动和强度的降低，从而产生样本扰动。在采样过程中，一些沉积物样本的长度减少可能被孔隙水中溶解气体的释放和膨胀所补偿，特别是在含有有机物的沉积物中，孔隙水中溶解了大量不同种类的气体。当样本受到的压力降低时，气体释放并膨胀，可能会导致样本长度的增加。

因此，为了获得低扰动的样本，应使用筒状取样管，并根据沉积物的特性及取样器的实际工作状况，选择恰当的取样器刀口形状和尺寸。此外，取样管的内外壁应保持连续，尽量减少突变台阶，以降低采样时的阻力，并减少对样本的扰动。对整个取样器也有相同的要求。

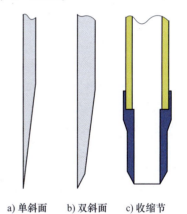

a) 单斜面　　b) 双斜面　　c) 收缩节

图3.12　管靴刀口的形式

3.1.3　海底表层地质取样技术

如何将低扰动样本转移到取样器内，并安全地将其运送至科考船上而不损失其原始状态？这需要解决的关键是样本的保压和保温技术。因此，需要设计能够承受高压力的取样器来保存样本。同时，取样器的材料必须具备出色的抗海水腐蚀能力、良好的加工性能及保温功能。

在海底采样时，取样器内外与海水压力相等，因此不会发生弹性变形。然而，当样本被提升至取样设备内并完成封口后，再提升至海平面，取样器内部仍保持原位压力，而外部压力降至大气压，造成显著的压差。在承受内压时，取样器会发生弹性变形，导致内压下降，因此需要对压力进行调整。基于此，取样器需满足以下要求：具备耐压性，能够自动密封以保持压力，主动补偿压力及具备保温功能。

1. 密封保压技术

（1）耐压要求

压力容器设计的核心原则是确保薄膜应力或最大直接应力不超过允许应力。这一计算应力的理论基础是最大应力理论。世界各国的压力容器规范均采纳了这一设计理念，其中公布的允许应力已经包含了安全系数，这些安全系数较实际测试值偏低，主要考虑因素包括：①应力评估方法的复杂性；②应力集中的程度和类型；③材料的不均匀性；④几何因素的影响；⑤焊接接头的缺陷。不同国家的安全系数有所差异，这主要基于经验、实验数据和理论评估，同时与各国规定的材料标准、计算方法、制造和检验要求相匹配。

我国的压力容器规范与 ASME 标准在安全系数上的差异详见表 3.3。

表 3.3　安全系数对比

标准	材料	安全系数	设计压力/MPa
GB 150	碳钢、低合金钢、高合金钢	3.0	0.1~35
GB/T 4732	碳钢、低合金钢、高合金钢	2.6	<100
ASME 规范第Ⅷ卷第一分册	碳钢、低合金钢	3.5	<20
ASME 规范第Ⅷ卷第一分册	高合金钢	3.0	<20
ASME 规范第Ⅷ卷第二分册	碳钢、低合金钢、高合金钢	3.0	<70

在设计压力容器时，主要考虑了两种失效模式：一是过大的弹性变形，包括基于弹性理论的弹性失稳；二是因过大的弹性变形和塑性失稳导致的增量垮塌，设计时通常以弹性失效为假设。弹性失效是指材料达到弹性极限时的失效，超过此极限可能会导致过度变形或断裂。对于金属材料，弹性极限通常通过抗拉强度、屈服强度和断裂强度来确定。评估弹性失效的四种经典材料利用理论包括最大主应力理论、最大剪应力理论、最大应变理论和最大应变能理论。各国压力容器规范均采用这些强度理论进行设计，但具体的计算方法存在差异。通过对这四种理论及其衍生的中径公式和第四强度理论下的壁厚计算进行比较分析，可以得出适宜的筒体壁厚设计标准。

因此，为了应对海水可能引起的腐蚀，在实际应用中需要预留一定的安全余量。基于最大应变能理论，并结合额外的腐蚀补偿，可以计算出保压筒所需的实际壁厚。

（2）密封和保压结构

鉴于取样过程中设备内外存在显著的压差，从外部实现保压封口功能将非常困难；若在保压装置内部设计封口机构，则会使得保压装置的截面面积增大。对于海底沉积物取样，如果保压装置与取样装置之间没有相对运动，取样装置在插入沉积物时会受到较大阻力，可能阻碍系统正常取样。因此，取样装置与保压装置之间的相对运动是必需的。这就需要在取样完成后，解决如何将取样装置纳入保压装置的问题。

将取样装置与保压装置整合为一个保真取样筒，并增设一个密封舱作为底部封口，有效解决了这一问题。因此,保真取样筒既具备取样功能,也具备保压功能。在保真取样筒完成取样并通过密封舱后,其上端由活塞密封,与密封舱接触的部位通过保真筒刀头实现密封(密封舱上口的密封),同时刀头的锥面承受密封舱的重力;密封舱的下口自动密封,以实现保压。由于所有密封点都采用 O 形密封圈,因此需要考虑施加适当的预压力。这三部分的密封技术如下:

1)保真取样筒的上口密封。当活塞被拉至极限位置时,活塞进入保真取样筒上端的密封圈区域,实现保真取样筒上端的密封;活塞的锥形面与保真取样筒的承压锥面相接触;通过连接在活塞上的主钢缆提供预紧力(此时主钢缆处于回收状态)。一旦取样器的其他封口也完成密封,取样器被提升至离海底一定高度后,内部压力建立,内部压力高于外部压力,内外压差作用下推动活塞紧压。

2)密封舱上口密封。与保真取样筒上端的密封方式相似,利用密封舱自重(作为密封圈的预紧力),保真取样筒刀头的锥面与密封舱上部的承压锥面接触,并通过保真取样筒刀头的圆柱面与两个密封圈实现密封。

3)密封舱下口密封。如图 3.13 所示,当保真取样筒完全被拉入密封舱内时,翻板阀失去了取样筒的支撑,在扭簧的预紧力作用下翻转,进入下端盖的中心孔,并依靠翻板阀上安装的密封圈实现密封。下端盖设计成一定角度的斜面,这不仅减少了翻板阀下落的垂直距离,还降低了翻板阀动作的自由度,减少了下落的误差,使得翻盖闭合动作更为精确。经过多次实验验证,当翻板阀与下端盖的角度设置在大约 15°时,密封效果最佳。

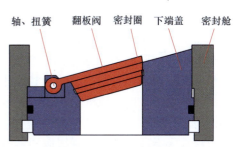

图 3.13 翻板密封阀结构

(3)主动补压结构

取样器在取样时内外压力保持平衡,但一旦提升至海平面,内部压力会显著增加。在高压力作用下,取样器会发生较大的体积膨胀和其他弹性变形,这使得实现理想的保压效果变得困难,因此需要对压力进行调整。蓄能器因其出色的泄漏补偿和恒压保持功能,成为压力补偿器的理想选择。

当取样管完成取样,在回收弹簧作用下,取样管进入保压筒内,翻板密封阀进行底端密封。气密取样器提升至海平面后,保压筒筒体内仍保持了取样点的原位压力,保压筒外压力降为常压,从而保压筒内外将产生压差,在压差的作用下,保压筒筒体将产生一定的弹性体积膨胀,保压筒筒体产生的体积膨胀会造成保压容筒内的压降,从而影响气密取样器的保压效果。因此必须设计一种保压方案,实现对气密取样器的主动保压。

设计压力补偿器实现对气密取样器的主动保压,压力补偿器结构如图 3.14 所示。充气阀一端通过高压管连接加压装置,另一端通过高压管连接压力补偿装置,在将机械手持式气密取样器下放至海底前,通过充气阀向压力补偿器的活塞右腔内预充 20%左右水深压力的氮气,使得活塞移动至压力补偿器活塞左腔顶部位置;在机械手持式海底沉积物气密取样装置下放至海底过程中,在海水压力的作用下,压力补偿器活塞将向右腔移动,直到活塞左腔和右腔内的压力达到平衡;当将机械手持式气密取样器从海底回收至海面过程中,由于外界海水压力的减小,保压筒体将膨胀变形,此时压力补偿器活塞右腔内的惰性气体将推动活塞向左腔移动，迫使左腔内的海水经高压管向保压筒内流动，从而补偿由于保压筒体膨胀变形而导致保压筒体内部的压力损失，完成自动补偿。

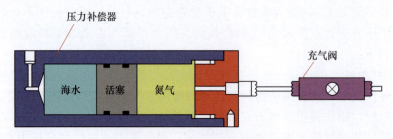

图 3.14　压力补偿器结构

2. 保温技术

在取样过程中，从海底到海平面的温度变化不大，即使在夏季，3000m 深的海底温度在 2~4℃，以 1m/s 的速度提升至水面，样本温度也仅在 7~10℃，因此温度变化相对较小。这也是为何早期的取样器更侧重于保压功能，而不太考虑保温功能。保温技术的关键是在样本被提升至甲板后，此时甲板温度较高，取样器内部温度上升较快，需要采取有效的保温措施。在保真取样筒的外壁采用热喷涂技术涂覆 ZrO_2/CaO 隔热陶瓷材料，这种材料硬度适中，具有良好的隔热、耐高温性能和抗冲击强度，适用于各种金属材料的热障涂层。同时，使用保温性能优异的有机玻璃管作为样本衬筒，以保持样本温度。在样本衬筒与保真取样筒之间留有填充空间，可以填充隔热材料。在船上还可以准备干冰槽，将取样器提升至甲板后，可以放入干冰槽中，以减缓取样器内部温度的上升。总的来说，对于天然气水合物，压力和温度之间存在相互制约的关系，保压和保温两者相辅相成，共同实现保真的效果。

3.2　重力活塞取样器

3.2.1　工作原理

图 3.15 呈现了重力取样器的开口取样管内某一土单元，在取样器向下插入过程中，取样管壁和土单元间产生摩擦力。鉴于取样器快速插入和海洋沉积物颗粒均匀性（10^{-14}~$10^{-16} m^2$）黏土的低渗透率，孔隙水的流动可能性极低，样品回收后才会出现压缩和膨胀现象。因此，在不排水条件假设基础上分析管式取样器取样机理，样品和取样管壁之间的摩擦力与土单元和取样管壁间的法向压力 p_{ut}、接触面积（A_{st}）及表面摩擦系数（k）有关。

表面摩擦系数 k 是衡量土滑过钢管或塑料取样管时难易程度的重要指标。其测定颇具挑战性，但在饱和软黏土中，通常认为其值介于 0.4~0.5。此外，海底样品经 X 光检测和直接观察显示，受拖尾效应和沿取样管的泥迹影响，样品和取样管间的摩擦力呈减弱趋势。因此 k 取值可能很小，且沿取样管深度增大并在底端处最大。对于某深度 z 的土单元（标号为 i），设其与取样管壁接触面积为 dA_{st}，与取样管壁间的法向压力 p_{ut}，则该土单元与取样管间的摩擦力（dF_t）为：

$$dF_t = kp_{ut}dA_{st} \tag{3.41}$$

最终可得：

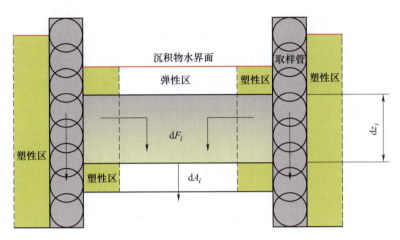

图 3.15 土单元受力模型

$$p_{\mathrm{ut}} = \frac{4c}{3}(\ln I_{\mathrm{r}} + 1) = \frac{4c}{3}\left[\ln \frac{E}{2(1+u)c} + 1\right] \quad (3.42)$$

根据土力学的基本理论，土的抗剪强度是指土体抵抗剪切变形至破坏的极限能力。在土体承受外部载荷作用时，其内部各点将产生剪应力。当某点的剪应力达到其抗剪强度阈值时，剪切面两侧的土体将产生相对位移，进而导致滑动破坏，该剪切面也称滑动面或破坏面。随着载荷的持续增加，土体中的剪应力达到抗剪强度的区域（塑性区）将逐步扩展，直至所有滑动面连成一片，导致土体整体剪切破坏，最终丧失其原有稳定性。

海底沉积物是海洋科学研究和工程地质勘查的基础，扮演记录海洋环境变迁的关键角色，重力活塞取样器是一种作业成本低、扰动小、能穿透一定深度的柱状沉积物样品的取样设备，具有结构简单、操作方便及保持沉积物原位性等优点，一般用于深海淤泥质与软土质海底取样。

重力活塞取样器依靠自重采取沉积物柱状样品，通过重锤触发平衡杆解锁夹缆释放机构，在距海底表层特定高度释放取样器，让其以"自由落体"获取能量冲击海底，使沉积物样品贯入取样管内。由于钢缆牵拉活塞，取样管贯入时活塞始终保持在海底表层水分面处，且相对位置随着取样管的贯入而上移，隔开静水压力形成负压，对贯入沉积物产生抽吸效应，避免了压缩样品同时提升取样率，减少样品与取样管的摩擦力。当活塞到达取样管顶端时闭合密封，起拔时，由于管口密封机构封闭取样管口和活塞的抽吸作用，防止样管内沉积物漏失，最后，利用钢缆提拉活塞将整个重力活塞取样器提起，完成取样过程。

重力活塞取样器进行取样作业可分为触发、贯入和收缆三个阶段，重力活塞取样过程如图 3.16 所示。

1) 触发阶段（图 3.16a）。当重锤首先触及海底沉积物时，触发平衡杆失稳、脱钩，通过夹缆释放装置释放取样器自由下落，取样管内活塞通过留有预定余量的钢缆与夹缆释放装置相连，取样器在特定高度自由下落后冲击海底沉积物进行取样。根据取样深度调整重锤和平衡杆相连钢缆的长度控制自由下落高度（重锤钢缆长度减去取样器全长），且其影响冲击取样初速度和活塞与夹缆释放装置间钢缆余量。重锤重量根据取样系统重量利用杠杆平衡原理计算设置，释放器右边重锤重量提供的牵引力使释放器杠杆挂紧左边的取样器，通过钢缆

海洋地质勘探技术与装备

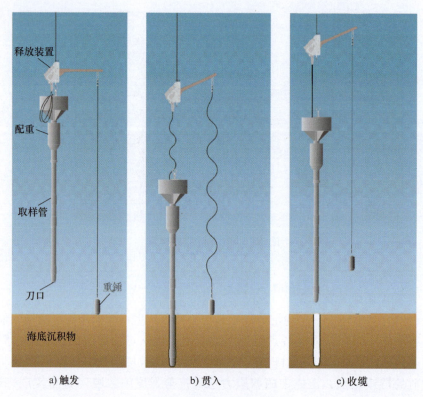

a) 触发　　　　　　　　　b) 贯入　　　　　　　　　c) 收缆

图 3.16　重力活塞取样过程

提着取样器在深海安全下放。

2）贯入阶段（图 3.16b）。在冲击初速度和自重共同作用下获取冲击能量，随后在惯性作用下取样管持续贯入沉积物，活塞在钢缆的牵引下锁定在沉积物水分面处，取样管内由于活塞的作用产生负压并形成抽吸效应，且隔开了静海水压，避免沉积物压缩。理想情况下，活塞提供的负压刚好抵消由沉积物自重引起的压实，且不会拉伸沉积物，使得取样长度与取样器的贯入深度相等。随着取样器不断贯入沉积物，所受阻力持续增加，取样速度不断减小，直至取样结束。

3）收缆阶段（图 3.16c）。完成取样后，通过与活塞相连的钢缆，缓慢将整个取样器提升并回收，完成整个取样过程。具有特殊结构的花瓣刀头有利于保护岩芯样本，防止岩芯样本在提起时脱落。

3.2.2　基本结构

1. 重力取样器

重力取样器利用自身的重力势能实现对沉积物的贯入，以采集与贯入深度相近的海底沉积物样品，贯入深度主要受底质硬度及取样器结构和配重的影响。重力取样器主要由提升、稳定、加压、密封及取芯等机构组成，如图 3.17 所示。

1）提升机构。该机构主要负责取样器的下放和提升。在作业过程中，取样器因钢丝绳内应力可能发生转动，因此须在提升机构上设置单动装置保持取样器的稳定性，通常使用的

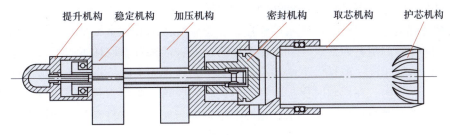

图 3.17　重力取样器结构

是轴承或提引器。

2）密封机构。重力取样器中常用的密封机构包括锥阀和球阀密封，均有利于触发机构的设计。锥阀密封是面密封，效果优于球阀的线密封，因此是更常被选用的结构。密封机构主要由提引接头、心杆、导正杆等部分组成，具体结构如图 3.18 所示。

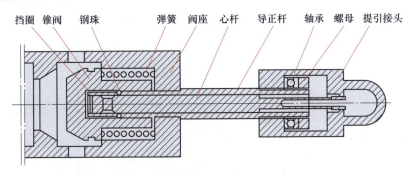

图 3.18　重力取样器锥阀密封机构

3）加压结构。重力取样器主要依赖其自重压入沉积物。但取样器自重有限，为确保取芯管达到预定贯入深度，需附加额外的配重。此外，配重有助于提升取样器下放的稳定性。为了便于调整取样器重力，配重的安装和拆卸应简便易操作。

4）稳定机构。取样器在下放过程中，水体的冲击力及水下暗流和水流等因素影响取样器的下放稳定性，因此，重力取样器的上端增设稳定叶片，防止在下放过程中的漂移和摆动，提升稳定性。

5）取芯和护芯机构。芯管选材可为有机玻璃或不锈钢，依据底质特点、取芯要求适配取芯材料和长度。此外，取芯管末端应设计成适当的锥度，有利于沉积物进入。尽管密封机构能确保取芯管的密封性，但面对较松散的沉积物时，应在取芯管下端加装护芯装置，保障取芯率。

2. 重力活塞取样器

重力活塞取样器主要由取样系统、夹缆释放装置、重锤等机构组成，其中取样系统为取样器进行冲击取样的主体机构。取样系统中包括取样管、取样管连接件、衬管、花瓣刀头、活塞组件、隔离塞、铅块、铅块托环、提管组焊件、提头组焊件等。夹缆释放装置包括夹缆装置、释放装置、平衡杆等。夹紧机构使钢缆卡具卡紧钢丝绳，钢缆卡具在卡牢钢缆的同时，使钢缆自身预留定长余量，从而实现取样器能脱钩"自由降落"，增加贯入深度。释放机构由释放器、钢丝绳和重锤组成，释放机构能够控制取样器在距离海底特定高度贯入海底。深海重力活塞取样器的整体结构如图 3.19 所示。

取样管通过提管组焊件与提管系统连接，提管系统上附有配重铅块。取样管采用连接件分段连接，取样管内附有内衬管，管内还设置有活塞，活塞置于取样管内下端与穿过提管系统和取样管的钢缆相连，取样管下端装有花瓣刀头，这种刀头的特点在于冲击取样时沉积物可顺利进入取样管内，在回收时保护取样管内沉积物脱落，避免岩芯丢失。夹缆释放装置置于提管系统上端并利用钢缆连接起来，重锤通过钢缆与夹缆释放装置的平衡杆连接。

3.2.3 波动力学分析

重力活塞取样器是冲击取样，取样器在距海底沉积物表面一定高度处下放获取初速度，在自重的作用下冲击沉积物完成取样，因此对此冲击系统的研究直接影响到重力活塞取样器的设计及使用。

1. 取样器冲击系统波动力学建模

建立简易力学模型反映冲击机械系统的动态特性，是研究重力活塞取样器冲击取样系统波动力学的基础。首先，进行冲击系统建模，然后建立工作介质模型。

（1）冲击系统建模

基于重力活塞取样器结构特点和取样工作原理的分析，将取样管、管接头、刀头抽象为既具弹性又具有质量的弹性杆。根据由 4 个基本元件构建冲击机械系统波动力学模型的方法，基于波动力学理论，建立以弹性杆为基本元件的重力活塞取样器冲击取样系统波动力学模型，属于比较典型的一元冲击机械系统。

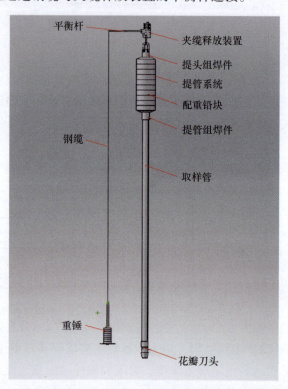

图 3.19 重力活塞取样器整体结构

重力活塞取样器因取样管轴向尺寸（取样管长度）远大于其横向尺寸（直径），所以冲击取样时忽略横向运动，假定当应力波通过取样管时，取样管横截面仍保持为平面，截面上应力分布均匀。如图 3.20 所示的一弹性杆，对于弹性杆中一长度为 dx 的杆单元，根据牛顿第二定律，故有：

$$\rho A \mathrm{d}x \frac{\partial^2 u}{\partial t^2} = -\frac{\partial F}{\partial t}\mathrm{d}x - \mu \frac{\partial u}{\partial t}\mathrm{d}x + XA\mathrm{d}x \tag{3.43}$$

式中，ρ 为弹性杆材料密度（kg/m³）；A 为弹性杆截面面积（m²）；u 为轴向位移（m）；F 为截面积上的作用力（N）；X 为 x 方向单位体积的力（N/m³）；μ 为单位长度杆单元周边的黏性阻尼系数（N·s/m）。

根据胡克定律，单元的应力与应变的关系为：

$$\sigma = -E\varepsilon \tag{3.44}$$

式中，σ 为应力，以压应力为正；ε 为应变，以压应变为正；E 为弹性杆材料弹性模量。

第3章 海底表层地质取样技术与装备

式（3.44）可变为：

$$F = -AE\frac{\partial u}{\partial x} \quad (3.45)$$

将式（3.45）代入式（3.43），可得：

$$\frac{\partial^2 u}{\partial t^2} = c^2 \frac{\partial^2 u}{\partial x^2} + \frac{1}{\rho}X - \frac{\mu v}{\rho A} \quad (3.46)$$

式中，v 为弹性杆轴向速度。

$$c = \sqrt{E/\rho} \quad (3.47)$$

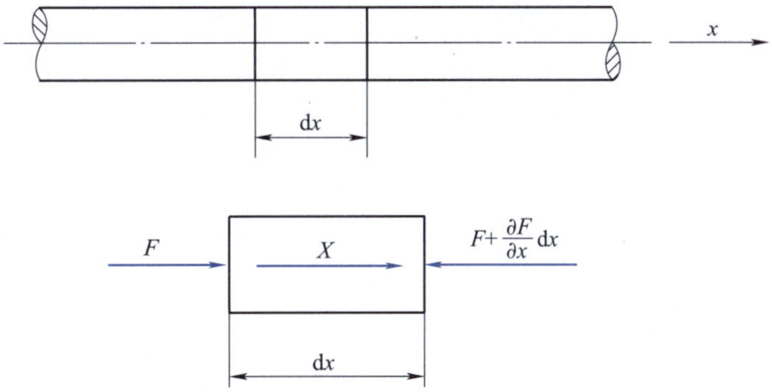

图 3.20 弹性杆单元

在冲击机械工作时，假定不考虑弹性杆的重力影响，并忽略施加在杆周边表面上的黏性阻力，根据式（3.46）可得：

$$\frac{\partial^2 u}{\partial t^2} = c^2 \frac{\partial^2 u}{\partial x^2} \quad (3.48)$$

式（3.48）是既考虑微体单元因克服惯性而运动，又考虑克服弹性而变形的一维弹性杆标准波动方程，其中 c 是材料的纵波波速物理常量，钢的纵波波速 c 为 5230m/s。

（2）建立工作介质模型

工作介质和其动力学特性是冲击机械系统的直接作用对象和重要影响因素。一方面，冲击机械的作用体现为使工作介质变形与破坏，工作端的位移和对工作介质所做的功是表征冲击机械系统的性能和效率；另一方面，工作介质作为冲击机械系统的重要边界，必然对冲击部件中应力波的传播和受力状态产生影响，作为波动方程的边界条件，以此求解冲击系统工作端位移及部件中应力波的传播。

重力活塞取样器一般用于采取海底软泥，故其工作介质为软泥黏土、砂质软泥黏土等，在冲击载荷作用下表现出非常复杂的动力学特性。软泥黏土等海底沉积物属于弱弹性物质，因此忽略其弹性将工作介质简化为塑性模型，其力学模型如图 3.21 所示。

取样器在贯入取样时，沉积物与取样器之间相互产生摩阻力，所受阻力主要为沉积物与取样管外壁间摩阻力，其摩擦阻力可由下式求得：

$$f = \tau g l u \quad (3.49)$$

式中，τ 为沉积物极限应力摩擦系数；g 为重力加速度；l 为取样管圆周长；u 为贯入深度，也即冲击系统工作端位移。

考虑沉积物与取样管外壁间摩阻力，并假设其集中作用在取样管底端，海底沉积物力学模型可表示为

$$F = f + F_p \quad (3.50)$$

式中，F_p 为海底沉积物的塑性极限阻力。

图 3.22 所示为工作介质的力-位移曲线，反映取样器在冲击取样时，工作介质的作用力与取样深度之间的关系。工作介质作用力线性增加，随着冲击波能量的消耗直至殆尽，取样终止。

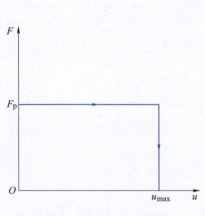 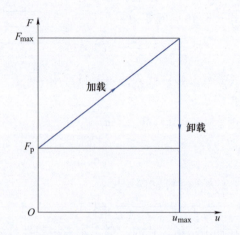

图 3.21　工作介质力学模型　　　　图 3.22　工作介质贯入力与贯入深度关系曲线

2. 取样器冲击系统数值计算方法

应用波动力学理论求解冲击机械系统中的撞击问题，其核心在于根据冲击机械系统的初始和边界条件来定解波动方程。采用行波法求解波动方程，能够获得较真实的应力波波形及弹性杆各处的受力状态，针对冲击部件结构简单和部件少的冲击系统，一般根据波动方程的初始和边界条件直接求得解析解。实际上，冲击机械系统中的应力波传播是比较复杂的问题，杆件是变截面的且有界，其边界条件也远比自由端或固定端复杂。因此，只能借助计算机采用数值计算方法求得波动方程定解问题的数值解。

首先进行波动方程求解。利用行波法即以自变量的线性组合作为代换对式（3.48）所示波动方程进行求解。结合初始条件，由 D'Alembert 得到波动方程的通解为

$$u(x, t) = \phi_1(x - ct) + \phi_2(x + ct) \tag{3.51}$$

式中，ϕ_1、ϕ_2 为具有二阶连续偏导数的任意函数，其具体形式需利用初始和边界条件求得。将式（3.51）分别对 t、x 求导，得到其速度与应变：

$$\begin{cases} v(x, t) = \dfrac{\partial u}{\partial t} = c[\Phi'_2(x + ct) - \Phi'_1(x - ct)] \\ F(x, t) = -AE\dfrac{\partial u}{\partial x} = -AE[\Phi'_1(x - ct) + \Phi'_2(x + ct)] \end{cases} \tag{3.52}$$

式（3.52）中，令

$$P(x - ct) = -AE\Phi'_1(x - ct) \tag{3.53}$$

$$Q(x - ct) = -AE\Phi'_2(x + ct) \tag{3.54}$$

因此式（3.52）即变为

$$\begin{cases} v(x, t) = \dfrac{1}{Z}[P(x - ct) - Q(x + ct)] \\ F(x, t) = P(x - ct) + Q(x + ct) \end{cases} \tag{3.55}$$

$$Z = \rho c A \tag{3.56}$$

式中，Z 为弹性杆的波阻，反映弹性杆对应力波的传送能力；ρ 为弹性杆材料密度；c 为弹性杆纵波波速；A 为弹性杆截面面积。

由上面分析可知，波动方程的通解分别为两个波速不变的顺波 P 与逆波 Q，根据冲击机械系统的初始条件及边界条件可求解顺波 P 与逆波 Q 的具体函数形式。

其次了解弹性杆中应力波的基本关系。冲击机械系统通过撞击必将产生应力波并在弹性杆中传播。在波动方程（3.48）中，包含有波所具有的一切属性，如传播性、叠加性及反射透射等。

1）守恒关系。对于弹性杆中的某一微体单元，如图 3.23 所示，当应力波传播到该单元时，根据动量守恒原理，即该单元所受冲量等于其所表现出的动量，可导出对于顺波或者逆波使弹性杆截面所受的力必定与其运动速度成正比，且其比例系数为波阻。当弹性杆中仅有顺波 P 通过时，可得：

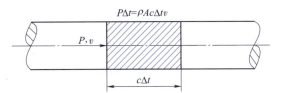

图 3.23 弹性杆单元动量守恒

$$P = Zv \tag{3.57}$$

当弹性杆中仅有逆波 Q 通过时，可得：

$$Q = -Zv' \tag{3.58}$$

式中，P、Q 为弹性杆中顺波、逆波的力（以压力为正）；v、v' 为顺波、逆波使弹性杆横截面的运动速度。

仅考虑弹性杆中的单波时，可导出其使弹性杆截面所受的力与其运动速度之间存在的比例关系，但当同时考虑顺波及逆波时，合成后的力与速度之间并无此比例关系。

2）传播关系。弹性杆中，当只有单向波在杆中传播时，应力波引起弹性杆中各处的状态相同，仅是时间上滞后。如图 3.24 所示，顺波 P、逆波 Q 到达处截面的状态分别与截面左侧、右侧的状态一致。对于弹性杆中顺波 P，若 $(x_1 - x)/c = t$，有

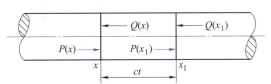

图 3.24 应力波的传播

$$P(x) = P(x_1) \tag{3.59}$$

对于弹性杆中逆波 Q，若 $(x - x_1)/c = t$，有

$$Q(x) = Q(x_1) \tag{3.60}$$

式中，$P(x)$、$Q(x)$ 和 $P(x_1)$、$Q(x_1)$ 分别为在弹性杆中 x 和 x_1 处的顺波与逆波；x、x_1 分别为弹性杆中两截面的坐标位置；t 为应力波在两截面之间的传播时间。

3）叠加关系。在弹性杆中，当顺波与逆波同时作用于某一截面时，则该截面所受的力及速度等于顺波与逆波单独作用之和，即其总效果为诸单波单独作用之和，如图 3.25 所示。于是有

$$F = P + Q = Z(v - v') \tag{3.61}$$

$$V = v + v' = \frac{1}{Z}(P - Q) \tag{3.62}$$

式中，F 表示弹性杆中截面受到的总力，其在杆中随时随地而异，但不具有传播性；v 表示弹性杆中截面的合速度。

4）透反射关系。应力波在弹性杆中传播时，如遇到波阻（或截面）变化时将发生透射

与反射，如图 3.26 所示。

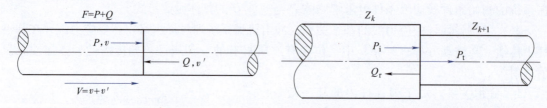

图 3.25　应力波的叠加　　　　图 3.26　应力波在变截面的透反射

当应力波在弹性杆中从波阻为 Z_k 的杆单元传播至波阻为 Z_{k+1} 的杆单元时，其透、反射系数分别表示为

$$\mu_{k,k+1} = \frac{2Z_{k+1}}{Z_k + Z_{k+1}} = \frac{2A_{k+1}}{A_k + A_{k+1}} \tag{3.63}$$

$$\lambda_{k,k+1} = \frac{Z_{k+1} - Z_k}{Z_k + Z_{k+1}} = \frac{A_{k+1} - A_k}{A_k + A_{k+1}} \tag{3.64}$$

式中，μ、λ 分别为透射系数与反射系数。

由分析可知：式（3.63）、式（3.64）中，当弹性杆中截面两侧材质相同时，则可用两侧的截面面积 A_k、A_{k+1} 表示透射系数与反射系数；并且对于同一截面，当应力波从波阻为 Z_{k+1} 的杆单元传播至波阻为 Z_k 的杆单元时，其透、射系数与从 Z_k 向 Z_{k+1} 传播时不同。

应力波在变截面处发生透反射时，其透射波等于入射波与反射波之和，因此在变截面处有

$$P_t = P_i + Q_r = \mu P_i \tag{3.65}$$

$$Q_t = Q_i + P_r = (2-\mu)Q_i \tag{3.66}$$

式中，下标 t、i、r 分别表示变截面处透射、入射及反射波；μ 表示某截面处顺波的透射系数，$(2-\mu)$ 则表示同一截面处的逆波透射系数。

弹性杆中截面所受的合力，可根据透反射关系与叠加关系得到：

$$F = \mu P_i + (2-\mu)Q_i \tag{3.67}$$

5）等效撞击关系。对于整体速度为 v_0 的取样管（弹性杆），可将其等效为在取样管中同时传播着 $\pm \frac{1}{2} Z_i v_0$ 的顺波与逆波，如图 3.27 所示。即在取样管冲击海底沉积物之前，其各截面上都存在如下两个应力波在传播：

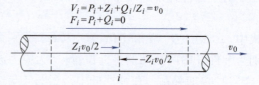

图 3.27　等效撞击关系

$$P_i = \frac{1}{2} Z_i v_0 \tag{3.68}$$

$$Q_i = -\frac{1}{2} Z_i v_0 \tag{3.69}$$

式中，Z_i 为取样管中各截面处波阻。

因此，根据等效撞击关系，可将取样器冲击海底沉积物的问题等效转换为透反射问题，把撞击面等效为界面处理。发生撞击后，即可按透反射关系分析取样管中的顺、逆两波。

3. 数值计算

在重力活塞取样器冲击机械系统波动力学研究中，应用基于透反射关系的界面法定解波动方程，将取样管离散成若干单元，考察界面上的顺波、逆波。界面离散法如图 3.28 所示。

根据透反射关系可得：

$$\begin{cases} P_{ij} = \mu_{i,i+1} P_{i-1,j-1} + \lambda_{i+1,i} Q_{i+1,j-1} \\ Q_{ij} = \lambda_{i,i+1} P_{i-1,j-1} + \mu_{i+1,i} Q_{i+1,j-1} \end{cases} \quad (3.70)$$

写成矩阵形式则为：

$$\begin{pmatrix} P_{ij} \\ Q_{ij} \end{pmatrix} = \begin{pmatrix} \mu_{i,i+1} & 0 \\ \lambda_{i,i+1} & 0 \end{pmatrix} \begin{pmatrix} P_{i-1,j-1} \\ Q_{i-1,j-1} \end{pmatrix} + \begin{pmatrix} 0 & \lambda_{i+1,i} \\ 0 & \mu_{i+1,i} \end{pmatrix} \begin{pmatrix} P_{i+1,j-1} \\ Q_{i+1,j-1} \end{pmatrix} \quad (3.71)$$

界面上的作用力和质点速度与顺、逆波的关系为：

$$\begin{cases} F_{ij} = \mu_{i,i+1} P_{i-1,j-1} + \mu_{i+1,i} Q_{i+1,j-1} \\ v_{ij} = \dfrac{\mu_{i,i+1}}{Z_{i+1}} P_{i-1,j-1} - \dfrac{\mu_{i+1,i}}{Z_i} Q_{i+1,j-1} \end{cases} \quad (3.72)$$

其矩阵形式则为：

$$S_{ij} = \begin{pmatrix} F_{ij} \\ v_{ij} \end{pmatrix} = \begin{pmatrix} \mu_{i,i+1} & 0 \\ \dfrac{\mu_{i,i+1}}{Z_{i+1}} & 0 \end{pmatrix} \begin{pmatrix} P_{i-1,j-1} \\ Q_{i-1,j-1} \end{pmatrix} + \begin{pmatrix} 0 & \mu_{i+1,i} \\ 0 & -\dfrac{\mu_{i+1,i}}{Z_i} \end{pmatrix} \begin{pmatrix} P_{i+1,j-1} \\ Q_{i+1,j-1} \end{pmatrix} \quad (3.73)$$

式中，F_{ij} 为弹性杆 $x=i\Delta x$ 处在 $t=j\Delta t$ 时的作用力；v_{ij} 为弹性杆 $x=i\Delta x$ 处在 $t=j\Delta t$ 时的速度；S_{ij} 为弹性杆 $x=i\Delta x$ 处在 $t=j\Delta t$ 时的状态向量。

式（3.73）即为由 $t=(j-1)\Delta t$ 时刻的状态求出 $t=j\Delta t$ 时刻的状态，据此即可利用 $t=0$ 时的初始状态，依次递推求解得整个过程中任一时刻的状态。

1）离散化处理。对重力活塞取样器冲击系统进行数值计算分析时，第一步必须离散处理冲击系统模型。在弹性

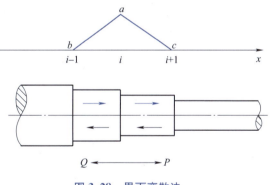

图 3.28 界面离散法

杆（取样管）中纵波波速为 c，设时间步长 Δt，空间步长则为 $\Delta x = c\Delta t$。将重力活塞取样器冲击系统中的弹性杆沿轴向离散成若干等长单元，使离散单元各界面与分段线重合，并分别按顺序给分段线、界面及界面所在单元编号。重力活塞取样器冲击系统离散化如图 3.29 所示。

单元力与速度由单元界面上的力与速度计算，计算单元右侧的力与速度来表征该单元的受力与速度。应用界面法求解波动方程时，假设在取样管的各离散单元中同时存在着相向而行的顺、逆两波，且其单元界面上的合力及合速度与该界面上的顺波和逆波的关系表示如下：

$$F_{i,j} = P_{i,j} + Q_{i,j} \quad (3.74)$$

$$V_{i,j} = \frac{1}{Z_i}(P_{i,j} - Q_{i,j}) \tag{3.75}$$

式中，$P_{i,j}$、$Q_{i,j}$ 分别表示单元位置为 i、计算步数为 j 时单元界面上的顺波受力值及逆波受力值；$F_{i,j}$、$V_{i,j}$ 分别表示单元位置为 i、计算步数为 j 时单元界面上的合力与合速度。

2）初始状态描述。重力活塞取样器在贯入取样前，通过在距海底表面一定高度处自由下落获得冲击初速度 v_0。设取样管开始冲击海底沉积物时 $t=1$，在计算开始时，根据等效撞击关系式（3.68）及式（3.69）给取样管各离散单元中的顺波、逆波赋初值：

$$P_{i,1} = \frac{1}{2}Z_i v_0 \tag{3.76}$$

$$Q_{i,1} = -\frac{1}{2}Z_i v_0 \tag{3.77}$$

式中，v_0 为取样管初始速度；Z_i 为取样管各离散单元的波阻。

在撞击前，取样管各离散单元中存在着初值分别为 $P_{i,1}$、$Q_{i,1}$ 的顺波与逆波。

3）应力波传播。应力波在弹性杆中的传播包括匀截面和变截面的传播两个方面，如图 3.30 所示。

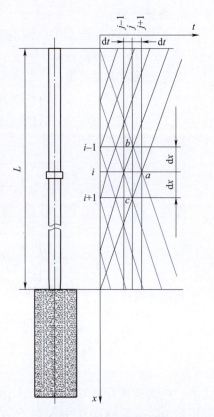

图 3.29 冲击系统离散化

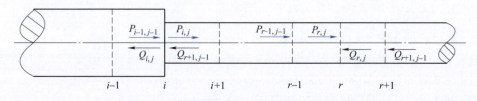

图 3.30 应力波的传播

当应力波在匀截面部分中传播时，根据传播关系，步数增加一步，顺波向右、逆波向左传递一个单元，且幅值保持不变，因此每计算一步，在弹性杆匀截面部分中顺波、逆波有如下关系：

$$P_{r,j} = P_{r-1,j-1} \tag{3.78}$$

$$Q_{i,j} = Q_{i+1,j-1} \tag{3.79}$$

由此可知，应力波在弹性杆匀截面部分传播时，通过这部分弹性杆中截面的顺波与逆波是一致的，只是在时间上有所迟缓，因此这部分弹性杆中各截面所受的力及速度是相同的。

当应力波在变截面传播时，根据透反射关系，应力波在变截面处发生透射与反射，由透反射系数可得：

$$P_{i,j} = \mu_{i,i+1} P_{i-1,j-1} + \lambda_{i+1,i} Q_{i+1,j-1} \tag{3.80}$$

$$Q_{i,j} = \lambda_{i,i+1} P_{i-1,j-1} + \mu_{i+1,i} Q_{i+1,j-1} \tag{3.81}$$

因此，当应力波通过变截面时，变截面上所受的作用力与速度为：

$$F_{i,j} = P_{i-1,j-1} + Q_{i,j} = P_{i,j} + Q_{i+1,j-1} = \mu_{i,i+1} P_{i,j} + (2 - \mu_{i,i+1}) Q_{i,j} \quad (3.82)$$

$$V_{i,j} = \frac{1}{Z_i}(P_{i-1,j-1} - Q_{i,j}) = \frac{1}{Z_i}(P_{i,j} - Q_{i+1,j-1}) \quad (3.83)$$

式中，$P_{i,j}$、$Q_{i,j}$ 为通过变截面后形成的新的顺波和逆波；$P_{i-1,j-1}$、$Q_{i+1,j-1}$ 为到达变截面的顺波及逆波。

4) 应力波取样管顶端描述。根据重力活塞取样器的结构，取样管上部有配重铅块、提管系统等，取样管在贯入取样过程中，顶部主要承受配重铅块等施加在取样管上的压力（重力）。因此，在冲击系统中，取样管的非撞击面即取样管的顶端界面，始终承受压力的作用，假设配重质量为 m，于是有

$$F_{1,j} = G = mg \quad (3.84)$$

在计算过程中，如图 3.31 所示，应力波达到取样管顶端界面，在 $F_{1,j}$ 的作用下，根据应力波的传播关系得到离开取样管顶端界面向取样管下端传播的顺波。

$$P_{1,j} = F_{1,j} - Q_{1,j} \quad (3.85)$$

式中，$F_{1,j}$ 为取样管顶端界面的受力；$P_{1,j}$ 为离开取样管顶端界面的顺波；$Q_{1,j}$ 为到达取样管顶端界面的逆波。

5) 应力波工作端描述。工作端即冲击取样系统冲击海底沉积物的界面，编号为 N。冲击部件冲击工作介质引起应力波在弹性杆中的传播，在取样管冲击海底沉积物时，将会产生沿取样管轴线从工作界面向上传播的逆波，逆波在取样管顶端界面反射回来成为入射波传播至工作界面，时间为 $2L/c$。到达工作界面的入射波在界面发生透反射，一部分入射波透射进入海底沉积物使其破坏，另一部分入射波在界面反射，继续在取样管中传播。在工作时，由撞击引起的应力波及入射波在工作界面形成的反射波的形状及幅值由工作介质的性质（边界条件）决定。

根据工作介质的性质，贯入力与贯入深度（工作端位移）的关系为

$$F_{N,j} = \tau g l u_{N,j} + F_p \quad (3.86)$$

$$u_{N,j} = \frac{F_{N,j} - F_p}{\tau g l} \quad (3.87)$$

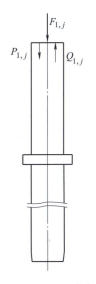

图 3.31 应力波在取样管顶端界面的传播

工作端界面的速度 $V_{N,j}$ 可通过下式求得：

$$V_{N,j} = \frac{u_{N,j} - u_{N,j-1}}{t} = \frac{F_{N,j} - F_{N,j-1}}{t \tau g l} \quad (3.88)$$

因为 $P_{N,i} = Z_N v_{N,i}$，$Q_{N,i} = -Z_N v'_{N,i}$，故有

$$v'_{N,j} = V_{N,j} - v_{N,j} = \frac{F_{N,j} - F_{N,j-1}}{t \tau g l} - \frac{P_{N,j}}{Z_N} \quad (3.89)$$

因此

$$Q_{N,j} = -Z_N \cdot v'_{N,j} = \frac{Z_N(F_{N,j-1} - F_{N,j})}{t \tau g l} + P_{N,j} \quad (3.90)$$

故此，根据上一时刻的贯入力 $F_{N,j-1}$ 及本时刻到达工作界面的入射波 $P_{N,j}$，可求得本时刻的反射波 $Q_{N,j}$ 为

$$Q_{N,j} = \frac{Z_N F_{N,j-1} - Z_N P_{N,j} + t\tau g l P_{N,j}}{t\tau g l + Z_N} \tag{3.91}$$

由此根据应力波的叠加关系，利用工作界面的入射波 $P_{N,j}$ 及求得的反射波 $Q_{N,j}$，即可得到本时刻工作端的贯入力 $F_{N,j}$，见式（3.92）。

$$F_{N,j} = P_{N,j} + Q_{N,j} \tag{3.92}$$

在取样管冲击海底沉积物的初始，反射逆波 $Q_{N,j} = 0$。撞击之后，在取样管中产生应力波，应力波在取样管中的传播使得取样管贯入海底沉积物进行取样。

4. 取样器冲击系统数值模拟计算

在重力活塞取样器的工作过程中，主要关注其取样性能，即取样深度和取样效率。根据前面建立的重力活塞取样器冲击系统波动力学模型及数值计算方法，通过 MATLAB 软件编制数值模拟程序，对重力活塞取样器取样管内部应力、取样深度及取样效率进行数值计算。

（1）冲击系统模型构建及参数选择

重力活塞取样器在工作中，配套的取样管、管接头及刀头紧密连接且材料相同，因此在模型中将其视为整体，并作为弹性杆分析，以此构建成一元冲击系统，图 3.32 所示为其力学模型。

对于图 3.32 所示的力学模型，在编制重力活塞取样器冲击取样数值模拟程序时，选取时间步长为 $20\mu s$，将冲击系统（弹性杆）离散成 $N = 300$ 个单元。取样管、管接头及刀头的力学性能参数视为相同，它们的材料纵波波速 $c = 5000\text{m/s}$，材料密度 $\rho = 7830\text{kg/m}^3$；工作介质为淤泥质软黏土，将其作为塑性模型处理，考虑到贯入时沉积物与取样管间的摩擦，为简便计，令 $X = EA/3200C_d$（C_d 为取样器在冲击过程中的阻尼系数），X 即贯入时的无因次量。冲击速度 $v_0 = 3.3\text{m/s}$，初始间隙设定为 0，表 3.4 为冲击系统各离散截面的截面面积。

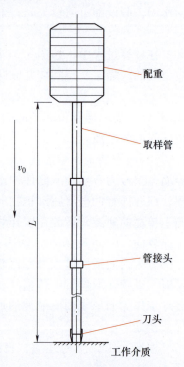

图 3.32 重力活塞取样器冲击系统力学模型

表 3.4 冲击系统各离散截面的截面面积

截面编号	截面面积/m²	名称	截面编号	截面面积/m²	名称
1~59	0.0048	取样管	184~239	0.0048	取样管
60~63	0.0075	管接头	240~243	0.0075	管接头
64~119	0.0048	取样管	244~299	0.0048	取样管
120~123	0.0075	管接头	300	0.0036	刀头
124~179	0.0048	取样管	301	0.0003	刀头
180~183	0.0075	管接头			

根据重力活塞取样器冲击取样系统波动力学数值模拟计算方法，通过 MATLAB 数值软件，编制重力活塞取样器冲击取样数值模拟程序 M 文件，其计算流程图如图 3.33 所示。

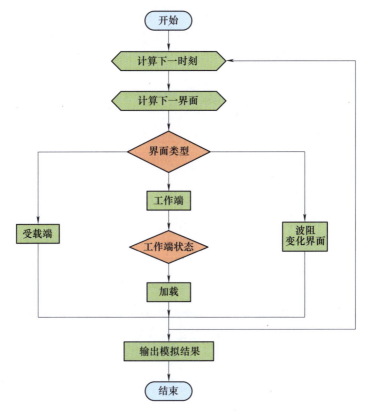

图 3.33　冲击取样系统数值程序计算流程图

（2）数值模拟结果分析

取样管长为 30m，由 5 根 6m 长的 N80 钢制管连接而成，对重力活塞取样器冲击取样过程进行模拟分析，取样管管端连接有刀头，分析冲击取样过程中取样管内部的应力分布、贯入力、贯入深度及冲击取样效率。

模拟计算结果表明，在重力活塞取样器冲击取样系统中，取样管内部的应力分布不均匀，如图 3.34 所示。在取样管中，最大拉应力、压应力依次为 3.64MPa、16.94MPa，最大拉、压应力均出现在前端第一节取样管中。由图可看出，管接头处最大拉、压应力均明显低于其余各处最大应力，总的分布规律为从取样管后端，最大拉、压应力均逐渐增大，在前端第一节取样管中间处开始显著减小，到取样管端及刀头处，最大压应力又有所上升。

通过数值计算，得到深海重力活塞取样器的贯入深度、贯入力及取样效率。贯入深度等于取样管刀头端的实际位移，如图 3.35 所示。图 3.36 则为冲击取样时贯入力的变化历程。由图 3.35 可看出，冲击取样过程前半段，取样器自重大于所受阻力导致取样器加速贯入，位移增速较快；当取样器自重等于所受阻力时，伴随取样器继续贯入，阻力增大引起取样器减速贯入，位移缓慢增大；当贯入速度减至 0m/s 时，取样停止，得到冲击取样最大贯入深度。根据模拟结果，冲击取样最大贯入深度为 27.60m。从图 3.36 可知，在冲击取样中，贯入力和贯入深度的变化历程相近，在贯入过程中，随着取样管的向下运动，取样管所受摩阻

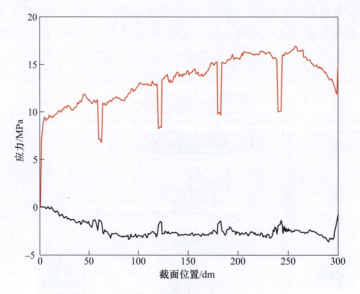

图 3.34 重力活塞取样器冲击系统中应力分布

力增大同时伴随着贯入力的增大。

根据模拟结果,重力活塞取样器的冲击取样效率为 89.1%,在重力活塞取样器冲击取样中,克服管端阻力及取样管外壁摩阻力占据绝大部分能量,其余部分能量则主要消耗在取样管内壁与岩芯之间的摩阻力和取样器贯入时海水对其产生的阻力中。

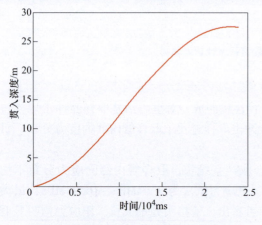

图 3.35 贯入深度随时间变化关系曲线

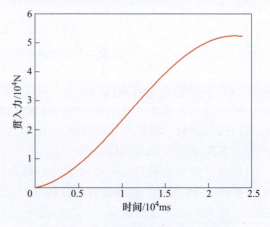

图 3.36 贯入力随时间变化关系曲线

3.2.4 冲击取样性能及其影响因素分析

重力活塞取样器通过冲击取样获取海底沉积物,根据其工作原理及目的,进行海底取样要求尽可能取到大直径、大体积的长芯柱状沉积物样品,因此在研究重力活塞取样器时特别关注其取样性能,主要通过取样深度及取样效率两参数评估。

1. 冲击取样效率

工作端的位移和对工作介质所做的功是冲击机械系统效能的主要反映,因此冲击取样效率在很大程度上表征着其工作性能。定义冲击取样效率为冲击取样系统对工作介质所做的功和取样器初始动能与势能之和的比值，其标志着能量从冲击机械系统传递到工作介质中的效率。冲击取样效率越高，表明冲击机械系统传递到海底沉积物的能量越多。冲击取样效率可由下式求得：

$$\eta = \frac{\int_0^{u_{max}} F du}{\frac{1}{2}m_h v_0^2 + m_h g u_{max}} \tag{3.93}$$

式中，η 为冲击取样效率；F 为贯入力；m_h 为取样器质量；v_0 为取样器初始速度；u_{max} 为最大贯入深度；g 为重力加速度。

2. 贯入深度

冲击取样最大贯入深度 H 即冲击系统工作端最大位移 u_{max} 也将作为其性能指标，u_{max} 可根据波动方程式（3.46）求解出来。

3. 取样器配重的影响分析

为了研究重力活塞取样器在不同配重下进行冲击取样时冲击系统的动力学特性，以取样管外径 $d_0 = 127$mm，冲击高度 $h = 1$m 时，设置配重 G 为 1400~2000kg，模拟取样器冲击软泥黏土进行取样，通过 7 次模拟数值计算，得出取样器配重对于冲击取样的影响，分析其影响规律。

（1）取样器配重对取样性能的影响

当取样器配重 G 从 1400kg 增大到 2000kg 时，通过模拟计算得到重力活塞取样器冲击取样的贯入深度及取样效率，如图 3.37、图 3.38 所示。

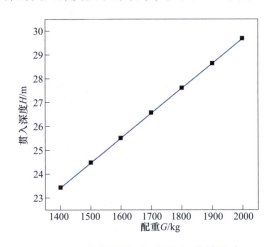

图 3.37　取样器配重对贯入深度的影响

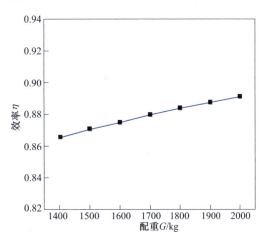

图 3.38　取样器配重对冲击取样效率的影响

由图 3.37 分析，配重从 1400kg 到 2000kg 对应的贯入深度从 23.44m 上升至 29.69m，增幅达 6.25m。当配重为 2000kg 贯入深度高达 29.69m，表明随着取样器配重的增加冲击能量增大，但冲击取样时取样管顶部承受压力也随之增大，因此贯入深度随着取样器配重的增加而呈现明显上升趋势，取样器配重的变化对贯入深度影响强烈。

由图 3.38 分析，随着取样器配重增加，其冲击取样效率呈现升高的趋势。出现这种现象的成因在于配重增加导致取样器在冲击取样时对取样管施加的压力变大，从而传递给沉积物的能量增多，取样器对海底沉积物做的功相应提高，因此冲击取样效率随着取样器配重的增加而提升。由图 3.38 可知，当配重为 1400kg 时，其取样效率最低，为 86.6%，配重为 2000kg 时达到 89.13%。

根据取样器配重变化对取样管内部应力、贯入深度及冲击取样效率的影响规律，在取样器配重的选择上，由于配重的变化对取样管内应力的影响有限，而对贯入深度的影响显著，配重增大时，贯入深度及取样效率均上升，因此，选取稍大取样器配重。鉴于 30m 重力活塞取样器的最大贯入深度为 30m，故在此条件下配重选择 2000kg 即可满足取样需求。

(2) 分析取样器配重对取样管应力的影响

通过数值模拟计算，得出 7 组在不同取样器配重下冲击系统各截面处最大应力分布图，图 3.39a 所示为各截面最大压应力，图 3.39b 所示为各截面最大拉应力。

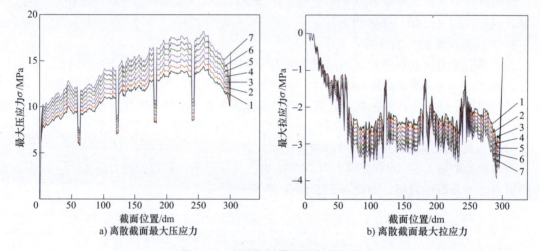

a) 离散截面最大压应力　　　b) 离散截面最大拉应力

图 3.39　不同取样器配重应力曲线

1—1400kg　2—1500kg　3—1600kg　4—1700kg　5—1800kg　6—1900kg　7—2000kg

模拟结果表明，随着取样器配重的增加，取样管内部各个截面处最大压、拉应力均有所增大。由图 3.39 可看出，取样器配重改变，取样管中各截面位置处最大压、拉应力分布的规律基本保持不变，仅是各处数值上有所变化。同时可看出，取样器配重对取样管内部最大压应力的影响比对最大拉应力的影响大。分析可知，当取样器配重增加时，取样管在冲击取样时将承受更大压力，导致贯入力增大，迫使取样管贯入沉积物中。因此在冲击取样时，取样管内的入射应力波必然增大，故当取样器配重的增加时，取样管内应力出现增大现象。

图 3.40 所示为不同取样器配重下取样管中的最大应力。由图 3.40 可看出，当取样器配重从 1400kg 增大到 2000kg 时，取样管中最大压应力显著增大，从 1400kg 时的 14.39MPa 上升到 2000kg 时的 18.21MPa，增幅 3.82MPa；取样管中最大拉应力整体也呈现上升趋势，从 3.06MPa 上升到 3.93MPa，仅增加了 0.87MPa，最大拉应力上升不明显。这表明随着取样器配重的增加，冲击取样贯入力也增大，取样管内部最大压应力明显上升，取样器配重的改变对取样管内最大压应力有明显的影响，而取样管内最大拉应力虽然有所上升，但影响不大。

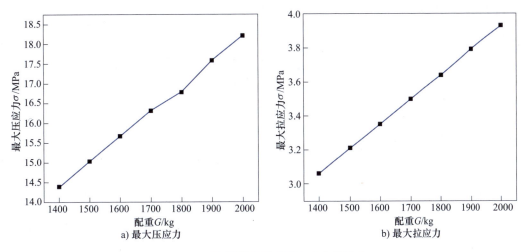

图 3.40 取样器配重对最大应力的影响

4. 冲击高度的影响分析

表 3.5 为模拟 6 组不同冲击高度下换算得到不同的冲击初速度。

表 3.5 不同冲击高度参数

编号	冲击高度 h/m	冲击初速度 v_0/(m/s)
1	0.5	2.44
2	1.0	3.30
3	1.5	4.23
4	2.0	4.87
5	2.5	5.45
6	3.0	5.92

在进行取样作业时，深海重力活塞取样器通过重锤触发夹缆释放装置，在距海底沉积物一定高度处自由下落，冲击沉积物完成取样工作。为了研究重力活塞取样器进行冲击取样时，在不同冲击高度下冲击系统的动力学特性，在取样管外径 d_o = 127mm，配重 G 为 1800kg，设置冲击高度 h 为 0.5~3m 基础上，模拟取样器冲击软泥黏土进行取样，通过 6 次数值模拟计算，得出冲击高度对于冲击取样的影响。在进行数值模拟时，取样器刀头与沉积物按零间隙处理，将冲击高度转换为冲击速度进行计算。

（1）冲击高度对取样性能的影响

当取样器冲击高度 h 从 0.5m 增大到 3.0m 时，通过模拟计算得到重力活塞取样器冲击取样的贯入深度及取样效率分别如图 3.41、图 3.42 所示。

从图 3.41 可得，随着取样器冲击高度增加，贯入深度依次增大，其值从 0.5m 时的 27.50m 上升到了 3.0m 时的 28.13m，增加了 0.63m。通过比较配重对于贯入深度的影响，提高冲击高度对贯入深度的影响并无显著变化，原因在于取样时，取样器的能量来源于自身重力做功，而取样器的动能相对于重力势能来说较小，因此通过增大冲击高度获得更大动能对于贯入深度的影响也相对有限。但在实际应用中，增大冲击高度对于增大贯入深度、获取更长沉积物是有利的。

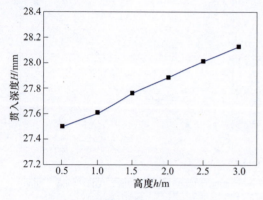

图 3.41 冲击高度对贯入深度的影响

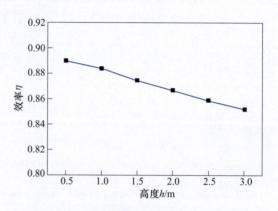

图 3.42 冲击高度对冲击取样效率的影响

从图 3.42 可看出，随着冲击高度的提升，取样器冲击取样效率呈现下降趋势。出现这种现象的原因是由于冲击高度增大时，取样器在冲击取样时，海水对取样器的阻力做的功同样增大，导致取样器消耗的能量增多，从而使得取样效率呈下降趋势。由图 3.42 可知，取样效率在 0.5m 冲击高度时为 89.1%，而在 3.0m 冲击高度时降至 85.2%。

根据取样器冲击高度改变对取样管内部应力、冲击取样贯入深度及取样效率的影响规律，在取样器冲击高度的选择上，由于冲击高度的变化对取样管内应力影响甚微，而冲击高度增加虽然降低了取样效率，但贯入深度随着冲击高度的增大而增加，提高贯入深度符合重力活塞取样器的使用要求，因此可通过增大冲击高度来满足重力活塞取样器的取样要求。

（2）冲击高度对取样管应力的影响

通过数值模拟计算，得出 6 组在不同冲击高度下冲击系统各截面处最大应力分布图，图 3.43a 为各截面最大压应力，图 3.43b 为各截面最大拉应力。

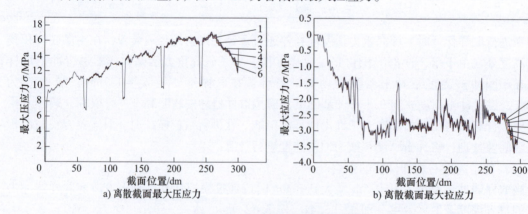

图 3.43 不同冲击高度应力曲线

1—0.5m 2—1.0m 3—1.5m 4—2.0m 5—2.5m 6—3.0m

模拟结果表明，提升冲击高度后取样管内部各个截面处最大压应力相应增大，而最大拉应力却随之减小，但影响不显著。由图 3.43 可看出，改变冲击高度，取样管中各截面位置处最大压、拉应力分布的规律基本保持不变，从 0.5m 增加到 3.0m 时，各处最大应力均只出现细微变化。因此分析可知,取样器冲击取样高度增大时,其重力势能增大,故增大了冲击取样能量,而冲击高度增大,较小影响取样管内应力,从应力角度考虑可以提高冲击高度进行冲击取样作业。

图 3.44 为不同冲击高度下取样管中的最大应力。由图 3.44 分析,随着冲击高度从 0.5m 增加至 3.0m,取样管中最大压应力整体呈提升趋势,最大拉应力则依次减少,但两者变化幅度不大,在小范围内波动。取样器冲击高度在 0.5m 到 3.0m 内变动时,取样管内最大拉应力在 1.0m 高度处最小,为 16.78MPa,在 3.0m 高度处最大,为 17.24MPa,增幅 0.46MPa;最大拉应力则从 0.5m 高度的 3.68MPa 降至 3.0m 高度的 3.54MPa,降幅 0.14MPa。由此可知,冲击高度的增加对于取样管内最大应力影响不大,但可以提供更大能量进行冲击取样作业。

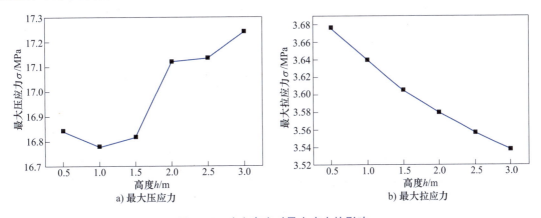

图 3.44　冲击高度对最大应力的影响

5. 取样管直径的影响分析

在重力活塞取样器冲击系统的波动力学模型中,冲击系统为由一弹性杆构成的一元冲击系统,因此改变取样管(弹性杆)结构参数,通过模拟程序计算出贯入深度、取样效率及冲击系统最大应力,分析该结构参数对取样器冲击取样性能的影响。研究的重力活塞取样器取样管长度 L 为 30m,内径 d_i 为 100mm,外径 d_o 为 127mm,设置取样器配重 G 为 1800kg,冲击高度为 1m。通过改变取样管外径 d_o,分别取 125mm、127mm、129mm、131mm、133mm、135mm、137mm 及 140mm,模拟取样器冲击海底软泥黏土进行取样,分析取样管直径对取样器性能的影响。

(1) 取样管直径对取样性能的影响

当取样管外径 d_o 从 125mm 增大到 140mm 时,通过模拟计算得到重力活塞取样器冲击取样的贯入深度及冲击取样效率,如图 3.45、图 3.46 所示。

由图 3.45 分析,随着取样管直径的增大,贯入深度从 125mm 时的 28.33m 降至 140mm 时的 23.50m,降幅 5.33m。这表明随着取样管直径增大,冲击取样时所受阻力也增大,因此贯入深度随着取样管直径的增大而明显下降,取样管直径的变化对贯入深度影响明显。

由图 3.46 分析,取样效率随着取样管直径的增大整体呈现先增后减的趋势,在取样管直径为 131mm 时取样效率最大。出现这种现象的原因是当取样管直径较小时,贯入深度较大,刀头内壁与沉积物之间的摩擦阻力消耗的能量比贯入深度较小时多,当取样管直径较大时,端阻力增大,引起额外的能量消耗。从图3.46也可看出,取样管直径的增大对取样效率的影响比较小,最大取样效率为88.77%,最小取样效率则为87.76%,相差约为1%。

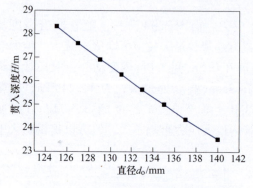

图3.45 取样管直径对贯入深度的影响　　图3.46 取样管直径对冲击取样效率的影响

根据取样管直径变化对取样管内部应力、冲击取样贯入深度及冲击取样效率的影响规律,在取样管直径的选择上,考虑到取样管内应力的影响,不宜选取过小直径;考虑到贯入深度的变化,取样管直径也不宜过大,应控制在一定范围内选取。

(2) 取样管直径对取样管应力的影响

通过数值模拟计算,得出8组在不同取样管直径下冲击系统各截面处最大应力分布图,如图3.47所示,横坐标0~300mm为冲击系统离散截面位置,图中压应力符号为正,拉应力符号为负。

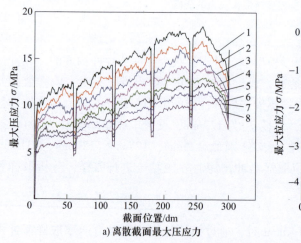
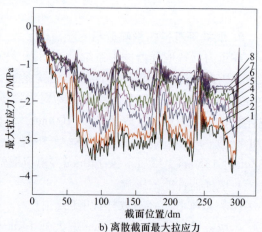

a) 离散截面最大压应力　　b) 离散截面最大拉应力

图3.47 不同取样管直径应力曲线

1—125mm　2—127mm　3—129mm　4—131mm　5—133mm　6—135mm　7—137mm　8—140mm

模拟结果表明,随着取样管直径增大,取样管内部各个截面处最大应力总体随之有所下降。从图3.47可知,取样管直径改变,取样管中最大压、拉应力出现的截面位置基本不变,最大压应力出现于取样管前端第一段(取样管靠近管接头的部位),最大拉应力则出现于取样管前端接近刀头部位。取样管中前、后端处出现应力集中现象,在管接头处,最大应力明显降低。分析可知,截面面积突变处的最大压、拉应力都出现较大波动。由于取样管前端两段的最大应力高于其他部位,在实际工作中,取样器进行冲击取样时受到附加集中弯曲应力的作用,因此可能引起取样管的弯曲失效。

图 3.48 为不同取样管直径下取样管中的最大应力。由图 3.48 可看出,当取样管直径从 125mm 增大到 140mm 时,取样管中最大压应力出现明显下降,从 125mm 时的 18.45MPa 降低到 140mm 时的 10.76MPa,下降达到 7.69MPa;取样管中最大拉应力同样总体呈下降趋势,从 3.92MPa 下降到 1.58MPa,降低了 2.34MPa,下降幅度达 60%。这表明随着取样管直径的增大,壁厚增加,取样管内部最大压、拉应力均明显降低,取样管直径的改变明显影响取样管内最大应力。

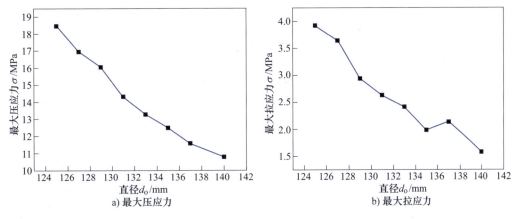

图 3.48 取样管直径对最大应力的影响

6. 海底沉积物的影响分析

深海重力活塞取样器主要用于采集海底软泥质沉积物,因此对重力活塞取样器冲击不同海底沉积物时冲击取样系统的动力学特性进行分析。利用前文建立的工作介质模型,海底沉积物在取样管向下贯入时,主要受到沉积物与取样管外壁之间的摩擦阻力及管底沉积物的塑性极限阻力。不同性质海底沉积物与钢材接触的极限应力摩擦系数 τ 差异较大,软泥黏土 τ 为 $0.05\sim0.08\text{kg/cm}^2$,砂质软泥黏土为 $0.08\sim0.15\text{kg/cm}^2$,黏土质砂为 $0.15\sim0.20\text{kg/cm}^2$,砂则为 0.20kg/cm^2。在取样管外径 $d_o=127\text{mm}$,配重 G 为 1800kg,冲击高度 h 为 1m 时,模拟取样器冲击不同沉积物类型时进行取样(不同海底沉积物类型力学参数见表 3.6),通过 5 次数值模拟计算,得出沉积物类型对于冲击取样时冲击系统动力学特性的影响。

表 3.6 不同海底沉积物类型力学参数

编号	沉积物类型	极限应力摩擦系数 $\tau/(\text{kg/cm}^2)$
1	软泥黏土	0.05
2	软泥黏土	0.08
3	砂质软泥黏土	0.12
4	黏土质砂	0.15
5	砂	0.2

(1)沉积物类型对取样性能的影响

当海底沉积物极限应力摩擦系数 τ 从 0.05kg/cm^2 增大到 0.2kg/cm^2 时,通过模拟计算得到重力活塞取样器冲击取样的贯入深度及取样效率,如图3.49、图3.50所示。

由图3.49可知,随着τ增大,贯入深度依次降低,贯入深度从0.05kg/cm^2时的27.61m降到0.2kg/cm^2时的6.82m,降幅达20.79m。分析可知,沉积物极限应力摩擦系数对贯入深度具有显著影响,这是因为在取样器冲击不同沉积物进行取样时,沉积物的τ越大,沉积物与取样管壁的摩阻力相应增大,摩阻力做功阻止取样器继续贯入,因此当冲击τ为0.2kg/cm^2的硬质沉积物时,其贯入深度骤然降低。在实际中,应用重力活塞取样器冲击海底沉积物进行取样时,海底沉积物的极限应力摩擦系数不宜过大,应控制在0.08kg/cm^2以内,以适应重力活塞取样器的取样要求,当$\tau>0.2\text{kg/cm}^2$时,取样几乎无法进行。

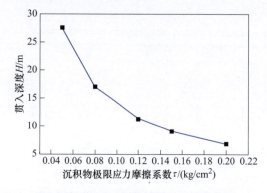
图3.49 沉积物类型对贯入深度的影响

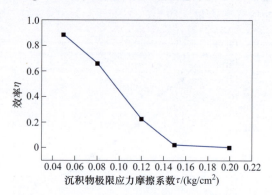
图3.50 沉积物类型对冲击取样效率的影响

从图3.50中可看出,取样器冲击取样效率随着τ增大而呈现显著下降的趋势,当$\tau>0.15\text{kg/cm}^2$时,取样效率趋近于0,取样工作几乎无法进行。由图3.50可知,当τ为0.05kg/cm^2时,其取样效率为88.4%;当τ为0.08kg/cm^2时,取样效率仅为66.24%;当τ为0.12kg/cm^2时,冲击取样效率降到22.55%;当τ为0.15kg/cm^2时,取样效率低至2.06%;当τ为0.2kg/cm^2时,取样效率为0.02%,近乎为0。这也说明,重力活塞取样器这种依靠自身重力驱动进行取样的设备,不宜用于采集硬质沉积物,采集硬质岩芯时需改用利用外部能量进行取样的设备。

根据不同沉积物极限应力摩擦系数对取样管内部应力、冲击取样贯入深度及取样效率的影响规律,在进行海底取样时,不能利用重力活塞取样器冲击海底硬岩进行取样,而只适于τ在0.08kg/cm^2以下的软泥质海底沉积物。沉积物极限应力摩擦系数增大时,应增加取样器配重与冲击取样高度,以提高重力活塞取样器冲击取样时贯入深度与冲击取样效率。

(2) 沉积物类型对取样管应力的影响

通过数值模拟计算,得出5组在不同沉积物类型下冲击系统各截面处最大应力分布,如图3.51所示模拟结果表明,随着极限应力摩擦系数τ增大,取样管内部各个截面处最大压、拉应力整体均呈现上升趋势。沉积物类型对最大压应力影响很小,各截面处最大压应力在不同τ下在很小范围内变化;而最大拉应力在τ为$0.05\sim0.12\text{kg/cm}^2$时同样影响较小,在$\tau$为$0.15\text{kg/cm}^2$和$0.2\text{kg/cm}^2$时则影响较为明显,最大拉应力显著增大,且对取样管前端两段影响尤为明显。分析可知,取样器对不同类型沉积物进行冲击取样时,随着极限应力摩擦系数的增大,取样管贯入沉积物时所受阻力相应增大,因此冲击取样时在取样管内各截面处的最大应力增大,尤其在冲击硬质沉积物时,取样管内最大拉应力显著增大,同时冲击取样时往往受到附加集中弯曲应力的作用，故可能引起取样管的断裂、弯曲而失效。这也说明，重力活塞取样器不宜用于采取硬质海底沉积物，而适用于采取海底软泥质沉积物。

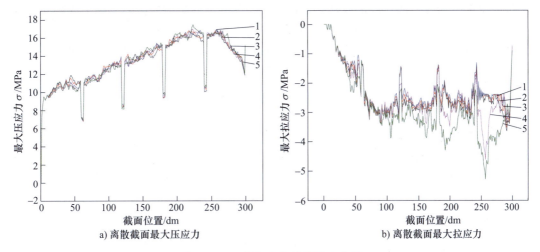

图 3.51 不同沉积物类型应力曲线

1—$\tau=0.05\text{kg/cm}^2$ 2—$\tau=0.08\text{kg/cm}^2$ 3—$\tau=0.12\text{kg/cm}^2$ 4—$\tau=0.15\text{kg/cm}^2$ 5—$\tau=0.20\text{kg/cm}^2$

图 3.52 为不同海底沉积物极限应力摩擦系数下取样管中的最大应力。由图 3.52 可看出，当极限应力摩擦系数从 0.05kg/cm² 增大到 0.2kg/cm² 时，取样管中最大压、拉应力均呈先降低再上升的趋势。最大压应力在 τ 为 0.08kg/cm² 时稍有下降，为 0.08~0.2kg/cm² 时，最大压应力依次上升，但其变化整体较小；最大压应力在 τ 为 0.05~0.12kg/cm² 时出现下降趋势，当 τ 为 0.12~0.2kg/cm² 时，最大压应力明显增大。由图 3.52 可知，取样管内最大压应力在不同沉积物类型下最小为 τ 等于 0.08kg/cm² 时的 16.74MPa，最大则为 τ 等于 0.2kg/cm² 时的 17.44MPa；取样管内最大拉应力在不同沉积物类型下最小为 τ 等于 0.12kg/cm² 时的 3.38MPa，最大则为 τ 等于 0.2kg/cm² 时的 5.84MPa，增大了 2.46MPa。由此分析可知，沉积物类型的改变对于取样管内最大压应力并无明显影响，但对最大拉应力影响较为显著，随着 τ 值的增大，其最大拉应力值增长较大，因此在使用重力活塞取样器进行冲击取样时，不能用于采集硬质沉积物。

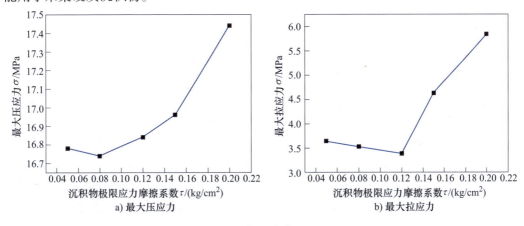

图 3.52 沉积物类型对最大应力的影响

3.2.5 动态响应有限元建模与分析

对深海重力活塞取样器冲击取样系统进行动力学特性分析时，必须考虑取样器自身结构及海底工况等因素。以深海重力活塞取样器取样管为研究对象，建立对应的三维有限元模型，对 N80 钢制取样管冲击接触海底沉积物表面的冲击取样过程运用 ANSYS/LS-DYNA 进行动力学仿真分析，研究海底沉积物的坡度、取样器攻角、取样管壁厚及沉积物类型对取样管冲击应力的影响，为深海重力活塞取样器取样管的稳定性分析、评估与设计提供理论依据与指导。

1. 冲击取样有限元建模

（1）冲击取样问题描述

深海重力活塞取样器利用触发装置通过释放器在距海底一定距离处下放，通过自由落体冲击沉积物进行取样，如图 3.53 所示。其中，D、L_1 为取样器铅块的直径和高度，L 为取样管长度，d 为取样管外径，b 为样管壁厚，h 为取样器自由下落高度。一般地，取样管与沉积物表面接触冲击的瞬间使得取样管发生弯曲变形，这也正是对深海重力活塞取样器冲击取样进行冲击动力学有限元分析的原因之一。

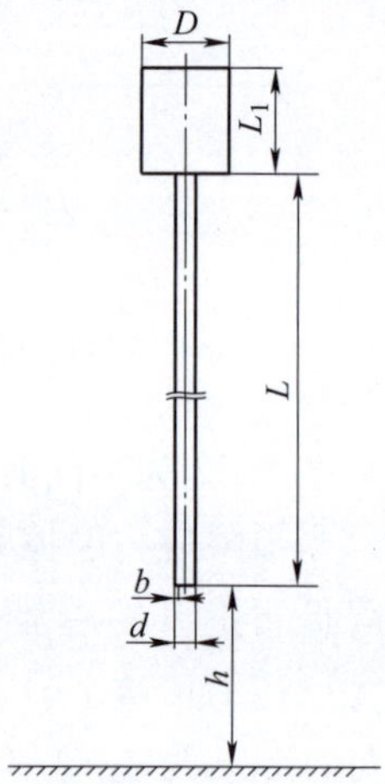

取样器下落冲击取样发生时，取样管上的应力大小与分布将急剧变化，取样器自身结构及工作环境都是重点考虑的影响因素。因此主要关注在不同沉积物坡度和类型、取样器攻角、取样管壁厚的情况下，取样管冲击取样时的应力应变。

（2）冲击取样的参数选取

深海重力活塞取样器在冲击取样时，由于海底环境的复杂不确定性，海底沉积物表面并非总是平坦的，可能存在一定坡度，沉积物坡度必然影响取样器的冲击取样，因此仿真分析时海底沉积物坡度选取 0°~40°。取样器自由下落过程中，受洋流、钢缆牵引等因素的作用，会出现一定程度的倾斜，无法完全垂直冲击沉积物进行取样，特别是当取样器攻角较大时，冲击取样将无法顺利进行，因此仿真分析时取样器攻角 a 选取 0°~10°。

图 3.53 重力活塞取样器冲击取样模型

取样器下落末速度主要受到其自由下落高度 h 的影响，即冲击取样初速度 v。研究当下落高度 $h=1\text{m}$ 时，取样器冲击系统在冲击取样时的动态响应。在冲击取样模拟中，为了缩短计算时间，假设取样器以冲击取样初速度 v 在距离沉积物表面 1mm 处开始下落进行计算。冲击取样初速度可由下式确定：

$$v = \sqrt{2\left(\frac{1}{2}mv_0^2 + mgh - \frac{1}{2}\rho u_\infty^2 A^2 C_\text{d} h - f_{浮} h\right)/m} \tag{3.94}$$

式中，m 为取样器质量；v_0 为下放初速度；h 为自由下落高度；ρ 为海水密度；u_∞ 为势流速度；A 为取样器最大截面面积；C_d 为取样器阻力系数；$f_{浮}$ 为取样器所受浮力。

沉积物的性质同样影响冲击取样时取样管中应力的大小与分布。根据渤海西部与南海南部海域海底沉积物特性模拟取样管冲击海底沉积物，研究淤泥、黏土、亚黏土、亚砂土、砂土不同沉积物对取样管应力的影响，以及取样管壁厚对应力大小及分布的影响。

(3) 有限元模型建立

构建基于深海重力活塞取样器的结构参数的有限元模型,用于模拟冲击取样器过程。取样管长 $L=30\mathrm{m}$,壁厚 $b=7\mathrm{mm}$,外径 $d=127\mathrm{mm}$,取样器配重 $M=1800\mathrm{kg}$,直径 $D=700\mathrm{mm}$,沉积物坡度 $\theta=0°$,取样器攻角 $\alpha=0°$。沉积物本构模型选用 DP 弹塑性模型,沉积物宽 $1.5\mathrm{m}$,高 $1\mathrm{m}$。沉积物上表面设置为自由边界,下表面施加全约束,其余四个方向限制水平方向的运动。通过 Hypermesh 划分网格,利用 LS-DYNA 进行计算求解。图 3.54 所示为冲击取样有限元模型,土体网格数 25000,节点数 26010,取样管网格数 39600,节点数 79200。

图 3.54 冲击取样有限元模型

2. 取样器冲击系统动态响应

(1) 不同沉积物坡度下取样管应力

取样器在距离沉积物表面一定高度垂直自由下落,冲击海底沉积物进行取样作业,海底工况采用沉积物坡度模拟,沉积物坡度是指取样器冲击取样时与取样管接触部分沉积物的坡度。从沉积物表面与水平方向重合开始,每隔 $10°$ 进行一次试验,直至沉积物表面与水平方向成 $40°$ 结束,由于取样器结构对称,因此朝一个方向从 $0°$ 旋转至 $40°$,进行 5 次模拟仿真,观察取样管冲击沉积物瞬时的最大等效应力的变化与分布情况。

图 3.55 表示沉积物坡度为 $0°$、$10°$、$20°$、$30°$、$40°$ 时冲击取样,取样管接触海底沉积物表面取样管接触部分瞬时的等效应力分布云图;图 3.56 显示海底沉积物坡度与受下落冲击取样最大等效应力关系。分析可得,在不同沉积物坡度下冲击取样时,取样管与沉积物表面撞击的位置不同;虽然取样管中等效应力均出现在取样管与沉积物表面的接触部位,但不同沉积物坡度的最大等效应力差异较大。

由图 3.56 分析,随着海底沉积物坡度的增大,最大等效应力呈明显上升的趋势,取样管中最大等效应力在坡度等于 $0°$ 时为 10.3MPa;$20°$ 时为 32.4MPa;$40°$ 时达到 75MPa,是坡度为 $0°$ 时的 7 倍。因此,在取样管设计中,应充分考虑沉积物特性(如坡度)和不确定性,不能只考虑垂向冲击取样时的稳定性,否则在冲击取样时可能造成取样管失效;冲击取样与沉积物直接接触的是取样管下端,极易产生应力集中现象,因此采用过渡圆角和锥度等措施强化取样器取样过程中的稳定性。

由图 3.56 可知,在取样管刀头处采用一定锥度进行设计优化时,将显著减少取样器作业时取样管的最大等效应力,当坡度为 $0°\sim40°$ 时,其最大等效应力依次为 8.69MPa、14.7MPa、27.1MPa、39.7MPa、27.5MPa。刀头锥度明显增大刀头冲击取样时与沉积物接触的面积,从而有效减小应力集中,并显著降低取样管中的最大等效应力,尤其当坡度为 $40°$ 时最为明显。因此,在结构设计中采取过渡圆角或设计一定的锥度等措施增加取样器的稳定性是可行的,同时也能降低对海底沉积物的扰动。图 3.57 所示为设计有锥度取样管截面图。

(2) 不同攻角下的取样管应力

不同攻角下的取样应力分析在取样管壁厚 $b=7\mathrm{mm}$,配重 1800kg,沉积物为黏土且坡度为 $0°$ 的情况下,依次改变攻角 α 为 $0°$、$2°$、$4°$、$6°$、$8°$、$10°$ 进行取样器冲击取样,从沉积

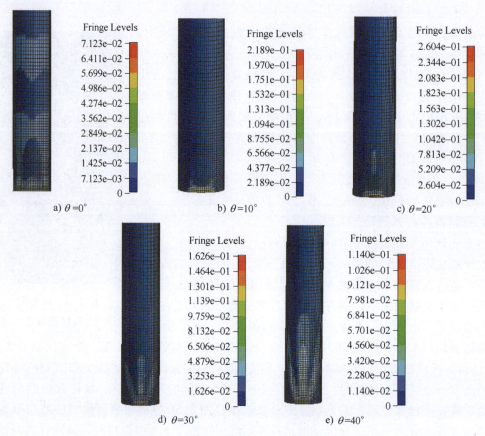

图 3.55 不同沉积物坡度下取样管的应力分布

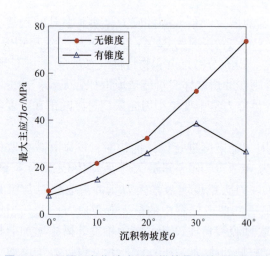

图 3.56 不同沉积物坡度下取样管最大等效应力曲线

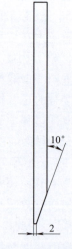

图 3.57 有锥度取样管截面

物表面与取样管轴线垂直开始,每旋转 2°开展一次试验,直至沉积物表面与取样管轴线成 80°结束。因取样器结构对称,所以朝一个方向从 0°旋转至 10°,进行 6 次仿真,分析在取样管接触沉积物时等效应力的大小及分布情况。图 3.58 表示取样器攻角为 0°、2°、4°、6°、8°、10°时进行冲击取样，取样管接触海底沉积物表面取样管接触部分的瞬时等效应力分布图；图 3.59 所示为取样器攻角与取样管冲击取样时的最大等效应力关系曲线。

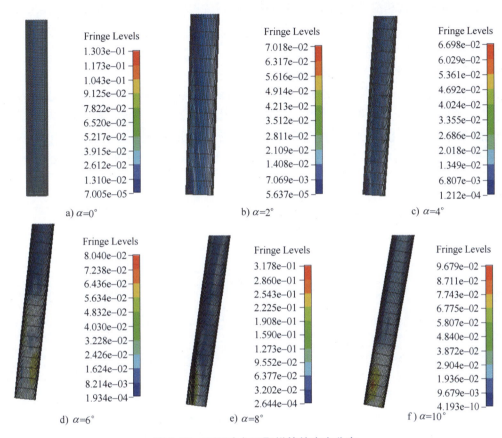

图 3.58 不同攻角下取样管的应力分布

由图 3.59 分析，随着取样器攻角的增大，取样管最大等效应力呈现先减小，后增大，再减小的趋势，在 α 为 2°和 4°及 6°和 8°时，最大等效应力变化不明显。由模拟结果可知，在 α 为 2°和 4°时，最大等效应力出现在取样管顶端，而 α 为 0°、6°、8°、10°时最大等效应力出现在取样管底端，且最大等效应力出现在底端时远大于出现在顶端时。这表明在取样管的结构设计中，必须考虑实际使用过程中取样器攻角对取样管冲击失效的影响。

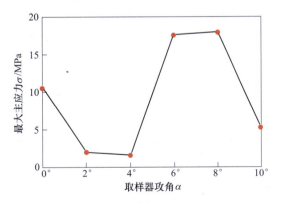

图 3.59 不同攻角下取样管的最大等效应力曲线

（3）不同壁厚下取样管应力

以下落高度 $h=1m$，配重为 1800kg，攻角 α 为 0°，沉积物为黏土且坡度为 0°，从 5mm

增加9mm改变取样管壁厚进行仿真分析，比较取样管接触沉积物表面时最大等效应力的变化，得出取样管壁厚与取样管冲击沉积物表面时的最大等效应力关系曲线，如图3.60所示。

由图3.60可知，随着壁厚增加取样管冲击沉积物的等效应力相应减小。取样管壁厚从5mm增至7mm时，其相应等效应力下降明显，而当壁厚从7mm增至9mm时，相应等效应力变化很小，因此在取样管的设计上应根据不同底质特性调整壁厚，不能盲目增大壁厚，同时壁厚的增大也会提升取样器贯入阻力。

（4）不同海底沉积物下取样器应力

重力活塞取样器主要是用于软质海底沉积物的采取，由于海底环境的不确定性，沉积物类型可能是黏土、砂土，甚至是硬岩。因此以取样器下放高度$h=1m$，壁厚$b=7mm$，攻角α为0°，配重为1800kg且沉积物坡度为0°时，海底沉积物分别用淤泥、黏土、亚黏土、亚砂土及砂土进行模拟仿真分析，得出在不同类型沉积物下取样管冲击取样的最大等效应力变化，如图3.61所示。

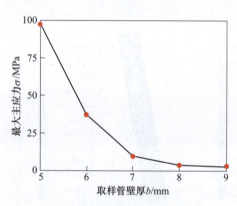

图3.60 不同取样管壁厚下取样管的最大等效应力曲线

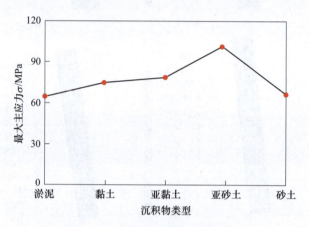

图3.61 不同沉积物类型下取样管的最大等效应力曲线

由图3.61分析，沉积物类型影响取样管冲击取样时的最大等效应力。当沉积物依次为淤泥、黏土、亚黏土时，取样管的最大等效应力逐渐增大，而为亚砂土时应力大幅增加约为35%。因此，在取样管结构设计中应考虑沉积物类型的影响，确保取样管在冲击取样时的稳定性。

3.2.6 应用情况

国内使用的重力柱状取样设备的重量从数百千克到3000kg，装管长度从2~18m，取样管管径为89mm、108mm、127mm等。图3.62是湖南科技大学为国家重大科技基础设施建设项目"科学"号海洋科学综合考察配套自主研制的KXH-30-1型30m重力活塞取样器，图3.63、图3.64分别是湖南科技大学为"科学三号"海洋科学综合考察船配套研制的VGP5型重力真空活塞取样器和ZHQ型重力活塞取样器-底层水采集器组合。取样器完成了多种海底取样，成果推广应用到中国科学院海洋研究所、青岛海洋地质研究所、国家海洋局第二海洋研究所等单位。图3.65为VGP5型重力真空活塞取样器海试现场。

图 3.62　湖南科技大学 KXH-30-1 型 30m 重力活塞取样器　　图 3.63　VGP5 型重力真空活塞取样器　　图 3.64　ZHQ 型重力活塞取样器

图 3.65　VGP5 型重力真空活塞取样器海试现场　　图 3.66　benthos 公司重力活塞取样器

图 3.66 为广州海洋地质调查局使用的 benthos 公司重力活塞取样器，图 3.67 为他们自主研制的 700 型、800 型大型重力活塞取样器。

图 3.68 所示的 QY-6 重力活塞柱状取样器是由国家海洋局第二海洋研究所生产，主要用于 6000m 水深内的海底沉积物取样设备。它经钢缆施放至海底，通过触底锤触发重力管自由降落取样或直接贯入沉积物取样。

美国 Woods Hole Oceanographic Institution（WHOI）研制的 Giant Piston Corer（GPC）、Jumbo Piston Corer（JPC）和 Long Coring 的重力活塞取样器依次如图 3.69、图 3.70、图 3.71 所示；图 3.72 所示为法国 Institute Polaire Francais Paul-Emile Victor（IPEV）研究所的 Calypso Corer 等。Calypso Corer 曾取得 64.5m 的超长深海沉积物样品，Long Coring 系统曾取得长为 38m 的超长沉积物样品。

  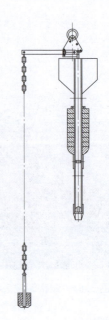

图 3.67　700 型及 800 型大型重力活塞取样器　　图 3.68　QY-6 重力活塞取样器

图 3.69　GPC 重力活塞取样器　　图 3.70　JPC 重力活塞取样器

图 3.71　美国 Long Coring 系统

图 3.73 为丹麦 KC-Denmark 公司的重力活塞柱状采泥器,适用于从砂质沉积物中采集样本,最大长度可达 15m。

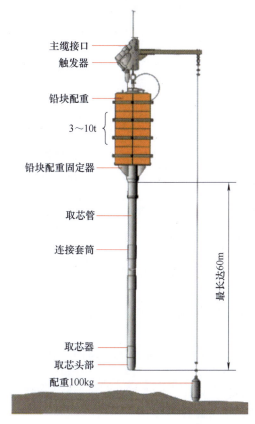
图 3.72 法国 Calypso Corer 取样器

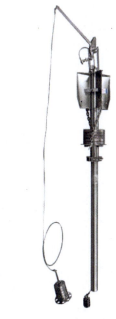
图 3.73 丹麦 KC-Denmark 公司的重力活塞柱状采泥器

3.3 箱式取样器

3.3.1 工作原理

箱式取样器主要用于采集未扰动的海底表层沉积样品,获取不同深度的沉积物,研究沉积物特性、210Pb 测年、沉积物与海水之间的地球化学交换及锰结核的定量分析等领域。取样器采用箱式结构,旨在最大限度地减少采样过程中对沉积物的扰动,确保采集样本的原位性。相较于其他类型的取样器,箱式取样器能够有效捕捉到完整的沉积物柱,并保留其原始结构,进而体现样本的完整性;通过调整刀片和箱体形状,具备适应采取多种沉积物类型的能力;由于所获取的样品易进行分层和插管取样,适用于在不同的水深和底质条件下作业。箱式取样器对于研究底栖生物的生态习性和沉积物特性具有重要意义。

箱式取样器是采样器呈箱形的沉积物采集装置,当取样器到达海底时,重锤的重力让采样器插入海底沉积物中,取样器的闭合铲转动切取海底沉积物到采样器内;由于采样器较大，采样时沉积物扰动较小或基本不扰动，适合采取原状样品。

箱式取样器取样过程分为准备与部署、投放与下沉、取样闭合和提升与回收四个阶段，如图 3.74 所示。

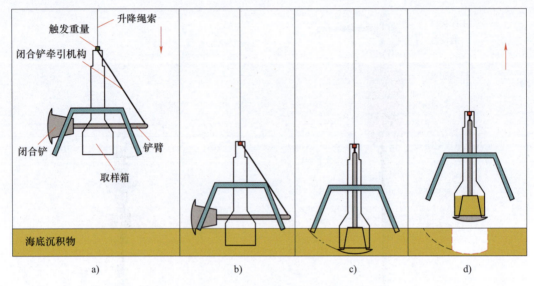

图 3.74 箱式取样器作业过程

1）准备与部署阶段。根据研究区域及目标，选择合适的箱式取样器固定在绳索上，以便从船只上进行投放。

2）投放与下沉阶段。将箱式取样器垂直投放于水中，借助重力及绳索的控制调节其下沉速度。在下沉的过程中，取样器的刀片逐渐切入沉积物中。

3）取样闭合阶段。一旦取样器完全沉入沉积物，闭合机制便被触发，底盖迅速闭合，以确保沉积物及底栖生物被密封于箱内，防止扰动。

4）提升与回收阶段。缓慢地拉起绳索，将箱式取样器从水下抬升至船上。在这一提升过程中，闭合机制持续保持闭合状态，以确保样本的完整性不受到影响。

3.3.2 基本结构

箱式取样器又称盒式取样器，是采样管或采样筒呈方形或长方形的沉积物采样装置，由管架、采样盒、重锤、闭合铲等组成，或通常由取样箱、闭合机制、取样装置支撑结构等主要部分组成，如图 3.75 所示。取样箱作为主体构成，外观呈长方体或正方体，设有可闭合的底盖用于封闭样品，确保样品的完整性。闭合机制用于取样完成提升取样器时，迅速关闭底盖，有效防止样本流失，一般有弹簧驱动、重力闭合等闭合机制。取样装置包括用于切割沉积物的切割刀或刀片，有利于沉积物的顺利进入，刀片的设计通常是锐利且具有适当的切

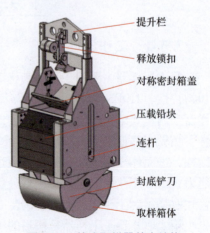

图 3.75 箱式取样器基本结构

入角度，从而方便其切入软性沉积物，确保样本的有效采集。支撑结构的作用在于维持取样器在水中的稳定性，防止其在下降过程中出现倾斜或偏离预设位置，从而确保取样的准确性和可靠性。

3.3.3 取样性能

取样效率是评估箱式取样器性能的重要指标。它直接影响到研究结果的可靠性和准确性。取样效率分为定量和定性评估。

定量评估分为分析样本密度和分析样本体积。样本密度是指单位面积或体积内的样本数量，通常以每平方米或每立方米的生物数量表示。使用已知面积的取样器进行取样，并计算取到的生物数量。比较不同取样器在相同环境下的样本密度，分析其采样效率。样本体积是指取样器在取样时所捕获的沉积物或水体的体积。记录不同取样器在取样过程中的实际体积，比较不同取样器的取样效果。较大的样本体积通常意味着更高的采样效率。

定性评估分为物种丰富度和样本的完整性。物种丰富度是指在样本中观察到的物种数量，而多样性指数则综合考虑了物种数量和相对丰富度。使用不同取样器在相同地点取样，计算每种取样器获得的物种丰富度和多样性指数。可以使用香农-维纳指数等指标进行比较。样本的完整性是指取样器在取样过程中对沉积物或生物的扰动程度，影响样本的真实性。通过观察样本中生物的完整性和种类，评估不同取样器对样本的扰动情况。使用特定的生物标志物或生态指标来评估样本的完整性。

通过以上评估方法，可以系统地评估箱式取样器的取样效率，比较不同取样器的采样效果。这些评估结果将为选择合适的取样器、优化取样策略和提高研究的可靠性提供重要依据。

3.4 拖 网

3.4.1 工作原理

拖网是海洋底表取样的重要方式，能够直接从海底表层获取物质样品，其取样过程往往需要借助海洋调查船，在船尾拖曳一种形似"铁皮水桶"的设备至海底，通过地质钢缆将拖网精确地放置于海底的特定位置，在其触底后，以缓慢的速度移动，并监测钢缆长度、绞车张力及水深，判断是否成功采集到样本，实现海底岩石或生物样本的采集，如图 3.76 所示。

3.4.2 基本结构

拖网主要由拖曳缆绳、采样铁框架、网篮及辅助设备等构成。拖曳缆绳用于连接作业船只和拖网，并提供必要的牵引力和承受海底作业时的

图 3.76 拖网取样过程

拉力；采样铁框架用于在海底拖动时刮取样品，有的型号边缘设计成齿状，以便于切割硬质样品；网篮与采样铁框架相连，用于收集刮取的样品，网袋分为内外两层，外网由不锈钢首尾相连，内网一般为尼龙网；辅助设备有绞车、导航定位和测深仪及声脉冲发生器（Pinger）等，绞车通过控制钢缆完成拖网的释放和回收，导航定位和测深仪用于定位拖网的精准位置及测量海底深度，确保拖网能够精准在目标区域采样。声脉冲发生器安装在钢缆上，用于探测设备距离海底的高度，并结合测深仪、多波束系统获取拖网距离海底的高度及拖网在海底的实时状态。图 3.77 为海底生物取样的拖网结构。

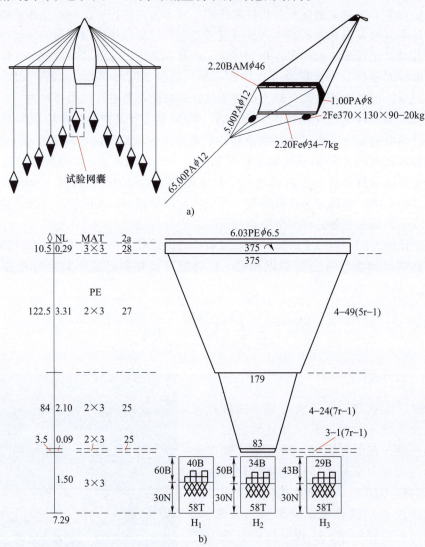

图 3.77 海底生物取样的拖网结构

3.4.3 常见类型

1. 岩石拖网取样

岩石拖网取样主要用于收集附着在海山上的结壳样本或岩石样本。由于岩石较为坚硬和牢固，导致拖网承受力较大，因此该类拖网设计更为坚固，但编织网较短，容积也相对较小。为了保护主钢缆，通常在取样器与主钢缆之间加装破断力约为 40kN 的额外钢缆。岩石拖网取样的路径通常是沿着海山的山顶或平行于海山山坡方向，与海底的夹角略大于生物拖网，约为 45°。钢缆的长度通常比水深多出 15%~30%。根据水深、张力变化等因素控制缆长和收放速度，同时也与海山坡度、船速和拖网路径等因素有关。一般情况下，张力每次急速增加，表明拖网网口刮到了坚硬的海底岩石（如结壳），如网口成功切割局部岩块，张力会立即减小，如果拖网被卡住，张力会持续增大。在拖网作业时，船速一般控制在 1.0~1.5kn。船速过慢（<0.8kn），船的方向很难控制，效率降低；船速过快（≥2kn），拖斗姿态不稳定，需要释放更长的钢缆保证拖斗在海底的姿态，且容易发生卡网等情况。

岩石拖网取样作业时，通过万米钢缆绞车将拖网下放至海底，并保持钢缆具有一定倾斜角度，船慢速前行，拉动拖斗沿着海底拖曳，依靠拖斗金属边沿（一般带有齿）切割硬质样品后，收集到尾部网兜中。作业需要综合利用各种辅助设备和工具，如导航定位、多波束测深系统、声脉冲发生器（可探测设备距离海底高度）、地质钢缆、绞车等。拖网的施放入水，一般应在距离拖网设备 500~800m 位置悬挂声脉冲发生器，监视拖网到底情况，并保持声脉冲发生器距离海底一定高度，通过声脉冲发生器距离海底的高度判断钢缆的斜度，进而确保拖网以平躺于海底的方式进行拖曳。如图 3.78 所示，拖网最近端 500m 的斜度（ϕ）与声脉冲发生器距离海底高度的关系为 $\phi = \arcsin(h/500)$。通常情况下，当 ϕ 为 30°~60°时，可以确保拖网维持在较为理想的拖行状态。

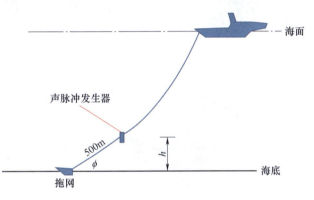

图 3.78 拖网作业示意图

"海洋四号"科考船在东太平洋进行海底资源勘探时，使用了重量 240kg、开口尺寸 1200mm×500mm 和重量 140kg、开口尺寸 2000mm×1000mm 两种不同规格的拖网。这些拖网在进行海底作业时需要强劲的牵引力来完成拖动，尤其是遇到复杂的海山区域时，拖网极易被岩石卡住，处理起来既危险又复杂。我国目前已掌握在 4000~6000m 深的海底进行岩石和矿石采样技术，且在太平洋海域，采用拖网采集到了大量的锰结核和锰结壳样本。图 3.79 和图 3.80 为广州海洋地质调查使用的结壳及表层生物拖网。

"中山大学"号海洋综合科考实习船装备了标准的岩石拖网，在富钴结壳勘探和海洋区域地质调查中，该拖网非常常见，如图 3.81 所示。其工作深度可达 10000m，取样网口尺寸大于 800mm×500mm，拖网网衣长度至少为 1500mm，重锤重量至少为 500kg，而设备主体采用耐腐蚀的 316 不锈钢制造。

2. 底栖生物拖网取样

生物拖网取样主要用于收集海底表层生物样本或碳酸盐结壳等。其开口为长方形，该设计增加了拖取的面积，从而提高了采集到样本的概率，因编织网的容积较大，能够装载更多的样品。在作业前，需要根据海底的地形、流速和流向来确定拖网的位置和方向。作业时，要求拖网与海底保持大约35°的夹角，钢缆的长度通常比水深多出15%～35%，作业船速一般控制在1kn左右，沿着预定的目标和方向进行作业，拖放距离为1～2km。"中山大学"号海洋综合科考实习船配备了先进的底栖生物拖网系统，如图3.82所示。在近海作业时，该系统由船载生物绞车控制系统精确操控，通过缆绳将网体缓慢降至海底。利用拖动的方式，它能够有效地捕获海底的底栖生物，包括珊瑚、海草和海绵等生物。

图 3.79 "海洋四号"结壳及表层生物拖网　　　　图 3.80 "海洋六号"结壳拖网

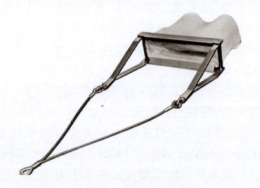

图 3.81 "中山大学"号搭载的岩石拖网　　　　图 3.82 底栖生物拖网

3. 拖网挖掘取样

2005年3月，Nautilus公司与合作伙伴共同执行了一次拖网取样任务。他们采用了一种双壁设计的环形拖网，该拖网类似于犁，收集到的样品尺寸各异，存放在塑料桶中，并对收集到的矿泥进行了详细的分析。

3.4.4　岩石拖网作业案例

岩石拖网作业自1997年的DY航次起开始启用，并在2003年后逐渐被深海浅钻所取代。在过去近十年的应用中，"海洋六号"和"大洋一号"等科考船在20多座海山进行了468次结壳拖网作业，收集了大量结壳样本。其中，"海洋四号"船在拖网作业中表现最为突出，它在 5 个航次中完成了 350 个站位的岩石拖网作业，特别是在 DY105-15 航次中，仅 3 个航段就完成了 155 个测站的作业，成功获取超过 6kg 的结壳和岩石样品，成功率达到了 80.73%，ME 海山区的 MED55 号站位的结壳样品如图 3.83 所示。

以位于 ME 海山区的 MED55 号站位为例，简要阐述岩石拖网的应用方法和作业流程。图 3.84 为拖网作业路径示意图，在 ME 海山区的 MED55 号站位，水深达到 1900m，等深线呈西北-东南走向，海况为三级，流速为 2nmile/s（3.704km/s），流向为 280°。鉴于"海洋六号"船的操作性能有限，缺乏动力定位和水下定位设备，因此在进行拖网作业时，通常采用逆流慢速或顺流漂航的方式。

针对 MED55 站位的具体情况，预先规划作业策略为从东向西漂航拖网。作业船在 A 点停船并布放拖网，大约 40min 后，设备布放到位（B 点）。随后继续释放钢缆，当张力计显示张力开始上升时，确定为拖网作业的起始位置。此时，钢缆长度约为 3000m。根据计算，拖网在距离 B 点约 1.2km 处（C 点）开始作业，该处水深约为 2400m。然而，由于海底地形复杂，拖网作业一段时间后，在 G 点发生了拖网卡住的情况。由于漂速过快，快速放收缆绳的方法失效，只能通过让船顺时针旋转来尝试脱困。在旋转过程中，需要保持钢缆一定的拉力，并尝试让拖网脱困，但未能成功。直到船到达 D 点，通过从另一个方向拉扯钢缆，拖网才成功脱困。此时，船相对于卡网点旋转了大约 70°。在成功解脱卡网后，作业船继续拖网作业，从 E 点开始至 F 点，经历了三次张力突变后，作业结束。

图 3.83 结壳样品

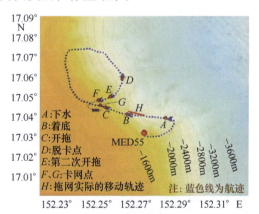

图 3.84 拖网作业路径示意图

3.5 抓斗取样器

3.5.1 工作原理

抓斗取样器具备操作简便、成本较低的优势，被广泛应用于海底沉积物和岩石样品的采集。由于抓斗取样器独特的结构特点，在取样过程中表现出明显的优势，其操作流程主要分为下降、取样和提升三个主要部分，如图 3.85 所示。

下降过程中，抓斗通过缆绳被下放到海底，下降过程中颚板保持开启状态。抓斗取样器通过缆绳系统从调查船上缓慢下放至海底。在此过程中，抓斗的颚板保持开启状态，以便接触海底时能够顺利抓取样品。取样过程中，当抓斗接触海底后，通过机械或液压系统控制颚板闭合，抓取海底样品。这一过程要求抓斗具有足够的闭合力，以确保样品被有效抓取。提升过程中，装有样品的抓斗被提升回水面。在此过程中，需要慢速提升取样器离开海底后，快速提至水面，然后再慢速提升至船甲板，以避免样品在提升过程中脱落或受到扰动。然而，抓斗取样器对硬质沉积物的穿透能力有限，且在样品采集过程中可能会对样品造成一定的扰动。

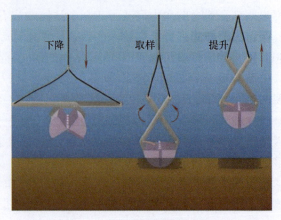

图 3.85　抓斗取样器工作过程

3.5.2　基本结构

抓斗取样器的基本结构通常由斗（颚板）、液压缸、斗齿和齿座、四连杆机构、拉绳、D形扣及排气排水孔等组成（图3.86）。其中，斗作为核心部件，由多个颚板组成，用于抓卸沉积物；液压缸控制抓斗的开合，斗齿和齿座安装在颚板上，增强硬质沉积物抓取能力；D形扣连接拉绳和抓斗，保持作业过程的稳定性；排气排水孔开设在抓斗顶部，用于排出抓斗内的水和气体。

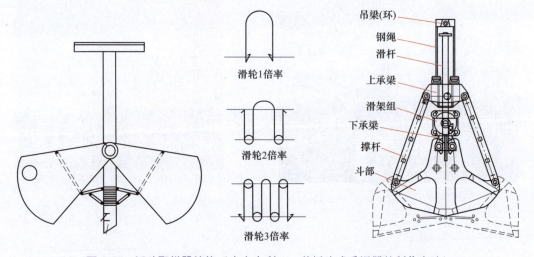

图 3.86　抓斗取样器结构（来自专利：一种抓斗式采泥器的制作方法）

3.5.3　常见类型

1. 蚌式抓斗取样器

蚌式抓斗取样器出现较早，主要包括斗体和释放板两个部分，操作十分简便。蚌式抓斗取样器用于海底表面 0.3~0.4m 深的沉积物样品采集，根据开口面积大小，主要有 0.025m²、0.1m² 和 0.25m² 等多种规格，其重量 20~300kg 不等。图 3.87 展示了广州海洋地质调查局自行开发的蚌式抓斗取样器。

2. 无缆自返式抓斗取样器

无缆自返式抓斗取样器是一种自动收集海底结核样本的装备，主要由浮球、压载筒和卸载装置三部分组成。当取样器接触海底后，会自动触发并抛弃压载物，使得抓网闭合，从而捕获结核并上浮。这种装置主要应用于大洋中结核的调查工作。图 3.88 展示了广州海洋地质调查局搭载"海洋四号"科考船在大洋调查过程中采用无缆自返式抓斗取样器的工作过程。

图 3.87　蚌式抓斗取样器

3. 电视抓斗取样器

电视抓斗取样器（TV-Grab sampler）简称 TV-G，通过结合海底摄像头和抓斗取样器，实现可视化地质取样功能。电视抓斗取样器集成了摄像头、光源、电源等辅助设备。在取样过程中，调查船将抓斗下降至距离海底上方 5~10m 的位置，然后调查船缓慢行驶，研究人员通过屏幕观察海底情况，确认目标后发送指令打开抓斗进行取样。电视抓斗取样器常用于采集海底多金属结核、水合物、碳酸盐结壳和火山岩等样品，解决了盲目取样和取样量小的问题，可以直接根据观察结果获取大量样品。此外，还可以在抓斗外围安装推进器，使电视抓斗取样器在一定范围内移动，提高取样效率。图 3.89 为深海电视抓斗采集块状硫化物和多金属结核过程。

图 3.88　无缆自返式抓斗取样器

图 3.89　块状硫化物、多金属结核与深海电视抓斗

3.5.4 抓斗取样器作业案例

2009年，我国DY21航次中，利用自主研发的深海电视抓斗，在南大西洋洋中脊成功获取了块状热液硫化物样品。随后在DY26航次中，电视抓斗完成了56站的取样工作。

我国自主研发的电视抓斗能实现4500m水深的海底热液硫化物、岩石及各类地质样品取样，主要由液压动力驱动系统、通信控制系统、甲板控制系统、主框架、斗体、摄像机、照明灯和高度计等组成，2003年6月通过了海上试验验收，标志着"十五"863计划重要课题——"6000m海底有缆观测与采样系统及电视抓斗的研制"取得了圆满成功。电视抓斗在大洋矿产资源调查方面是一项重要创新，提高了调查质量和取样效果。在海试期间，电视抓斗成功抓取到了结壳、基岩和沉积物等多种样品。特别地，该次抓取的最大板状结壳样品重达50kg，远超设计指标中的20kg能力，表明了这款电视抓斗的整体结构设计稳定、坚固、可靠，并且具备良好的抗冲击性能。水下液压系统表现稳定，工作可靠，电能系统满足多次使用的需求。监控图像清晰，分辨率高，传输可靠。系统的参数设置合理，控制系统运行稳定，甲板操控简便有效。整体而言，电视抓斗性能稳定、实用性强，能够满足大洋矿产资源调查的需求，并且在相关调查研究工作中有着广泛的应用前景。

北京先驱高技术开发公司研发了第三代电视抓斗产品（图3.90），目前该设备已经安装在"大洋一号"调查船上。电视抓斗的外形尺寸为2.1m长、1.4m宽、2.1m高，重量为2.2t，最大抓取能力可达800kg，特别适用于海底沉积物的采集。在大洋资源调查中，电视抓斗曾经成功抓取过重达500kg的砾状结壳，也是我国在富钴结壳调查中获取的最大、最重的样品。

2008—2009年，"大洋一号"在太平洋和印度洋热液区域的科学考察中，电视抓斗成为探测和发现热液区域并采集样本的主要装备，为我国发现了11个热液区域。

图3.90 北京先驱高技术开发公司的电视抓斗

中德合作项目中使用的电视抓斗是由德国Preussage公司制造的，其开口尺寸为1m×1m，单次取样能力可达1000kg以上，适用于最大工作水深超过4000m的环境。即将投入使用的新一代电视抓斗，型号为GHTVG-01，是中国自主研发的首款海底可视取样器。这款电视抓斗是由四川海洋特种技术研究所在国家863计划的支持下改进而成的。

GHTVG-01型电视抓斗的基本配置包括采样斗铲、液压源及液压控制、供电系统、视像监视系统和甲板遥控系统。结合了可视技术和抓斗功能，可以通过甲板遥控进行取样，且取样次数没有限制。该抓斗的抓样面积达到了1.5m^2，单次取样能力可达800kg以上，最大工作水深可达4000m。此外，GHTVG-01型电视抓斗可以通过光缆与甲板遥控单元相连，其接口采用的是最新的3UVME多路光纤调制解调器，能够解决在4km（或5km）长距离内的高速视频通信问题，从而提供长时间、高清晰度、连续的海底视像。

中国科学院深海科学与工程研究所研发的深海分体式电视抓斗（图3.91），专门用于在深海底部抓取岩石样品。这款设备的最大工作水深可达6000m，在空气中的重量为3.7t，在水中的重量为2.9t。它的最大取样区域为1.7m×1.2m，最大取样体积可达2.6m^3。分体式设计使得设备的电气篮和斗体能够解耦，确保了抓斗能够在三级海况以内顺利执行海上作业。该款电视抓斗参与了"探索一号"TS09航次，在马里亚纳海沟的弧后张裂区域成功完成了8个站位的海底岩石可视化抓取任务，并获取了大量海底岩石样品，其中最大作业深度为3535m。由于这款分体式电视抓斗的取样灵活、操作简单可靠，展现出了一定的市场潜力，并已经完成了成果转化。

图3.91 深海分体式电视抓斗

广州海洋地质调查局研制的深海移动电视抓斗主要由采样和控制部分组成（图3.92）。采样部分为可分离式斗体构成，分为沉积物斗体和表层岩石取样斗体。移动电视抓斗控制系统由甲板单元和水下单元构成。其中，水下单元包括抓斗本体机械结构深海液压站、深海电动机驱动器、水下测控单元（包含光缆水下测控单元，水下高清摄像机、水下照明灯、高度计、深度计等）；甲板单元包括甲板通信机（甲板多功能高清光纤通信机）、硬盘录像机、高压直流电源（水下测控单元供电）、工控机（含监视器）及运行于工控机上的甲板软件等。主要参数型号：XQ-ROGTV6000G型；最大工作水深为6000m；重量约为2500kg（水上）；工作电压为2kV；推进器最大功率，单个3kW×4，最大推力为75kgf×4；外形尺寸，合拢时为2200mm×1800mm×2275mm（长×宽×高），工作电压2kV；张开时为2200mm×1800mm×1900mm（长×宽×高）；液压站功率为3kW。这套可移动抓斗能够借助自身架构上的推进器，在一定范围可移动和变换抓斗自身的位置，可以提高整体抓取的工作效率。其动力推进系统由控制盒、动力分配ECU、无刷电动机、罗盘（可选）等部件组成。控制盒负责采集操纵杆、按钮等数据发送给ECU，并通过指示灯指示工作状态。ECU接收控制盒的指令控制四个无刷电动机实现前进、后退、旋转和定向等功能。

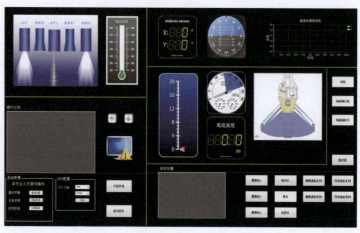

图 3.92 深海移动电视抓斗

3.6 其他取样器

3.6.1 振动取样器

振动取样器是主要用于获取长柱状砂质样品的海洋地质调查采样装备，适用于多种海洋环境地质调查等工作。其工作原理基于共振效应，破坏沉积物的黏结力，促使沉积物产生"液化现象"，降低钻具在钻进中的侧面摩擦阻力。当取样管做纵向振动时，能够显著降低土壤对取样管的沉入阻力，且振动频率越高，阻力减少越明显。使用机械振动取样器时，必须妥善处理电动机密封问题和确定适宜的激振频率。常用的振动式取样器包括以下四种。

（1）刚性支架式振动取样器

刚性支架式振动取样器如图 3.93 所示。该取样器靠振动器来实现取样管的贯入作业，通过引绳将活塞固定在导向管上。利用其有效保护样品不受外界环境的干扰。俄罗斯的 ВПГТ-56 型振动式取样器在水深 500m 下，可实现对砂性沉积物的贯入深度 6m。

（2）浮球柔性支架式振动取样器

浮球柔性支架式振动取样器如图 3.94 所示。该取样器的浮球组由轻质高强度材料做成的空心球体构成。底盘设计为较重的结构，通过两根导向钢绳将浮球组与底盘连成一体。当下放海水后，钢绳在底盘重力和浮球组浮力的相互作用下，始终保持在垂直方向上处于绷紧状态，为振动器提供导向作用。取芯管的上部与振动器连接，下部穿过底盘中心。得益于浮球组、底盘重力及导向钢丝绳对振动器和取芯管的扶正作用，可以忽略海底地形的影响，确保较好地采取垂直方向的芯样。鉴于其特定结构可在运输中拆解成 4 大件，展现出极佳的便携

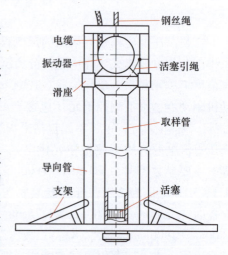

图 3.93 刚性支架式振动取样器

性。加之其重量仅为固定支架式振动取样器的80%，故运输成本较低。在海水深度为500m的条件下，加拿大P-6型浮球柔性支架式海底取样器采用直径102mm和141mm的取样管，可分别采集到长度为10m和6m的砂质芯样。

（3）变频振动取样器

由广州海洋地质调查局技术人员自主研发的FXZ2变频振动取样器如图3.95所示。激振器功率为7.5kW，激振力连续可调，最大为100kN（10t），其具备实时显示钻进深度和钻进时间的功能，并能够精准控制钻进深度和钻进速率。这些技术特点显著提升了样品采集的成功率和取样效率，曾创下单日采集42个柱状样品的纪录。

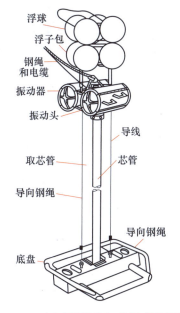

图3.94 浮球柔性支架式振动取样器

图3.95 FXZ2变频振动取样器

（4）振动回转式取样器

俄罗斯的振动回转式取样器如图3.96所示，由框架、振动回转部分、取样管和控制台组成。框架部分由基座、立柱和横梁组成。母船绞车的钢丝绳穿过振动器上的滑轮并固定在横梁上。为了避免钻机在提升和下放作业中扭转，在立柱上增设水平尾翼，确保取样器在海流作用下保持定向稳定。振动回转部分由振动器和回转器构成，振动器通过橡胶减振器固定在轴承壳体上，回转器固定在滑动横梁上。两者均靠安装在密封壳体内的电动机驱动。在取样管上部的变换接头内设有球阀，以便于岩芯上部液体的顺利排出。该设备具备在100m水深处钻探海底沉积岩的能力，孔深4m。振动回转式取样器广泛应用于地质调查、大陆架找矿和海底工程地质勘查工作。

3.6.2 冲击式取样器

1. 气动冲击取样器

如图3.97所示，该取样器的取样管上端连接有气动冲击器，动力源为安装在船上的空气压缩机，通过输气软管向其输送压缩空气。在气量为$7\sim8m^3/min$，压力为$0.6\sim0.7MPa$

的条件下，该装置可实现 1500~1800 次/min 的冲击频率和 140~160J 的单次冲击功。海水深度增加导致背压增大，效率降低，若背压超过空气压缩机额定压力，废气无法排出。因此，该取样器仅适用于浅水区域采取海底砂样。如俄罗斯 МП-1 型取样器，配备 0.7MPa 空气压缩机和直径 89mm 取样管，能在 30~40m 深的海水下贯入 3m 深砂土层。

2. 液动冲击取样器

如图 3.98 所示，该取样器与气动冲击式取样器的主要区别在于取样管的上端连接液动冲击器，动力源由船上的水泵，通过压力软管向液动冲击器提供压力水，其贯入深度直接由泵压的大小决定。由于水泵体积小压力高，因此该取样器可用于在较深的水域采取含有卵砾石的海底砂样。如俄罗斯 УГВП-150 型取样器，取样管直径为 150mm，泵量为 200~300L/min，泵压为 2.2~3.0MPa，可在水深 100m 处贯入海底沉积物中 6m。但由于压力水管布设难度较大，该取样器不适用于太深的海域采样。

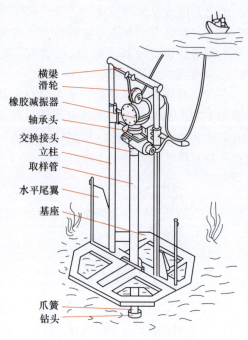

图 3.96 振动回转式取样器

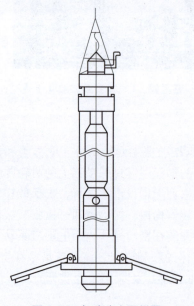

图 3.97 气动冲击取样器

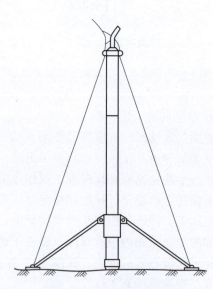

图 3.98 液动冲击取样器

3.6.3 蓄电池驱动的扭摆式取样器

蓄电池驱动的扭摆式取样器如图 3.99 所示。芬兰地质调查局使用的扭摆式取样器电动机由自带的蓄电池驱动,经过有两档的齿轮减速机构带动偏心轮旋转,偏心轮通过摆杆带动动力头,动力头再带动取样管做15°~20°扇形往复摆动。通过取样管的摆动和滑动平台的自重及配重共同作用,实现对地层的贯入。配重为铅块和不锈钢重块,旨在增强取样器的稳定性和提高贯入力。活塞装置可防止从沉积物中拔起取样管时芯样脱落,在甲板上打开活塞轴顶部的排气阀,可将活塞移至最顶端,以便于从动力头上卸下取样管取出样品。当取样管刚提离海底时,弹簧加压的岩芯挡板能自动封闭取样管下端。

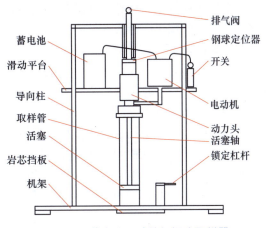

图3.99 蓄电池驱动的扭摆式取样器

该取样器仅需用一台钢丝绳绞车即可实现取样器下放到海底,故可用于小型船只上。当钢丝绳达到充分松散状态时,与之相连的触底开关将自动起动电动机。可根据沉积物的类型和所需样品的长度,让取样器在海底工作1~10min。取样管贯入量的大小取决于施加的配重、运转时间和沉积物的类型。每充次电,两个串联起来的6V、6Ah的蓄电池可采样10~20次。取样管直径100mm,每次取样长度约1m,主要用于采取不扰动的砂样。

3.7 海底表层地质取样技术发展趋势

1. 重力取样器的发展趋势

重力取样器主要用于从泥质和软土质的海底沉积样本采集。在开始作业之前,需要对目标海域的海底土壤性质进行评估,然后选择适用于不同深度海域的重力取样器,并且通过增加取样管的重量、配重块及延长取样管长度来有效地提升取样深度。传统的重力取样器由于缺乏可视化控制及必要的动力支持,在复杂地形和特定目标区域进行取样时面临严峻的挑战,由于采用不可控制的盲取样,导致无法确定取样点的精确位置、样本的初始状态及取样过程中出现的扰动问题,降低了取样样本在科学研究中的价值。此外,盲取样的成功率和取样效率往往依赖于作业人员的经验,增加了作业的难度和风险。

为了解决这些问题,新型可视化重力取样器在原有取样器的基础上集成了电控系统,包括检测模块、图像处理模块、远程传输模块、水下摄像头、照明设备、高度计、姿态传感器、位移传感器及水下电源等。在执行取样任务时,作业人员可以通过甲板监控系统实时观察海底情况,并监测取样器与海底距离、姿态和取样深度等关键信息,不仅简化了操作流程,还确保了样本质量。具备可视化和电控系统的重力取样器,不仅能够完成高质量的沉积物样品取样,还能够进行海底视觉调查、沉积物的直观分类及特定目标的搜索等任务。

原位测量技术能够直接应用于海底现场测量,显著提升数据的质量和可信度。在我国已经成功研发了声学原位测量和海底热液口多点温度原位测量设备。以声学原位测量为例,其核心原理是将重力取样器与声学特性检测设备相结合,用于测量海底界面下数米沉积物的纵波声速剖面。通过垂直插入沉积物的水听器阵列接收声波的时间差和振幅差,从而获得海底沉积物的声速和声衰减的垂直剖面图。实现海底取样过程的可视化和自动化，改变了原来传统的盲采样作业方式，使作业人员能够通过计算机界面观察并远程控制海底取样器进行勘探作业。这不仅降低了海上作业的难度和风险，提高了作业效率，而且在可视可控条件下获取的样本能够满足分析、处理和研究的需求。研究原位测量技术，将取样器与检测设备相结合，进行海底要素的原位测量，能够更真实地反映海底实际情况，满足现代海洋研究的需求。当前，新型可视化可控取样与原位测量技术相结合是重力取样器的重要发展方向。

2. 重力活塞取样器的发展趋势

重力活塞取样技术是在重力取样器的基础上发展而来，也是采集沉积物柱状样本的主要手段之一。随着海底沉积物取样和探测需求的不断增加，重力活塞取样已经发展为融合多学科技术的复杂系统，这也是确保取样成功的关键。

通过使用多波束测量和浅层地球物理勘探等技术，可以预先对取样点位的地形、地貌和底质进行初步勘察，从而避免盲目投放取样器。同时，借助高精度导航和动力定位系统，可以保证船体位置的精确性和稳定性，确保取样器能够垂直接触海底。在灵活精确的操作信息系统监控下，强大的绞车系统负责取样器的下水、着陆和回收过程，从而确保了重力活塞取样的高成功率。这种作业模式不仅能有效提升重力活塞取样的成功率，还能确保采集到足够数量和高质量柱状沉积物样本，具有很高的实用性和经济效益。因此，采用多波束和浅层地球物理勘探等勘探技术结合重力活塞取样器也将是未来沉积物取样的重要方式。

近年来，国内外的科研人员对重力活塞取样器的多个技术细节，包括取样管的尺寸、取样器的刀头设计及自由释放触发机制等进行了深入研究，这些研究主要聚焦于减少活塞机构对沉积物的干扰。此外，科研人员们还对取样器的穿透深度、穿透模型和作业方法进行了模拟分析和实验验证，这在一定程度上提升了重力活塞取样器的性能。然而，这类取样器的存在一些固有问题，如体积过大、组装过程复杂、误操作释放取样、接管长度受限于母船甲板空间等。"中科海开拓"系列深水可视化可控沉积物柱状取样系统提出了全新的设计理念，颠覆了传统重力活塞取样器的设计原则，降低了对作业海况的要求，提高了海上作业的安全性。该系统能够搭载多种水下传感器，具备在线和声学通信控制功能，在不显著增加自身重量和有限的作业甲板空间的条件下，能够完成连续、低干扰的柱状沉积物定点采样、沉积物多层温度探测、打桩基础、布设小型海底空间站等多种任务，为柱状沉积物取样方式提供了一种新的模式。

在未来的研究中，科技工作者也将进一步着眼于取样器结构优化，如改进取样管和刀头结构、自由释放触发机制等，以减少对沉积物的干扰并提升样本质量。同时，重力活塞取样器也在向大型化、可视化和功能多样化的方向发展，对定位技术和保压技术的应用提出了更高要求。

3. 箱式取样器的发展趋势

传统的箱式取样器通常通过重力作用撞击海底，但由于海水和海底地层的阻力，往往无法达到箱体的最大取样深度。新型的带有摇臂的箱式取样器，在接触海底时，利用机械结构控制抓斗的开合，显著提高了取样效率，并减少了对样本的扰动，这可能成为未来箱式取样器的发展方向。同时，箱式取样器设计将更加注重智能化和环保。随着人工智能和机器学习技术的进步，未来的箱式取样器可能将具备自动检测和分析沉积物特性、底栖生物种类的功能，实现实时数据处理和反馈功能。未来的箱式取样器设计也将更加重视环保，使用可回收、可降解的环保材料,以减少对海洋环境的负面影响,并且新一代箱式取样器将集成多种功能,如同步采集水样、沉积物和底栖生物样本,提供更全面的生态监测解决方案。

4. 抓斗取样器的发展趋势

传统抓斗取样器通常依赖重力作用撞击海底,但受到海水和海底土层阻力的影响,常常无法达到抓斗的最大取样深度。当前,已经推出了液压动力驱动的抓斗取样器,这种新型取样器在接触海底时,通过液压缸的伸缩来操控抓斗的开合,显著提高了取样效率,并减少了对样本的扰动,预示着这可能成为未来抓斗取样器的发展方向。

主要参考文献

[1] 刘湛. 深海重力活塞取样器冲击取样系统动力学特性分析[D]. 湘潭:湖南科技大学,2015.

[2] 刘亮. 深海海底沉积物压入取芯过程扰动机理分析[D]. 湘潭:湖南科技大学,2022.

[3] 刘广平. 全海深沉积物整体式气密取样器设计与试验研究[D]. 湘潭:湖南科技大学,2019.

[4] 李民刚. 40米重力活塞取样器设计及仿真[D]. 青岛:青岛理工大学,2012.

[5] 程毅. 天然气水合物保真取样技术的研究[D]. 杭州:浙江大学,2006.

[6] 秦华伟. 海底表层样品低扰动取样原理及保真技术研究[D]. 杭州:浙江大学,2005.

[7] 朱亮. 深海沉积物保真采样器保真技术的研究[D]. 杭州:浙江大学,2005.

[8] 毛志新,刘宝林,夏柏如. 重力取样器取样技术研究[J]. 探矿工程(岩土钻掘工程),2006,2:52-62.

[9] 臧启运,韩贻兵,徐孝诗. 重力活塞取样器取样技术研究[J]. 海洋技术,1999,18(2):56-61.

[10] 张鑫,栾振东. 深海沉积物超长取样系统研究进展[J]. 海洋地质前沿,2012,28(12):40-45.

[11] 刘湛,文泽军,金永平,等. 深海重力活塞取样器冲击取样的有限元数值模拟分析[J]. 湖南科技大学学报(自然科学版),2018,33(2):1-6.

[12] 文泽军,刘湛,金永平,等. 深海重力活塞取样器取样系统波动力学建模与分析[J]. 中国机械工程,2016,27(17):2280-2286.

[13] 张建兴,栾振东,卢新亮,等. 深海超长沉积物柱状取样系统关键技术优化及应用[J]. 海洋科学进展,2023,41(1):167-176.

[14] 李柯良,于彦江,朱峰,等. 多学科技术综合的重力活塞取样技术:以"海洋六号"船的重力活塞取样为例[J]. 海洋科学前沿,2015,2(3):31-38.

[15] 耿雪樵,徐行,刘方兰,等. 我国海底取样设备的现状与发展趋势[J]. 地质装备,2009,10(4):11-16.

[16] 段新胜,鄢泰宁,陈劲,等. 发展我国海底取样技术的几点设想[J]. 地质与勘探,2003,(2):69-73.

[17] 鄢泰宁,补家武,陈汉中. 海底取样器的理论探讨及参数计算:海底取样技术介绍之五[J]. 地质科技情报,2001,(2):103-106.

[18] 鄢泰宁,昌志军,补家武. 海底取样器工作机理分析及选用原则:海底取样技术专题之二[J]. 探矿工程(岩土钻掘工程),2001,(3):19-22.

[19] 补家武,鄢泰宁,陈汉中. 浮球式海底取样器的结构及工作原理:海底取样技术介绍之四[J]. 地质科技情报,2001,(1):109-112.

[20] 补家武,鄢泰宁,昌志军. 海底取样技术发展现状及工作原理概述:海底取样技术专题之一[J]. 探矿工程(岩土钻掘工程),2001,(2):44-48.

[21] 王苗苗,顾玉民,杨帆. 海底可视技术在大洋科考中的应用和发展趋势[J]. 海洋技术,2012,31(1):115-118.

[22] 张汉泉，吴庐山，张锦炜．海底可视技术在天然气水合物勘查中的应用［J］．地质通报，2005，(2)：185-188．

[23] 杨红刚，王定亚，陈才虎，等．海底勘探装备技术研究［J］．石油机械，2013，41 (12)：58-62．

[24] 董刚，蔡峰，孙治雷，等．海洋浅表层天然气水合物地质取样技术及样品现场处置方法［J］．海洋地质前沿，2022，38 (7)：1-9．

[25] 李力，李占钊．大洋富钴结壳采样技术革新及发展趋势［J］．海洋科学前沿，2016，3 (4)：109-117．

[26] 罗伟东，何水原．岩石拖网在富钴结壳调查中的应用［J］．海洋地质前沿，2017，33 (9)：66-70．

[27] 杨楠，任旭光，王俊珠，等．深海移动电视抓斗海洋地质调查中的应用［J］．机械工程与技术，2018，7 (5)：309-315．

[28] 刘协鲁，陈云龙，张志伟，等．海底多金属硫化物勘探取样技术与装备研究［J］．地质装备，2019，20 (5)：28-30．

[29] 程振波，吴永华，石丰登，等．深海新型取样仪器：电视抓斗及使用方法［J］．海岸工程，2011，30 (1)：51-54．

[30] 梁春江．海洋地质取样器设备技术发展［J］．中国科技信息，2022，(16)：68-71．

[31] 王媛．天然气水合物钻探取芯保真技术研究［D］．北京：中国石油大学，2009．

[32] 阮锐．海底重力取样技术的探讨［J］．海洋测绘，2009，29 (1)：66-69．

[33] 阮锐．重力取样技术及其发展［C］//《测绘通报》测绘科学前沿技术论坛摘要集．海军海洋测绘研究所，2008：5．

[34] 毛志新，刘宝林，肖剑，等．一种便携式重力取样器的研制［J］．地质科技情报，2006，(6)：104-106．

第 4 章

搭载式探测与取样技术及装备

海底蕴藏着丰富的多金属结壳、钴结壳、硫化物、石油、天然气水合物、生物、沉积物等资源,要获取这些海底资源完全依赖于先进的海底采集方法和技术装备。前面介绍的重力活塞取样、箱式取样器、拖网、抓斗式取样器等海底表层取样技术与装备,它们取样过程类似,都是通过母船配备的钢缆或者电缆直接下放取样设备到取样点完成取样。近年来,随着各国对海洋资源开发利用的日益重视及深潜技术的发展,潜水器搭载式海底资源取样技术与取样装备得到了快速发展。其不同之处在于:该类取样装备一般搭载在深潜器上,然后通过机械手或可视化操作控制平台完成取样。本章首先介绍深海搭载平台的概况,随后系统地介绍几种典型的搭载式探测与取样技术及装备的功能、原理、结构和海试应用情况。

4.1 搭载平台发展历程与趋势

自 20 世纪 80 年代开始,随着深海潜水器的快速发展,海洋地质勘探工作出现了一条新的技术路线,即将勘探取样装备搭载于深海潜水器之上。深海潜水器主要分为四类:载人潜水器(HOV)、遥控潜水器(ROV)、自主无人潜水器(AUV)和水下滑翔机(AUG)。这四类潜水器各有特点,互为补充,共同构成了搭载式取样技术装备体系。在这四类中,以 HOV、ROV 作为搭载平台搭载取样设备是目前学界主流,而 AUV 和 AUG 常搭载地球物化探测设备进行海洋环境探测。

载人潜水器(HOV)能够将科学家和工程技术人员直接运送到深海环境,在现场操控搭载式技术装备进行观测和作业,具有较高的灵活性和直观性。遥控潜水器(ROV)通过脐带缆与水面母船相连,由操作人员在母船上远程控制搭载式技术装备,适用于长时间、复杂的定点作业。自主无人潜水器(AUV)依靠自身携带的动力和智能控制系统,可以在预定区域内自主完成任务,适用于大范围的水体数据采集和海底扫描。水下滑翔机（AUG）则通过浮力驱动，以锯齿形轨迹在水下长时间运行，适合长时间、大范围的海洋环境监测。

4.1.1 深海载人潜水器的发展历程

美国是世界上最早开始深海载人潜水器研制的国家之一。1960年，美国使用改装过的瑞士Trieste号潜水器成功下潜马里亚纳海沟10913m，由此开启了世界深海探索的序幕。在往后数年，美国相继开发了2000m级的Alvin号、4600m级的Aluminaut号和6100m级的TriesteⅡ号等，这些潜水器在20世纪美国的海洋地质及生物研究中发挥了重要作用。其中，Alvin号经过多次技术升级一直服役至今，并从最初的3000m设计深度提高到4500m，参与了许多重要海洋科学发现，如深海热泉生态系统、海底火山。2012年美国著名导演詹姆斯·卡梅隆驾驶其团队设计的Deep Sea Challenger号潜水器独自下潜至10900m，成为历史上首位独自到达地球最深点的人。该潜水器采用特殊的轻型高强度材料和自立式结构设计建造，既是举世瞩目的科学成就，也是电影文化的经典标志。2018年Triton 36000/2号建造完成，设计深度11000m，排水量21.3t，该潜水器专为深海科学探索、海洋资源勘探、商业化深海探险设计，能够搭载多种科学仪器进行生物和海洋物化研究。

俄罗斯的深海载人潜水器同样历史悠久。1987年由俄罗斯科学院研制的MIR1和MIR2投入使用，最大作业深度为6000m。MIR系列潜水器在冷战时期为苏联的海洋科研提供了强有力的支持。MIR号曾多次参与科学考察、海洋资源勘探等任务，是深海探索领域的重要代表之一。2001年俄罗斯海军使用最大深度为6000m的Rus AS-37深海载人潜水器，执行深海勘探及技术试验任务。2011年Consul AS-39号面世，最大作业深度同样为6000m。它与Rus AS-37类似，具有较强的海底作业能力，主要用于军事研究与技术测试。值得注意的是，俄罗斯潜水器采用军事与科研结合的路线，广泛用于军事用途；由于资金缺乏，潜水器更新换代较为缓慢，多是在上一代的基础上改进升级，所以型号有限。

日本的深海载人潜水器大多用于深海生态、生物、矿产等领域的科研任务。1989年日本深海载人潜水器Shinkai 6500建造完成，最大作业深度为6500m，由日本海洋研究开发机构（JAMSTEC）研制。Shinkai 6500长期以来一直是日本进行深海科研任务的重要工具，参与了深海热泉、深海物种研究等多项科研任务，完成了钴积壳、热液化物、锰结核和水深达6500m深海的斜坡和大断层勘测调查，在约4000m深海处发现了古鲸遗骨和寄生的虾类、贻贝类等深海生物群。2009年URASHIMA号面世，最大作业深度为3500m。它是日本深海探索的中型潜水器，主要用于海底资源勘探和海洋环境监测。

中国的深海载人潜水器历经多年技术沉淀，进入21世纪后完成了从跟跑到领跑的重大跨越。中国的深海载人潜水器依靠自主研发，逐渐突破了众多的卡脖子技术难题。2012年中国自主研发的"蛟龙"号创造了7062m的中国载人深潜记录。其成功下潜标志着中国在深海探索领域迈出了重要步伐，并具备了对海底资源的科学研究和深海环境的探测能力。"深海勇士"号在2017年问世，实现了4500m级别的国产化率超过95%的目标。同时，中国还启动了11000m载人潜水器的研制工作，这款潜水器后被称为"奋斗者"号，在多次海试后已经正式投入运行，截至2024年，它已经累计完成了230次下潜任务，其中有25次超过了万米深度。以上三台深海载人潜水器是中国潜水器领域的扛鼎之作，它们承担了绝大部分的深海科研任务，获取了大量宝贵数据和样本，极大促进了中国海洋研究的发展。世界主要深海 HOV 如图 4.1 所示。

图 4.1 世界主要深海 HOV

4.1.2 深海遥控潜水器的发展历程

美国是世界上最早开始深海遥控潜水器研制的国家。1953 年，美国设计了首款远程遥控潜水器 Poodle 号，开启了深海遥控潜水器研究的新篇章。在此基础上，美国研制了 Cura 系列深海遥控潜水器，该型号主要用于军事和科研领域，尤其擅长深海设备维修、海底调查及沉船打捞。1980 年，美国伍兹霍尔海洋研究所研发的深海遥控潜水器 Jason Ⅰ 面世，最大作业深度为 6500m。Jason Ⅱ 于 1989 年面世，是其后续改进型，具备更强的作业能力，能够在更深的海域进行工作。Jason 系列深海遥控潜水器广泛应用于海底生物学、海底勘探、地质研究等领域。Jason 系列的突出特点是其模块化设计，允许根据任务需要更换不同的工具和传感器，灵活性和适应性非常强。Jason Ⅱ 至今仍广泛应用于全球范围的深海科研和工程项目。

日本在深海遥控潜水器领域积累了雄厚实力。1991 年，日本海洋地球科学技术局启动了 KAIKO 项目的建造工作，这是世界上首台全海深无人遥控潜水器。1995 年，KAIKO 成功下潜至马里亚纳海沟 10911m。不过，在 2003 年的一次任务中，KAIKO 因电缆故障而丢失。2005 年，日本开始研制 ABISMO，这款潜水器在 2008 年的海试中成功下潜至 9707m 并完成采样。2017 年日本进行了新型 UROV11K 的深潜试验，但不幸的是，这次试验后该设备丢失。

法国在深海遥控潜水器取得了重要地位，尤其是海洋资源开发、生态保护领域。1970 年，法国海军与企业合作研发的 Epaulard 是法国最早的深海遥控潜水器，主要用于深海调查和浅海作业。1984 年，由 IFREMER 开发的 Nautile 号深海遥控潜水器面世，最大作业深度为 6000m。它用于科学研究、矿产资源调查等任务。Nautile 长期以来一直是法国在深海领域的重要科研工具，参与了大量国际合作项目。1997 年，法国海洋研究所（IFREMER）研发了 Victor 6000，最大作业深度为 6000m。它配备了先进的传感器和采样装置，能够进行高精度的海底数据采集和环境监测。Victor 6000 自投入使用以来，广泛用于海底科研、海底资源勘探及海底地质勘测。2010 年，IFREMER 与国际团队合作研发了 Abyss，最大作业深度为 4500m，主要用于深海采样和海底测绘。

中国的深海无人遥控潜水器技术在 21 世纪取得了长足进步。中国先后研制成功的包括"海星"系列、"海马"系列和"海龙"系列无人遥控潜水器。"海星"号由中科院沈阳自动化研究所牵头研发，最大潜深达 6000m，多次成功执行海底采样、生物调查及冷泉探索等重要科学考察任务。"海马"号是中国首台自主设计和研制的深海作业型无人遥控潜水器，由广州海洋地质调查局主导，联合多家单位共同研发。其设计潜深为 4500m，具备多样化功能与卓越的操作稳定性，已圆满完成多项深海试验。"海龙"系列无人遥控潜水器由上海交通大学主导开发，自 2003 年立项以来，历经三代技术迭代，至 2018 年实现 6000m 级潜深突破。"海龙 11000"号是中国目前最先进的深海无人遥控潜水器之一，最大作业深度为 11000m，专门用于深海科研和资源勘探，能够执行复杂的深海作业任务。此外，中科院自动化所主导研发的"海斗"号是一种混合型 ARV，兼具 ROV 的遥控功能与 AUV 的自主运行能力。2020 年，"海斗"号成功下潜至马里亚纳海沟 10907m 处，并完成了坐底、采样等一系列深海作业任务。世界主要 ROV 如图 4.2 所示。

a) 法国"Victor6000"　　b) 美国"VENTANA"　　c) 日本"KAIKO"

d) 中国"海龙"号　　e) 中国"海星"号　　f) 中国"海斗"号

图 4.2　世界主要 ROV

4.1.3　深海自主无人潜水器的发展历程

美国是世界上最早研制自主无人潜水器的国家。1957 年华盛顿大学应用物理实验室研发出了世界上首台自主无人潜水器。这一设备在20世纪60年代初开始投入使用，但直到70年代中期才取得显著成效。美国波音公司研制的Orca XLUUV是一款超大型无人潜航器，用于军事侦察和长时间部署，在反潜作战中起着关键作用。2008年由美国伍兹霍尔海洋研究所设计的Sentry面世，该潜水器采用立扁体外形，特点是垂直投影面积小，拥有快速上浮与下潜的能力，可以较快地达到指定深水区作业，减小投放布置等待时间，并且机动灵活，可以在海底火山口和海底断崖等复杂环境中运行。美国蓝鳍机器人公司研制的Bluefin-21可潜深至4500m，能够进行精细的海底测绘，因参与了马航MH370的搜寻而名声大噪。

挪威在自主无人潜水器领域的实力不容小觑。挪威的Kongsberg公司是全球领先的深海自主无人潜水器制造商之一，旗下的Hugin系列自主无人潜水器被广泛用于深海勘探、环境监测、海底地图绘制等任务。Hugin系列的深度范围为1000~4500m，尤其适用于进行海底地质学、环境调查等任务。Hugin 1000、Hugin 3000和Hugin 4500都是该系列的代表性产品，能够执行复杂的水下作业。Hugin系列自主无人潜水器在全球范围内用于军事、科研及石油和天然气行业的勘探作业。Kongsberg于2008年收购美国Hydroid公司，将其REMUS系列纳入囊中，该系列的最大设计深度6000m，也曾参与了马航MH370的搜寻任务。目前，该公司仍占据着自主无人潜水器领域的头把交椅。

我国自主无人潜水器的研制起步较晚，20世纪90年代，沈阳自动化研究所和俄罗斯联合研制的CR系列自主无人潜水器为我国自主无人潜水器的研制积累了丰富经验。之后，沈阳自动化所自主研发了"潜龙"系列自主无人潜水器，到目前为止，已经发展出了四个型号，"潜龙"号的研制目的是调查太平洋的金属硫化物矿区，已经多次达成了海底矿物区监测的目标。其中，"潜龙1号"和"潜龙4号"的潜水深度达到6000m，"潜龙2号"和"潜龙3号"是立扁体外形，设计深度4500m，浮潜速度快。"探索4500"是沈阳自动化研究所研制的另一型号自主无人潜水器，采用立扁体外形，主要用于深海热液、冷泉区环境和生态系统的调查研究，并分别在2017年和2019年成功获取了冷泉生态区的影像。哈尔滨工程大学主持研制的"悟空"号自主无人潜水器设计深度11000m，采用立扁体的形体。2021年在挑战者深渊成功挑战了10896m的深度，这一深度是当时无缆水下机器人的潜深纪录。世界主要AUV如图4.3所示。

4.1.4 水下滑翔机的发展历程

美国是世界上最早研制水下滑翔机的国家。1991年美国Teledyne Webb Research公司成功研制出最早的Slocum水下滑翔机。经历了快速发展与优化。Slocum滑翔机逐渐成为最广泛应用的水下滑翔机之一，其应用范围涵盖了海洋学研究、环境监测等多个领域。2006年，美国华盛顿大学基于Seaglider技术，采用碳纤维复合材料制造了耐压壳体，开发了UG-Deep Glider。这款滑翔机专为深海环境监测设计，最大工作深度可达6000m，显著扩展了水下滑翔机的应用范围。

欧盟通过整合欧洲各国力量，在该领域取得了不小成就。欧盟通过Horizon 2020研究与创新计划中的BRIDGES项目，结合SeaExplorer Glider、SPAN AUV和AutoSub AUV的技术经

图 4.3 世界主要 AUV

验,研发了两种新型深海滑翔机:Deep Explorer(工作深度2400m)和Ultra-Deep Explorer(工作深度5000m)。这两款滑翔机采用了模块化设计,允许在任务间快速更换传感器和电池包,支持长达两个月的持续运行,极大提升了深海探测任务的效率和适应性。法国ACSA公司在2008年推出了700m级的SeaExplorer Glider,这款设备配备了可充电电池,并且是混合驱动型,能够在自主无人潜水器模式与水下滑翔机模式之间灵活切换,提供了高度的操作灵活性。

中国水下滑翔机的研发始于2002年,天津大学启动了第一代水下滑翔机的研究,并于2005年成功研制出一款基于温差能驱动的原理样机。同年,中国科学院沈阳自动化研究所也完成了自己的水下滑翔机原理样机,并通过湖区试验验证了其性能。2017年3月,沈阳自动化研究所的"海翼-7000"深海滑翔机在马里亚纳海沟完成了最大深度为6329m的下潜观测任务,打破了当时国际上的水下滑翔机工作深度纪录。这一成就不仅证明了中国在该领域的技术实力,还为深海环境的长期自主监测提供重要工具和技术支撑。紧接着,在2018年4月,青岛海洋科学与技术国家实验室海洋观测与探测联合实验室(天津大学部分)研发的"海燕-10000"深海水下滑翔机在马里亚纳海沟首次下潜至8213m,再次刷新了世界纪录,展示了中国在深海水下滑翔机技术方面的领先地位。世界主要 AUG 如图 4.4 所示。

4.1.5 深海潜水器搭载的作业工具和传感器

不同的潜水器各自承担特定的使命,彼此互补,并且可以搭载专门设计的水下作业工具。大深度载人潜水器(HOV)因其较大的排量、高载荷能力和宽敞的布置空间,能够提供电力和液压驱动,适用于复杂的深海环境。因此,相比其他类型的运载器,HOV可以携

图 4.4　世界主要 AUG

带更多种类和更广泛的作业工具，同时对可靠性的要求也更高，这在一定程度上体现了我国深海调查与勘探中运载器及其搭载设备的现状。

随着我国多种深潜型遥控无人潜水器（ROV）和载人潜水器的成功开发，配套使用的水下作业工具也取得了显著的技术进展，达到了国际先进水平。上海交通大学、浙江大学、哈尔滨工程大学、湖南科技大学、深圳大学、四川大学及中国科学院沈阳自动化研究所等高校及科研机构都参与了这些工具的研究。这些工具主要用于采集海底样本，如水样、沉积物、岩芯、岩石和天然气水合物等，是执行水下任务的重要组成部分。根据布放方式和操作模式的不同，采样工具大致可分为三类：母船遥控采样、自主采样和通过潜水器操作采样。

母船遥控采样工具由母船直接控制，通常依赖视觉反馈进行操作，适用于需要较大功率的任务，如海底钻探。这类工具往往较为笨重。自主采样工具则按照预设程序或响应压力变化，在海底自动启动采样过程，既可以独立使用，也可以安装在着陆器上，具有很强的功能性和便捷性。而通过潜水器操作的采样工具，主要搭载在 ROV 和 HOV 上，由于其灵活性和精确度，可以完成更加复杂和精细的采样工作。

潜水器的任务包括但不限于以下几点：运载科学家和技术专家深入海底，在海山、洋脊、盆地和热液喷口等地形复杂的环境中进行机动、悬停、坐底和定点作业，以支持海洋地质、地球物理、地球化学、环境科学和生物学等学科的研究；实施钻结壳勘查，测量其覆盖率和厚度，并利用潜钻获取岩芯样本；测量热液喷口温度，采集周围的水样，并确保样本的真实保存；有效完成沉积物、浮游生物、附着在岩石上的生物和微生物的定点采集；负责水下设备的定点部署（如环境监测仪、声信标和采样器）、海底电缆和管道的检测，以及其他高难度的深海探索和打捞任务。

目前,国际上总计有载人潜水器近百台,其中美国的 ALVIN 号、日本 SHENKAI6500、俄罗斯 MIR1、MIR2 和法国 NAUTILE 号较为典型,而下潜次数最多、名气最大的 ALVIN 号载人潜水器搭载的作业工具有较强借鉴意义,见表 4.1。

表 4.1 潜水器搭载作业工具和传感器统计表

类别	工具名称	功能用途
矿物取样器	沉积物取样器	采集海底沉积物样本
	地质勘探管	用于地质勘探,采集岩芯样本
	抓斗采样器	采集海底岩石和沉积物样本
	小型浅钻	用于浅层钻探,采集岩芯样本
	结壳铲	采集海底结壳样本
	硫化物采集器	采集海底硫化物样本
水体取样器	海水取样器	采集海水样本
	真空吸取采样器	采集悬浮颗粒样本
	原位取水器	在原位采集海水样本
	采水瓶	采集不同深度的海水样本
生物取样器	生物采样箱	存放采集的生物样本
	多室旋转收集采样器	采集多种生物样本
	小容量吸入取样器	采集小型生物
	单腔吸入取样器	采集单一生物样本
	大容量鱼类吸入取样器	采集大型鱼类样本
	捞网	采集浮游生物和小型生物
环境测量工具	剖面声呐	测量水下地形和地貌
	探索声呐	用于水下探测和导航
	便携式 CTD	测量海水的温度、盐度和深度
	激光测距仪	测量距离和位置
	磁力仪	测量磁场强度
	高度计	测量高度和深度
	深度计	测量水深
	高温探头	测量高温环境
	低温探头	测量低温环境
	耦合式温度探头	测量温度梯度
	地热探针	测量地热流
	化学取样器	采集化学物质样本
摄影摄像工具	水下照明灯	提供水下照明
	高清摄像机	拍摄高清视频
	高清照相机	拍摄高清照片
采样篮	定制装备搭载篮	搭载各种作业工具

4.2 机械手持式沉积物气密取样器

4.2.1 单管取样器总体结构

1. 取样器设计技术指标

沉积物取样器可在深渊海底（最大作业水深11000m）环境下获取保压的沉积物样品，取样器技术指标见表4.2。

表4.2 取样器技术指标

指标	参数
最大作业水深	11000m
取样容积	≥500mL
取样深度	≥350mm
保压率	≥80%
水中质量	≤50kg

2. 取样器整体结构与工作原理

沉积物取样器在超高压条件下工作，海水腐蚀性较强，同时为了方便搭载取样作业，其质量也必须尽可能轻。因此，材料强度高、耐蚀性能强、密度低、综合力学性能好是选取取样器材料的原则。经过选型研究，选取TC4钛合金作为取样器结构件主体材料，选取氟橡胶材料作为密封件材料，具体选型见表4.3。

表4.3 沉积物取样器选型表

材质	零部件	材料性能特点
TC4钛合金	取样器主结构、高压阀	耐蚀性能好，热稳定性好，高温下化学性质稳定，具有良好的力学性能，强度高，密度小，焊接性能好，150~500℃以下具有良好的耐热性，可通过热处理强化，在航空、兵工化工等领域均已实现了广泛应用
不锈钢	支架、弹簧	不锈钢主要为铬含量在12%~18%（质量分数）的低碳或高碳钢，具备高强度和耐蚀性，同时，具有较好的韧性和强度
氟橡胶	密封件	具有耐热性、耐油液侵蚀性、耐压性和耐低温特性。不同材料的橡胶中，氟橡胶的耐化学腐蚀性最为优异。因此，在航天、航空、汽车、石油和超高压容器的密封设计中得到了广泛应用

全海深沉积物取样器最大作业水深11000m（最大工作压力为115MPa）。取样器长宽高尺寸为823mm×375mm×349mm，满足在全海深载人潜水器搭载的条件。最大取芯直径为54mm，最大取芯深度500mm，取样器总质量约为28kg，其主要由取样装置、保压装置、压力补偿装置、样品转移装置、排水阀、高压管、刮泥圈和高压阀组成，如图4.5所示。

保压装置结构如图4.6所示，包括保压筒、止推杆、拉杆、锁紧弹簧、支撑弹簧、密封活动件、密封圈等。保压筒内孔为台阶孔，台阶面上设有多个与保压筒轴线平行的一定深度的盲孔，盲孔内设有弹簧，浮动活塞支撑在弹簧上，浮动活塞与保压筒之间设有密封圈。保压筒顶部设有多个止推杆孔，每个止推杆孔内分别设有止推杆，止推杆外侧连接拉杆，保压筒侧壁上对应于止推杆孔处设有外罩，拉杆的外端伸出外罩，止推杆与相对应的外罩之间设

图 4.5　取样器总体结构

有锁紧弹簧，保压筒下端设有沉积物转移接口。

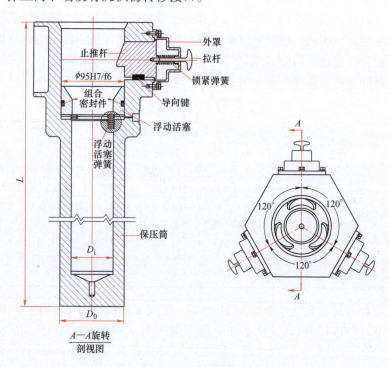

图 4.6　保压装置结构

取样装置主要作用是采集深海沉积物，其主要由取样手柄、气密件、取样管组件组成，如图 4.7 所示。取样管顶部侧壁上开有均布的若干通孔，方便取样过程管内液体流通。取样管顶部外侧与气密件通过螺纹连接，顶部端面与气密件设有 O 形密封圈，确保取样过程中管内产生负压，以便高效提取沉积物。取样完成后，机械手抓取取样装置手柄放入保压筒内，在锁紧弹簧的作用下止推杆将取样装置气密件锁紧，此时气密件与浮动活塞在支撑弹簧的作用力下实现密封。

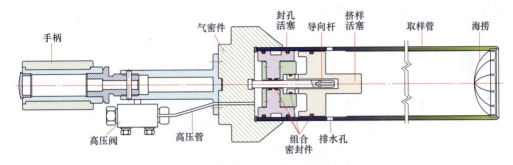

图 4.7　取样装置结构

压力补偿装置主要包括压力补偿装置筒体、组合密封件、补偿活塞及端盖等，筒体结构如图 4.8 所示。为了保证使用安全性，充气侧端盖与筒体采用 T 形螺纹连接，端盖与筒体密封采用 O 形密封圈+挡圈组合密封形式。补偿活塞与筒体采用两道 O 形密封圈+挡圈组合密封结构，两道密封圈对称布置。

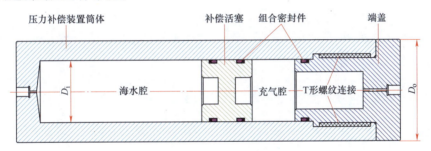

图 4.8　压力补偿装置结构

排水阀是取样器实现密封和保压的关键部件之一，包括阀座、阀芯、阀体、阀开关、阀盖和 O 形密封圈等。排水阀功能主要有两个：第一，在取样管插入保压筒过程中，阀开关打开，排出保压筒内海水，确保取样管与保压筒的初始密封的建立；第二，在取样完毕后，阀开关关闭，实现保压筒的密封及保压。其结构如图 4.9 所示，阀芯与阀体采用锥面+O 形密封圈组合密

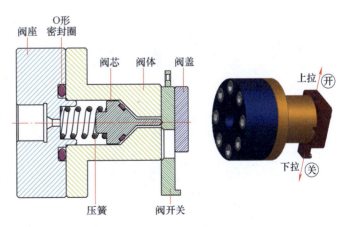

图 4.9　排水阀结构

封，阀芯与阀座之间设置压簧，当阀开关位置处于图示位置时，阀芯与阀体锥面留有间隙，此时排水阀处于打开状态。当阀开关上拉时，阀芯顶杆在压簧作用下进入阀开关孔内，阀芯与阀体实现密封，此时排水阀处于关闭状态。

沉积物取样器主要用于获取保压沉积物样品，当到达取样点后，利用单只机械手取样，然后放入保压筒密封保压，直至返回考察船。具体原理及工作过程主要分准备、下潜、取样、回收四个阶段，如图 4.10 所示。

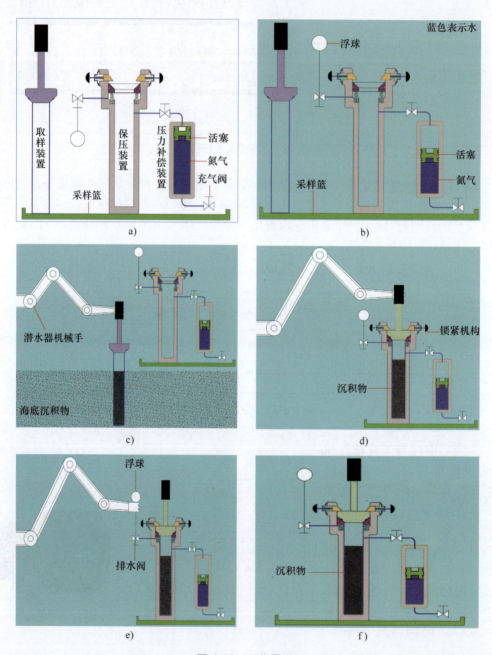

图 4.10 工作原理

准备阶段：保压沉积物取样器随潜水器下水之前，将保压装置固定在潜水器工具篮中，取样装置固定于支架上，向压力补偿装置预充一定压力的氮气，此时活塞位于筒体最顶端，当压力达到设定值时，关闭充气阀，实现预先储能（图 4.10a）。

下潜阶段：准备工作完毕后，沉积物取样器随潜水器下潜，随着下潜深度增加，与外界海水连通的保压筒内压力不断增加，在压力差作用下，补偿活塞向下移动，活塞上下两端压力保持平衡状态，继续储能（图4.10b）。

取样阶段：当取样器随潜水器到达取样点，操作机械手从采样篮中抓取取样装置手柄，并移动至海底沉积物表面，然后以一定的速度插入沉积物中（图4.10c），再以一定的速度拔出，用刮泥圈去除取样管外壁黏附沉积物后插入保压筒，直至取样装置被锁紧（图4.10d）。最后，操作机械手关闭排水阀，取样器实现密封（图4.10e）。

回收阶段：取样器完成锁紧密封，回收过程中环境温差及外界压力变化会使保压筒内压力发生变化，此时压力补偿装置将释放压力能实现样品压力变化的适时补偿（图4.10f）。

4.2.2 多管取样器总体结构

1. 取样器设计技术指标

多点位保压取样器在10000m级深海底进行沉积物取样作业，作业环境极端、工况复杂，相对单体保压取样器而言，不可抗力因素和不可控因素众多，对其沉积物保压取样技术要求更高。

针对10000m级深海底沉积物多点位保压取样器的沉积物保压取样技术，多点位保压取样器的性能指标见表4.4。

表4.4 多点位保压取样器的性能指标

指标	完成时指标值/状态
最大作业水深	11000m
取样点位数	一次下潜可取样品点位数≥4
样品容积	单个可取样品容积≥100mL
取样深度	≥100mm
保压率	≥80%
取样器水中质量	≤200kg

2. 取样器整体结构与工作原理

在科学研究中，如需获取多点位的保压沉积物样品，则需潜水器下潜多次，这样成本高且时间周期长，或者一次下潜携带多个单次取样器，但是这又大大增加了所携带作业工具的重量和占用空间，因此一次下潜多次采集的10000m级深海底沉积物保压取样装备将是全世界范围迫在眉睫的重大技术突破。

沉积物多点位保压取样器的任务就是随潜水器一次下潜获取宽海域、多个点位的具有代表性的沉积物样品，在保压转移和取样研究之前保持原位压力。因此，在海底进行沉积物取样时，应满足载人潜水器机械手的作业技术要求，潜航员完成深海取样作业后可快速建立起密封系统；并且每个点位的沉积物样品不能相互污染；所以，沉积物多点位保压取样器应具有结构简单、体积小、质量轻、操作简便且与潜水器机械手适配性好等特点。

（1）一次下潜多点位多次采集方法

首先在母船上根据科学研究需求，制定取样路线，确定多个沉积物样品的采集点；当多点位保压取样器固定于载人潜水器时，对保压筒或取样装置进行标记；到达海底进行取样作业时,可根据在母船上已安排好的取样顺序在指定地点依次进行沉积物取样,按作业前后顺序放入保压筒内,潜航员根据保压筒或取样装置标记记录保压沉积物样品序号。

(2) 保压-补偿一体式模块化结构

保压-补偿一体式模块化多点位保压取样器结构三维模型如图 4.11 所示,该多点位保压取样器可分为两组模块,每组模块包含两个独立取样单元,总包含四个取样单元。为保证一次下潜多次重复压插取样—取拔—样品存储—自动密封—样管脱扣—空管接入等各环节功能配合,每个取样单元都包含独有的取样装置、排水装置、保压-补偿装置及密封装置。同时,为满足取样管的清洁需要,提高密封的可靠性,且有效减少关联结构的重复性,每组模块都设有清洁装置。其保压装置和压力补偿装置采用保压-补偿

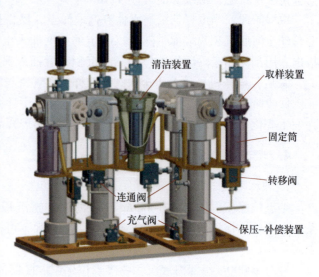

图 4.11 保压-补偿一体式模块化结构三维模型

一体化式结构,保压腔与蓄能腔通过外部的超高压针阀连通,这种外部连通的优势在于避免了保压筒与蓄能器之间因沉积物颗粒的漂浮造成堵塞,从而影响保压效果;而且,在对取样器样品进行转移时,可通过关闭超高压针阀减少保压筒与蓄能器之间样品成分相互流动,降低保压筒内物质动态变化。保压腔底部设有与保压室连通的转移阀,可通过取样管上的转移集成对保压筒内的沉积物样品进行保压转移和取样研究。为保证机械手在水下顺利作业,取样装置的抓取、拔插及清洁装置的使用都采用机械自脱扣方式。取样装置独立于保压装置,采用自动对心加浮动阀芯结构,确保长针阀芯仅承载轴向载荷,且自主贴合保压装置密封锥面的创新设计。每组模块多点位保压取样器通过特制固定架固定,两组模块垂直布局,该取样器总体为长方体布局,长 815mm,宽 475mm,高 756mm,质量约为 127kg。

4.2.3 取样器关键技术

1. 浮动活塞自紧密封技术

如图 4.12 所示,在保压筒上端周向位置布置 3 个均布的止推杆孔,每个止推杆孔内分别设有止推杆,止推杆外侧连接拉杆,保压筒侧壁上对应于止推杆孔处设有外罩,拉杆的外端伸出外罩,止推杆与相对应的外罩之间设有锁紧弹簧。保压筒内孔为台阶孔,台阶面布置 4 个与保压筒轴线平行的一定深度的盲孔,里面设有浮动活塞弹簧,浮动活塞支撑在弹簧上。

当取样管取样完毕,机械手持取样装置插入保压筒过程中,待取样装置气密件下环形锥面密封圈与浮动活塞上端面接触后,取样装置及浮动活塞整体将向下滑动并压缩浮动活塞弹簧,同时,止推杆沿通孔向外运动并压缩锁紧弹簧。直至密封件整体到达指定位置,此时止推杆在锁紧弹簧力作用下复位,取样装置将锁紧,同时浮动活塞弹簧将推动浮动活塞压缩密封圈实现初始密封。取样器随潜水器回收过程中,随着保压筒外压力降低,保压筒内压力将

逐渐增加并作用于浮动活塞下端面，压缩密封圈，最后实现两个密封锥面密封。

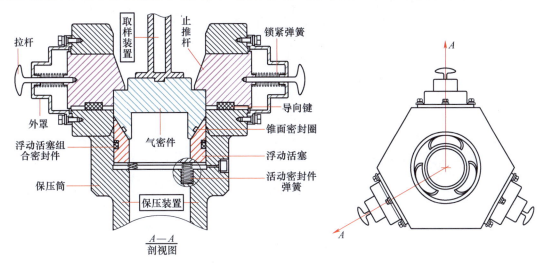

图 4.12 锁紧密封结构

(1) 支撑弹簧设计

上面提到，支撑弹簧是用于实现取样装置与保压装置初始密封的关键零件，因此，支撑弹簧的合理设计尤为重要。选择支撑弹簧的材料为1Cr18Ni9，其许用应力427.5MPa，许用弯曲应力540MPa。

要实现初始密封，即必须满足施加于锥面密封O形圈上的正压力大于0，由此，可以计算得到弹簧的最小工作载荷 P_1 = 41.25N。再根据机械手所能提供的最大压力可计算得到弹簧的最大工作载荷 P_n = 60N，工作行程 h = 5mm。弹簧曲度系数 K_0 按下式确定：

$$K_0 = \frac{4C-1}{4C-4} + \frac{0.615}{C} \tag{4.1}$$

一般假定弹簧旋绕比 C = 5~8，设计 C = 6.6，由式（4.1）可得 K_0 = 1.227。

钢丝直径 d 按下式计算：

$$d \geq 1.6\sqrt{\frac{P_n K_0 C}{\tau_p}} \tag{4.2}$$

式中，τ_p 为弹簧的许用应力。

弹簧中径 D 为：

$$D = Cd \tag{4.3}$$

由式（4.2）、式（4.3）可得弹簧中径 D = 9mm，钢丝直径 d = 1.2mm。弹簧系数 P' 取 3.75mm/N，则弹簧在工作载荷下产生的变形 F_n：

$$F_n = \frac{P_n}{P'} = 16\text{mm} \tag{4.4}$$

弹簧有效工作圈数 n 按下式计算：

$$n = \frac{Gd^4 F_n}{8 P_n D^3} = \frac{GD F_n}{8 P_n C^4} \tag{4.5}$$

由式（4.5）计算可得 $n=6$，则弹簧总圈数 $n_1=n+2=8$，从而节距 t_d 为：

$$t_d = d + \frac{F_n}{n} = 10.274\text{mm} \tag{4.6}$$

取 $t_d = D/3-D/2$，调整取：$t_d = 10.53\text{mm}$

弹簧采用端部并紧磨平方式，根据公式求得其自由高度：

$$H_0 = nt_d + 1.5d = 26\text{mm} \tag{4.7}$$

压并高度：

$$H_b = (n+1.5)d = 9\text{mm} \tag{4.8}$$

进一步求得弹簧螺旋角 α 为：

$$\alpha = \arctan\frac{t_d}{\pi D} \tag{4.9}$$

由式（4.9）可得 $\alpha=6.720$，取 $\alpha=70$，则弹簧的展开长度 L 为：

$$L = \frac{\pi D n_1}{\cos\alpha} \tag{4.10}$$

由式（4.10）可得 $L=227.78\text{mm}$。

最大工作载荷：

$$P'_n = \frac{\pi d^3}{8K_0 D}[\tau_p] \tag{4.11}$$

材料承受的工作极限载荷：

$$P'_j = \frac{\pi d^3}{8K_0 D}[\tau_s] \tag{4.12}$$

由式（4.11）、式（4.12）可得 $P'_n>P_n$，$P'_j>P_n$，满足要求。

（2）锥面设计

综合考虑取样器在水下受到的高压复杂环境影响，采用锥面+O形圈密封结构形式及组合密封圈结构形式来实现超高压密封和保压。浮动活塞与保压筒采用O形密封圈+挡圈组合密封圈结构形式，取样装置与浮动活塞采用锥面+氟橡胶O形密封圈复合式密封结构。两种密封方式中，O形密封圈或O形密封圈+挡圈组合密封为主要密封，金属对金属接触密封为次要密封，锥面密封的密封比压和密封锥角、密封接触面宽度和轴向力密切相关，特别是锥角对密封比压的影响较大，因此，下面对密封锥面锥角进行研究设计。

如图4.13所示，气密件在轴向力 F_1 作用下在浮动活塞上形成密封比压 M，此时作用在取样装置气密件上的力有轴向力 F_1、锥面密封反力 F_N 和密封表面摩擦力 F_2，由受力分析可得：

$$F_1 = 2F_N\sin\phi + 2F_2\cos\phi \tag{4.13}$$

式中，ϕ 为半锥角。

$$F_2 = f_1 F_N \tag{4.14}$$

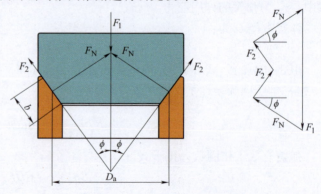

图 4.13 锥面密封受力分析图

$$2F_N = \pi D_a bM \qquad (4.15)$$

式中，f_1 为摩擦系数，b 为密封锥面宽度，D_a 为密封锥面平均直径。

由式（4.13）~式（4.15）可得：

$$M = \frac{F_1}{\pi D_a b \sin\phi(1 + f_1/\tan\phi)} \qquad (4.16)$$

令 $n = 1 + f_1/\tan\phi$，$A = 1/[\sin\phi(1 + f_1/\tan\phi)]$，则有：

$$M = \frac{AF_1}{\pi D_a b} \qquad (4.17)$$

由式（4.17）可知：影响密封比压的因素有轴向力 F_1、密封锥面平均直径 D_a、密封面宽度 b 及系数 A，其中 A 是摩擦系数 f_1 和半锥角 ϕ 的函数。当 $A>1$ 时，锥面密封才比平面密封优越。因此对于摩擦系数 f_1 一定（通常摩擦系数 f_1 为 0.1~0.3），能使用相同的轴向力获得最大的密封比压的锥角即为最优锥角，最优锥角下系数 A 有极大值，半锥角的取值范围为 0°~90°。

由图 4.14 可知，A 值随着半锥角 ϕ 的增加单调递减，曲线不存在拐点，即不存在最优的半锥角 ϕ，但存在一个极限半锥角 Φ，当 $\phi>\Phi$ 时，使得 $A<1$。由图 4.15 可知，极限半锥角 Φ 随摩擦系数 f_1 的增加而呈线性负相关的特征。

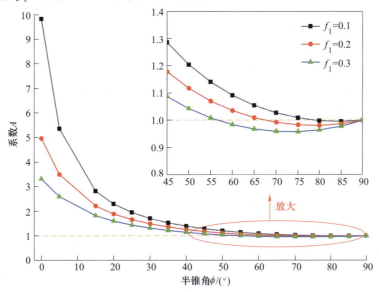

图 4.14　不同摩擦系数条件下系数 A 与半锥角关系

因此，在轴向力、锥面宽度和密封直径不变的条件下，可以通过减小半锥角的方式来增大密封比压，从而提高密封性能。由于气密件与浮动活塞材料均为 TC4 钛合金，在 0~30℃ 环境下动摩擦系数为 0.1~0.3，对应最大极限半锥角为 57°，即只需要满足半锥角小于 57°，考虑制造及工艺，取半锥角 ϕ 为 35°。同时，为了保证锥面密封效果，针对密封偶件，采用配对研磨方式来获取更小的摩擦系数。

2. 压力补偿技术

（1）压力损失计算

要实现沉积物取样器的保压取样，普遍认为减少设备泄漏及提高连接件的密封性能是最

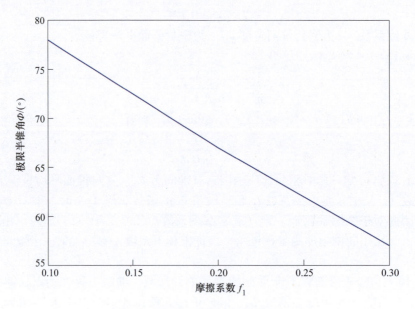

图 4.15　极限半锥角与摩擦系数关系

可靠的办法。然而,一旦容器承受高压,即使忽略泄漏,筒体也不可避免地因受内外压差及温差而产生体积的膨胀变形。例如,以内径为 R_{a1}、外径为 R_{a2}、高度为 H_a 的圆形筒体为对象,计算其在内压 $p_a = 115\mathrm{MPa}$ 作用下的体积变化量。假设筒体材料服从 Mises 屈服准则,在强度范围内筒体只发生弹性变形,筒体材料为 TC4 钛合金,其弹性模量 $E = 113\mathrm{GPa}$、泊松比 $\mu = 0.34$,海水的弹性模量 $E_s = 2.4\mathrm{GPa}$,在此内压作用下,筒体的变形为:

$$\Delta R_a = \frac{p_a R_{a1}^2}{R_{a1} E (R_{a2}^2 - R_{a1}^2)} [(1 - 2\mu) R_{a1}^2 + (1 + \mu) R_{a2}^2] \tag{4.18}$$

$$\Delta H_a = \frac{p_a H_a R_{a1}^2 (1 - 2\mu)}{E (R_{a2}^2 - R_{a1}^2)} \tag{4.19}$$

$$\Delta V_a = \pi (R_{a1} + \Delta R_a)^2 (H_a + \Delta H_a) - \pi R_{a1}^2 H_a \tag{4.20}$$

由筒体膨胀引起的压降为:

$$\Delta p_a = \frac{\Delta V_a}{V_a} E_s \tag{4.21}$$

取筒内径 $R_{a1} = 31.5\mathrm{mm}$,$R_{a2} = 47.5\mathrm{mm}$,$H_a = 600\mathrm{mm}$,则根据式(4.18)~式(4.21),可计算得到筒体因膨胀变形而产生的压降为 13.5MPa,相对于原位压力变化高达 11.7%,而且上述计算是在忽略泄漏的情况下。当然,增加壁厚可以在一定程度上减小变形,但也会导致筒体体积和质量的增加,而且也不可能实现零体积的膨胀变形。实际上,形成初始密封时的泄漏在所难免,因此要实现取样器保压取样,压力补偿装置必不可少。

(2) 压力补偿装置

根据深海装备压力补偿装置的结构特点,常用的主要有以下四种类型:皮囊式、泵吸式、弹簧式和活塞式,如图 4.16 所示。

图 4.16a 为皮囊式压力补偿装置,它是采用预充一定压力气体的蓄能器来对压力损失进

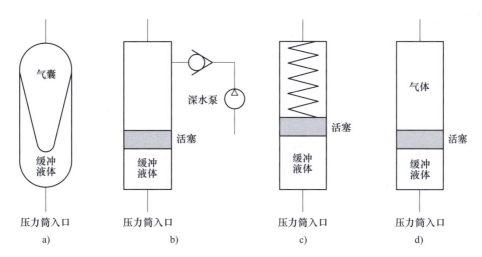

图 4.16 四种典型压力补偿装置

行补偿。取样之前，蓄能器预充一定压力的气体，储存能量。取样完毕后，当样品压力变化时，蓄能器释放事先储存的能量便可以实现压力补偿。此装置能将保压样品与气体隔开，反应比较灵敏，质量较轻，但整个装置占用体积较大，而且气囊和壳体制造困难，气囊材料适用的环境温度范围小。

图 4.16b 为泵吸式压力补偿装置，它是采用电动机和液压泵作为压力驱动源。它是通过检测样品的压力从而对电动机进行适时控制的主动式压力补偿。这种补偿方式具有反应灵活，精度高的特点。然而针对深海压力补偿，该压力补偿系统略显复杂，应用成本较高，通常需要高压泵和电子控制元器件等，因此装置的可靠性能是需要考虑的关键问题。

图 4.16c 为弹簧式压力补偿装置，与气体式补偿方式不同，它是采用事先压缩的压簧作为压力补偿压力源。在取样开始之前，压簧被压缩从而存储能量，当取样完毕后，压簧将通过活塞释放能量进而对压力损失进行补偿。该压力补偿装置的结构简单，反应灵敏，相比于充气式压力补偿装置，其密封要求相对较低。但压力补偿量小是该方式亟待解决的问题，正因为如此，它并不适用于超高压环境和使用频率较高的工况环境。

图 4.16d 为活塞式压力补偿装置，它是通过预充一定压力气体（通常为惰性气体）作为压力源来对压力损失进行补偿。在取样开始之前，通过向气体腔预充一定压力的气体，实现预先储能，当样品的压力变化时，气体腔中的气体通过推动活塞对样品进行压力补偿。该装置能将样品与气体隔离，具有工作可靠、结构尺寸紧凑、使用寿命长的优点，而且在压力补偿过程中压力变化相对平稳。但该装置往往对活塞的密封要求较高。

根据上述分析和比较，要想实现高精度的压力补偿，采用泵吸式压力补偿方式是最合理的选择，然而由于取样器所处的超高压环境特点，增加动力源和控制元件不仅让系统变得复杂，非常不利于潜水器的便携取样作业，而且也非常不利于后期的维护。皮囊式压力补偿装置以其结构简单、反应灵敏的特点，特别适合浅水设备的使用，然而随着水深的增加，当水深超过 3000m 时，容易皮囊破裂，造成不安全的隐患。结合沉积物保压取样器必须同时实现保压功能的要求，活塞式压力补偿装置兼具结构紧凑和反应灵敏的特点，非常适合潜水器搭载式取样作业。

(3) 起动性能

针对活塞式压力补偿装置,实现补偿功能的前提条件是活塞具有良好的起动、运动性能,通过分析其结构,可以看出,其补偿能力与活塞受力有关。如图 4.17 所示,补偿装置开始工作时,在海水压力、气体压力及摩擦力作用下,其受力分析如下:

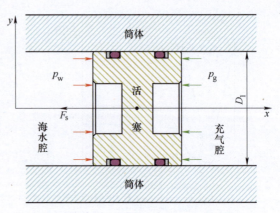

图 4.17 压力补偿活塞力学模型

以活塞为研究对象,根据受力平衡有如下方程:

$$p_w S = p_g S + F_s \quad (4.22)$$

式中,p_w 为补偿装置中海水压力(Pa);p_g 为补偿装置中气体压力(Pa);F_s 为活塞与筒体间的静摩擦力(N);S 为活塞工作截面面积(m^2)。

由式(4.22)可得,活塞压差为:

$$\Delta p = p_w - p_g = \frac{F_s}{S} = \frac{4F_s}{\pi D_1^2} \quad (4.23)$$

式中,D_1 为活塞直径(m);Δp 为活塞两端压差(MPa)。

针对 O 形密封圈,得到活塞与筒体动摩擦力 F_f:

$$F_f = \frac{f_2 \pi D_1 d_0}{1 - \mu_0^2} [0.2\pi e E_0 + \mu_0 (1 + \mu_0) \Delta p] \quad (4.24)$$

式中,f_2 为密封圈与筒体之间的摩擦系数;d_0 为密封圈截面直径(m);μ_0 为密封圈材料的泊松比;e 为密封圈预压缩量;E_0 为材料弹性模量(MPa)。

静止时,O 形圈的静摩擦力与动摩擦力的关系如下:

$$F_s = \alpha F_f \quad (4.25)$$

式中,α 为密封圈的起动摩擦系数,通常取 3~4。

造成运动摩擦力比动摩擦力小很多的原因如下:

1) 活塞安装时,往往具有一定的压缩量,使接触界面间形成无润滑状态,形成干摩擦,起动摩擦力大。

2) 随着海水压力升高,密封圈径向压应力增加,从而静摩擦力也增加。

3) 海水会在压力作用下渗入到接触面,改变表面的润滑状态,降低摩擦系数。

由式(4.22)~式(4.25)可得出补偿装置内外压差与起动摩擦系数的关系:

$$\Delta p = \frac{0.8\alpha f_2 \pi e d_0 E_0}{D_1 (1 - \mu_0^2) - 4\alpha f_2 d_0 \mu_0 (1 + \mu_0)} \quad (4.26)$$

根据设计参数,活塞 O 形圈的预压缩率 $e = 0.175$;O 形圈外径 $D_1 = 0.052$m,O 形圈线径 $d_0 = 0.0031$m,弹性模量 $E_0 = 7.84$MPa,泊松比 $\mu_0 = 0.49$,摩擦系数 f_2 可参考表 4.5 选择。

表 4.5　不同摩擦状态下的摩擦系数范围

摩擦状态	摩擦系数 f_2
流体摩擦	0.0001~0.05
混合摩擦	0.05~0.10
边界摩擦	0.05~0.15
干摩擦	0.10~1.00 或更高

由图 4.18、图 4.19 可知，摩擦系数一定，起动摩擦系数越大，压力补偿装置的起动压差也越大；当起动摩擦系数一定时，随着摩擦系数增加，压力差也随之增加，且当摩擦系数

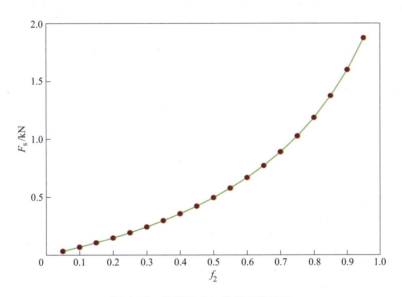

图 4.18　静摩擦力与摩擦系数关系

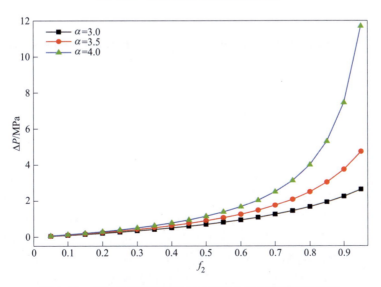

图 4.19　不同起动摩擦系数条件下压力差与摩擦系数关系

大于 0.75 时，幅度增加的趋势越明显。由于 O 形密封圈与筒体的摩擦系数与制造误差、装配精度、润滑状态、温度、压力等因素密封相关，因而无法确定摩擦系数，也就无法精确得出起动压力大小。但即使如此，由图 4.19 可知，当摩擦系数在 0.05~0.95 变化时，起动压差均小于 12MPa，远小于最高压差 115MPa。

3. 保压转移技术

海底沉积物与底部海水之间的边界层存在大量的生物活动与物质交换，对海底沉积物的分析研究有助于全面认识海底复杂生态系统。国外现有的沉积物保压采样技术已经可以做到采集到高保压的沉积物样品并带回实验室，在样品转移过程中通常的做法是降压转移，而降压转移往往造成样品的原始成分与状态的改变。保持样品中的溶解性气体与液体不发生相分离的样品需求，最大限度地保证样品在转移过程中环境不变，对样品检测数据的真实可信至关重要。

（1）双活塞转移结构设计

双活塞转移结构主要包括气密件、导向杆、封孔活塞、挤样活塞、取样管、海捞和密封圈。取样管长 L，外径为 Dq，内设台阶孔，靠近台阶位置开有 N 个均布的通孔，直径为 d，取样管与气密件通过螺纹连接，顶部端面与气密件设置 O 形密封圈。气密件偏离中心位置设有压力入口通孔。导向杆安装于气密件中心位置孔内，其下端设有一定深度的轴向盲孔，通过盲孔设置径向通孔。取样管封孔活塞与取样管内壁和导向杆外侧均设有 O 形密封圈；挤样活塞外侧设有 O 形密封圈，挤样活塞与封孔活塞连接处同样设有 O 形密封圈，具体结构如图 4.20 所示。

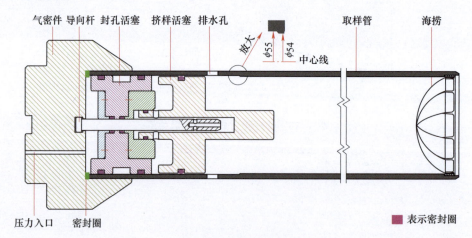

图 4.20 双活塞转移图

（2）双活塞转移原理

图 4.21 代表双活塞在不同时刻的位置状态，A_i、B_i、C_i 代表在不同时刻的腔体状态。图 4.21a 为转移前初始状态，此时封孔活塞、挤样活塞均处于取样管最左端。样品转移开始，通过压力入口向取样装置 A_1 腔打入水，使其压力达到一定数值（通常压力为 1~2MPa）后，取样管封孔活塞、挤样活塞整体将在压力差作用下向右侧滑动，如图 4.21b 所示。当封孔活塞与导向杆之间的密封圈位于导向杆径向通孔右侧时，A 腔与导向杆通孔连通，压力水将进入 B 腔，封孔活塞将停止动作，取样管排水孔将被封死，如图 4.21c 所示。此后，B 腔压力继续增大，与 C 腔形成压力差，当压差达到一定数值，挤样活塞继续向右移动，直到

转移完成,如图 4.21d 所示。

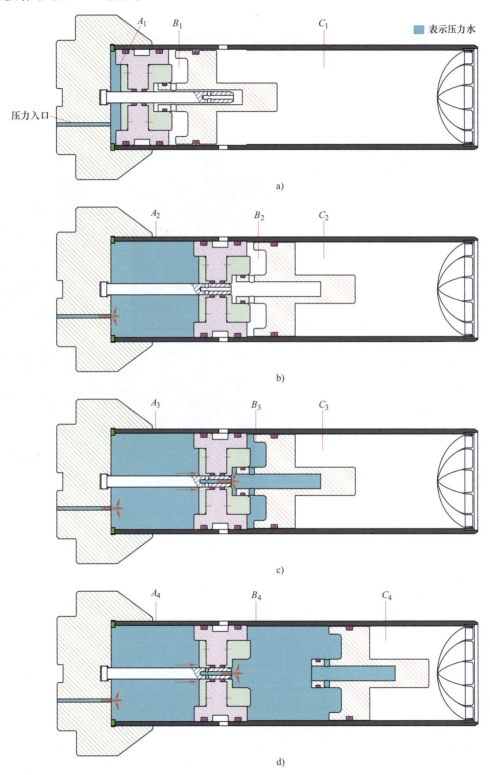

图 4.21 双活塞转移原理

4.2.4 取样器实验及应用

深海试验的目的是对所研制的沉积物取样器进行原理、功能的综合验证,检验其取样性能、超高压条件下的承载性能、密封性能和保压性能。同时,也为资源开发、利用和生命过程研究提供保压的沉积物样品。

首先,进行实验室条件下的取样器样机集成与调试,这是深海试验的前提;然后,进行取样器湖试,这是检验取样器与机械手在水下作业的适配性能;最后,在实验室测试和湖试合格的基础上,进行取样器在不同水域、不同水深环境下的海试试验。

1. 取样器实验室实验

(1) 外压实验

在实验室进行取样器保压性能实验,检验取样器的保压性能,如图 4.22 所示。实验所用设备为:高压舱(高压舱腔体尺寸,$\Phi 0.75\text{m} \times 3\text{m}$,精度 1.6 级量程 250MPa 压力表 2 个),最高工作压力,200MPa;工作缸内径,$\Phi 750$;升压(0~127MPa) 时间,$t \leqslant 5\text{h}$;功率,45kW。

整个实验过程如图 4.23 所示,增压阶段,由于高压舱流量的限制,实际增压到工作压力所用时间为 4.75h,大于实验要求的 3h。工作压力下实际保压时间为 5.93h,实验压力下保压时间为 0.5h,卸压时间为 0.5h,除增压时间大于实验要求的 3 h 外,其余均满足实验要求。实验过程中,取样器无泄漏、无破损变形,实验结果表明,取样器具有足够的强度,满足超高压条件下承载性能要求。

(2) 内压实验

除 TC4 钛合金材料自身可能存在缺陷外,取样器在加工制造过程中也可能会产生各种缺陷。用超过最大工作压力的载荷进行内压实验,以检验取样器在超高压条件下的承载能力,从而确保取样器在超高压条件下不会发生泄漏或者破坏,考核其耐压强度和密封性能。本次内压实验使用具有 130MPa 额定压力的液压泵,实验介质为水。

内压实验压力按照以下公式进行计算:

$$p_t = \zeta p \frac{R_{p0.2}}{R_{p0.2}^t} \quad (4.27)$$

图 4.22 取样器外压实验

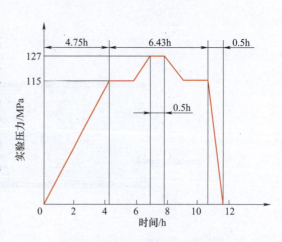

图 4.23 外压实验实际加压曲线

式中，p 为超高压容器的工作压力，$p = 115 \text{MPa}$；ζ 为内压实验压力系数；$R_{p0.2}$ 为实验温度下 TC4 材料的屈服强度下限值（MPa）；$R_{p0.2}^t$ 为设计温度下 TC4 材料的屈服强度下限值（MPa）。

在实验室进行取样器内压实验，检验取样器的耐压和密封性能，如图 4.24 所示。取样器内压实验原理图如图 4.25 所示。

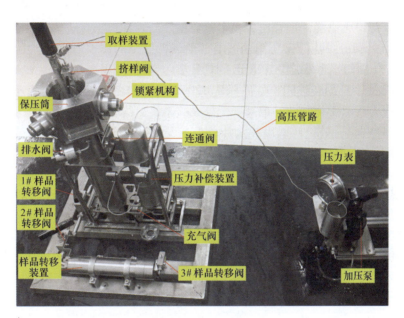

图 4.24　内压实验

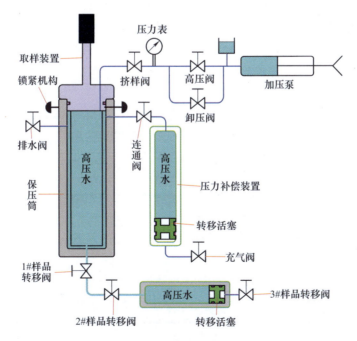

图 4.25　内压实验原理

1）往取样器保压筒加入水，待水充满腔体，确认无泄漏后，插入取样管总成直至其被锁紧，关闭排水阀。

2）连通加压系统与保压筒，通过挤样阀向保压筒缓慢加压并确保压力不小于13MPa（实验压力的10%），保压时间为3~5min；确保各连接管路及接口无泄漏，记录压力表实验数据。

3）若无泄漏继续加压并确保压力不小于65MPa（实验压力的50%），保压3~5min；确保各连接管路及接口无泄漏，记录压力表实验数据。

4）若无异常现象，其后依次加压并确保压力不小于78MPa、91MPa、104MPa、115MPa（按规定实验压力的10%逐级缓慢升压至工作压力），每级保压3~5min，在115MPa下关闭挤样阀、充气阀及3#样品转移阀，然后保压120min；检查各连接部位、各连接管路有无泄漏现象，观察压力示数变化并做好记录。

5）打开挤样阀，通过挤样阀继续加压到实验压力129MPa，再次关闭挤样阀，保压时间为30min，确保各连接管路及接口无泄漏，记录压力表实验数据。

6）打开卸压阀，缓慢卸压至工作压力，保压120min（确保压力不小于115MPa），记录压力表实验数据；按升压级差缓慢卸压，每级保压3~5min，记录压力表实验数据。

实验数据见表4.6，在实验压力（130MPa）下保压30min，设计制造的新型取样器承压结构耐压筒体及密封结构均未出现破损泄漏现象，进一步说明取样器具有足够的强度。在工作压力（117MPa）下保压4h，保压筒内压降在1.3%~1.8%，平均压力损失为1.55%，没有发生密封失效且满足保压率≥80%的性能指标要求。由此说明，取样器耐压、保压性能良好，取样器密封结构可实现全海深压力下可靠密封。

表4.6 内压实验数据

序号	实验压力/MPa		保压时间/min	压力损失/MPa	压力损失（%）
	标准值	实际值			
1	13	14	5	0.5	3.6%
2	65	66	5	1.5	2.3%
3	78	79	5	1.0	1.3%
4	91	92	5	0.75	0.8%
5	104	105	5	1.25	1.2%
6	115	117	120	2.0	1.8%
7	129	130	30	1.0	0.7%
8	115	117	120	1.5	1.3%
9	104	105	5	0.75	0.7%
10	91	92	5	0.5	0.5%
11	78	79	5	0.5	0.7%
12	65	66	5	0.25	0.6%
13	13	14	5	0.25	1.8%

2. 取样器海试

本次海试TS-21航次由中国科学院深海科学与工程研究所组织，具体时间为2021年8

月11日至10月10日，共计60天。根据"探索一号"船深海科考实施安排，航次中全海深沉积物取样器搭载在"奋斗者"号载人潜水器上进行海试。全海深沉积物取样器在西菲律宾海盆7700m水深进行了4次下潜取样作业，在马里亚纳海沟挑战者深渊进行了2次下潜取样作业，深度约为11000m。

（1）试验内容

海试的目的是考核取样器在深渊超高压条件下能否实现取样动作，并检验其密封保压效果（图4.26）。为了提高取样器海试取样作业取样成功率，海试地点选在沉积层较软的沉积盆地，水深为7700~11000m，现场主要对取样器以下性能进行考核：①水下取样作业过程中取样器与潜水器机械手的适配性能；②取样器超高压条件下的承载性能；③取样器取样性能；④取样器超高压条件下的保压性能。

图4.26　海试现场

（2）海试程序

取样器系固于潜水器采样篮上，随潜水器下潜至取样点，然后操作机械手在水下完成取样装置拔出、取样、刮泥、锁紧、关阀等一系列取样动作，检验取样器在超高压条件水下的整体性能。严格按照海试作业流程进行，其作业流程见表4.7。

表4.7　取样器作业流程

序号	作业内容	所需时间	备注
1	取样器下潜前的准备： 1）取样器装配 2）管路密封检查 3）取样器预充气	1h左右	充气压力根据取样器使用准则确定
2	取样器在潜水器上的安装和固定	0.5h左右	方便机械手操作
3	取样器下潜时间	3h左右	根据潜水器确定
4	潜水器水下作业时间	8h左右	根据潜水器确定
5	取样器随着潜水器回收	3h左右	根据潜水器确定
6	回收后样品相关考核指标测量	0.5h	专家见证

（3）海试过程

准备阶段分为以下步骤：

1）下水前进行取样器内压测试，检验其密封性能。具体操作：保压筒中注满水，将取样装置插入保压筒直至锁紧；然后利用加压泵，通过挤样阀向保压筒加压至取样点压力，保压30min，压力表示数无明显变化（图4.27）。

2）检查并确保取样装置锥面密封圈外观完好、密封锥面无残留物（图4.28）。

图 4.27 取样前的密封性能测试

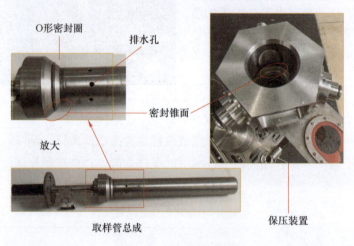

图 4.28 密封锥面检查

3）检查并确保取样装置底端海捞组件花瓣正常撑开，无花瓣折断掉落现象；否则及时更换（图 4.29）。

图 4.29 海捞组件

4）氮气瓶与充气阀连接后，打开充气阀、连通阀，通过充气阀向压力补偿装置预充一定压力（预充压力大小参照取样器使用准则），待充气完毕，关闭充气阀。

5）将取样器固定于潜水器工具篮上。

6）检查并确保连通阀处于打开状态，样品转移阀、排水阀、充气阀、挤样阀处于关闭状态（图4.30）。

取样作业阶段分为以下步骤：

1）取样器随潜水器下潜（图4.31a），到达指定取样点（图4.31b），利用机械手抓取取样装置并移动至沉积物表面，然后将取样装置缓慢（速度约20mm/s）插入沉积物中直至取样管排水孔位置（图4.31c）。

2）机械手紧握取样装置手柄将取样总成缓慢拔出，然后平移至刮泥圈孔位置，使取样装置密封锥面与刮泥圈相互贴合，然后向上提拉，利用刮泥圈去除取样装置管外壁黏附物（图4.31d）。

3）将取样装置移动至保压筒正上方，竖直向下缓慢插入保压筒，直至完成锁紧密封（图4.31e）。

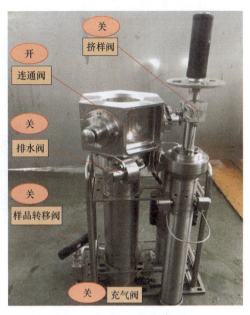

图4.30 高压阀关闭状态检查

图4.31 取样器取样作业过程

e)   f)

图 4.31 取样器取样作业过程（续）

4) 机械手抓取取样器上浮球，向上提拉，关闭排水阀，完成水下取样作业（图 4.31f）。

考核标杆测量分为两个步骤：样品保压压力测量和样品取样容积测量（图 4.32、图 4.33）。

1) 检查并确保手动加压泵功能正常后，将连接管与加压接口连接紧固，往水箱内加适量水。

2) 操作加压手柄，直至连接管另一端水流均匀流出，然后将连接管与取样装置上的挤样阀连接紧固。

3) 操作加压泵手柄，给连接管路加压至取样点实际压力，保压 1min，观察压力表示数，确保无明显压降，若有示数变化，说明连接管与挤样阀未连接紧固，需再次拧紧。

4) 确认压力表示数稳定后，缓慢打开挤样阀，当压力示数稳定后，记录压力表示数。

图 4.32 样品保压压力测量管路连接

5) 压力表示数与取样点实际压力差的绝对值与取样点实际压力的比值（换算成百分比），即保压率。

图 4.33 样品保压压力

6）关闭连通阀，缓慢打开充气阀，缓慢释放压力补偿装置中氮气直至气体释放完毕，然后关闭充气阀。

7）缓慢打开样品转移阀，直至压力表示数显示为0，然后关闭样品转移阀。

8）拆下手动加压泵与挤样阀的连接管路。

9）外拉3个保压装置拉杆，同时抓取取样装置手柄向上提拉，取出取样装置（图4.34），待取出后迅速将取样管下端置于量杯正上方位置，利用拆卸工具拧开固定螺钉，将海捞组件向外取出后，即可倒出取样管中沉积物及上浮水。

10）读出量杯内沉积物及上浮水实际容积，即取样容积。

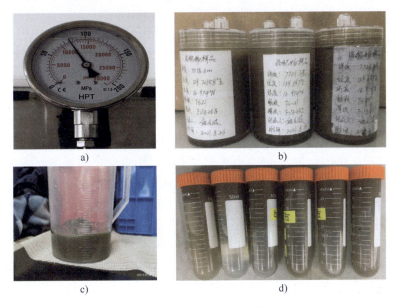

图4.34 取样器获取的沉积物样品

（4）海试结果

1）水下取样作业过程中，取样器与潜水器机械手的适配性能。利用载人潜水器机械手进行水下取样作业，从取样装置的拔出、取样、刮泥、锁紧直至关阀等一系列取样动作样均能顺利完成，取样动作完成过程中，取样器、潜水器和机械手均无干涉现象，取样器与机械手的适配性较好。

2）取样器超高压条件下的承载性能。取样器分别在7700m和11000m进行取样作业，取样器未出现破损、变形等现象，且在6次下潜取样作业中，其中4次均获得保压的沉积物样品，说明取样器在超高压条件下的承载性能较好。

3）取样器取样性能。取样器6次下潜取样作业中，均获得沉积物样本。通过对所取沉积物样品进行测量，结果表明，所取沉积物样品容积和取芯深度均满足项目指标要求，取样管的结构原理设计是可行的。

4）取样器超高压条件下的保压性能。取样器取样作业水深7700m，2次获得保压的沉积物样品。保压压力分别为74.5MPa和81MPa，压力变化的幅度分别为-6%和+3%，变化率均在20%以内，满足指标要求。然而在11000m海试中，由于取样器样品转移阀出现损坏，导致样品保压率偏低，经整改后进行实验，保压率达到指标要求。

海试结果见表4.8。

表 4.8 海试结果

编号	潜次	水深/m	原位压力/MPa	取芯深度/mm	样品体积/mL	样品压力/MPa	样品压力变化/MPa
1	FDZ031	7723	79	355	830	—	—
2	FDZ032	7721.7	79	360	840	—	—
3	FDZ036	7728.4	79	365	840	74.5	-4.5
4	FDZ038	7715.9	79	370	850	81	+2
5	FDZ052	10899	112	373	860	73	-39
6	FDZ053	10828	111	370	850	71	-40

从取样器搭载"奋斗者"号载人潜水器在西菲律宾海盆7700m深度取样数据来看,本航次中全海深沉积物取样器搭载于"奋斗者"号进行了4次下潜,下潜深度在7700m左右,进行了4次取样试验。第一次作业由于取样器故障,保压失败,第二次由于排水阀故障,保压取样动作没有完成。经过现场对取样器排水阀改进后,第三次、第四次作业均获取了保压的沉积物样品。保压压力分别为74.5MPa和81MPa,压力变化的幅度分别为-6%和+3%。从第四次取样的结果,样品的压力大于原位压力,这是由于潜水器上潜至海面时的温度比下潜时的温度高而造成气体膨胀的原因,这与理论分析相吻合,符合保压取样的压力变化要求。综合结果表明,我国在7000m级深度条件下有能力获取深渊环境的高质量保压沉积物样品。

3. 取样器应用

2022年4—5月,经与中国科学院深海科学与工程研究所协商,全海深沉积物取样器(钛合金)参与了"探索二号"船TS2-13航次。该航次由中国科学院深海科学与工程研究所组织,主要任务是开展中国科学院A类先导专项"深海/深渊智能技术及海底原位科学实验站"研制的深海原位实验室的过程海试。深海原位实验室由多家科研机构共同参与,搭载有多套高性能传感探测设备,包括全海深沉积物取样器、深海MEMS气相色谱仪、深海光谱仪、深海质谱仪等,通过该次海试验证了系统及设备的水下性能和长期运行可靠性。

此次海试中,项目组研制的全海深沉积物取样器搭载于"深海勇士"号载人潜水器在南海进行了3次下潜取样(图4.35),分别在1827.9m、1383.7m和1743.7m海底采获保压

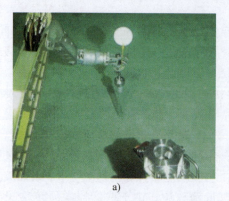
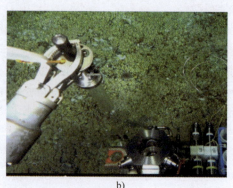

a)   b)

图 4.35 全海深沉积物取样器海底工作状况

天然气水合物样品（表4.9），最高保压压力达到21.93MPa，为本航次获取高质量保压样品提供了装备支撑。

表4.9 海试现场记录表

潜次	日期	作业深度/m	取样目标	取样完成情况
SY456	2022/04/29	1827.9	天然气水合物	取样并保压成功
SY458	2022/05/08	1383.7	天然气水合物	取样并保压成功
SY459	2022/05/09	1743.7	天然气水合物	取样并保压成功

4.3 机械手持式深海宏生物采样器

4.3.1 采样器总体结构

深海保真生物样品是海洋底栖生态科学研究的重要手段，也是海洋生物学家研究的重要对象，保真生物样品的获取完全依赖于科学的采集、转移和培养方法及保真性能良好的技术装备。然而，目前深海生物采样工具的研制多集中在拖网、抓斗、诱捕式大型生物采样器等，从采样到实验的过程中，由于不能保持深海生物原有的生存环境，导致所采集的深海生物从海底返回水面母船的过程中存活率低或生存时间不长，这对研究深海生物的物种特性是十分不利的。

本节详细介绍泵吸式深海宏生物保真采样系统的结构和工作原理，并确定整体结构和关键零部件设计准则。此外，为实现在高压下保真转移深海宏生物样品，提出了一种新型的翻板密封阀机构。

1. 取样器设计技术指标

深海宏生物长期生活在高静水压力、低温、高无机营养物质和低有机碳浓度的环境中。为了获取深海高质量宏生物样品，需要研制与深海环境相适应的专有装备。首先，深海宏生物采样装备在功能上应保证能够采集到深海原位宏生物样品。其次，根据深海宏生物科学研究的需求，对深海宏生物采样装备保压、保温等功能进行设计和优化。深海宏生物采样装备自身无航行能力，需要搭载深潜器下潜到指定采样点，而深潜器一次下潜携带的采样装备空间和重量十分有限，对深海宏生物采样装备的外形、尺寸、重量等参数提出了严苛的要求。然后，深海宏生物采样装备采集的深海保证生物样品需要在实验室完成保真转移，转移过程中应保证压力和温度变化在微小范围之内。最后，对转移完成的深海保真生物样品进行保真培养，培养过程中应尽量保证培养设备内的环境与深海原位环境相同，以满足不同的科学研究需要。深海宏生物采样系统设计技术指标见表4.10。

表4.10 深海宏生物采样系统设计技术指标

参数	指标
最大工作水深/m	11000
回收至甲板过程压力变动量	≤20%
回收至甲板后温度变化	≤6℃

（续）

参数	指标
采样器生物入口直径/mm	60
采样器内部长度/mm	≥ 500
转移过程的压力变化	≤ 2%

根据深海宏生物保真采样系统的技术要求，设计了一种泵吸式深海宏生物保真采样系统，该系统包括采样模块、转移模块和培养模块三大模块。采样模块的作用是为了采集深海保真宏生物样品。转移模块的作用是为了在实验室原位转移采集到的深海宏生物保真样品。培养模块的作用是为了在实验室原位培养采集到的深海宏生物保真样品。

2. 取样器整体结构与工作原理

泵吸式深海宏生物保真采样模块搭载在潜水器上的示意图如图 4.36 所示，采样模块由采样器、抽吸泵、抽吸管和支架组成。抽吸管通过接口与采样器进口端连接，抽吸泵通过接口与采样器出口端连接，抽吸泵选用 HYPRO 公司生产的液压驱动离心泵（型号 9303P-HM4C），该离心泵适用于深海环境，泵最大流量为 $18m^3/h$，抽吸泵的液压源由潜水器提供。采样模块通过螺栓固定在支架上，支架通过卡箍安装在深潜器的采样篮上。

图 4.36　采样模块搭载在潜水器上的示意图

泵吸式深海宏生物保真采样器结构如图 4.37 所示，主要由泵吸区、保压区、导流区三部分组成。泵吸区由抽吸泵和液压接口组成，通过抽吸泵工作在保压区和导流区内产生负压实现对深海宏生物的采样。导流区由抽吸管和手柄组成，利用深潜器上的机械手抓取抽吸管上的手柄可实现对海底任意方向的深海宏生物捕获。抽吸管选择 PVC 钢丝软管，内置螺旋钢丝，具有耐负压、耐折弯、伸缩性强、耐热耐寒、抗老化等优点。采样器安装在一个 700mm（长）×300mm（宽）×160mm（高）的支架上。泵吸式深海宏生物保真采样器具有以下特点：①在捕获海底生物过程中可以控制抽吸速度；②可保持样品的原位压力；③所有关键部件均可承受 110MPa 的压力；④不借助外部动力，一次触发即可实现密封，操作简单；⑤可实现实验室无压降转移。

第4章 搭载式探测与取样技术及装备

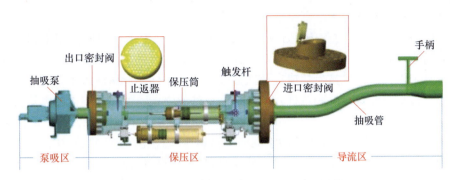

图 4.37 泵吸式深海宏生物保真采样器结构

泵吸式深海宏生物保真采样器保压区剖视图如图 4.38 所示。出、进口密封机构由阀盖、阀体、扭簧组成，阀盖在扭簧的带动下可以实现开闭动作，用于采样器出、进口端的密封。保压筒用于对采集的深海宏生物进行保压，保压筒进口端设有止返器。止返器有两个功能：一是防止采样过程中深海宏生物逃逸；二是在转移过程中可驱赶深海宏生物转移。压力补偿机构由活塞、端盖、高压筒组成，通过预充一定量的氮气实现对保压筒回收过程的压降进行补偿。齿轮开闭机构用于在超高压下控制进口密封机构开闭，通过调节压力使齿条杆带动进口阀盖的转动，实现采样器在超高压力下转移宏生物样品。转移机构由转移手柄、转移杆、齿轮组成，通过转动手柄带动止返器在转移杆上移动，从而驱赶保压筒内的宏生物转移。饵料补给机构由端盖、筒体、压缩弹簧、活塞、单向阀和单向阀控制杆组成，通过弹簧带动活塞挤压饵料包，饵料从单向阀流入保压筒内，用于在采样器回收过程中给保压筒内的深海宏生物提供营养物质补给。

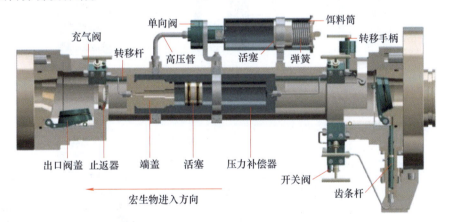

图 4.38 泵吸式深海宏生物保真采样器保压区剖视图

泵吸式深海宏生物保真采样器工作原理如图 4.39 所示，分为下放、捕获和回收三个过程。

1) 下放。采样器各零部件集成完后安装在潜水器上。在下放潜水器前，打开出、进口翻板密封阀并通过触发杆对其限位。通过充气阀向压力补偿器内预充一定量氮气，使活塞处在压力补偿器底端。将饵料包放入饵料筒活塞顶部，饵料筒上的单向阀底部顶杆与触发杆斜面接触，使饵料筒上的单向阀处于开启状态，固定杆对活塞杆进行限位，弹簧处于压缩状

171

态。抽吸泵通过液压管路与潜水器上的液压源连接,如图 4.39a 所示。

2)捕获。潜水器下潜过程中,压力补偿器中的活塞在海水压力的作用下向下移动,直至活塞下腔的压力和上腔的压力达到平衡。到达采样点时,触发潜水器上液压源按钮,使泵吸区的抽吸泵工作,通过机械手抓取导流区抽吸管上的手柄,对深海宏生物进行捕获。利用潜水器上的机械手触发饵料筒固定杆,取消对活塞杆的限位,使饵料筒内的弹簧带动活塞压缩饵料包,如图 4.39b 所示。

3)回收。采样器采样完成后,潜水器上的机械手拉动出、进口触发杆,取消对出、进口翻板密封阀的限位,实现保压筒密封。采样器回收至甲板过程中,由于外界海水压力的减小,保压筒体内外压差逐渐增大,导致保压筒体膨胀变形,此时压力补偿器将补偿由于保压筒膨胀变形而导致的压力损失,活塞往上移动。机械手拉动饵料筒上的触发杆,使单向阀关闭,如图 4.39c 所示。

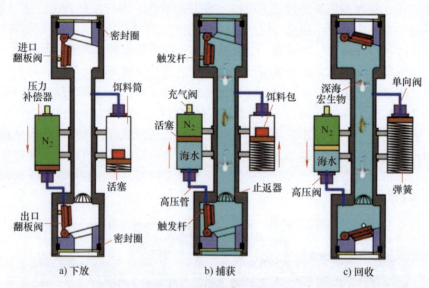

图 4.39 泵吸式深海宏生物保真采样器工作原理

饵料筒的工作原理如图 4.40 所示,饵料筒主要由单向阀、触发杆、活塞、弹簧和固定杆组成。采样器下放之前,饵料包放在活塞的上方,将活塞杆拉到最底端与固定杆配合,弹簧处于压缩状态,固定杆对活塞杆进行限位,如图 4.40a 所示;采样器到达采样点时,通过机械手拉动固定杆,固定杆取消对活塞杆的限位,活塞在弹簧的作用下向上移动,挤压饵料,饵料通过单向阀流入保压筒内,如图 4.40b 所示;采样器采样完成后,通过潜水器上的机械手拉动触发杆,使单向阀关闭,如图 4.40c 所示。

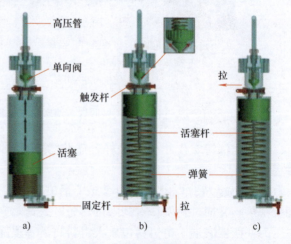

图 4.40 饵料补给装置工作原理

4.3.2 采样器关键技术

1. 采样器保真技术

深海宏生物保真采样主要是指低损伤、保压和保温获取深海原位样品。泵吸式深海宏生物保真采样模块要实现保真采样，首先，要保证采样模块具有良好的保压和保温性能，避免深海宏生物因压力和温度的变化导致原位基因表达信息丢失；其次，采样过程中要能控制采样模块的采样速度，过大的采样速度容易对深海宏生物造成损伤，过小的采样速度无法捕获到深海宏生物；最后，采样模块使用的材料应保证具有良好的耐腐蚀性，在深海宏生物样品的采集和储存过程中不对样品造成污染。

泵吸式深海宏生物保真采样模块主要是利用保压区的保压筒对深海宏生物进行保压，保压筒体需要承受115MPa的压力，通过在保压区的保压筒外壁涂覆保温材料对深海宏生物进行保温采样。一直以来，深海采样装备材料的选择是一个关键的因素。由于深海高压、低温/高温等极端环境，使得海水具有很强的腐蚀性，为了获取高质量的深海宏生物样品，因此对深海采样装备使用的材料提出了严格的要求。此外，泵吸式深海宏生物保真采样模块需搭载在深潜器上进行采样，而深潜器一次下潜带载深海装备的空间和重量十分有限，因此也对深海采样装备的尺寸和重量提出了严格的要求。根据深海宏生物保真采样系统技术要求，保压筒体内径设计为68mm，可满足大部分深海宏生物进入。保压筒体长为526mm，容积为2.5L。深海宏生物保压筒体材料选择为TC4钛合金，具有强度高、质量轻、耐腐蚀等特点。

根据高压容器设计技术规范的要求，参照《钢制压力容器——分析设计标准》(JB 4732—1995)和《压力容器》(GB 150—2011)，对泵吸式深海宏生物保真采样模块保压筒体进行了设计和结构计算。保压筒体壁厚根据福贝尔（Faupel）爆破压力计算式确定，公式如下：

$$\delta = \frac{D_i}{2}\left\{\exp\left[\frac{\sqrt{3}n_b p}{2\sigma_s(2-\sigma_s/\sigma_b)}\right]-1\right\}+C \tag{4.28}$$

式中，p 为设计压力，$p = 115\text{MPa} \times 1.5 = 172.5(\text{MPa})$；$D_i$ 为保压筒体内径，$D_i = 68\text{mm}$；n_b 为设计安全系数，$n_b = 2.5$；σ_s、σ_b 分别为保压筒体材料的屈服强度和抗拉强度，$\sigma_s = 800\text{MPa}$，$\sigma_b = 980\text{MPa}$；C 为保压筒体壁厚附加量。保压筒体的计算壁厚 $\delta = 17.68\text{mm}$。考虑到由于腐蚀和机械磨损等因素，保压筒体会变弱和变薄。保压筒体壁厚取为21mm。泵吸式深海宏生物保真采样模块结构参数和工作参数列于表4.11。

表4.11 保压筒体参数数值

参数	符号	数值
保压筒体弹性模量/GPa	E	115
保压筒体泊松比	μ	0.36
工作压力/MPa	p	115
保压筒体内径/mm	D_i	68
保压筒体壁厚/mm	δ	21
保压筒体长度/mm	L	526

(续)

参数	符号	数值
出、进口翻板密封阀偏心角度	θ	10°
出、进口端内径/mm	D	60
出口密封阀高度/mm	h_1	88
进口密封阀高度/mm	h_2	127

泵吸式深海宏生物保真采样模块采样完成后，通过潜水器上的机械手拉动触发杆使出、进口密封阀关闭，实现出、进口密封阀密封，泵吸式深海宏生物保真采样模块在回收至水面母船过程中，保压区的保压筒体承受内压力 p 的作用，保压筒体内受到轴向应力 σ_a、径向应力 σ_r 和环向应力 σ_h，泵吸式深海宏生物保真采样模块各应力分布如图 4.41 所示。

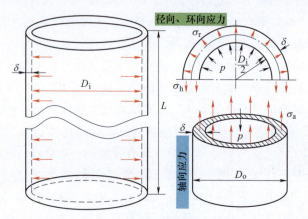

图 4.41 保压筒体的各项应力分布

保压筒体的三个主应力可以通过以下公式计算：

$$\sigma_h = \frac{r_i^2 p_i - r_o^2 p_o + r_i^2 r_o^2 (p_o - p_i)/r^2}{(r_o^2 - r_i^2)} \tag{4.29}$$

$$\sigma_a = \frac{r_i^2 p_i - r_o^2 p_o}{(r_o^2 - r_i^2)} \tag{4.30}$$

$$\sigma_r = \frac{r_i^2 p_i - r_o^2 p_o - r_i^2 r_o^2 (p_o - p_i)/r^2}{(r_o^2 - r_i^2)} \tag{4.31}$$

式中，σ_h 为环向应力（切向应力），σ_a 为轴向应力，σ_r 为径向应力，r_i 为内半径，r_o 为外半径，p_i 为内压，p_o 为外压，r 为径向变量（$r_i \leqslant r \leqslant r_o$）。可以看出，保压筒体内壁的环向应力是最大主应力。

按照爆破失效准则，根据 Faupel 爆破压力公式，代入数据可计算出保压筒的极限承载能力：

$$p_B = \frac{2}{\sqrt{3}} \sigma_s \left(2 - \frac{\sigma_s}{\sigma_b}\right) \ln K \tag{4.32}$$

式中，K 为保压筒体的外内径之比。

爆破安全系数可表示为：

$$n_b^t = \frac{p_B}{p} = \frac{526}{172.5} = 3.05 > 2.5 \tag{4.33}$$

泵吸式深海宏生物保真采样模块的保压筒体在超高内外压力下满足强度要求。

泵吸式深海宏生物保真采样模块在回收过程中影响压力下降的因素主要有两方面，一是采样器回收过程中的内外压差逐渐增大，导致采样器筒体膨胀变形，从而引起采样器内部压力下降，二是翻板密封阀关闭时，密封圈的移动会引起采样器内部体积的变化，从而影响采样器的保压效果。相关文献表明，压力和温度变化对研究深海宏生物样品的物种特性是十分不利的。因此，为了获取原位的深海宏生物样品，设计压力、温度补偿装置是必要的。泵吸式深海宏生物保真采样器通过在采样器外壁面涂覆保温材料进行被动保温。

泵吸式深海宏生物保真采样器保压采用压力补偿器进行补偿。目前压力补偿器包括金属膜式、袋式、波纹管式、弹簧式和活塞式等类型。金属膜式、袋式、波纹管式补偿器的工作原理基本相似，它们的共同特点是采用薄壁容器，允许一定程度的弹性变形。弹簧式和活塞式压力补偿器都是采用非弹性外壳，通过改变筒体的体积进行压力补偿。由于海底特殊的高压环境，金属膜式、袋式、波纹管式容易被高压海水压迫导致弹性变形，影响补偿能力。弹簧式压力补偿器在补偿采样器筒体体积变形量时所需的钢丝直径很大，补偿灵敏度不高。因此，采用活塞式压力补偿器实现对泵吸式深海宏生物保真采样器的压力补偿。

压力补偿器工作过程分为三个阶段，如图 4.42 所示。采样器下放之前，给压力补偿器预充一定量的氮气，压力补偿器状态如图 4.42a 所示，实现预先储能；采样器下放至海底过程中，在海水压力的作用下，压力补偿器活塞向下移动，活塞压缩氮气使氮气的体积变小，氮气的压力升高，直至活塞下腔和上腔内的压力达到平衡，此时氮气的压力为海底取样点的压力，压力补偿器状态如图 4.42b 所示；当采样器采样完成，从海底回收至海面过程中，由于外界海水压力的减小，采样器筒体将膨胀变形，此时压力补偿器活塞下腔内的氮气推动活塞向上腔移动，活塞上腔内的海水经高压管向采样器内流动，从而补偿由于保压筒体膨胀变形而导致的压力损失，压力补偿器状态如图 4.42c 所示。

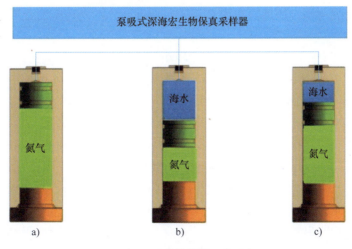

图 4.42　压力补偿器工作过程

2. 采样器密封技术

目前深海采样装备有两种密封方式,一是采用球阀进行密封,球阀具有流体阻力小、操作方便、密封性能好和可靠性高等优点;二是采用翻板密封阀进行密封,通过扭簧带动阀盖进行密封。根据泵吸式深海宏生物保真采样系统技术要求,宏生物进口的直径≥60mm,在选用内径大于 60mm 的球阀时,不仅会增加采样器重量,而且能够承受 110MPa 压力下的大口径球阀相对较少。因此,采用翻板密封阀对泵吸式深海宏生物保真采样器进行密封,翻板密封阀结构如图 4.43 所示。翻板密封阀采用由内向外的密封方式,阀盖与阀体采用偏心设计。

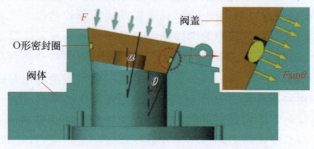

图 4.43 翻板密封阀结构

翻板密封阀的密封性能取决于 O 形密封圈,当阀盖关闭时,O 形密封圈会被预压缩而产生形变,而密封面的接触压力和 O 形密封圈的形变呈正相关,当密封面的接触压力大于或等于工作环境的压力时,可以实现密封。密封面的最大接触应力 $\sigma_{\max}$ 按下式计算:

$$\sigma_{\max} = \frac{5}{6} E_0 \left(\sqrt{\frac{d_0}{n_0}} - \frac{h_0}{d_0} \right) + mp \tag{4.34}$$

式中,m 为密封压力传递系数,一般 $m = 0.8 \sim 1$;E_0 是 O 形密封圈的弹性模量(周博等对氟橡胶、丁腈橡胶、硅橡胶三种密封圈材料进了高压压缩试验,试验结果表明,当工作压力为 115MPa 时,氟橡胶的压缩率最低,对于翻板密封阀结构,采用低压缩率材料的密封圈可以减少高压引起的体积压缩,因此选择氟橡胶作为 O 形密封圈材料);p 为工作环境压力;n_0 为安全系数;d_0 为自由状态下的 O 形密封圈截面直径;h_0 为 O 形密封圈压缩变形量。

泵吸式深海宏生物保真采样器采样完成后,潜水器上的机械手拉动触发杆,阀盖在扭簧的作用下与阀体形成密封,O 形密封圈在预压力 F_0 作用下发生变形,如图 4.44a 所示。O 形密封圈左右两侧所受到的压力不同,根据图 4.43 可知,翻板密封阀右侧 O 形密封圈的变形量大于左侧 O 形密封圈,因此以右侧 O 形密封圈进行分析,其压缩变形量 h_0 可以用下式表示:

$$h_0 = \frac{F_0 \sin\theta_1}{i E_0 L_0 d_1} \tag{4.35}$$

式中,E_0 为 O 形密封圈的弹性模量;i 为氟橡胶在不同压缩程度下的弹性模量系数;L_0、d_1 分别为密封槽的长度和宽度;θ_1 为阀盖右侧与竖直方向的夹角,θ_1 为 25°。

泵吸式深海宏生物保真采样器回收过程中,采样器内外压差逐渐增大,作用在阀盖上的力也逐渐增大,假设作用在阀盖上的压强为 p_1,则 O 形密封圈上的压力 F_2 为:

$$F_2 = (\pi R^2 p_1 + F_0) \sin\theta_1 \tag{4.36}$$

式中,R 为阀盖的半径。

阀盖与阀体之间的距离 h_1 可表示为:

$$h_1 = d_0 - h_2 - \frac{(\pi R^2 p_1 + F_0)\sin\theta_1}{i E_0 L_0 d_1} \tag{4.37}$$

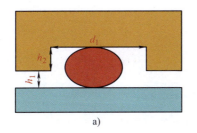 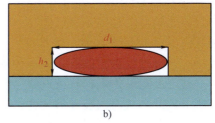

图 4.44 不同状态下的 O 形密封圈

根据式（4.37），当采样器的内外压差逐渐变大时，阀盖与阀体之间的距离逐渐变小，当作用在阀盖上的压强为 p_2 时，阀盖与阀体接触，此时密封方式由密封圈密封变为金属密封，如图 4.44b 所示，此时：

$$p_2 = \frac{2k_\alpha i E_0 d(2r_1 - h_2)}{R^2 \sin\theta_1} - \frac{F_1}{\pi R^2} \tag{4.38}$$

式中，k_α 为密封槽长度的修正系数。

常温下氟橡胶 O 形密封圈在密封阶段的抗剪强度 σ_1 为 12MPa，翻板密封阀在 O 形密封圈的密封阶段，O 形密封圈的剪应力为 σ_0。

$$\sigma_0 = \int_0^{2\pi} \frac{R h_1 p_1}{2\pi R d_1} d\theta = \frac{h_1 p_1}{d_1} = \frac{(d_0 - h_2)p_1}{d_1} - \frac{(\pi R^2 p_1 + F_0)\sin\theta_1 p_1}{2k_\alpha \pi R i E_0 d_1^2} \tag{4.39}$$

根据式（4.39），当 O 形密封圈的剪应力 $\sigma_0 < \sigma_1$ 时，O 形密封圈密封有效，当阀盖与阀体接触时，剪应力 $\sigma_0 = 0$，翻板密封阀的密封方式为金属密封，翻板密封阀的设计参数见表 4.12。

表 4.12 翻板密封阀的设计参数

参数	数值
阀盖半径 R/mm	39
O 形密封圈截面直径 d_0/mm	3.55
密封槽深度 h_2/mm	2.75
密封槽宽度 d_1/mm	5
O 形密封圈弹性模量 E_0/MPa	10000

泵吸式深海宏生物保真采样器的翻板密封阀结构如图 4.45 所示，采样器采样完成后，触发杆取消对翻板密封阀的限位，阀盖在扭簧的带动下与阀体实现初始密封，阀盖与阀体的密封力计算如下：

$$F_{a1} = F_0 + F_{c1} - F_{b1} = F_0 + \frac{1}{4}\pi D_c^2 p_1' - \frac{1}{4}\pi D_b^2 p_2 \tag{4.40}$$

式中，F_0 为扭簧的力，F_{c1} 为采样器内部的压力作用在阀盖上部的力，F_{b1} 为环境压力作用在阀盖底部的力；D_c 是阀盖上部的直径；D_b 是阀盖底部的直径，$D_c > D_b$；p_1' 为采样器内的压力；p_2 为环境压力。

泵吸式深海宏生物保真采样器回收至甲板过程中，环境压力 p_2 不断减少，采样器内外压力差逐渐增加，阀盖与阀体的密封力 F_{a1} 逐渐增大，密封性能越好。采样器回收至甲板后，需要和深海宏生物保真转移-培养模块对接完成转移。进口翻板密封阀阀盖末端设计为齿轮状，利用齿轮齿条机构实现阀盖在超高压力环境下打开，从而实现深海宏生物转移。图4.45a为进口翻板密封阀关闭状态，此时的齿条杆处在最右端位置，当需要转移时，加压泵与高压泵接口连接，加压使齿轮杆向左端移动，使阀盖转动，阀盖处于打开状态。图4.45b为出口翻板密封阀打开状态，限位杆用于限制齿轮杆的转动，保证齿轮杆平稳地移动。

3. 采样器保压转移技术

泵吸式深海宏生物保真采样器采集完深海宏生物样品后，需要在实验室对其转移和

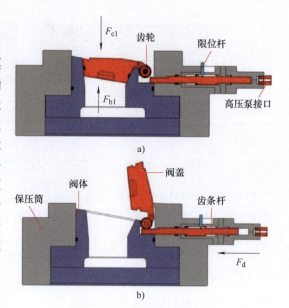

图 4.45 翻板密封阀结构

培养。由于深海宏生物长期生活在高压、低温的环境，因此泵吸式深海宏生物保真采样器在转移过程中应尽可能地减少压力和温度降低，这是一个很大的挑战，目前未见相关文献报道对深海宏生物在超高压力下（110MPa）完成转移和培养。图4.46所示为泵吸式深海宏生物保真转移-培养模块，包括深海宏生物保真培养釜、温控装置、压力控制装置和转动调节装置。深海宏生物保真转移-培养模块具有以下特点：①可模拟0~115MPa的压力和0~4℃的低温环境；②可实时监控深海宏生物保真培养釜内的工作环境，并具有视频传输功能；③采用由内向外的密封机构，可以实现超高压环境下可靠密封；④可以实现深海宏生物保真培养釜内的水和宏生物排泄物无压降转移。

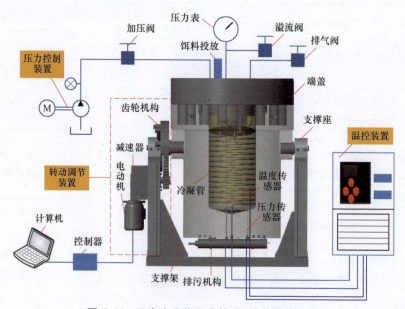

图 4.46 深海宏生物保真转移-培养模块结构

深海宏生物保真培养釜由五部分组成：

1）保压系统。它由保压筒体、端盖等组成，保压筒体与端盖通过16个直径为160mm的螺栓连接，保压筒体内径为420mm，筒体高度为1170mm。端盖上设有通孔，用于视频、通信、照明和其他物理接口。

2）加压系统。它由加压泵、高压阀、压力表和压力传感器等组成，压力传感器实时监测培养釜内的压力，通过加压泵与高压阀连接，可以控制整个系统压力，调压范围为 $0 \sim 150$ MPa。

3）制冷系统。它由恒温水浴机、冷凝管、温度传感器等组成，温度传感器实时监测培养釜内的温度，通过控制器控制恒温水浴机的功率，从而控制整个系统温度，调温范围为 $0 \sim 4$ ℃。

4）支撑调节系统，它由电动机、减速器、齿轮机构等组成；当采样器从海底取样完成时，需要将样品转移至深海宏生物保真培养釜内，为了能够充分地转移，通过控制器控制电动机使齿轮机构转动，从而带动深海宏生物保真培养釜转动，可以实现系统转移、培养和排水等动作，转动角度为 $0° \sim 120°$。

5）监控系统。它包括计算机、控制器、高压相机及高压灯等。通过高压相机和高压灯可以实时观测深海宏生物保真培养釜内生物的生活状态，通过计算机和控制器可以实现数据实时传输和监测等功能。

深海宏生物保真转移-培养模块工作原理如图4.47所示，分为对接、转移、培养三个工作过程：

1）对接。将支撑机构安装在深海宏生物保真培养釜端盖上，培养釜内注满和采样模块相同压力、温度的水；采样器回收至甲板后，将其安装在支撑机构上，通过支撑机构调节采样器的位置，实现与培养釜的对接。

2）转移。通过加压系统开启采样器出口翻板密封阀和培养釜内的翻板密封阀；转动转移手柄，使止返器驱赶保压筒内的生物进入培养釜内；控制电动机驱动齿轮机构转动，使培养釜和采样器向上转动，角度为 $0° \sim 90°$，实现深海宏生物的无压降转移。

3）培养。培养过程中，通过传感器实时监测培养釜内的压力、温度、溶解氧等参数；加压系统和制冷系统可以保持培养釜内的压力和温度在设定的阈值内；排污系统可以在超高

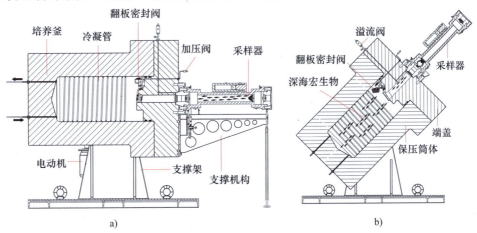

图4.47 深海宏生物保真转移-培养模块工作原理

压力下无压降地转移深海宏生物产生的排泄物和培养釜内的水；饵料投放系统可实现深海宏生物的营养补给。

4.3.3 采样器实验及应用

1. 采样器实验

（1）内压实验

泵吸式深海宏生物保真采样器内压测试原理如图 4.48 所示，分为以下几个步骤（实验温度为常温，实验介质为水）：

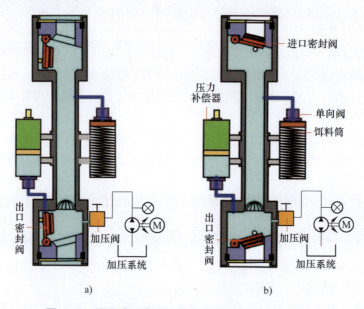

图 4.48 泵吸式深海宏生物保真采样器内压测试原理

1）打开进口密封阀，关闭出口密封阀，向采样器内注满水，关闭进口密封阀。利用加压系统连接加压阀，打开加压阀、单向阀，开始加压。加压系统与采样器连接的实物图如图 4.49a 所示，当看到饵料筒底部有水溢出时，说明采样器内的空气已经排空。

2）向采样器内加压，首先压力增加到实验压力的 10%，在确保没有泄露后，每次逐渐增加 10% 的实验压力，每个压力梯度保持 1min，达到最大实验压力时停止加压，压力表数值如图 4.49b 所示。

3）在最大实验压力下保压 4h（考虑采样器从海底 11000m 回收至甲板、拆卸、转移等过程所用时间），观察压力表数值，压力表数值如图 4.49c 所示。

4）开始卸压，每次逐渐减少 10% 的最大实验压力，每个压力梯度保持 1min，压力降为零时停止。

泵吸式深海宏生物保真采样器在 110MPa 和 127MPa 的压力下共进行了 4 次内压测试实验，实验结果见表 4.13。实验过程中发现，当采样器达到测试压力开始保压时，在保压 30min 内，采样器内部的压力波动较大，这是因为保压筒体内外压差的形成导致压力降低。随着采样器保压时间的增加，压力会出现小幅度的降低，这是因为翻板密封阀阀体与阀盖接触的表面具有一定的粗糙度，这样会在阀盖与阀体表面形成一个特定的液体通道，导致压力

图 4.49　泵吸式深海宏生物保真采样器内压实验

降低。当采样器测试压力为 110MPa 时，保压 4h 和 12h 的压降率分别为 4.5% 和 5%；当采样器测试压力为 127MPa 时，保压 4h 和 12h 的压降率分别为 0.39% 和 0.79%。实验结果表明，泵吸式深海宏生物保真采样器内压越大，压降率越低，这也验证了采样器翻板密封结构设计的合理性和保压筒体设计的可靠性。

表 4.13　内压实验结果

实验编号	实验压力/MPa	保压时间/h	最终压力/MPa	压降率
1#	110	4	105	4.5%
2#		12	104.5	5%
3#	127	4	126.5	0.39%
4#		12	126	0.79%

（2）高压舱实验

泵吸式深海宏生物保真采样器在海底作业时，需要通过潜水器上的机械手完成三个触发动作。为了检验采样器在超高压下的保压性能，在实验室对采样器进行了高压舱模拟采样实验，实验温度为常温，实验介质为水，实验原理如图 4.50 所示。利用三个液压缸分别控制采样器的触发动作，高压舱为采样器提供深海高压环境，整个实验过程都在高压舱内进行。首先利用三个液压缸分别与出、进口翻板密封阀触发杆和饵料筒触发杆通过触发绳连接，液压缸上设有进液口和出液口。高压舱端盖上设有三个密封接口，密封接口一端连接加压系统，另一端连接液压缸的进液口。然后利用高压泵站给高压舱加压，当高压舱压力达到实验测试压力时，通过加压系统加压和卸压来控制三个液压缸的往返运动，从而模拟完成采样器上的三个触发动作。

为了使采样器在高压舱内顺利完成触发动作，在空气中检验液压缸是否能够实现触发动作，如图 4.51 所示。采样器安装在支撑架上，三个液压缸分别安装在与触发杆同一直线上

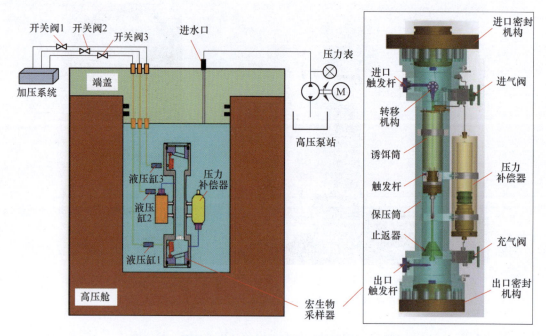

图 4.50 泵吸式深海宏生物保真采样器高压舱测试原理

的位置；顶开出、进口翻板密封阀，推动触发杆使其限位（这时的触发绳是绷紧状态）；将手动加压泵通过高压管与液压缸的进液口连接，开始加压，使液压缸内的液压杆开始移动，直到触发完成；当手动加压泵上压力表有压力时，表明液压缸达到最大行程，停止加压，卸掉压力；将手动加压泵与出液口连接，开始加压，使液压缸内的液压杆运动至最初位置，实验完成。三个液压缸的工作流程一致，可以同时进行触发。实验结果表明，液压缸能够实现采样器上的触发动作，在手动加压泵未起压之前，就能够实现触发动作完成。

图 4.51 泵吸式深海宏生物保真采样器触发实验

泵吸式深海宏生物保真采样器在进行高压舱测试之前,首先在实验室对采样器的压力补偿器预充一定量的氮气,预充氮气的实验原理如图 4.52 所示。驱动动力源采用压缩空气,压力源为气体增压泵,增压比为 60∶1。氮气作为被增压介质,输出氮气的气体压力与驱动气源压力成比例。通过对驱动气源压力的调整,便能得到相应的增压后的气体压力。当驱动气源压力与增压后的气体压力达到平衡时,气动增压泵便停止增压,输出气体的气体压力也就稳定在预调的压力上。

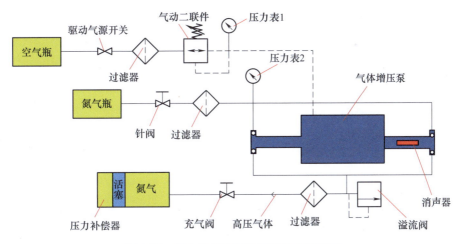

图 4.52　压力补偿器预充氮气的实验原理

泵吸式深海宏生物保真采样器预充氮气实验如图 4.53 所示,实验系统主要由氮气瓶、空气瓶、气体增压泵和高压气体管路组成。该实验分为以下几个步骤:

1) 排出压力补偿器内的空气。通过加压泵连接压力补偿器的进气阀,打开充气阀,通过加压使压力补偿器内的活塞处在顶端位置,将活塞上端的空气排出,通过加压泵卸除压力补偿器内的压力。

图 4.53　泵吸式深海宏生物保真采样器预充氮气实验

2）预充氮气。将高压气体管路与压力补偿器的充气阀连接，打开空气瓶、氮气瓶，观察操作平台压力表数值，通过调节空气瓶压力的大小，得到不同的预充压力。当观察到压力表数值达到预充压力要求时，关闭空气瓶、氮气瓶和充气阀，预充压力完成。

3）卸压。打开操作平台的卸荷阀，将高压气体管路内的压力卸除。

根据全海深载人潜水器耐压部件及结构压力考核要求，泵吸式深海宏生物保真采样器各阶段的实验压力如图 4.54 所示。p 为部件工作压力，p_t 为最大实验压力。由于实验室高压舱最大工作压力为 120MPa，考虑到安全性，最大实验压力为 115MPa，工作压力为 110MPa。T_1 为高压舱加压时间，$T_1 \leq 3h$；T_2 为工作压力下的保压时间，$T_2 \geq 6h$；T_4 为高压舱的卸压时间，$T_4 \leq 3h$。

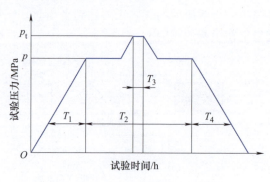

图 4.54　高压舱实验压力曲线

泵吸式深海宏生物保真采样器高压舱实验如图 4.55 所示，其中加压系统由三个手动加压泵组成，通过高压管路与三个液压缸连接，控制液压缸的运动；高压实验舱用于模拟深海高压环境，直径为 0.75m，深度为 3m，最高工作压力为 120MPa。电动试压泵用于给高压实验舱加压，试压泵流量为 65L/h，功率为 4kW。实验分为两个过程，第一个过程为保持压力补偿器的压力不变，预充氮气压力为 30MPa，改变不同的实验压力（80MPa、90MPa、100MPa、110MPa、115MPa），共进行五次实验。第二个过程为保持实验压力不变，实验压力为 115MPa，改变预充氮气的压力（38MPa、36MPa、33MPa、27MPa），共进行四次实验。

图 4.55　泵吸式深海宏生物保真采样器高压舱实验

泵吸式深海宏生物保真采样器高压舱实验分为以下几个步骤（实验温度为常温，实验介质为水）：

1) 通过电动试压泵加压，加压 1h 升压至 110MPa，保压 3h，继续加压至 115MPa。

2) 开始操作加压系统，分别操作三个加压泵开始加压，当压力表数值大于最大实验压力 5~8MPa 时，停止加压，表明液压缸已经完成触发动作。

3) 在最大实验压力下保持 0.5h，开始卸压，卸压过程通过压力表观察采样器内部压力数值变化，实验数据记录如图 4.56 所示，实验结果见表 4.14。

4) 高压舱压力卸为 0 时，大约需要 0.5h，打开高压舱，用起重机械将采样器吊出，观察采样器泄漏和破损情况。

从图 4.56 中可以看出，高压舱开始卸压的初始阶段，采样器的压降波动较大，当压力降低到一定值后，采样器内的压力保持稳定。这是因为高压舱开始卸压初始阶段，采样器内外形成压差，导致筒体膨胀，而压力补偿器进气阀与采样器连接的高压管内径很小，压力补偿器补偿的速度较慢，导致采样器压力下降较快。

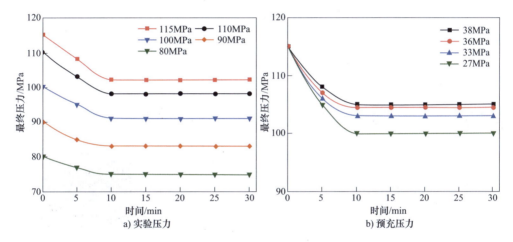

图 4.56 泵吸式深海宏生物保真采样器最终压力与时间历程

从表 4.14 可以看出，当实验压力越小时，泵吸式深海宏生物保真采样器的压降率越小，也就是保压率越高，这也和理论计算结果相符合。当采样器实验压力为 115MPa，预充压力为 30MPa 时，压降率为 11.3%，小于 20%，满足课题要求。当采样器实验压力为 115MPa 时，预充压力越大，采样器内部的压力越大，保压率越高，当压力补偿器预充压力为 38MPa 时，保压率为 8.7%，随着预充压力越大，采样器的保压率变化不是很明显。此外，在进行海上作业时，预充氮气的压力越大，带来的安全隐患也就越大。因此，泵吸式深海宏生物保真采样器在海底 11000m 作业时，压力补偿器的压力应尽量为 27~30MPa。

表 4.14 高压舱实验测试结果

实验编号	实验压力/MPa	预充压力/MPa	最终压力/MPa	压降率
1#	80	30	75	7.5%
2#	90		83	7.8%
3#	100		91	9%
4#	110		98	10.9%
5#	115		102	11.3%

（续）

实验编号	实验压力/MPa	预充压力/MPa	最终压力/MPa	压降率
6#	115	38	105	8.7%
7#		36	104.5	9.1%
8#		33	103	10.4%
9#		27	100	13%

（3）抽吸实验

为了验证泵吸式深海宏生物保真采样器的可行性和数值仿真的有效性，开展了采样器的抽吸实验研究。抽吸实验系统如图4.57所示，总体包括抽吸管、水箱、采样器、抽吸泵、液压泵站及液压管路。抽吸管通过接口与采样器进口端连接，抽吸泵一端通过接口与采样器出口连接，另一端通过接口与液压泵站连接。整个装置放在尺寸为 2.3m×0.3m×0.21m 的水箱内。调节液压泵站的流量控制采样器的抽吸速度，实验结果表明，当抽吸流量低于 $14m^3/h$ 时，鱼类感受到水流而逃逸。当抽吸流量为 $14\sim16m^3/h$ 时，采样器能够捕获到鱼，且捕获完成后鱼能够正常游动。当抽吸流量为 $16\sim18m^3/h$ 时，采样器能够捕获到鱼，但是发现鱼体表面有挫伤，可能是由于抽吸速度过大，鱼撞击采样器而造成损伤。因此，泵吸式深海宏生物保真采样器在海底抽吸生物过程中，尽量保持抽吸泵的流量在 $14\sim16m^3/h$，以平衡深海宏生物损伤和逃逸速度。

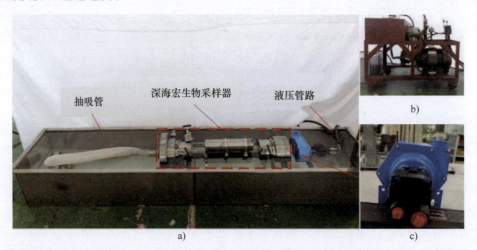

图 4.57 泵吸式深海宏生物保真采样器抽吸实验系统

（4）保温性能实验

泵吸式深海宏生物保真采样器在回收过程中，外部温度逐渐增加，采样器外壁与外部环境会发生热对流、与内壁发生热传导，从而导致采样器内的温度升高，对深海宏生物的活性产生影响。因此，对制造完成的采样器进行了保温性能实验。泵吸式深海宏生物保真采样器采用某保温材料进行了实验，保温涂层的热导率为 $0.0012W/(m·K)$。在高压舱对保温材料进行了耐压实验，发现保温材料在超高压下不会发生脱落。泵吸式深海宏生物保真采样器在回收至海面母船过程中，温度变化主要发生在水深1000m，按照"奋斗者"号载人潜水器下潜上浮的平均速度 50m/min 计算，采样器内部发生温度变化的时间为20min，加上拆卸和转移至集装箱等过程的时间，采样器发生热交换的时间大约为 3h。对泵吸式深海宏生物保真采样器保温材料厚度为 8mm 和 11mm 进行了保温性能实验，如图 4.58 所示。

图 4.58　泵吸式深海宏生物保真采样器保温性能实验

泵吸式深海宏生物保真采样器保温性能实验步骤为：在空调房内向采样器内加冰块，实现采样器内部预降温；当初始温度达到 2℃左右，并保持稳定时，将采样器放置空调房外；通过两个数显温度计对采样器内部温度和环境温度实时测量，并记录数据，如图 4.59 所示。

2. 采样器海试

根据课题指标和海试需求，海上实验主要是完成深海宏生物采样器的布放与回收，以及采样器与培养系统的保压对接，对培养系统的主要功能和指标进行初步验证。

因此海试内容主要包括采样器布放、采

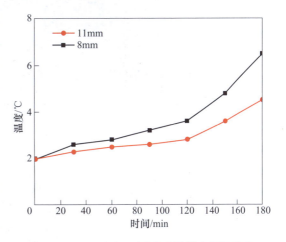

图 4.59　不同保温层厚度采样器内部温度和时间的历程曲线

样器回收、器釜对接及样品转移。具体操作流程如下：

1）对宏生物采样器进行内压测试，对采样器的阀体及密封圈进行检查保养，对采样器进行密封性能测试。因布放的着陆点暂时无法确定，无法以准确的原位压力进行测试，故两次的测试压力分别为 53MPa 和 79MPa。经保压测试半小时，前者出现 0.3MPa 的压力下降，后者出现 1MPa 的压降，最终示数如图 4.60 所示，说明宏生物采样器各部件密封性良好。

2）将宏生物采样器与"万泉Ⅱ"着陆器进行装配，并为着陆器配置压载铁。将采样器入口密封触发杆与减力装置进行连接，减力装置的拉杆则与抛载释放机构相连。着陆器两侧共悬挂了 36 块压载铁，总计 180kg。宏生物采样器与着陆器装配如图 4.61 所示。

 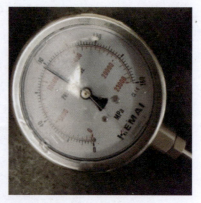

图 4.60 采样器内压测试压力表示数

图 4.61 宏生物采样器与着陆器装配

3）调试着陆器的声学释放机构能够正确执行释放动作。调试铱星发射器、频闪灯等设备（图 4.62）。前者是为了着陆器回收浮出海面时能够反馈精确的经纬坐标，调试时应确保手持终端接收器能够接收到铱星定位。频闪灯便于在夜间回收时通过频闪光源确定着陆器浮出水面的位置。

4）母船行驶至作业点位，对采样器进行布放。采样器布放作业过程如图 4.63 所示。

图 4.62 着陆器装置调试

5）将宏生物培养釜加压至预定压力，此处的加压过程与操作不再赘述，并提前安装好支撑架，采样器回收之后进行样品的保压转移。

图 4.63　采样器布放作业过程

实验装备在参加的两个航次中，采样器共进行了 3 次布放作业，其中两次采样器保压采样并与培养釜对接，进行了保压转移。相关详细数据记录见表 4.15。

表 4.15　宏生物培养系统海试现场记录表

航段	作业区域	作业深度 /m	原位压力 /MPa	采样器压力（回收至甲板时） /MPa	转移前培养釜压力 /MPa	转移后培养釜压力 /MPa
TS1-36	南海	4080	40.8	43.4	40.8	42.3
TS1-39	菲律宾海盆	7030	70.3	—	—	—
		7700	79.1	68.5	72.2	72.1

在 TS1-36 航次中，宏生物采样器布放深度为 4080m，采样点原位压力为 40.8MPa，采样器回收至甲板时测得其内部压力为 43.4MPa，回收时内部的压力较原位压力高 6%，主要是因为着陆器漂浮至海面，母船前去接应及回收至甲板这段时间内，海面以上温度较原位采样点的温度高，采样器及内部海水因温度变化产生了体积膨胀，最终导致回收时的压力提

高，但对于嗜压生物，该压力变化并不会引起其生理活性变化。将宏生物采样器与培养釜对接进行转移，转移前培养釜内部压力设置为原位压力 40.8MPa，对接转移完成之后，培养釜内部压力为 42.3MPa，对接转移如图 4.64 所示。因为在转移操作过程中，为了平衡釜内、采样器内部和中腔之间的压力，最终培养釜内部压力高于原始釜内压力，低于对接前采样器内的压力，转移压力变化率为 3.7%，满足技术指标要求。

图 4.64 培养釜对接转移

4.4 机械手持式微型钻机

4.4.1 微型钻机总体结构

1. 微型钻机技术指标

海洋钴结壳主要分布在海洋 800~3000m 海山和海台的顶部及斜面上，主要成分为皮壳状铁锰氧化物和氢氧化物。钴结壳因富含钴，故名富钴结壳。钴结壳表面呈肾状、鲕状或瘤状，颜色为黑色或黑褐色，断面构造呈层纹状或树枝状；钴结壳厚一般为 5~6cm，厚者可达 10~15cm，赖以生长的基质有玄武岩、玻质碎屑玄武岩及蒙脱石岩。

美国、日本等国均对钴结壳的物理机械特性进行了研究分析。我国也曾于 2002 年 4 月在中国大洋协会的组织协调下，由长沙矿冶研究院和中南大学合作，对中国大洋协会分发的深海钴结壳样品进行了详细的物理力学性能测试。但因取样地点、取样方法及实验方法的不同，各国所得到的数据差异较大。分析结果表明，钴结壳的抗压强度为 8~30MPa，抗拉强度为 0.1~2.3MPa，基岩的抗压强度为 2~40MPa，抗拉强度为 0.3~20MPa。

基于深水钴结壳的存在环境、物理特性和力学特性，钴结壳微型钻机需具备较为特殊的工作要求：微型钻机由"蛟龙号"载人潜水器搭载，下潜到钴结壳矿区位置后，载人潜水器保持位置不动，由潜航员通过载人潜水器的机械手操作微型钻机的定位及钻取，且微型钻机的钻头钻进力、剪切力及岩芯拔断力需按照钻取 6 级岩石硬度来设计。

钴结壳微型钻机设计技术指标见表 4.16。

表 4.16 钴结壳微型钻机设计技术指标

参　　数	指　　标
最大工作水深	7000m
取芯尺寸	50mm×200mm
设备尺寸	600mm×800mm
整机质量	<100kg

(续)

参　　数	指　　标
潜水器提供的动力源	21MPa 液压和 24VDC 电源
总功率	<3kW
最大钻进力	400N
钻架前后调整角	±20°
钻架左右调整角	±20°

2. 微型钻机整体结构和工作原理

钻结壳微型钻机基本结构如图 4.65 所示。其组成与各部分的功能为：调姿机构，调整微型钻机的钻孔角度；补偿机构，调整微型钻机伸出位置，使其顶紧岩石面；推进机构，提供钻头钻进推力及拔取岩芯；钻进动力头，提供钻头回转扭矩；钻具，包括金刚石钻头和岩芯管，提供取芯钻进及岩芯保护；供水系统，冲洗排粉及冷却钻头；抛弃机构，发生卡钻事故时剪断油管和电缆，使微型钻机从潜水器脱离；液压阀箱，为微型钻机提供液压控制功能；电控系统，对微型钻机工作过程进行监测和控制，主机位于潜水器舱内，通过穿舱接插件及水密电缆与机载液压阀箱及传感器连接，在潜水器舱内设有操作控制器和显示界面。

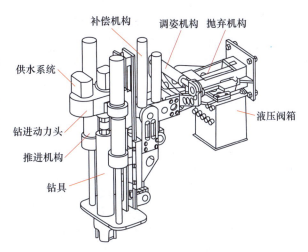

图 4.65　微型钻机基本结构

（1）钻进头姿态调整与开孔顶岩定位机构

钻进头升降及姿态调整功能应适应复杂的海底微地形，钻进头不工作时缩回至潜水器底面以上，工作时在液压缸作用下向下伸出，并根据岩面倾角调整角度顶紧岩面，稳定钻具并为拔取岩芯提供反作用力支点；钻进取芯完成后再缩回。

根据潜水器的整体布置，微型钻机安装在潜水器前部，离潜水器支架底面有 200mm 的高度，为了使取芯器适应复杂的海底微地形变化，该机构可将机架向下伸出 400mm，并可在左右和前后方向进行±20°的角度调整，使机架能在较适宜的岩面开孔定位。根据微型钻机水中自重和潜水器 500N 的负浮力，通过液压系统调压，保持机架对岩面一定的预顶力，实现钻孔定位；同时，保持潜水器留有一定的负浮力，以稳定微型钻机，并为微型钻机提供钻进推力和钻进反扭矩。该机构由调整座、补偿液压缸、导向槽、调角液压缸等组成。调整座上有液压接头、电缆插头和机械连接销等，下端铰接导向槽和补偿液压缸，导向槽与机架的导向杆滑动连接，补偿液压缸的活塞杆与机架的底座相连，以补偿液压缸伸缩，实现机架下移顶紧岩面和收回复位。

（2）回转机构

回转机构是在钻取岩芯时为取芯钻具提供回转动力。根据潜水器提供的 21MPa 液压、不大于 3kW 的动力源，计算得出液压油流量约为 8.5L/min，以此为回转器参数设计基础，对回转器转速和扭矩进行计算选择。

7000m深海钴结壳微型钻机设计采用金刚石钻具，转速是影响金刚石钻进效率的重要因素。金刚石钻头在轻钻压破碎岩石时，类似砂轮的工作原理，以磨削作用为主，钻头转速与钻进速度的关系如图4.66所示，在一定条件下，钻头转速越高，钻进速度就越高。

图 4.66　钻头转速与钻进速度的关系

回转器由液压电动机、回转齿轮箱、液压控制元件等组成。回转齿轮箱设两输出轴，一输出轴与钻具相连，使产生钻具回转运动；另一输出轴为水泵提供动力。齿轮箱体与推进液压缸和滑槽相连，钻进时可向下移动。

（3）推进机构

推进机构的功能是为微型钻机提供钻进压力和拔取岩芯。钻进压力是微型钻机的重要技术参数之一。一般该口径金刚石的钻进力为5~10kN，由于微型钻机技术指标的限制，只能采用比一般金刚石钻进要低得多的钻压。为此，在实验室用标准金刚石钻头进行了轻压力金刚石钻进的相关测试，得出钻进压力与钻进速度的关系，如图4.67所示，在一定条件下，钻进速度随钻压的加大而提高。

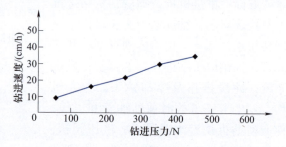

图 4.67　钻进压力与钻进速度的关系

推进机构由推进液压缸、导向槽等组成。推进液压缸缸体和导向槽与回转齿轮箱相连，导向槽与机架的导向杆滑动连接，液压缸活塞杆与机架的底座连接，液压缸活塞杆回缩实现回转动力头下移钻岩取芯，通过液压系统调压控制钻进压力。钻进到位后，液压缸活塞杆伸出，回转器带动钻具上拔，拉断岩芯，动力头复位

钻进压力能否精确控制，关系到微型钻机钻进取芯的成败，因钴结壳在岩层表面，开孔时即要对岩芯采取有效的保护措施，这对钻进压力参数的调节提出较高的要求，开孔时要轻压、慢进，高速旋转的钻具要稳定，确保获取完整的岩芯。

（4）取芯钻具

取芯钻具是钻取钴结壳岩芯的关键部件。根据微型钻机的特殊钻进参数，采用特殊设计的薄壁单动双管金刚石取芯钻具，配合小钻压、较高转速的特殊钻进工艺。为提高钻进时效，需对钻头的形状、胎体配方、金刚石的级别和浓度进行研究，以满足微型钻机的特殊钻进工艺要求。钻头直径设计为$\phi62/\phi50$，钻具岩芯内管可防止岩芯与钻具产生机械磨损和冲洗液的冲刷破坏。

（5）钻孔冲洗排粉与钻头冷却系统

由于钻孔深度很浅，该系统相对较简单。流量是保证冲洗介质在通过钻具与孔壁之间的环状间隙时具有一定流速，及时排除、携带岩粉及冷却钻头。

为控制微型钻机总重量，简化微型钻机结构，动力与回转系统共用一个液压马达。该系统由不锈钢齿轮泵、过滤器、导流器、压水管等组成，用海水作为钻孔冲洗排粉和冷却钻头

的介质，海水经过滤器吸入不锈钢齿轮泵，由压水管进入导流器，通过钻具送入孔底，实现钻孔冲洗排粉与钻头冷却。

（6）机架

机架是钻进系统的基座，由底座、孔口稳定器、导向杆等组成。机架下降至岩面时，孔口稳定器与岩面接触给钻孔定位，为钻具进行稳定导向，实现平稳开孔取芯，同时消除动力头钻孔的空行程，以保证取芯的长度准确可靠；在拔取岩芯时，推进液压缸以机架底座为平台，将动力头上推，通过机架底座与岩面的接触将力传至岩面，拉断岩芯。

（7）液压控制系统

液压控制系统由升降回路、左右调角回路、前后调角回路、回转回路、推进回路、弃钻回路、脱离回路组成，液压系统的重点与难点是精确控制钻进压力。该系统包括油箱、压力补偿器、液压马达、液压缸、控制阀组等组成，其阀组由电动执行元件驱动，电动执行元件接受系统控制指令。为保证液压系统工作的可靠性及控制重量，液压件均采用进口件，控制阀采用叠加阀组件和插件。

（8）监控系统

该系统由控制盒、电源开关、控制器、显示屏、控制开关、急停按钮、推进位移传感器、回转转速传感器、补偿到位传感器、漏水传感器、水密电缆等组成。微型钻机的所有动作都由该系统来控制，通过控制开关实现微型钻机的调整姿态、补偿推进、钻进、拔取岩芯或抛弃钻具、回退等动作，并可实时显示钻进深度、回转转速，还可以指示补偿推进到位及漏水报警等。

（9）抛弃钻具系统

由于微型钻机的功率小，如果出现卡钻事故而微型钻机本身不能将钻具拔出，就会造成被迫舍弃微型钻机的设备损失事故。因此，必须在微型钻机上设计一套抛弃钻具系统。该系统由特殊接头、抛弃钻具安全销等组成，特殊接头安装在回转器与钻具之间，由安全销固定。当需要抛弃钻具时，通过液压控制推进液压缸将安全销剪断，钻具即可与微型钻机脱离。

（10）抛弃微型钻机系统

为了确保潜水人员及潜水器的安全，如果出现事故应能迅速返航，还特别设计了一套抛弃微型钻机系统，由液压接口、电缆接口、脱离机械组件、脱离液压缸等组成。该系统安装在潜水器底部支架上，液压和电缆接口一端和潜水器固定连接，另一端和微型钻机连接。当潜水器需要抛弃微型钻机时，通过控制油路使脱离液压缸动作，推开液压油路的快速接头，并剪断控制电缆，将微型钻机顶离潜水器，使两者完全分离。

（11）电控系统

电控系统具有机载传感器数据实时采集与集中显示功能和对液压阀组的继电控制操作功能。

机载传感器包括钻头转速传感器、钻进深度传感器、系统漏水检测报警传感器。其中钻头转速和钻进深度以数值和模拟表盘两种方式显示在舱内操作显示屏上，系统漏水检测报警则以红色信号灯方式显示。

舱内操作显示屏上装有多个操作开关和旋钮，通过这些操作开关和旋钮向液压控制阀给出控制信号。该控制方式简单、直观、易学。为防止误操作，采用了钥匙锁及姿态调整和钻进功能的互锁，以保证微型钻机取芯时不会改变姿态。此外，操作人员还能在线修改比例阀和控制器的参数。

4.4.2 微型钻机关键技术

微型钻机主要技术指标要求非常高，给设计、制造等研究带来相当大的难度。其主要关键技术如下：

（1）高效、广谱岩性适应性、薄壁、专用金刚石钻头、钻具的研制

潜水器钴结壳微型钻机工作条件十分苛刻，由于负浮力和海底工作稳定性要求，其钻进推进力不能超过400N，大大低于正常岩芯钻探所用钻进推进力（3000N以上）；钴结壳下覆基岩多种多样，岩性及可钻性差别很大；同时载人潜水器在海底停留的时间越短越好，这就要求微型钻机钻头钻具既能在极低钻进推进力下高效工作，又能适应多种岩石。标准的地质取芯钻头远远不能满足这样的要求，因此必须专门研制载人潜水器微型钻机适用的高效、广谱岩性适应性、薄壁、专用金刚石钻头、钻具。

（2）微型钻机对结壳区复杂微地形的适应性技术

海底现场摄像和照相结果显示，结壳赋存的海底地区微地形相当复杂，类似乱石岗。微型钻机平常不工作时应该处于潜水器保护支架内部，以防碰撞损坏；当需要微型钻机工作时，潜水器坐底后，微型钻机必须能够从潜水器保护支架中伸出，不管微地形如何复杂，要使微型钻机头部以合适的角度贴近结壳岩石，与岩石面紧密接触，以使钻进取芯能够顺利开孔进行，否则不可能钻取合格的结壳岩芯。其难点在于能适应复杂微地形的机构和方法。

（3）海底事故弃钻与安全逃生技术

载人潜水器在海底工作的基本前提条件之一是必须绝对保证乘员的人身安全，这不仅是潜水器本身的关键技术之一，也是设计潜水器携带的各工作机构时必须考虑的关键技术之一。其基本设计思路是一要保证安全简单可靠；二要尽可能将损失减少到最低限度。必须确保不因微型钻机的意外故障而导致潜水器本体不能安全返回。

（4）开孔与脆弱结壳岩芯的保护钻进技术

钴结壳赋存于海底岩石的表面，其机械强度非常低、十分容易破碎，而以勘探为目的的钴结壳微型钻机，必须保证在机械钻取岩芯的同时保证表面结壳层的完整、不被破坏。在潜水器本体不能提供足够的稳定反力和复杂的微地形条件下，如何使金刚石钻头无滑移开孔，脆弱的结壳岩芯在高速旋转钻进过程中不被破坏，是需要解决的另一关键技术，也是钴结壳微型钻机区别于其他海底岩芯微型钻机的难点之一。

（5）整机系统设计及机重控制技术

微型钻机既须具备一台岩芯钻机除动力源之外的全部功能和机构，还须有弃钻及安全逃生功能。各机构的动作必须采用电磁阀来控制，要将钻机质量控制在100kg以内，必须巧妙设计整机并精选元器件。整机和各系统机构是否简单可靠且质量轻是决定设计成败的关键因素之一。

（6）高压环境机器工作可靠性技术

微型钻机工作于7000m深海，在70MPa的高压下，液压元件可能出现阻塞现象，必须选用进口深海专用液压元件或特殊设计的国产元件。另外，设计时必须考虑高背压环境下零部件的公差配合的变化，以及所用材料和机械电子部件的压力补偿、抗腐蚀性等问题。

4.4.3 微型钻机实验及应用

1. 微型钻机操作原理

微型钻机安装潜水器时，先将微型钻机及整机抛弃装置与载人潜水器接口对接安装，将脱离液压缸的油管与载人潜水器对应油路对接后，启动载人潜器液压系统将脱离液压缸的气排净，再将微型钻机装入抛弃机构，用脱离液压缸将微型钻机挂架锁定。然后把微型钻机水密控制电缆穿过抛弃机构剪刀与载人潜水器对接，连接舱内控制器，启动液压及电控系统进行空载动作运行排气与复位，最后安装钻具。

1）随潜水器下水、巡视、观察、坐底。微型钻机随潜水器下水至预定深度后，操纵员要观察海底实际情况，尽可能选择符合微型钻机垂直钻孔及潜水器坐底条件的海底地形，操纵潜水器坐底。

2）微型钻机调姿、定孔位。启动液压及电控系统，根据钻结壳海底微地形调整微型钻机钻进机架姿态，尽可能采取垂直方式，操纵补偿机架下移定好孔位，同时开启潜水器两侧回转桨向下加压，稳住潜水器。

3）钻孔取芯。启动回转马达，同时给动力头加推进压力，进行钻孔取芯作业，观察钻头进尺情况。当达到钻孔深度时，停止钻进，拔取岩芯，钻进机构复位，然后将补偿机架复位，再将调姿机构复位。

4）岩芯保护、入库。潜水器返回甲板后，将钻具从微型钻机上卸下，拧下钻头，取出岩芯，按地质要求编录后入库保存。

5）设备入库。每次下海返回后，微型钻机外表都要进行淡水冲洗；水泵供水系统要抽吸淡水进行循环冲洗；钻具用淡水洗净后放入油中浸泡防锈。微型钻机入库时，需将微型钻机外表擦拭干净后涂抹防锈油脂；水泵供水系统要抽吸润滑油循环；钻具擦拭干净后涂抹防锈油脂，油管及电缆接头需用堵头盖住，微型钻机安放在专用支架上以防碰撞损坏。

为了确保潜水人员及潜水器的安全，微型钻机还具有两个非常步骤：

1）抛弃钻具。当钻具卡在孔中无法拔出时，通过控制器操作推进油缸回退，将钻具安全销剪断，钻具即可与微型钻机脱离，再使回转动力头上移回位。

2）抛弃微型钻机。当潜水器需要抛弃微型钻机时，通过控制器控制油路，使脱离液压缸动作，脱离液压缸剪断控制电缆并同时推开液压油管的快速接头，最后将微型钻机推离潜水器。

2. 微型钻机实验及应用

（1）工作性能参数实验

1）剪力。剪切断岩芯必须满足钻机输出的剪应力大于岩芯的抗剪强度。钻机的剪切扭矩可表示为：

$$T = \frac{9550P}{n} \tag{4.41}$$

式中，P 为电动机功率（kW）；T 为钻机扭矩（N·m）；n 为钻头转速（r/min）。

钻头的剪应力可表示为：

$$\tau = \frac{T}{W_t} \tag{4.42}$$

$$W_t = \frac{\pi D^3}{16}\left(1 - \frac{d^4}{D^4}\right) \tag{4.43}$$

式中，τ 为钻头输出的额定剪应力（Pa）；d 为岩芯直径（m）；D 为钻头直径（m）；W_t 为岩芯的抗扭截面模量（m³）。

岩芯要被钻头剪断，需满足如下条件：

$$\tau > [\tau] \tag{4.44}$$

式中，$[\tau]$ 为岩芯的抗剪强度。

2）钻进力。钻进力是钻削工艺中一个非常重要的参数，较大的钻进力可使钻头更易切削掉材料，从而提高工作效率。陆上同等直径尺寸的岩芯钻机钻进力为 2000~5000N，这主要是因为陆上钻机具有结构刚度高和驱动动力充足的优势。

为了节省载人潜水器的电池电力，在钻进过程中通常不使用载人潜水器的推进力来提供钻削的钻进力，需要完全依靠载人潜水器在海底 500~1000N 的负浮力来提供钻进力；而且微型钻机的钻具系统通过载人潜水器的机械手进行操作，微型钻机钻进力的受力点在载人潜水器前方，从而导致较小的钻进力被放大成对载人潜水器较大的倾覆力。根据钻进过程中载人潜水器的受力情况及钻进过程的稳定性要求，钻进力不能大于 350N。

微型钻机的钻进压力仅为陆上钻机钻进压力的 1/10，故微型钻机的钻进压力属于微钻压，这种微钻压条件下的钻进效率较低，且易磨损钻头。为了验证微钻压条件下微型钻机的取芯能力，进行了实验室取芯实验。以钴结壳岩样（6 级岩石硬度）为实验材料，搭建实验平台以控制钻进力的大小。

3）钻头转速。钻头转速是钻削工艺中另一个非常重要的参数，在同等工况下，转速越高，钻进效率越高，则钻进时间越短。但高转速也会带来微型钻机钻进功率的增大及钻头的磨损，因此需要选取合适的转速来获得最优的取芯效果。

受到"蛟龙号"载人潜水器携带质量的限制，深水电动机的功率只能设计成 300W，在电动机功率的限制下，钻头的转速不能超过 300r/min。通过实验室的钻进实验验证，当转速为 250r/min、钻进压力为 286N 时，在 7min 的钻进时间内，可取得长度为 138mm 的岩石样品，并满足水下取芯要求。实验结果见表 4.17。

表 4.17 钻进实验结果

实验编号	钻进压力/N	回转转速/(r/mim)	钻进时间/min	平均钻速/(mm/min)	钻进功率/W	取芯长度/mm
1	286	100	8	15.6	75	115
2	286	100	11	6.6	75	72
3	286	200	8	14.1	130	92
4	286	200	8	10.8	130	82
5	286	250	7	20.7	160	138

（2）实验应用

在实验室模拟条件下对所研制的样机进行了大量钻孔取芯实验，以检验微型钻机整机工作性能。实验环境分别为空气中、水箱中和模拟 7000m 水深的高压实验水罐中。采用与载人潜水器相同性能指标的液压动力源和控制电源（液压压力 21MPa、流量 7L/min，电源

24VDC），实验钻进试块包括水泥砂浆试块、水泥卵石试块、花岗石块和灰岩岩块，钻进压力不大于400N，取芯尺寸为（50mm×200mm）。实验结果表明，微型钻机整机工作性能达到设计要求。

实验结果表明，在水下钻水泥砂浆试块的平均钻进效率8.9mm/min，钻水泥卵石试块的平均钻进效率为5.5mm/min。假设海底钻结壳100mm，按8.9mm/min的钻进效率钻孔需花11.3min，按5.5mm/min的钻进效率钻100mm的基岩需花18.2min。由此推断在海底钻取200mm岩芯约需30min的时间。

影响微型钻机钻进效率的因素较多，如钻压大小、岩石硬度、水的阻力、钻头的磨损程度等，即使是在同一钻进压力下，微型钻机钻进效率也有一定差异。通过实验得出的基本规律为：微型钻机钻进机构在水中受浮力的影响使水下钻压变小，预调钻压时水下的钻压要比空气中提高50N；由于微型钻机在水中受水阻力的影响，水中的钻进效率要比空气中低；钻进效率随钻压提高而上升；钻进效率随钻头的磨损而降低；岩石的硬度越大，钻进效率越低；微型钻机对岩石的实际钻进力通常小于设定的钻进力，只有当岩石硬度很高或钻头磨损严重时，实际钻进力才会接近或达到设定钻进力。

以"蛟龙号"为例，微型钻机经过钻进实验验证后，在中国大洋37航次中搭载"蛟龙号"载人潜水器进行了2个潜次的取芯作业，2次钻进均用时20min左右，并取得岩芯样品数块。在取芯过程中，深水电池系统和深水电动机均固定在"蛟龙号"载人潜水器的采样篮上，由"蛟龙号"载人潜水器的七功能主从式机械手将微型钻机的变速箱及取芯系统从固定在采样篮上的钻套中取出，七功能开关式机械手启动深水电动机，进行岩芯取样操作。同时，需操作七功能主从式机械手将钻头以一个略微倾斜的角度向待取样岩石表面进行钻进，使待取样岩石表面出现钻孔痕迹。再以这个钻痕作为定位点，在钻进的同时缓缓地将钻头转至垂直位置，待钻头与取样表面近似垂直后，逐渐加力（最大钻进压力约为300N）钻进，并逐渐进入正常钻进状态，直至钻进结束。微型钻机水下作业如图4.68所示。

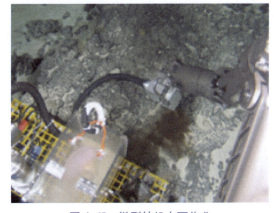

图4.68　微型钻机水下作业

4.5　地球物理化学探测传感器

搭载于AUV（自动化水下航行器）和AUG（自动化水下滑行器）上的地球化学探测传感器，主要用于监测水下环境中的各种化学物质，提供关于水质、气体成分、矿物资源等方面的数据支持。这些传感器包括温盐深（CTD）仪、溶解氧（DO）传感器、磁参数测量传感器、浊度计、氧化还原电位计、甲烷传感器、pH传感器、温度传感器等，广泛应用于海洋环境监测、资源勘探、气候变化研究等领域。

这些传感器能够实时采集水下的化学信息，如水中的氧含量、酸碱度、温度变化、浑浊度及气体排放等，通过与AUV和AUG的导航系统协同工作，传感器能够精确地标定数据位置,从而绘制出水体各层的化学分布图。通过数据传输系统,实时或近实时的数据可以被送回地面控制站或其他分析平台,帮助科学家监测海洋生态、气候变化及水下资源的动态变化。

整体而言,搭载于 AUV 和 AUG 上的地球化学探测传感器为水下研究和环境保护提供了高效、精准的工具,使其能够在复杂且难以接近的水下环境中进行长期、稳定的监测。

4.5.1 温盐深仪

1. 原理及工作方式

温盐深仪(Conductivity-Temperature-Depth profiler,CTD 仪)主要用于测量海洋水体的电导率、温度和深度等参数。

CTD 仪通常由一个或多个传感器组成,包括电导率传感器、温度传感器和压力传感器,如图 4.69 所示。它们通常安装在一个称为 CTD 探头的装置上,该探头可以通过绳索或索具系在浮标、船只或潜水器上。

通过 CTD 仪测量海洋水体的电导率、温度和压力,可以获取相关的海洋物理参数。电导

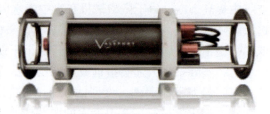

图 4.69 CTD 仪

率传感器测量水体的电导率,从而确定水体的盐度。温度传感器测量水体的温度,提供关于海洋温度分布的信息。压力传感器测量水体的压力,通过换算可以计算出水体的深度。

CTD 仪的数据可以实时采集和记录,一般以剖面图或数据表的形式进行展示和分析。

2. 主要组成及其功能

CTD 仪主要由水中探头和记录显示器及连接电缆组成:

1)探头由热敏元件和压敏元件等构成,与颠倒采水器一并安装在支架上,可投放到不同深度。

2)记录显示器除接收、处理、记录和显示通过铠装电缆从海水中探头传来的各种信息数据外,还能起到整套设备的操纵器功能。

CTD 仪可测定海洋、湖泊和水库等不同水层或深度的水体水温、盐度、氧含量、声速、电导率及压力,用以研究水体物理化学性质、水层结构和水团运动状况。

3. 应用领域

1)海洋学研究。CTD 仪在海洋学中的主要应用是深入研究海洋水体的物理化学性质,通过对不同水层的多参数监测,可以揭示海洋中的温盐结构、垂直水团运动及海洋生态系统的变化。

2)湖泊和水库监测。CTD 仪适用于淡水环境,可用于湖泊和水库的水质监测,通过测量温度、盐度等参数,支持湖泊生态系统的研究和水资源管理。

3)气候变化研究。长期监测海洋参数可以为气候变化研究提供数据,帮助科学家了解全球变暖对海洋的影响,包括海温上升、海水酸化等现象。

4)深海矿产勘探。在深海环境中,CTD 仪不仅能提供深海水体的基本参数,还可为深海矿产资源的勘探提供环境背景数据,如温度、盐度和压力。

4.5.2 溶解氧传感器

溶解氧（Dissolved Oxygen，DO）是衡量水体中氧气含量的重要指标，是指水中分子态氧溶解的含量，它是以每升水中溶解氧气的量来表示，单位为毫克。在自动水下航行器（AUV）和自动水面航行器（AUG）上搭载 DO 传感器，为水体溶解氧的高分辨率监测提供了技术支持，推动了地球化学探测和海洋科学研究的发展。

1. 原理及工作方式

DO 传感器通过测量水体中氧分子的浓度来评估溶解氧水平，目前主要基于两种核心检测技术：

1）电化学法。电化学 DO 传感器基于 Clark 型电极原理，利用氧气在阴极还原产生电流，电流大小与氧分子扩散速率成正比。传感器通过测量电流强度换算氧浓度。其优点是响应灵敏、精度高，适用于动态环境，但是易受流速和温度的影响，需定期维护，如更换电解液和膜片。

2）光学荧光法。光学 DO 传感器采用荧光淬灭技术，通过测量氧气对荧光寿命或强度的影响计算溶解氧浓度如图 4.70 所示。其优点是长期稳定、免维护、抗干扰能力强，特别适合长期监测，但是成本较高，需复杂的校准程序。

图 4.70 荧光法溶解氧传感器

上述两种原理均需温度和压力补偿以提高测量精度，适应多变的水体环境。

2. 主要组成及其功能

DO 传感器的主要组成包括传感单元、信号处理模块、外壳与防护结构、通信模块和供电模块。传感单元是核心部分，通常由电化学电极（如 Clark 电极）或光学荧光探针组成，负责直接感知水中的溶解氧并转化为电信号或光信号。信号处理模块将这些原始信号转换为氧气浓度数据，并通过内置的温度和压力补偿算法确保测量精度。外壳采用耐腐蚀材料（如钛合金或高强度塑料），能够承受深海环境的高压和恶劣条件。通信模块支持与 AUV 或 AUG 主控系统的数据交换，确保实时传输监测数据。供电模块则采用低功耗设计，延长传感器在远洋或深海监测中的工作时间。通过这些模块的协同工作，DO 传感器能够实现高精度、稳定的溶解氧监测，广泛应用于海洋科研、环境监测和工业工程等领域。

3. 应用领域

DO 传感器在多个领域具有广泛应用，尤其是在海洋科学研究、环境监测、工业工程评估和生态保护等方面。在海洋科学中，DO 传感器被用于研究氧最小区（OMZ）的分布、深海热液活动区的氧气动态变化及海洋生态系统的健康状况。在环境监测中，它帮助评估水体富营养化现象，如赤潮的形成，并用于监测水质、评估水体健康。在工业领域，DO 传感器可用于深海矿产开采、海底管道建设等项目的环境影响评估，确保工程活动不会破坏水体生态。在渔业和生态保护方面，DO 传感器用于监控养殖水域的溶解氧水平，保障水生生物的生长环境，并支持海洋保护区的长期生态监测。

4.5.3 磁参数测量传感器

搭载于 AUV 和 AUG 上的磁参数测量传感器（图 4.71），主要用于探测水下环境中的磁场变化，以帮助识别地质结构、矿藏分布甚至水体中的微小变化。

1. 原理及工作方式

磁参数测量传感器主要通过磁力计或磁通门原理工作，测量水下环境中的地磁场强度及其微小变化。

1) 磁力计。磁力计是一种能够测量地球磁场强度的设备。当探测区域的磁场发生变化时，磁力计会感应到这一变化并输出相应的数据。磁力计可以探测到地球磁场的微小波动，这些波动通常由水下地质结构、岩矿或沉积物的磁性变化引起。

图 4.71　全国产三轴数字磁传感器，型号 CTM-02

2) 磁通门。磁通门传感器采用了基于霍尔效应的原理，通过测量磁通量的变化来确定磁场的强度。磁通门具有更高的灵敏度，能够检测到极微小的磁场变化，常用于需要高精度测量的场合。

当 AUV 或 AUG 携带的磁力计或磁通门传感器进入水下工作环境时，传感器会实时监测周围的磁场，并根据水体或海底岩石、矿物质等的磁性特征输出数据。这些数据通常以地磁场强度或磁场方向的变化形式呈现，可以通过数据处理技术进一步分析并解释地质构造或沉积物特征。

2. 主要组成及其功能

搭载于 AUV 和 AUG 上的磁参数测量系统通常由以下几个关键组成部分构成：

1) 磁力计/磁通门传感器。这是系统的核心部件，负责检测水下环境中的磁场变化。磁力计通过感应地球磁场强度的变化，磁通门则通过检测磁通量的微小变化，提供高精度的数据。

2) 数据采集系统。数据采集系统负责从传感器中获取实时数据，并将数据存储或传输到分析设备，通常包括信号放大器、数字化模块及数据存储单元等。

3) 校准与补偿系统。由于水下环境中的温度、盐度、压力等因素可能对传感器的精度产生影响，因此通常需要集成校准与补偿系统。该系统会进行实时的校准和环境补偿，以确保磁场测量的准确性。

4) 定位与导航系统。为了确保测量数据的空间准确性，AUV 和 AUG 还配备有导航系统（如 GPS、惯性导航系统等），帮助精确定位测量位置。这对于后续数据的空间匹配和分析至关重要。

5) 通信与数据传输系统。AUV 和 AUG 常常需要将实时测量数据传输到地面控制站或者其他平台。高效的数据传输系统，尤其是在深水环境中，确保数据能够在实时或近实时的方式下传输和处理。

6) 电源系统。由于 AUV 和 AUG 需要长时间工作，电源系统通常使用高效的电池或能源回收技术，保证系统的长时间稳定运行。

通过这些组成部分的协同工作，磁参数测量传感器能够实现高精度、高灵敏度的水下磁场测量。

3. 应用领域

搭载在 AUV 和 AUG 上的磁参数测量传感器具有广泛的应用领域，主要包括以下几个方面：

1) 海底地质勘探。通过磁场测量，能够探测到海底的磁性矿藏（如铁矿、铜矿、钴矿等）。这些矿藏通常具有显著的磁性，能够在磁场中留下明显的异常信号。磁参数测量有助于定位矿藏，指导深海矿产资源的勘探。

2) 海洋环境监测。磁场变化也可与水体中悬浮物或海底沉积物的磁性特征相关联。因此，磁参数传感器常用于海洋环境监测中，帮助了解海底的沉积物特征、岩石组成等信息。

3) 水下考古。磁力计常用于水下考古勘探，帮助识别水下的沉船、古代遗址等物体。沉船等金属物体常常能显著改变周围的磁场，从而使得它们成为磁场探测的"标志物"。

4) 地震带与断层探测。通过分析磁场数据，能够辅助识别海底的断层带、构造带等地质特征。这对于地震带和地质活动监测非常有用，尤其是在深海环境中，这种探测方式能提供重要的地质信息。

5) 气候变化与海底沉积物分析。磁性测量在某些沉积物（如富铁沉积物）中的变化也可能揭示气候变化的线索，帮助科学家研究古环境变化、海洋气候模式等。

6) 海底电缆和管道检测。磁参数传感器也可以用于检测海底电缆和管道的异常。由于这些设施可能会因腐蚀或损坏而影响周围的磁场，磁力计可以用于监测这些潜在问题。

4.5.4 浊度计

浊度计是一种用于测量水体中悬浮物质浓度的仪器，如图 4.72 所示，其工作原理是通过测量光的散射或吸收来评估水的浑浊程度。在 AUV 和 AUG 上应用，浊度

图 4.72　AQUAlogger 310TY 浊度计

计为水质监测、生态研究和地球化学探测提供了重要的数据支持。它不仅能够帮助研究人员了解水体中颗粒物的分布，还能为环境保护、污染评估等工作提供关键数据。

1. 原理及工作方式

浊度计的原理基于光学测量。它通过发射特定波长的光束进入水样，并测量水样中悬浮颗粒对光的散射或吸收情况。浑浊水体中的悬浮颗粒会使通过水体的光束发生散射或吸收，导致检测光强的变化。浊度计通过测量这些变化，计算出水体的浊度值。

常见的浊度计主要有两种工作模式：

1) 透射法。浊度计通过发射光束穿过水样并测量透过水体的光量，散射或吸收光线的悬浮颗粒会影响通过光束的强度。

2) 散射法。浊度计通过检测光在水体中悬浮颗粒作用下的散射情况，散射角度和散射强度的变化反映了颗粒物的浓度。

浊度的测量单位通常为 NTU（Nephelometric Turbidity Units，奈氏浊度单位），用于表示水体浑浊程度。NTU 值越高，表示水体中的悬浮颗粒浓度越高。浊度计工作原理如图 4.73 所示。

2. 主要组成及功能

浊度计一般有以下 6 个主要组成部分：

1)光源。通常采用 LED 灯或激光二极管作为光源,发射特定波长的光束进入水体。

2)透射光接收器。用于接收透过水样的光,并将其转换为电信号。透射法浊度计依赖于这个组件来测量光的减弱程度。

3)散射光接收器。用于接收被水体中悬浮颗粒散射的光。这一组件根据散射光的强度和角度来评估水体中的颗粒物浓度。

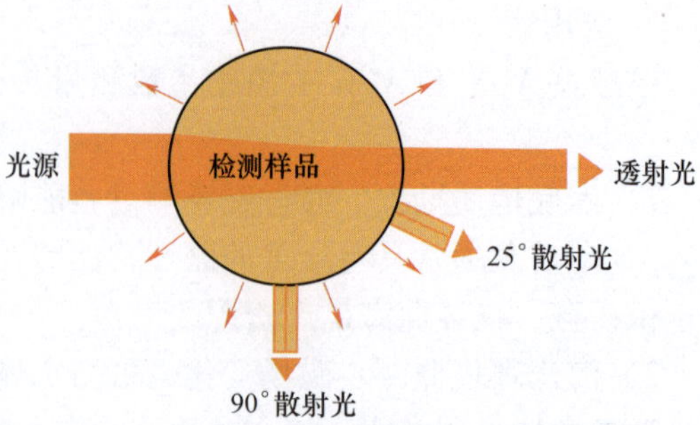

4)信号处理器。将接收到的光信号转化为数字信号,并通过算法计算出水体的浊度值。这个模块还负责补偿温度、压力等环境因素对测量结果的影响。

5)外壳与保护结构。浊度计通常采用耐腐蚀材料(如不锈钢或塑料)来制造外壳,确保能够在海洋环境中长期稳定工作,防止电路和光学元件受腐蚀。

6)温度传感器。温度对光的散射和吸收有一定影响,因此浊度计一般配有温度传感器,以便对温度变化进行补偿,提高测量精度。

图 4.73 浊度计工作原理

3. 应用领域

搭载于 AUV 和 AUG 上的浊度计广泛应用于多个领域,特别是在水质监测、生态保护和地球化学探测等方面。具体应用领域包括:

1)水质监测。浊度计被广泛用于水体质量监测,尤其是在海洋、湖泊、河流等水体中。它可以帮助检测水中的悬浮颗粒物,评估水质状况。对于受到污染的水域,浊度计可以提供有价值的污染物浓度数据,帮助判断水体的污染程度。

2)生态环境研究。在海洋和淡水生态研究中,浊度计可以用于监测水体中颗粒物、浮游植物、浮游动物等生物成分的变化。水体的浑浊程度直接影响光的穿透深度和生物的光合作用,因此浊度的变化是研究生态系统健康的一个重要指标。

3)水下考察与勘探。AUV 和 AUG 常用于水下勘探、深海采样和探测任务,浊度计可以在这些任务中提供关于水体浑浊度的数据。例如,在深海热液区、油气开采区等特殊水域,浊度计能够帮助评估颗粒物或沉积物的浓度,分析水体的动态变化。

4)污染源追踪与应急响应。在污染事件发生时,浊度计可以快速监测水体的变化,帮助定位污染源和评估污染的扩散范围。在海洋石油泄漏、红潮等事件中,浊度计能够提供即时的水体浑浊程度数据,支持应急响应。

5)地球化学与环境研究。浊度计能够帮助分析水体中颗粒物的组成,如沉积物、矿物质、有机物等,从而揭示水体的地球化学特征。例如,在深海矿产资源探测中,浑浊度数据有助于评估水体中沉积物的变化,了解矿产分布的环境影响。

4. 优势与挑战

浊度计在水质监测中具有高灵敏度和实时性的优势,能够快速反馈水体的浑浊状况,尤其适用于 AUV 和 AUG 等动态环境中的应用。此外,其适应性强,能够在各种环境条件下稳定工作,并且便于与其他传感器集成,支持长期自动监测。然而,浊度计也面临一些挑战,如:测量容易受到悬浮物和颗粒物的干扰,需要结合其他水质参数共同分析;温度、压力和水体化学成分对测量结果的影响较大,需要定期校准和温度补偿;长期工作在海水环境中,浊度计的光学元件容易受到污染，需要定期维护，以保证其稳定性和准确性。

4.5.5 氧化还原电位计

氧化还原电位计（ORP 传感器，见图 4.74）是一种用于测量水体中氧化还原电位（ORP）的仪器，可以反映水体中氧化还原反应的强度和方向。ORP 传感器在地球化学探测中有广泛的应用，尤其是在 AUV 和 AUG 等自主平台上的搭载使用，能够实时监测水体中不同化学物质的氧化还原状态。

图 4.74　ORP 传感器

1. 原理及工作方式

氧化还原电位是指水体中所有氧化还原反应的总和，通常由电极对水中的氧化还原物质进行电位测量得到。ORP 传感器的工作原理基于电化学原理，通过测量电极和参比电极之间的电位差来计算氧化还原电位。该电位差反映了水体中氧化还原物质的浓度和反应情况。

ORP 值的正负表示水体中氧化还原反应的方向，正值通常意味着氧化反应主导，负值则意味着还原反应占主导地位。

2. 主要组成及功能

氧化还原电位计通常由以下几个关键部分组成：

1）工作电极。该电极与水中的氧化还原物质直接反应。工作电极的材质一般选用铂、金等贵金属，这些材料的电化学特性使其能够在水体中稳定工作，且具有较高的选择性和耐腐蚀性。

2）参比电极。参比电极提供一个稳定的电位作为参考，以保证测量的准确性和可靠性。常用的参比电极包括银/银氯化物电极、饱和甘汞电极等。

3）测量电路。将工作电极和参比电极之间的电位差转换为数字信号，传输到 AUV 或 AUG 的主控系统。

4）温度传感器。由于温度会影响 ORP 的测量值，因此通常会配备温度传感器，实时补偿温度的变化对测量结果的影响。

5）外壳与保护结构。ORP 传感器需要在水中长时间工作，因此通常采用耐腐蚀、耐压的材料（如钛合金、塑料）作为外壳，确保传感器能在深海环境中稳定运行。

3. 应用领域

搭载于 AUV 和 AUG 上的 ORP 传感器广泛应用于以下领域：

1）海洋地球化学研究。ORP 传感器能够帮助研究人员监测海洋环境中的氧化还原反应，尤其是在深海热液区、氧最小区（OMZ）等特殊海域。通过 ORP 数据，科学家可以分析水体中不同化学物质（如硫化物、氮化物）的氧化还原状态，揭示海洋中的生物地球化学过程。

2）环境监测。ORP 传感器在水质监测中发挥着重要作用。它可以反映水体中有毒物质（如重金属离子）的氧化还原状态，帮助评估水体污染水平。ORP 值的变化可以指示水体中某些污染物的降解或积累过程。

3）水生生态系统监测。由于 ORP 值与水体的氧化还原状态密切相关，监测 ORP 值可以帮助评估水体的健康状况。例如，在养殖区，ORP 传感器可以用于监控水质，确保水生生物的生存环境处于适宜的氧化还原状态，避免因有害气体（如硫化氢）积累而导致的生态灾难。

4）深海矿产探测。在深海矿产开采过程中，ORP 传感器可以用于监测水体中的化学反应，特别是与金属矿物的氧化还原反应有关的数据。它们有助于评估矿区水体的变化，确保开发活动不会对环境造成过度污染。

5）气候变化与海洋酸化研究。ORP 传感器可以帮助研究海洋中的酸碱平衡，尤其是在酸化海水环境中，ORP 的变化可以揭示海洋酸化对水体化学过程的影响，这对评估气候变化对海洋生态系统的影响至关重要。

4. 优势与挑战

ORP 传感器在 AUV 和 AUG 上的应用具有显著优势，同时也面临一些挑战。其主要优势在于能够实时反映水体中的氧化还原状态，对环境变化具有高度敏感性，适用于监测复杂的水体环境。ORP 传感器操作简便，不需要复杂的样品处理，适合长期在线监测，尤其在海洋地球化学研究和水质监测中具有重要价值。然而，ORP 传感器的应用也面临一定挑战。首先，ORP 值容易受到水体温度、pH 值和其他化学物质的影响，因此需要精确的温度和 pH 补偿，以提高数据的准确性。此外，传感器的稳定性可能受到水中沉积物和化学物质的干扰，需要定期校准和维护。最后，ORP 传感器的功耗较高，尤其在长时间自主运行的 AUV 和 AUG 平台上，如何优化功耗以延长作业时间是一个关键问题。尽管如此，随着技术的不断进步，ORP 传感器的性能和应用前景仍然非常广泛。

4.5.6 甲烷传感器

甲烷传感器主要用于探测水体中甲烷气体的浓度和分布。这些传感器广泛应用于水下环境监测、气候变化研究、海洋地质勘探等领域，尤其是在海底甲烷水合物资源探测和温室气体排放监测中具有重要意义，如图 4.75 所示。

图 4.75　甲烷传感器搭载在中国科学院沈阳自动化研究所的 AUV 上

1. 原理及工作方式

甲烷传感器通常基于以下原理工作：

1）红外光谱法。红外甲烷传感器通过测量甲烷分子对特定波长红外光的吸收来检测甲烷浓度。甲烷分子在红外区域具有特定的吸收特性，因此通过发射红外光并分析被甲烷吸收后的光强度变化，可以精确计算甲烷的浓度。

2）催化燃烧法。催化燃烧甲烷传感器通过催化反应将甲烷氧化成二氧化碳和水，并利用化学反应释放的热量来推测甲烷的浓度。这种方法常用于较为简单和低成本的甲烷检测。

3）电化学法。电化学甲烷传感器通过电解反应将甲烷转化为电流，通过测量电流的变化来推算甲烷的浓度。这种方法在对较低浓度的甲烷进行高灵敏度检测时非常有效。

在 AUV 和 AUG 的应用中，传感器会持续测量水下不同深度的甲烷浓度，实时反馈数据，以帮助科学家评估水下甲烷排放情况、海洋地质活动和温室气体的释放。

2. 主要组成及其功能

搭载于 AUV 和 AUG 上的甲烷传感器通常由以下几个主要组成部分构成：

1）甲烷探测模块。这是甲烷传感器的核心部件，负责检测甲烷气体的浓度。根据不同的技术，可能使用红外吸收、催化燃烧或电化学原理来实现甲烷检测。

2）数据采集与处理单元。这一部分负责将传感器的测量数据进行采集、存储和处理。数据会通过信号调理模块、模数转换器（ADC）进行处理，并传输至 AUV 或 AUG 的主控制系统或地面站。

3）环境补偿系统。由于温度、压力等因素会对甲烷传感器的测量精度产生影响，因此甲烷传感器通常配备环境补偿系统，用于实时调整和校正传感器输出数据，以确保在不同水深、盐度和温度条件下的测量准确性。

4）定位与导航系统。AUV 和 AUG 通常配备精确的定位系统（如惯性导航系统、声学定位系统等），以确保甲烷测量数据的空间精度，并能够结合地理位置信息分析甲烷在水体中的分布和迁移。

5）数据传输系统。为了实现实时监测，甲烷传感器的数据需要通过无线或声学通信系统传输到地面控制站或其他分析平台，便于远程监控和数据分析。

6）电源系统。AUV 和 AUG 的电源系统为甲烷传感器和其他设备提供持续的电力支持，确保长时间的稳定工作。

3. 应用领域

甲烷传感器在 AUV 和 AUG 上的应用主要集中在以下几个领域：

1）海底甲烷水合物勘探。海底甲烷水合物是重要的能源资源。甲烷传感器能够帮助研究人员在海底水合物区进行甲烷气体的定位和浓度测量，进而评估水合物储量和开采潜力。

2）温室气体排放监测。甲烷是一种强效的温室气体，其排放对全球气候变化有重要影响。通过在 AUV 和 AUG 上搭载甲烷传感器，可以监测海洋中自然甲烷排放及其变化，为气候变化研究和环境保护提供数据支持。

3）水体甲烷释放监测。水下环境中，尤其是在沉积物中，甲烷经常会因地质活动或海洋生物活动释放到水体中。甲烷传感器可以帮助监测这些甲烷的来源、排放量和分布特征，提供重要的环境监测数据。

4）海洋地质与环境研究。甲烷传感器在海底地质研究中也有重要应用，帮助识别甲烷气体释放与海底构造（如断层、火山活动等）之间的关系。它还可以用于评估海底沉积物的有机物分解和微生物活动等地球化学过程。

5）水下考古与研究。在一些特定的水下考古和科研任务中，甲烷传感器能够探测到与生物活动或沉积物相关的甲烷气体排放，辅助水下考古或生物学研究。

4. 甲烷传感器的优势与挑战

甲烷传感器在 AUV 和 AUG 等水下平台上的应用具有多个优点。首先，它具备高灵敏度，能够检测到极低浓度的甲烷，适用于精细的环境监测，尤其是在气候变化研究和海底甲烷水合物勘探中具有重要作用。其次，甲烷传感器的非侵入性测量方式避免了对水体的直接干扰，能够在深海、高压和低温等极端环境下稳定工作。此外，传感器的实时数据反馈能力使其能快速响应环境变化，提供准确的监测数据。然而，甲烷传感器也面临一些挑战。首先，外部因素如温度、压力和水质变化可能影响测量的准确性，尽管可以通过补偿系统进行校正，仍需定期校准和维护。其次，传感器容易受到其他气体的干扰，需要通过特定技术来提升其选择性和稳定性。此外，长期在海水环境下使用可能导致传感器部件的腐蚀和污染，增加了维护的难度和成本。

4.5.7　pH 传感器

搭载于 AUV 和 AUG 上的 pH 传感器，主要用于实时测量水体中的酸碱度（pH 值）。pH 值是水质监测中的一个重要参数，广泛用于评估水体的健康状况、生态环境、海洋酸化等。pH 传感器（图 4.76）能够帮助科学家和研究人员监测水下环境的变化，尤其在气候变化研究、海洋酸化监测、海底资源勘探等领域具有重要应用。

图 4.76　pH 传感器

1. 原理及工作方式

pH 传感器通常基于电极法原理工作，通过测量水体中氢离子的浓度来推算 pH 值。常见的 pH 传感器包括以下几种类型：

1）玻璃电极型传感器。这是最常见的 pH 传感器类型，利用玻璃膜与水中的氢离子发生反应，产生电位差。电位差与水中的氢离子浓度成正比，从而计算出 pH 值。

2）离子选择电极（ISE）。此类传感器利用具有选择性的离子交换材料，通过离子浓度的变化来测量 pH 值。它可以直接测量水中的氢离子浓度。

3）固态电极型传感器。采用固态材料（如金属氧化物或碳材料）作为电极，与水中的氢离子反应产生电流，从而间接推算出 pH 值。

这些传感器能够在 AUV 和 AUG 上长时间、连续地工作，监测水体的酸碱度变化，实时反馈数据，便于分析水体的环境质量和变化趋势。

2. 主要组成及功能

1）pH 电极。核心组件，负责与水体中的氢离子发生反应并生成电压信号。

2）信号调理与放大电路。用于放大和处理电极产生的微弱电信号，确保信号的稳定性和准确性。

3）温度传感器。由于 pH 值与温度密切相关，pH 传感器通常配有温度补偿系统，实时测量水温并进行校正，确保 pH 值测量的准确性。

4）数据采集与传输单元。负责将处理后的数据采集并传输到 AUV 或 AUG 的控制系统，或者直接传输至地面站进行进一步分析。

5）保护外壳。pH 电极通常需要被防护在耐腐蚀的外壳内，以防海水或其他腐蚀性物质对传感器的影响。

3. 应用领域

1）海洋酸化监测。海洋酸化是全球气候变化的重要议题之一。pH 传感器能帮助实时监测海水酸碱度的变化，提供海洋酸化的预警和数据支持，评估气候变化对海洋生态的影响。

2）水质监测与生态环境保护。pH 值是水质监测的基础参数之一，能够反映水体中的酸碱状况。通过实时测量，可以评估水体的污染状况，指导水资源管理和环境保护。

3）海底资源勘探。在海底油气勘探和矿产资源勘探中，pH 传感器可以用来监测底层沉积物的化学环境变化，提供有关资源分布和水质条件的关键信息。

4）海洋生物研究。许多海洋生物对 pH 值变化非常敏感，pH 传感器可以提供生物栖息环境变化的早期预警。

5）水体健康监测。pH 值对于水体健康非常关键，过低或过高的 pH 值会影响水中的生物种群及其生态系统。通过 pH 传感器，可以长期监测水体的 pH 值波动，为水体健康评估提供数据支持。

4. pH 传感器的优势与挑战

搭载于 AUV 和 AUG 上的 pH 传感器具有较高的精度和实时性，能够有效监测水体中的酸碱度变化，广泛应用于海洋酸化监测、环境保护、资源勘探等领域。其优点包括高灵敏度、长期稳定性及适应性强，能够在极端环境下（如深海和极地）连续工作，并提供准确的 pH 数据。此外，pH 传感器的非侵入性测量方式减少了对水体的干扰，适用于长期的水质监测。然而，pH 传感器也存在一些挑战，如：容易受到温度、盐度和其他溶解物质的干扰，可能影响测量的准确性；电极在长时间使用后容易受到污染或老化，影响传感器的性能和稳定性，因此需要定期清洁和校准；对极端环境变化的适应性也可能受到一定限制，需通过温度补偿等技术措施来提高数据的可靠性。

4.5.8 温度传感器

搭载于 AUV 和 AUG 上的温度传感器，是地球化学探测中不可或缺的组成部分。水温是影响水体化学过程和生物生态的重要因素，准确的温度数据对水质监测、海洋物理化学过程研究、资源勘探等方面具有重要意义。温度传感器能够在水下环境中实时测量水体的温度变化，支持水文气象研究、海洋气候变化监测及其他水下科学任务，如图 4.77 所示。

图 4.77 深海高精度自容式温度传感器 IDSSE T

1. 原理及工作方式

温度传感器通常基于热电偶、热敏电阻（RTD）或半导体温度传感器等原理来测量水温。

1）热电偶原理。热电偶通过不同金属材料之间的温差产生电压差，从而推算出温度。常见的水下温度传感器可能使用铂金或其他耐高温的材料制作热电偶。热电偶具有响应速度快、范围广和成本低的优点。

2）热敏电阻原理。通过测量电阻随温度的变化来确定水温。热敏电阻温度传感器通常具有较高的准确性和稳定性，适用于精确的温度测量。铂热敏电阻传感器是常用的一种类型，精度高且耐腐蚀，适合海洋环境。

3）半导体温度传感器。基于半导体材料的电压或电流随温度变化的特性。这种传感器通常体积小，响应快，适合于尺寸有限且需要高灵敏度的应用场景。

这些传感器能够在 AUV 和 AUG 中实时采集水体温度数据，通过与其他地球化学传感器协同工作，提供更全面的水体状态信息。

2. 主要组成及功能

1）温度探头/电极。温度传感器的核心部件，用于直接与水体接触并感知温度变化。根据不同的工作原理，探头可能是热电偶、RTD 或半导体元件，具备不同的耐温、响应特性。

2）信号调理电路。将温度传感器输出的信号进行调理、放大和处理，以便后续数据采集和传输。该部分可以提高传感器的信号质量，减少噪声对数据准确性的影响。

3）数据采集与存储单元。将传感器的温度信号转化为数字数据，存储并传输至 AUV 或 AUG 的主控制系统或地面站。通过这一单元，温度数据能够得到有效的存储和实时传输。

4）环境补偿与校准系统。由于水深、盐度、流速等因素可能影响温度测量的准确性，温度传感器通常配有补偿系统，确保在复杂的水下环境中获得准确数据。

5）保护外壳。为了应对海水中的腐蚀和水压，温度传感器通常被保护在防腐、耐压的外壳中，确保其在深海等极端环境下的长期稳定运行。

3. 应用领域

1）海洋气候变化监测。温度是影响海洋生态和气候的重要因素，水温变化与海洋酸化、海平面上升及生物栖息地的变化密切相关。搭载在 AUV 和 AUG 上的温度传感器可以提供连续的水温数据，帮助研究人员评估气候变化对海洋环境的影响。

2）海洋水文与生态研究。水温对海洋生物的生长、迁徙和繁殖有重要影响。温度传感器可以用于监测水层之间的温差，分析水体的垂直混合和生物栖息环境的变化。

3）水质监测与污染研究。水温与水体的溶解氧、酸碱度、溶解气体等化学成分有很大关系，因此温度传感器可作为其他地球化学传感器的辅助工具，帮助分析水质变化和污染源。

4）资源勘探。在海底油气勘探和矿产资源勘探中，温度的变化可以反映出地质构造的活动，有助于监测热水流、热液活动等过程，支持资源定位和环境评估。

5）水体热力学研究。水体的热力学特性（如热流、热交换）对于海洋和湖泊的热动力学过程研究至关重要。AUV 和 AUG 上的温度传感器能够帮助获取这些数据，支持模型建立和热力学分析。

主要参考文献

[1] 徐增华. 金属耐蚀材料 [J]. 腐蚀与防护, 2002, 23 (1)：42-45.

[2] 成大先. 机械设计手册：单行本　液压控制 [M]. 北京：化学工业出版社, 2010.

[3] 徐辅任. 对 O 形密封圈引起的摩擦力的计算 [J]. 石油机械, 1989, 17 (8)：9-10.

[4] 成大先. 机械设计手册 [M]. 5 版. 北京：化学工业出版社, 2008 (1)：1-8.

[5] 刘广平. 泵吸式深海宏生物保真采样系统及动力学分析 [D]. 湘潭：湖南科技大学, 2023.

[6] 何术东. 全海深沉积物取样器保压取样关键技术研究 [D]. 湘潭：湖南科技大学, 2022.

[7] 唐文波.10000m级深海底沉积物多点位保压取样器技术原理与关键结构设计[D].湘潭：湖南科技大学.

[8] 万步炎，章光，黄筱军.7000m载人潜水器的配套钴结壳取芯器[J].有色金属，2009，61（4）：138-142.

[9] CUI G，LI J，GAO Z，et al. Spatial variations of microbial communities in abyssal and hadal sediments across the Challenger Deep[J].PeerJ，2019，7：e6961.

[10] ZHOU Y L，MARA P，CUI G J，et al. Microbiomes in the challenger deep slope and bottom-axis sediments[J]. Nature communications，2022，13（1）：1-13.

[11] SANDULLI R，INGELS J，ZEPPILLI D，et al. Extreme benthic communities in the age of global change[J]. Frontiers in Marine Science，2021，7：609648.

[12] DANOVARO R，FANELLI E，AGUZZI J，et al. Ecological variables for developing a global deep-ocean monitoring and conservation strategy[J]. Nature Ecology & Evolution，2020，4（2）：181-192.

[13] GOODAY A J，SCHOENLE A，DOLAN J R，et al. Protist diversity and function in the dark ocean：Challenging the paradigms of deep-sea ecology with special emphasis on foraminiferans and naked protists[J]. European journal of protistology，2020，75：125721.

[14] THURBER A R，SWEETMAN A K，NARAYANASWAMY B E，et al. Ecosystem function and services provided by the deep sea[J]. Biogeosciences，2014，11（14）：3941-3963.

[15] 谷凡.海底输油软管力学响应研究[D].大连：大连理工大学，2009.

[16] 张康达.压力容器手册[M].北京：中国劳动社会保障出版社，2000.

[17] 邵国华.超高压容器[M].北京：化学工业出版社，2002.

[18] XIE Y J，ZHANG H，LIU S，et al. A study on stress corrosion crack of thick-walled elbow in manifold for acid fracturing[J]. Journal of Pressure Vessel Technology，2013，135（2）：021207.

[19] PARKER A P，TROIANO E，UNDERWOOD J H. Stress and stress intensity factor near notches in thick cylinders[J]. Journal of pressure vessel technology，2012，134（4）：041002.

[20] WU S，XIE K，YANG C，et al. A novel visual apparatus for laboratory simulation of seafloor hydrothermal venting[J]. Journal of Pressure Vessel Technology，2018，140（6）：061201.

[21] FENG J C，LIANG J，CAI Y，et al. Deep-sea organisms research oriented by deep-sea technologies development[J]. Science Bulletin，2022.67（17）：1802-1816.

[22] 黄中华.深海浮游微生物浓缩保压取样关键技术研究[D].长沙：中南大学，2006.

[23] LIU G P，JIN Y P，PENG Y D，et al. Multi-objective optimization design of flap sealing valve structure for deep sea sediment sampling[J]. Journal of Vibration Testing and System Dynamics，2018，2（3）：281-290.

[24] HUANG H，SHEN Y，YANG Z，et al. A deep-sea large-volume high-pressure simulation system：design，analysis and experimental verification[J]. Ocean Engineering，2019，180：29-39.

[25] 周博.深海保真采样设备密封结构特性分析及试验研究[D].杭州：浙江大学，2010.

[26] WU N，XIE H，CHEN L，et al. Sealing form and failure mechanism of deep in situ rock core pressure-maintaining controller[J]. Geofluids，2020（11）：1-15.

[27] SIEBEN C，REINHART G. Development of a force-path prediction model for the assembly process of o-ring type seals[J]. Procedia CIRP，2014，23：223-228.

[28] 朱大奇，胡震.深海潜水器研究现状与展望[J].安徽师范大学学报：自然科学版，2018，41（3）：205-216.

[29] 徐鹏飞，崔维成，谢俊元，等.遥控自治水下机器人控制系统[J].中国造船，2010，51（4）：100-104.

[30] 金永平,刘广平,彭佑多,等. 全海深宏生物泵吸式保真采集存储系统及采集存储方法:111076986 B[P]. 2024-09-27.

[31] 金永平,刘亮,彭佑多,等. 机械手持式海底保压取芯微型钻机:111155930 B[P]. 2024-07-02.

[32] 金永平,刘广平,彭佑多,等. 吸入式深海海底生物采集与原位保持系统及其使用方法:CN 111109214 B[P]. 2023-12-19.

[33] 金永平,刘广平,彭佑多,等. 深海着陆器用海底生物保真采样装置及保真采样方法:111089747 B[P]. 2024-10-25.

[34] 金永平,刘广平,彭佑多,等. 具有保压存储和转移功能的全海深宏生物采样器:111103166 B[P]. 2024-12-03.

[35] 万步炎,金永平,黄筱军. 机械手持整体式海底沉积物气密取样器及取样方法:108559701 B[P]. 2023-06-16.

第 5 章

海底钻机钻探技术与装备

海底钻机是一种搭载于母船,工作于海底的钻探系统,在海洋地质勘探需求日益增多的背景下,海底钻机钻探技术与装备得到了快速发展,特别是工作水深在数千米以上的深海地质资源与工程勘探领域。海底钻机通过脐带缆直接从所搭载的母船下放至海底,依靠远程遥控的方式进行钻进和取样作业。海底钻机的动力源和控制指令信号都是通过脐带缆由母船所提供,可以应对各种赋存条件、软硬程度地层,钻进深度可以达到数百米。海底钻机与钻探船相比较,具有以下三个方面的优势:一是其钻探钻进过程、取芯作业都是在海底完成,显著减少了岩芯管下放与打捞作业时间;二是海底钻机钻探作业时几乎不受母船和海况的影响,取芯率较高;三是海底钻机便于母船搭载和支持,需要的操作和保障人员较少,母船可以同时支持其他作业任务,钻探取芯成本低。随着工作水深的增加,海底钻机钻探技术优势越显著。本章首先对海底钻机的发展历程进行了梳理,并依据钻深能力详细介绍了世界各国典型钻机的性能、结构和技术特点;然后介绍了海底钻机系统的结构组成及工作原理,包括供变电系统、遥测遥控系统、收放系统、钻机本体四大组成部分,重点阐述了深海作业中涉及的关键技术;最后探讨了海底钻机钻探技术与装备的发展趋势。

5.1　海底钻机发展历程

为了满足深海矿产资源探测、开发和利用需要,自 1986 年美国华盛顿大学研制了世界首台海底取芯钻机以来,海底钻机以取样效率高和成本低优势获得了迅速发展。海底钻机按照其钻探深度分为四类,钻探深度小于 5m 的称为海底浅孔钻机;钻探深度在 5~50m 的称为海底中深孔钻机;钻探深度在 50~200m 的称为海底深孔钻机;钻探深度超过 200m 的称为海底超深孔钻机。图 5.1 所示为世界上重要国家的海底钻机钻探能力的发展历程:国外海底钻机钻进取芯深度越来越深,从钻探能力数米的浅孔钻机(如美国华盛顿大学研制的世界首台海底取芯钻机),到数十米的中深孔钻机(如英国 RockDrill 2 钻机),再到百余米的深孔钻机(如澳大利亚 PROD2、PROD3 钻机);我国海底钻机 2003 年钻探能力仅为 0.7~

2m 的浅地层，2010 年达到 20m，2015 年达到 60m，2017 年扩展到 90m，2021 年突破 231m，实现了从落后追赶到领先超越。

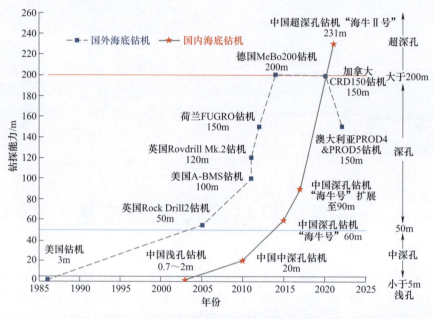

图 5.1　世界海底钻机钻探能力的发展历程

5.1.1　浅孔钻机

1986 年美国华盛顿大学委托威廉姆逊公司（Williamson and Associates）研制世界首台海底浅孔钻机，该钻机适用水深为 5000m，钻深能力为 3m，钻孔直径为 60mm，取芯直径为 33mm，钻头类型为孕镶金刚石岩芯钻头，钻机外形尺寸为 3m（底座宽）×5m（高），外形如图 5.2 所示。华盛顿大学海底浅孔钻机的结构设计特点包括：①在稳定支撑及调平技术方面，采用 3 根液压支腿调平技术，每根液压支腿能实现独立控制，可在 15°范围内将钻机底盘调平；②在取芯技术方面，采用提钻取芯技术；③在液压系统与压力平衡技术方面，采用回路液压系统，其钻进功能、支腿调平及视频摄像机云台动作状态等均由液压驱动；④在能源供电及通信方面，通过托马斯调查船上的铠装同轴电缆实现能源供电及钻机遥控，同时还可依靠该电缆实现钻机的回收与下放。

图 5.2　华盛顿大学海底浅孔钻机

我国海底钻机的研制起步较晚，于 2003 年成功研制出第一台海底浅孔钻机，该浅孔钻机空气中净重约为 2.8t（水中净重约为 1.8t，不含工具和岩芯样品），适用水深为 4000m，钻深能力为 0.7~2m，取芯直径为 60mm，钻机的外形尺寸为 1.8m（长）×1.8m（宽）×2.3m（高），如图 5.3 所示。与华盛顿大学海底浅孔钻机相比，我国海底浅孔钻机不仅在取芯直径、支腿调平的范围等方面都有较大的提高,还实现了对岩芯的保温取样,更有利于地质学家对海底地质情况的研究。我国海底浅孔钻机的结构设计特点包括:①在稳定支撑及调平技术方面,采用 4 条液压支腿调平技术,可在 20°范围内将钻机底盘调平;②在取芯技术方面,采用提钻取芯技术方案,岩芯保压装置采用弹簧加活塞结构,取样管外部包裹保温材料、内部设有恒温调节装置,从而对岩芯起到保温的作用;③在液压系统与压力平衡技术方面,采用全液压驱动设计,可大范围调节钻进参数,从而提高对各种岩石的适应性;④在能源电力方面,采用蓄电池、逆变器和 220V 浸油三相交流电机作为动力系统。

我国海底浅孔钻机在多个海域进行了数次作业。2011 年第 23 次科考任务,采用我国海底浅孔钻机搭载海洋六号科考船进行了第二航段计划作业,在中西太平洋海山区的海山上进行了富钴结壳调查,完成了 14 个站位的浅钻工作,获取了富钴结壳样品,如图 5.4 所示。在超过 1000m 水深下的某平顶海山钻获了一个长约 28cm 的岩芯样品。迄今为止,该浅孔系列钻机已在海底钻取富钴结壳岩芯样本 800 多个,成为目前世界上同类产品中在深海海底实钻取芯次数最多的装备。

图 5.3　我国海底浅孔钻机

图 5.4　第 23 次大洋科考岩芯样品

5.1.2　中深孔钻机

1996 年日本金属矿业事业团 MMAJ（Metal Mining Agency of Japan）委托美国威廉姆逊公司设计制造世界上首台海底中深孔钻机 BMS（Benthic Multi-coring System）。BMS 钻机的适用水深可达 6000m,钻深能力为 20～30m,取芯直径为 36.4mm,其外形尺寸为 4.42m(长)×3.6m(宽)×5.48m(高),如图 5.5 所示。日本 BMS 钻机的结构设计特点包括:①在稳定支撑及调平技术方面,钻机的机架下端装有 3 个液压驱动伸缩支腿,行程为 1m,可在 25°范围内将钻机调平;②在取芯技术方面,采用提钻取芯技术方案;③在钻杆钻具接卸存储技术方面,由机械手、动力头、钻杆夹持器相互配合,完成钻杆移动、接扣、卸扣等功能;④在液压系统与压力平衡技术方面,采用全液压动力头结构设计,调平支腿等均采用液压驱动方式;⑤在能源供电及通信方面,通过铠装光电复合电缆连接水下钻机

图 5.5　日本 BMS 海底中深孔钻机

本体、水面控制与供电子系统,钻机所需电力及控制信号通过铠装光纤动力复合电缆传输;⑥在下放与回收技术方面,没有采用专门的下放回收止荡装置,而是在机架外侧安装橡胶缓冲器,以避免下放回收时机架与船体刚性碰撞;⑦在安全事故处理方面,装备了声控弃钻装置,可实现钻杆抛弃和钻机抛弃的双重安全事故逃生方案。

2005年,英国地质调查局(BGS)研制了RockDrill2海底中深孔岩芯钻机,它是目前世界上使用频率和钻孔成功率较高的一种海底钻机。RockDrill2钻机高为4.75m,腿端跨度为3.1m,空气中净重为6t,适用水深为4000m,单根取芯长度为1.72m,最大钻深能力为55m,取芯直径为61.1mm,外形如图5.6所示。它的前身是1987年由BGS设计能在一台钻机上使用两种采样系统(岩石钻机和振动掘进系统)的组合体——RockDrill1钻机。

图 5.6 RockDrill2 海底钻机

RockDrill1钻机的最大工作水深为2000m,且能够通过传统的旋转取芯技术在"硬岩钻进"中提取5m的岩芯,使用振动取芯器模式在"软沉积物"环境中提取6m的岩芯。RockDrill2钻机与RockDrill1钻机相比最大的不同体现在取芯方式、钻进深度及工具搭载方面,其结构设计特点包括:①在稳定支撑及调平技术方面,机架对称的三边上装有由丝杆螺母机构驱动的三条调平支腿,同时配备软沉积物着陆系统,可部署在海底沉积物地区;②在取芯技术方面,采用绳索取芯技术;③在收放与回收方面,可通过其自身携带的2.1m×6.1m集装箱(集控制、机械、存储、LARS系统、绞车等于一体)进行下放与回收操作;④在工具搭载方面,不仅搭载有光学、声学和光谱伽马(OAG)记忆测井仪、双感应测井仪和磁化率测井仪等一系列测井工具,还可搭载气体顶盖系统,用于评估天然气水合物的体积。同时,还研发了可以安装在钻机中钻孔塞、Niskin采水瓶(卡盖式采水器)和示踪剂。其中钻孔塞可将钻孔与周围海水隔离便于后续ROV的采样,Niskin采水瓶和示踪剂可用于海底微生物研究,主要用于获取取芯前后水深范围内的水样,并评估钻井液对作业区域内海水的污染情况。

RockDrill2钻机已被用于对日本海的含水沉积物进行取样,最大取芯深度为32m,单次作业时间超过50h。2015年期间完成了两次海上作业,第一次是在苏格兰Oban近海进行采样活动,第二次是与不莱梅大学的MeBo钻机合作,作为国际大洋发现计划(IODP)远征357项目的一部分,在大西洋中部亚特兰蒂斯地区进行蛇纹岩取样。

在2008年初,我国863计划海洋技术领域启动了"深海底中深孔岩芯取样钻机的研制"重点项目,并于2010年成功研制工作水深4000m、取芯直径50mm、钻深能力20m的海底中深孔钻机,外形尺寸为2m(长)×2m(宽)×4m(高),如图5.7所示。我国海底中深孔钻机的结构设计特点是:①在稳定支撑及调平技术方面,在钻机上装备有3根液压驱动的可伸缩调平支腿,可在15°范围内将钻机调平;②在取芯技术方面,采用提钻取芯技术方案;③在钻杆钻具接卸存储技术方面,采用两个单排转盘式储管架,分别存放钻杆和岩芯管,每个储管架各附带一个机械手实现钻杆钻具装卸,具备强力起拔、卸扣、液压及水压抛弃钻杆、声学弃钻四种事故安全逃生技术;④在液压系统与压力平衡技术方面,采用全液压动力头结构设计,同时采用带有弹簧加压装置的皮囊式正压压力补偿器;⑤在脐带缆供电与通信技术方面,针对母船"大洋一号"科考船甲板配套设备的现状,综合使用深海无功率就地补偿技术、深海充油平衡式继电控制技术及万米脐带缆高压供电，同时依靠机载传感器系统进行数据采集、经机载计算机处理后通过万米脐带缆向甲板操作计算机高速实时传递，从而实现对钻机的实时控制；⑥在下放与回收技术方面，利用母船上通用的脐带缆及绞车，实现钻机的下放与回收。

2017年大洋43航次科考任务搭载国家海洋局"向阳红"科考船在西南印度洋海域玉皇和断桥矿化区完成7个站位的取样作业，获取了9个钻孔的岩芯样品，岩芯样品种类包括多金属硫化物、多金属软泥、玄武岩等。岩芯钻进总长度约为39.2m，获得硬质岩芯总长度约为14.7m，最高取芯率超过50%。有5个钻孔钻探到了多金属硫化物矿体，在其中1根岩芯中出现60cm连续分布的硫化物，该段硫化物主要由黄铜矿、黄铁矿组成，具有高铜含量特点。这是目前我国利用中深钻机获得的连续分布厚度最大的硫化物岩芯样品。同时段海底中深孔钻机也搭载"大洋一号"科考船参加第39次科考第二航次的作业，二者同步作业相互补充。在西南印度洋玉皇热液区第二站位的作业中，获取我国首段深海多金属硫化物岩芯，如图5.8所示，获取的岩芯总长2.7m，其中上层沉积物长度为40cm，块状硫化物长度为2.3m。

图5.7　我国海底中深孔钻机　　　　　图5.8　多金属硫化物岩芯样品

5.1.3　深孔钻机

为探明深层地质的矿产资源的分布情况及海洋科学研究，具备海深深度和钻进深度更深、取芯直径更大、自动化程度及可靠性更高的海底深孔钻机应运而生。2003年，澳大利亚Benthic Geotech Pty Ltd.委托美国威廉姆逊公司成功研制了世界上第一台PROD1钻机。经过多年的发展已经形成了PROD系列钻机，包括PROD1、PROD2、PROD3、PROD4、PROD5。PROD1钻机外形尺寸为2.3m(长)×2.3m(宽)×5.8m(高)，空气中净重为10t(水中净重为6t，不含工具和岩芯样品)，作业水深为2000m，理论钻深能力达125m(测试过的最大钻深100m)，最大推力为6t，硬岩取芯直径为35mm，软质沉积物取芯直径为44mm，可搭载多种现场测试工具，外形如图5.9所示。目前使用的PROD2、PROD3钻机与PROD1钻机的区别在于作业水深、钻进深度、最大推力、取芯直径、可携带的作业工具种类及工具测试性能均有显著提升。PROD2、PROD3钻机的外形尺寸为2.3m(长)×2.3m(宽)×5.8m(高)，空气中净重为14t，最大作业水深为3000m，最大钻深能力为125m，最大推力约为80kN，硬岩取芯直径为72mm，软质沉积物取芯直径为75mm，取样长度为2.75m。PROD2、PROD3的结构设计特点包括：①在稳定支撑及调平技术方面，采用三脚架结构和

3个独立的可调伸臂，可在30°的范围内调平，同时其支撑脚板是特别设计的大面积脚板，可在不穿透海床的情况下降落在沉积物上；②在取芯与测试技术方面，采用两个旋转式工具库，可容纳高达260m的取样筒、测试工具、钻杆及套管等工具，其中包括标准压电圆锥贯入仪、Benthic's创新型球透度仪、碳氢化合物分析系统和深水探测器，可进行现场分析测试及多种数据输出；③在硬岩取芯方面，采用单根钻具配备独立钻头的方式进行取芯作业，且钻具可根据需要搭配自制的薄壁取芯钻头或专业取芯钻头使用；④在沉积物取样方面，采用自制液压技术系留式活塞取芯工具（HTPC），利用环境静水压力进行沉积物取样与压力保持。

值得一提的是，Bentic Geotech Pty Ltd.将推出PROD4、PROD5海底钻机，该海底钻机最大作业水深可达4000m，最大钻深能力可达150m，外形如图5.10所示。与PROD2、PROD3海底钻机相比，PROD4、PROD5钻机在原有装备的基础上增加了近两倍的工具负载及钻头增强包（DEP），而且可通过搭载的机械臂取出工具负载进行钻探作业。钻头增强包位于钻头模块下方，提供第二个驱动头、提升机液压缸、岩屑泵和夹具组。该钻头增强包可以同时进行套管和钻探，以保证钻孔不坍塌。2010年，PROD钻机在作业水深为316.6m的东海西部朝鲜大陆边缘的DH-2测点获得了长27.2m的岩芯，首次研究了东海西部朝鲜大陆边缘深层沉积序列的地球声学特征。2013年，PROD钻机系统被用于两个涉及不同土壤条件的深水海上现场调查项目。在里海、阿塞拜疆近海和帝汶海、澳大利亚西北部近海的90~600m的水深范围内进行了现场测量，将地震锥系统成功部署到海底以下76m的深度。

图5.9 PROD1海底钻机

图5.10 PROD5海底钻机

2005年，德国不莱梅大学海洋环境科学研究中心（MARUM）成功研制出MeBo海底深孔钻机，经过了一系列升级改造，形成了MeBo70、MeBo200钻机。MeBo70钻机，空气中净重约10t（水中净重约7t，不含工具和岩芯样品），理论水深为2000m，最大钻进深度为80m，单回次进尺深度为2.5m，取芯直径为57~63mm，最大取芯长度为70m，该钻机于2008年实现绳索取芯技术。目前使用的MeBo200钻机是MARUM与Bauer Maschinen

图5.11 MeBo200海底钻机

GmbH于2014年合作开发的第二代海底钻机，外形如图5.11所示。相较于MeBo70钻机而言，MeBo200 的最大升级在于更大的钻具容纳量，更深的钻进深度、单回次进尺深度，保压取芯技术及更先进的测井工具。MeBo200 钻机空气中净重约为 10t，理论水深为 2700m，钻探能力为 150m，通过跟换钻杆和套管完全装载下可扩展至 200m，钻孔直径为 103mm，岩芯直径为 65mm，钻机外形尺寸为 2.5m(长)×2.5m(宽，支腿收回)×8.4m(高)。采用增大的钻具库（从最初的 68 个存储槽增加到 96 个存储槽，存储槽直径可根据不同需求进行更改）、框架内行程长度的增加（由 2.5m 增加至 3.5m）；可搭载保压取芯钻具（MDP），钻孔直径为 73mm，取芯直径为 45mm，取芯长度为 1.3m，保压能力为 20MPa；可搭载相关钻孔测井工具（如伽马射线探头、测量感应/电阻率和磁化率探头）及测量 P 波速度的声波工具等；可利用 CPT 工具进行原位探测。2017 年 11 月，MeBo200 海底钻机搭载"R/V METEOR Cruise M142"船，调查位于保加利亚与罗马尼亚区的黑海海域多瑙河（Danube River）深海扇砂岩峡谷的古三角洲天然气水合物，在 3 个站点进行了 4 次作业，部署水深为 765～1400m，总用时 231h，共钻进 444m，其中有 2 次进行了井眼测井、温度测量和压力取芯作业。取得岩芯 324m，平均取芯率为 82%。值得一提的是，在此次调查过程中，在水深 876m 处，钻进了该钻机历史上的最大钻孔深度 147.3m，获取的岩芯长度为 124.9m。

美国 Seafloor Geoservices 公司委托 Perry Slingsby Systems 公司于 2006 年成功研制了 Rovdrill 钻机。该钻机分为基本型、M50 型和 M80 型。其中基本型的工作水深为 3000m，最大钻深能力为 18m，取芯直径为 55.6mm。M50 型工作水深为 2200m，最大钻深能力为 55m，岩芯直径为 70mm。M80 型工作水深与配套带缆遥控水下机器人相同，最大钻深能力为 80m（可扩展到 160m），岩芯直径为 76mm，Rovdrill 钻机外形如图 5.12 所示。与其他海底钻机不同，Rovdrill 钻机本身没有配备液压动力及供电、通信系统，它必须依附于强力作业型 ROV 系统，借助于 ROV 系统的液压动力及供电、通信功能而工作，是一种搭载式钻探装置。2007 年，在巴布亚新几内亚俾斯麦海域 Solwara1 钻井作业中，钻孔 110 个，平均取芯深度为 9.8m，平均岩芯回收率为 72%，未塌陷钻孔率为 40%。为了增加其适用性与适用范围，2011 年由美国 Canyon Offshore Ltd. 牵头，加拿大 Cellula Robotics Ltd. 为主体设计公司，对 Rovdrill 钻机进行升级改造，称为 Rovdrill Mk.2 钻机。Rovdrill Mk.2 钻机的外形尺寸为 5.6m(长)×2.2m(宽)×2.4m(高)，空气中净重为 18t，适用水深为 2500m，最大钻深能力为 120m，硬岩岩芯取芯直径为 50～72mm，沉积物取样直径为 55～85mm，可同时搭载多种钻具与取样器，未来还可能搭载活塞取样器及测井工具，如图 5.13 所示。

图 5.12　Rovdrill 海底钻机

图 5.13　Rovdrill Mk.2 海底钻机

相较于 ROV 钻机，Rovdrill Mk.2 钻机在钻进深度、适用水深、探测工具及取芯技术方面均有了很大提升：可携带单根长度为 3m、总钻进深度为 120m 的各种钻具、取样器（ROV 钻机搭载单根长度为 2m、总钻进深度为 22m 的旋转取芯工具）；提升了下套管作业能力，由只具备直径 66mm 的单套管工具升级到脚夹、控制装置和工具处理系统；能够部署推送取样和现场测试工具（如圆锥贯入试验，CPT）及旋转取芯工具，包括将动力头推力从 5kN 左右升级到 75~100kN、实时 CPT 测试数据（ROV 钻机没有 CPT 测试能力）；增加了旋转取芯技术，且取芯直径由 48.7mm 增至 85mm，采用了先进的聚合物泥浆系统（之前仅限海水）；全面升级的控制系统，以适应其他增添功能，其中长达 9.14m 的专用控制箱能同时放置额外的设备（如人员操作椅和视频显示装置）。2013 年，Helix Energy Solutions Group Ltd. 帮助挪威 Statoil ASA Ltd. 完成了海上土壤调查合同的部分工作，利用 MSV Deep Cygnus 船搭载 RovDrill Mk.2 钻机进行了为期 3 个月的巴伦支海和北海海上土壤调查活动，获取了高质量土壤和岩石样品。

美国威廉姆逊公司在 BMS 钻机的基础上，于 2011 年成功研制 A-BMS 钻机，如图 5.14 所示，采用绳索取芯技术，同时对钻具库进行了升级，可容纳多种钻具、钻杆和套管等取芯工具。A-BMS 钻机适用水深为 4000m，理论钻探能力为 100m（可扩展至 150m），钻孔直径为 96mm（可扩为 PQ，122.6mm），取芯直径为 63.5mm（PQ，85mm），钻机外形尺寸为 5.8m(长)×5.3m(宽)×6.2m(高)，空气中净重为 13.8t（水中净重为 10.7t，不含工具和岩芯样品）。该系列钻机已在孟加拉湾和西太平洋等地区广泛使用，目前在该地区的适用水深为 1000~1700m，

图 5.14 A-BMS 海底钻机

最大钻进深度为 78m，最大岩芯长度为 45.8m，平均取芯率约为 59.08%。

2014 年加拿大 Cellula Robotics Ltd. 为日本 Fukada Salvage & Marine Works Ltd. 设计并制造了 CRD100 型号遥控海底钻机，可手动、半自动及全自动控制。其外形尺寸为 3.1m(长)×3.1m(宽)×5.7m(高)，空气中净重为 13.5t（水中净重为 10.5t，不含工具和岩芯样品），适用水深为 3000m，最大钻深能力为 65m，外形如图 5.15 所示。CRD100 钻机配备四根液压驱动支腿，可在 30°斜坡上调平并且进行钻进作业，可以使用自动或者手动调平功能进行多支腿俯仰运动，也可指挥每条支腿单独运动；配备姿态传感器、导航传感器、一套摄像装置和四个具有自动航向和巡航控制功能的推进器；配备主动升沉补偿绞车可从母船上进行下放和回收；配备旋转钻具库，采用两个机械臂进行夹持作业，具备 65m

图 5.15 CRD100 海底钻机

的连续取芯及 12m 套管钻探能力，可获取直径为 61.1mm 的岩芯样品。2016 年，CRD100 钻机搭载 Fukada Shin Chou Maru 船在日本 Ohshima、Mikurajima 两个钻井进行钻探作业。其中，Ohshima 钻井水深约为 900m，主要的地质特征包括玄武岩和沉积岩，平均取芯率分别为 42.6%、68.1%；Mikurajima 钻井水深为 750m，主要地质特征为安山岩，安山岩上有含热液

沉淀的沉积层,最大钻孔深度为 24.5m,最大取芯长度为 17.5m,最大取芯率达到 71.2%。CRD150 钻机作为 CRD100 钻机的升级版,是一种先进、远程操作的海底钻机,可根据地层特性在海底 200m 以内地层进行压入取芯、旋转取芯及 CPT 探测,其中最大连续取芯的理论深度为 110m。CRD150 海底钻机,其外形尺寸为 6.5m(长)×2.4m(宽)×3m(高),空气中净重为 18t,理论作业水深可达到 3000m,取芯直径为 62mm。该钻机搭载机动推进器、导航传感器和一组摄像装置,支持地面操作员在海底复杂地形环境下精准定位钻机位置。其次,CRD150 海底钻机可以直接部署到海底,并对泥线进行精确的井下深度测量;同时,在 CPT 探测时得到的数据可以准确地与现有数据集绑定,所有的测量数据都可实时传输到加拿大 Cellula Robotics Ltd. 提供的专用设备中。

FUGRO 海底钻机是荷兰 FUGRO Ltd. 于 2011 年构思并且在 2012 年宣布研制的一款钻机,如图 5.16 所示。该钻机可获取海底软黏土到硬岩石的高质量土壤样品,存在两种型号分别是 SFD-Ⅰ海底钻机与 SFD-Ⅱ海底钻机。SFD-Ⅰ海底钻机外形尺寸为 5.4m(长)×3.8m(宽)×6.6m(高),适用水深为 4000m,最大钻深能力为 150m,取芯直径为 73mm,使用绳索取芯技术(N~P 系列钻具),携带 FUGRO 原位测试工具和标准岩土取样器,推力为 80kN,推进速度为 2cm/s,聚合物泥浆注入系统容积为 140L;与 SFD-Ⅰ海底钻机相比,SFD-Ⅱ海底钻机外形尺寸为 5.4m(长)×4.3m(宽)×7.0m(高),配备有自动回转钻杆装卸系统、装卸臂,下放与回收系统(LARS)的占地面积减少,转盘内泥浆液的容量增大。该钻机配备四根独立升降支腿,可在 25°斜坡上支撑并调平,其底座可根据不同海底情况进行更换。

图 5.16 FUGRO 海底钻机

在钻进作业时,动力头可实现双向旋转;可采用孔压静力触探测试(Piezocone Penetration Test,PCPT)、地震压锥等工具进行现场测试,其中 PCPT 系统能深入海床下 30m;采用标准的 ROV 通用绞车进行钻机的下放与回收,使用船上电缆进行供电(供电电压为 480V,电流为 500A),可实现工业级 ROV 遥测操控钻机。FUGRO 海底钻机使用较为广泛,分别在西北大陆架澳大利亚、墨西哥湾、里海和东非等地方进行了海底岩土工程勘察及海洋地质灾害调查。例如,使用 SFD-Ⅱ在澳大利亚进行海底岩土工程勘测,水深 112m,采用钻井下 PCPT 系统和绳索取芯技术,共钻进 323m;该钻机在进行海底下 62m 的联合采样和 PCPT 钻孔作业时,创造了 2923m 的工作水深纪录。

2012 年在我国 863 计划的支持下,启动了"海底 60m 多用途钻机系统技术开发与应用研究"项目,开始研制额定工作水深为 4000m、岩芯直径为 50mm、钻深能力达到 60m 的海底深孔钻机。2015 年研制成功,并命名为"海牛"号海底深孔钻机,如图 5.17 所示;2017 年进行改进,钻深能力扩展至 90m。该钻机空气中净重约为 8.3t(水中净重约为 6.7t,不含工具和岩芯样品),外形尺寸为 2.2m(长)×2.2m(宽)×5.6m(高)。海底钻机需母船提供 380VAC 电源,下放和回收过程中所需功率约为 400kW,所需时间合计约 2.5h。海底钻机在进行地质取样时所需功率峰值为 55kW,平均为 25~30kW,海底钻机从母船甲板下放至地质取样结束并回收至母船甲板,单次作业时间为 15~30h,视海底底质情况而定。我国海底深孔钻机结构设计特点包括：

1）在取芯技术方面，首次采用绳索取芯技术，可回转钻进钻取硬岩岩芯。钻具系统携带 1 根长 3.3m、直径 94mm 的钻具，23 根长 2.5m 钻杆，24 根长 3m 岩芯管，采用国际标准 HQ3 绳索取芯金刚石钻具规格（包含外管、内管、内管半合衬管三层岩芯管），其钻孔直径为 95mm，岩芯直径为 60mm。同时，也可采用压入式钻进方法获取沉积物，所采用的工具是在标准钻具尺寸基础上自行研制的绳索取芯超前钻具，超前沉积物取样管镶嵌在外锥形表镶金刚石钻头的内部，并长出 20mm；该技术还可进行海底多参量原位 CPT 探测（土工力学及土体温度测量、土体摄像）。

图 5.17 "海牛"号海底钻机

2）在稳定支撑及调平技术方面，采用液压缸驱动向外伸展式的三条调平支撑支腿，安装有检测支腿是否触地的位置传感器，每个支腿前端均装有带裙边的"脚板"，脚板的大小可根据钻探点的地质情况更换。系统控制仓内装有钻机姿态传感器，根据姿态传感器的测量值经过计算分别向各条支腿的驱动液压缸控制阀给出指令，实现钻机自动调平。

3）在钻杆钻具接卸存储技术方面，采用机械手配合拧卸扣装置，进行钻杆钻具的接卸。绳索取芯钻管接卸存储机构包括两个双层旋转钻管储管架、一个多用双联移管机械手、钻杆卸扣旋转动力卡盘和钻具夹持器等部件，完成 48 根钻具内外管的存取、移位、丝扣接卸等功能。

4）在光纤动力复合电缆供电与通信技术方面，采用铠装光电复合缆三相交流高压输电方式进行供电，同时利用安装于勘探船甲板上的强电集装箱的甲板变配电及测控子系统进行通信。

5）在下放与回收技术方面，设计了便于钻机收放的独特 V 形滑槽甲板收放系统，该收放系统具有控制钻机向收放装置对齐和靠拢容易、对海底钻机机架冲击小、在钻机收放过程中能减小海浪对钻机影响的功能。

2015 年 5 月 "海牛号"海底多用途钻机在我国南海北部海域完成作业水深 3109m，钻孔深度 57.5m 的深海取样任务，这是我国首次利用国产深海钻探取样装备在水深超 3000m 的南海海底开展孔深超过 20m 的钻探取样作业。2016 年 6~7 月，在我国某海域的复杂地层中首次钻获"可燃冰"岩芯样品，如图 5.18 所示，样品总长为 346.48m，平均取芯率高达 90.98%，结束了长期耗费巨资租用国外钻探船的历史，获得的芯样揭示了该海域天然气水合物与其他海域已探明天然气水合物完全不同的成藏机理，对于我国海域天然气水合物不同的成藏机理研究具有重要参考价值。2017 年 8 月，搭载"海洋石油 701"工程船，为我国首个深水天然气田——陵水 17-2 深水天然气田（水深 1300~1500m，投资超 200 亿元人民币，年产气量 300 万 t），开展 15 个站位 24 个钻孔任务的工程地质取样任务。多个钻孔实际取芯深度达到 82.5m，共获得 900m 高品质低扰动岩芯样品，平均取芯率达 87.15%，也开创了我国利用海底钻机开展深海工程地质勘探的先河。2018 年 8 月，"海牛号"海底多用途钻机在我国某海域沉积物与沉积岩交错分布的复杂地层进行地质钻探取芯作业。针对海底软硬交错、地层条件复杂的特性，采用独创的钻进工艺模式，克服传统钻进工艺在钻进过程中易发生钻孔偏斜、烧钻、钻进效率低等艰巨挑战，在千米级海深的特殊地层首次钻获生物沉积岩样品，为古地理环境研究及地质年代判定提供重要参考依据；同时，发现了沉积物与生物沉积岩交错分布的某战略矿产资源的新型成矿环境，也将该海域沉积层编年地质史由此前的两万年提前至三十万年，如图 5.19 所示。

图 5.18　"可燃冰"岩芯样品

图 5.19　生物沉积岩样品

5.1.4　超深孔钻机

2017 年，在重点研发计划"深海关键技术与装备专项"课题支持下，我国启动了"海底大孔深保压取芯钻机系统"项目，其目标是研制作业水深不小于 2000m，钻探深度不小于 200m，保压成功率不小于 60%，可有效满足我国海底天然气水合物资源勘探。与"海牛号"海底多用途钻机相比，其具备保压功能、钻进深度增加及适用水深更深。"海牛Ⅱ号"是我国首台海底大孔深保压取芯钻机系统，适用水深 4500m，全孔全程保压取芯深度为 234m，岩芯直径为 45.5mm，外形尺寸为 2.56m（长）×2.56m（宽）×7.6m（高），空气中净重约为 12.5t（水中净重约为 10t，不含工具和岩芯样品），三相 3300VAC+单相 1200VAC 供电，总功率为 75kW，光纤通信，采用保压绳索取芯技术，携带 1 根长 3.7m 钻具、77 根长 3m 钻杆、78 根长 3.7m 保压岩芯管。"海牛Ⅱ号"海底钻机具备"多用途性"，既可取硬岩岩芯，也可取沉积物岩芯，还可进行 CPT 等孔内探测；自带甲板配套收放系统，如图 5.20 所示。

图 5.20　"海牛Ⅱ号"海底超深孔钻机

2021年4月,"海牛Ⅱ号"海底大孔深保压取芯钻机系统在南海超2000m深水成功下钻231m,刷新世界海底钻机钻探深度纪录,成为世界首台海底钻探深度大于200m,同时具备全孔全程保压取芯功能的海底钻机,标志着我国在这一技术领域达到世界领先水平。

5.2 海底钻机工作原理及系统组成

5.2.1 海底钻机工作原理

海底钻机的工作原理如图5.21所示。利用大型海洋科学考察船搭载专用的海底钻机设备,在指定的钻探点海面,利用配套的铠装脐带缆绞车系统将海底钻机下放至海底。然后操作人员在母船甲板上通过脐带缆遥控操作海底钻机,利用海底钻机上携带的带有金刚石或硬质合金取芯钻头的钻杆钻具切入海底地层,并通过加接钻杆的方式不断加大钻入海底地层的深度,实现对海底地层的钻探取芯。取芯作业完成,再将海底钻机回收至母船甲板。海底钻机系统作业流程包括母船动力定位、海底钻机布放、海底钻机着底与调平、海底钻机钻探作业、海底钻机回收、岩芯处理六个阶段。

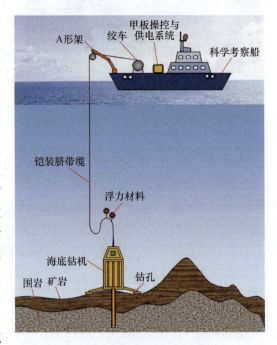

图5.21 海底钻机的工作原理

1. 母船动力定位

当母船抵达钻探区域后,动力定位系统启动,以确保母船在风力、海流等外界干扰下保持稳定,始终位于目标区域正上方。系统通过全球定位系统获取实时位置,结合卫星信号精准定位,并通过海底声呐信标测量与信标的距离,进行位置校准。随后,系统利用船载推进器主动调整推力方向和力度,抵消外界干扰,保持母船稳定。这一协同工作模式能够有效应对海上作业的动态环境变化,为钻探作业提供可靠的平台和支撑,使动力定位系统成为海底钻探作业的重要保障。

2. 海底钻机布放

海底钻机布放是钻探作业的关键环节,其精准度直接影响钻探效率。该过程依靠绞车系统和脐带缆将钻机从母船吊放至海底。操作人员通过控制绞车速度和脐带缆长度,确保钻机平稳下降。脐带缆需承受钻机自重、海水压力及母船运动产生的动态荷载,采用高强度材料以确保安全性和可靠性。在吊放过程中,操作人员需监控钻机姿态,避免倾斜或摆动。其中,定点布放需采用超短基线(Super-short Baseline,SSBL)确定钻机与母船相对位置,通过船载GPS定位确定钻机的布放点。随着钻机接近海底,离底高度计开始测量与海底的距离,通常采用声波或激光技术提供高精度反馈。同时,钻机上的摄像头实时传输海底图像,帮助操作人员了解地形、底质及潜在障碍物。根据高度计和摄像头的数据,操作人员调整绞车下放速度，确保钻机保持适当的离底高度。母船动力定位系统（Dynamic Positioning，DP）此时也发挥作用，通过微调位置，确保钻机对准目标区域并选择稳定的着底点，避免因不平坦地形导致倾倒。

3. 海底钻机着底与调平

海底钻机的着底与调平是确保钻探作业顺利进行的关键步骤，直接影响钻探质量与设备安全。钻机到达海底后，液压动力系统与自动化控制技术协同工作，启动支腿，确保钻机稳定着底。支腿通常设计为多点支撑结构，位置和长度可调，以适应不同海底地形，确保钻机稳固并防止倾斜或滑动。如果遇到地形不平，液压驱动的伸缩支腿可调整长度和角度，平衡钻机姿态。传感器系统实时监测钻机水平状态，操作人员通过液压控制精确调整支腿，确保稳定性。为了确保钻杆垂直入岩，液压支腿还可在调平后进一步调整钻机姿态，校正钻杆角度。这一过程依靠高精度传感器与液压控制系统，确保精准调平与角度修正。整个过程严格监控，不仅要确保钻机稳定，还要最大限度地降低对海底环境的影响，为后续钻探作业提供坚实基础。

4. 海底钻机钻探作业

在海底钻机完成稳定着底与调平后，进入钻探作业阶段，这是钻探过程中最关键的一步，将直接影响地质样本的质量和分析可靠性。作业过程中，机载传感器、实时监控系统和精密操作共同配合，确保高效与安全。钻探时，动力系统启动，驱动钻杆和钻头高速切入岩层。操作人员根据岩层硬度和钻深需求调整转速、钻压和钻进速率，保证钻探顺利进行。同时，钻压、扭矩和振动传感器实时采集数据，通过脐带缆传输至母船，供操作人员分析。摄像监控系统实时捕捉海底环境和钻探细节，帮助操作人员跟踪进展，并提供应对突发情况和后续研究的数据支持。

5. 海底钻机回收

在完成钻探作业后，需要将钻机从海底回收到母船。回收过程需精确控制，确保设备的安全和作业的顺利结束。首先，操作人员通过液压系统收起钻机的支腿，将其升起并准备回收。此时，母船的动态定位系统继续发挥作用，保持母船在海底钻机上方的精确位置，避免海流、风浪等因素对回收作业造成影响。接下来，通过绞车系统将钻机缓慢拉起，操作人员必须实时监控绞车的牵引力、速度和钻机状态，确保其垂直向上移动，避免出现倾斜或摆动。在钻机回收过程中，钻井液需要适时排放，避免因压力变化引发设备损坏或海底污染。回收至母船甲板后，钻机会被固定在甲板上，进一步进行检查和维护。整个回收过程需要特别关注海况变化和设备安全，避免由于操作失误或外界干扰造成损失或事故。

6. 岩芯处理

岩芯处理的目标是确保样本的完整性与可分析性。海底钻机被回收并固定于母船甲板上后，钻机上装满岩芯的岩芯管按顺序逐根卸下，管内岩芯被小心且精准地提取并转移到母船的岩芯处理区。岩芯样本通常被分段保存，以便于后续分析。每段岩芯会经过详细的标记、编号与记录，以确保与钻探深度、地质层位等数据的对应。岩芯处理首先进行的是清理工作，去除岩芯表面的泥沙和海水，然后进行切割与取样。对于不同的研究需求，岩芯可能会被进一步分割成更小的样本，供实验室分析使用。岩芯的保存是关键环节，为防止样本变质或污染，岩芯会被保存在专门的存储环境中，保持原始的地质特征。

5.2.2 海底钻机系统组成

海底钻机系统由水上和水下两大部分构成,主要涉及高压供变电系统、遥测遥控系统、收放系统和海底钻机本体四个部分,如图5.22所示。

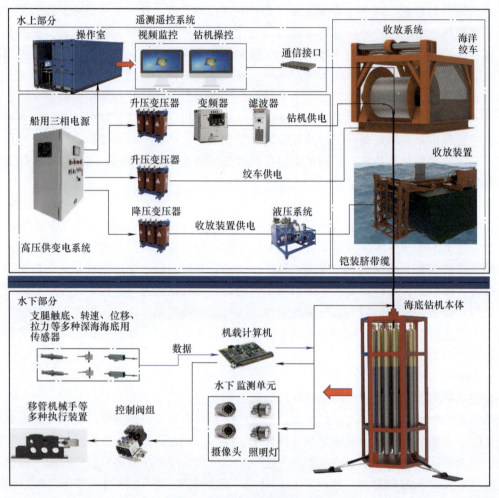

图 5.22 海底钻机系统示意

位于海底的钻机本体负责钻进与取芯;位于母船上的供变电系统负责将船用三相电源转换为系统各部分所需电源;遥测遥控系统负责控制系统工作模式,同时对系统运行状态进行可视化监测;收放系统负责将钻机下放至数千米深的海底,并在其钻探结束后回收至母船甲板。铠装脐带缆则将海底钻机本体和遥测遥控系统与高压供变电系统连接起来,其一部分位于水下,另一部分位于水面,但一般将其视为遥测遥控系统的一个部件。

1. 高压供变电系统

海底钻机的供电方式经历了从自带电池供电到脐带缆供电的转变。一般来说,电池供电主要适用于钻深能力小于2m的小型海底浅孔钻机,如我国和俄罗斯开发的浅孔钻机。对于大中型海底钻机,则必须采用脐带缆供电模式,即通过脐带缆将电力从母船甲板传输至海底钻机。

脐带缆供电主要分为三相交流和直流两种模式。由于海底钻机往往配备多种设备，这些设备对电压的需求各不相同，因此供电模式需具备良好的变电适应性。与直流供电相比，三相交流供电在变电过程中更为便捷，因此更适合海底钻机的实际应用场景。

三相交流供电的电压选择对整个钻机的供变电系统具有重要影响。若选择低电压直接供电，将导致线路压降较大，脐带缆发热严重；选择高压供电则需要提高脐带缆及整个钻机系统的绝缘设计标准。因此，在实际应用中需综合考虑钻机的功率需求、传输距离及设备的绝缘能力，以选择合理的电压等级，确保供电系统的安全性与效率。总体来看，采用三相高压交流输电能够有效减少负载变化引起的海底供电电压波动，并降低电缆传输过程中的发热量。因此，三相高压交流供电模式在海底钻机中较为常见。例如，荷兰的 FUGRO 钻机、CRD100 钻机及我国的中深孔钻机均采用 3300V 的高压交流输电方式。

此外，母船电网或甲板通常能够提供多种电压制式，包括三相 AC6000V、AC4500V、AC690V、AC440V，以及单相 AC220V 等。具体选择何种输电模式和规格，主要依据母船甲板的电力系统能力及海底钻机的性能与配套需求。在末端供电中，高压电力可以通过降压变压器调整为适合钻机辅机的工作电压，或直接用于驱动钻机的主电动机，这取决于具体设备的设计和运行要求。

以我国中深孔海底钻机为例，供变电系统设备通常包含水面与水下的高压供变电组件。这些组件主要包括甲板高压供变电设备、浸油压力平衡分线箱、具备压力平衡功能的水下高压变配电箱及高压接触器等，而机载的水下变电设备大多需要专门研制。它们共同承担着向水下高压电动机及控制系统供电、控制水下电动机起停，以及实现水下电动机的无功功率就地补偿等作业任务。

甲板高压供变电设备被部署在母船的绞车间内部，其核心组件包括甲板配电控制柜及专为海底钻机设计的升压变压器等，如图 5.23 所示。其功能为：①监测母船电源的各类数据（如三相电压、电流及功率因数等），并将监测数据传送至甲板操作控制台；②为系统提供漏电、过载、过流、过压及欠压等多重保护措施；③负责控制系统的通断操作及实现电动机的软起动等功能。

在电力起动方面，存在多种起动方式。重点介绍电动机的软起动方式，如采用 CMC-L 数码型软起动器进行电力起动。CMC-L 数码型软起动器是一种集电力电子技术、微处理器技术和自动控制技术于一体的新型电动机起动设备。能够确保电动机平稳无阶跃地起动或停止，有效避免传统起动方式（如直接起动、星/三角起动、自耦减压起动等）可能引发的机械与电气冲击问题。同时，它还能显著降低起动电流，减小配电容量，从而避免额外的容量扩增。

图 5.23 配电控制柜和升压变压器

甲板配电控制柜可以通过图 5.24 所示的操控面板进行操控，由于甲板配电控制柜位于船舱的绞车间，而钻机操控系统位于船上的专用操控实验室，所以在钻机操控系统旁边专门设置了配电控制系统远程操控器方便应急操作，如图 5.25 所示。甲板配电控制柜远程操控器和操控面板互为锁定操作，避免操作人员进行误操作。

图 5.24　控制柜操控面板

图 5.25　远程操控器

升压变压器承担将船上三相 380VAC 电源转换为海底钻机所需的 3300VAC 电源的任务。具体而言，船上的三相 380VAC 电源首先被送入绞车间内的甲板配电控制柜。随后，甲板配电控制柜的输出经过 380VAC/3300VAC 升压变压器升压，再被输送至万米脐带缆，如图 5.26 所示。不同船舶所配备的脐带缆存在差异，此处以"大洋一号"船所配备的脐带缆为例进行说明，其六芯线输电电压等级设定为 3300VAC。脐带缆的基本性能指标见表 5.1。

图 5.26　脐带缆及绞车系统

表 5.1　"大洋一号"船所配备的脐带缆性能指标

性能指标	参　　数
破断抗拉强度	225kN
有效抗拉强度	80kN
空气中单位长度质量	1400kg/km
水下单位长度质量	1050kg/km
6 根 2.5mm^2 铜导线，电压等级	3300VAC
单根铜导线电阻	8.5Ω/km
4 根单模光纤，每根光纤通信速率	>1Gb/s

由于脐带缆仅经过深水拖体试验，未经高压强电输送试验的验证，且绞车上未配备能在绞车转动时转换输送电力的电滑环，因此，专门研发了耐压等级为 3300VAC 的光电滑环，具体结构如图 5.27 所示。此外，脐带缆在使用过程中易受损，特别是在海底钻机收放过程中，故采用了专用的脐带缆承重头，其结构如图 5.28 所示。该承重头采用不锈钢材质铸造，并设计了灵活的万向结构，能够实现全方位自由旋转，从而为连接部位的脐带缆提供有效保护。为确保其性能可靠，脐带缆承重头需经过严格的拉力试验和承重试验验证。

图5.27 高压3300VAC光电滑环

图5.28 海底钻机专用脐带缆承重头

光纤动力复合缆送达海底钻机本体后,需借助浸油压力平衡式分线箱实现光纤与强电的分离,如图5.29所示。此分线箱采用专门的皮囊装置进行压力补偿,确保稳定运行。自浸油压力平衡式分线箱引出的三相高压电,通过特制的水密高压电缆连接配电箱。在配电箱内,三相高压电被分为两路:一路直接连接至电机液泵箱,另一路则接入箱内的小型变压器,如图5.30所示。电动机液泵箱内置的电动机为深水作业设计的充油式电动机,与泵实现直接联轴,如图5.31所示。

图5.29 浸油压力平衡式分线箱

图5.30 机载供变电系统

图5.31 电动机液压泵箱

2. 遥测遥控系统

遥测遥控系统一般都包含水下和水面两部分,水面部分即甲板操作系统,水下部分即机载控制与传感器系统,每个部分都由相应的硬件和软件构成,两部分之间通过光纤动力复合电缆进行长距离光纤高速数据通信。为了防止脐带缆出现断电事故导致钻机遇险无法处理,海底钻机通常还需要携带机载UPS应急电源。遥测遥控系统负责对海底钻机系统从下放回收到寻址着底、钻探取芯等作业全过程进行可视化监测,实现手动(单个分解动作操作)、半自动(分组动作连续自动操作)、自动(一次作业全过程连续自动操作)等各种模式的操作控制。

(1)甲板操作系统

加拿大CRD100钻机的操作控制台如图5.32所示,需2~3人协同操控,主要包括两台操纵椅、两台计算机、四台触摸屏显示器及四台壁挂式显示器。壁挂式显示器用于八个水下摄像机的画面监控,操作员可通过操纵椅和触摸屏在内的一系列输入设备与系统进行交互,椅子的操纵杆用于钻机的手动操作。控制系统基于NASA标准遥操作系统模型(NASREM)架构,采用分层结构,将高层级命令分解为低层级动作,从而实现复杂任务的自动化执行。

CRD100 的控制命令分为四个层级，分别为可读的操作员命令（L4）、多部件组合动作命令（L3）、单一部件动作命令（L2）、机载硬件 IO 输入/输出命令（L1）。

图 5.32　CRD100 操作控制台

MeBo200 的操作控制台如图 5.33 所示，主要包括一台操纵椅、三台触摸屏显示器、两台壁挂式显示器及五台工控计算机，其中两台工控机为贝加莱 Automation PC910，用于钻机遥测遥控系统的数据处理，另外三台工控机为贝加莱 Automation PC3100，用于远程人机界面处理器。

图 5.33　MeBo200 操作控制台及五台工控计算机

我国中深孔钻机的甲板操作控制台如图 5.34 所示，可单人自主操控，主要包括两台工控计算机及显示器、一台视频光端通信模块、一块多功能采集控制卡、一块多串口卡和一个

图 5.34　我国中深孔钻机甲板操作控制台

甲板多功能机箱等。其中，一台工控机为操作控制计算机，完成机载各种传感器数据显示、阀位状态指示，并可进行自动、半自动或手动操作；另一台作为图像监控平台，完成多路图像解码显示、机载高度计信号、多波束水深及 GPS 数据的接收与显示；根据所显示的传感器数据及监控图像对海底钻机的工作状态作出判断，然后根据操纵规则通过鼠标或键盘发出操作指令，按规定的程序控制海底钻机系统工作。

我国中深孔钻机甲板操作系统结构框图如图 5.35 所示，内嵌于操作台计算机的多功能采集控制卡可实现对甲板强电系统的信号采集与智能开关控制，包括交流接触器线包、强电直接供电接触器线包、软起动起停控制等；多串口卡用于采集船载 GPS 信号、船载多波束水深信号、设备离底高度信号，这些数据与图像仪器数据一起显示并存储。

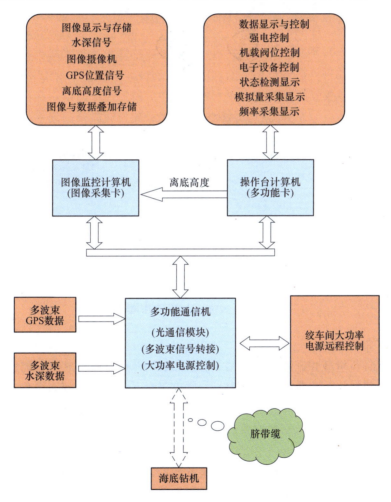

图 5.35　我国中深孔钻机甲板操作系统结构框图

甲板多功能机箱的设计用途包括：①作为甲板操作计算机与机载控制系统的通信接口，连接脐带缆内的光纤信号，实现机载多路图像和各种传感器的信号上传及甲板控制命令的下传工作；②作为甲板操作计算机与船载多波束信号接口，接收 GPS 信号和多波束水深信号；③作为甲板操作计算机与绞车间大功率电源的控制接口，传输控制命令进行电源智能供电，并监控甲板电源系统。

如图 5.36 所示，甲板操作系统的接线设计以多功能通信机为核心，使用光纤接口与光纤动力脐带缆连接，利用光缆铜芯向机载控制系统供电。脐带缆中光纤传输而来的视频信号，经过多功能通信机转换成同轴视频数据，经图像编码器采集后通过网口传输至图像监控计算机。由光纤传输而来的机载传感数据和控制信息，通过多功能通信机转换至串行接口后与甲板操作计算机的多串口卡通信。多功能通信机通过串行接口获得 GPS 数据和多波束水深数据，再经串行接口传输到图像监控计算机进行字幕显示。甲板操作台的甲板电源控制指令通过多功能通信机转换成 CAN 信号，然后传输到绞车间的集中控制器，实现对绞车间强电配电柜的远程控制。

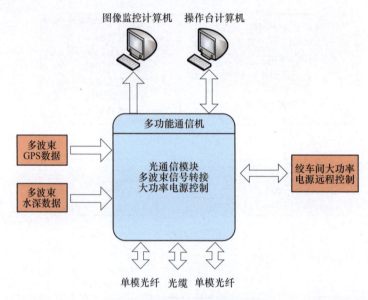

图 5.36　多功能通信机结构框图

（2）机载控制系统

我国中深孔钻机机载控制系统总体结构如图 5.37 所示，采用主控系统、光纤视频通信模块、电源变换模块作为机载电子监控中心的硬件平台。其中，主控系统负责各种传感器数据的采集及电子设备的控制，并通过液压阀箱控制海底钻机的各种电磁阀；视频光端通信模块用于接收机载系统的视频数据和传感数据，并与甲板操作控制台的光纤视频通信模块共同构成通信链路。

钻进取芯智能感知与控制是机载控制系统的核心，依托分布在钻机关键执行元件和部件上的传感器，实时采集海底钻机环境参数、钻进取芯工艺参数和关键部件状态参数，基于钻进取芯模型、智能算法和专家系统，以钻进速度、岩芯质量和运行可靠性为目标，对钻机全过程运行状态进行实时监测和执行元部件优化控制，实现高效率高质量可靠性海底钻进取芯作业。

实现全过程智能感知与控制所需的基本控制量众多，包括传感器的多路信号与数据（模拟量、频率量、位置量、海底钻机姿态、电压电流、转速等）的采集、甲板上位机高速通信、海底钻机的操作动作及控制（动力头控制、机械手控制、接管控制、卸管控制、

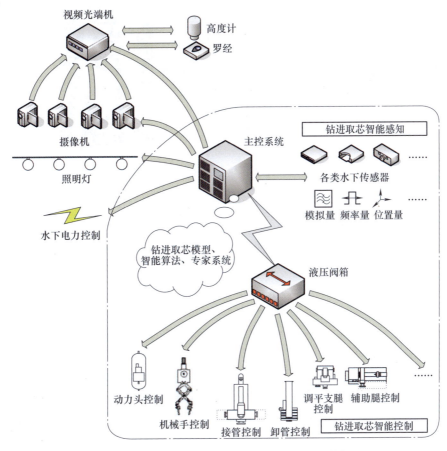

图 5.37 我国中深孔钻机机载控制系统总体结构框图

调平支腿控制、辅助腿控制等），而海底钻机耐压仓体积有限，这就要求机载控制系统搭载的微控制器体积小、通用 I/O 端口丰富、可靠性高。

主控系统通常有多种可行设计方案，常用的有微控制器（MCU，如 AVR、ARM 系列单片机）、可编程逻辑控制器（PLC）、数字信号处理器（DSP，如美国德州仪器公司的 TMS320C2000/C5000/C6000 系列处理器）、嵌入式微处理器（MPU，如 ARM、X86/Atom、MIPS、PowerPC）、嵌入式片上系统（SOC）等。

MeBo200 钻机的机载控制器采用贝加莱 X90 控制系统，其核心为 ARM 处理器，如图 5.38 所示。由于 X90 控制器采用标准化组件接口，因此添加不同功能的组件模块可轻松适应不同的要求。MeBo200 配备了智能 POWERLINK 总线控制器，可将众多传感器连接到 X90 控制器，控制器通过光纤将传感器数据反馈给甲板操作控制台。

CRD100 钻机的机载控制器采用美国国家仪器公司（National Instruments）的 CompactRIO 系统，该系统提供了高处理性能、传感器专用 I/O 和紧密集成的软件工具。CompactRIO 系统由控制器和机箱组成，控制器上有一个运行 Linux Real-Time OS 的处理器，该处理器能够可靠地执行 LabVIEW Real-Time 应用程序，并支持多采样率控制、执行跟踪、板载数据记录及外围设备通信。机箱上有可编程 FPGA，直接连接到 I/O 模块，而非通过总线连接，所以 CompactRIO 系统可以高性能访问每个模块的 I/O 电路，以及定时、触发和

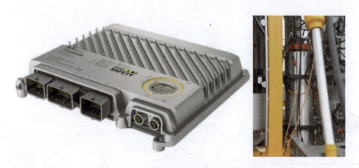

图 5.38　X90 控制器及安装位置

同步。

（3）遥测遥控软件

以我国中深孔钻机为例，遥测遥控软件包括图像监控软件、甲板操作控制软件、机载控制系统软件。

图像监控软件界面如图 5.39 所示。图像监控软件开发主要依据图像编码器提供的应用接口库和 MSComm（Microsoft Communications Control）串口控件。作为 Microsoft 公司提供的简化 Windows 下串行通信编程的 ActiveX 控件，MSComm 为应用程序提供通过串行接口收发数据的简便方法。利用图像编码器的 SDK 实现多路图像的采集和存储，利用 MSComm 串口控件实现串口通信模块，获取多个串口的数据（多波束 GPS 数据、多波束水深数据、离底高度数据），按照固定格式编制为字幕叠加到视频图像上，同时实现视频存储的功能。界面设计采用多通道视频显示界面，双击某一通道界面时，该通道视频扩充整个视频区域，再双击返回到多通道视频显示的常规界面。

甲板操作控制软件界面如图 5.40 所示，主要任务包括三部分：对总电源接触器线包、强电直接供电接触器线包、软起动器起停进行控制；对机载电子设备和机载阀位进行控制；对机载状态传感数据进行检测与显示。

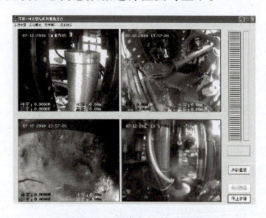
图 5.39　图像监控软件界面

图 5.40　甲板操作控制软件界面

机载控制系统要完成诸如测控系统的数据采集、控制算法、外部设备控制、使用传输协议解析上位机下达的命令字，以及上传采集到的数据信息等功能。机载控制软件系统设计部分包括系统初始化、数据采集处理、传输协议处理、甲板命令处理、海底钻机操作流程控制等子程序及中断服务程序。机载控制系统软件框架如图 5.41 所示。

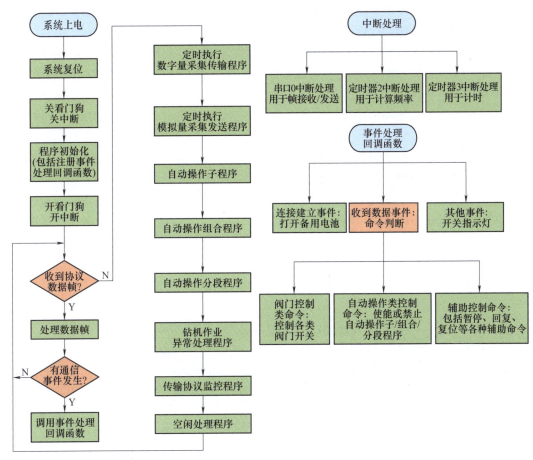

图 5.41 机载控制系统软件框架

系统上电后，主控芯片将自动进行复位操作（复位所有寄存器）。程序正常运行之前必须关闭看门狗和禁能中断，防止其在后续操作时出现异常（如看门狗复位，中断在程序未初始化完成前发生）。然后，对程序进行初始化操作，包括定时器初始化、串口初始化等，同时注册串口传输协议事件处理回调函数。接着，开启看门狗和使能中断，进入主循环。主循环必须保证单次循环时间极短（达毫秒级），否则对上位机命令的响应会严重滞后。因此，主循环内每个子程序结构必须进行完备设计，确保其能立刻返回。主循环内的程序部分是定时执行（如数字、模拟数据采集传输程序），即仅在重复性定时器耗尽时程序才执行动作，否则直接返回；部分程序为有条件执行（如各种自动操作程序），即程序变量在满足某些条件时才执行动作，否则直接返回。正是由于这些条件的存在，使得程序可控；剩余部分为无条件执行（如异常监控处理程序、传输协议监控程序、空闲处理程序等）。

可供程序中断处理的函数主要有三种：串口 0 中断处理函数、定时器 2 中断处理函数及定时器 3 中断处理函数。其中串口 0 中断处理函数用于串口数据的接收与发送，数据以 SLIP 协议格式发送和接收；定时器 2 中断处理函数用于外部引脚频率测量，通过计算频率的周期即可获得；定时器 3 中断处理函数用于实现各种软件定时器，程序中大量使用的各种定时器，如模拟量采样传输定时器、数字量采样传输定时器、传输协议重传定时器、传输协议连接超时定时器及自动操作延时用定时器等。事件处理回调函数是软件框架中的控制中心。根据基于串口的传输协议回调函数处理各类事件。其中最主要的是数据收到事件，事件附带的数据即其与上位机约定的控制协议。根据各种不同的控制命令执行相应控制功能。在PLC 系统中，甲板操作控制系统软件与 PLC 之间采用 PLC 产品的通信协议进行通信，PLC执行组合动作中的子程序，甲板操作控制系统软件实现手动操作和组合动作中的组合程序与分段程序。PLC 程序利用梯形图编辑工具进行编写，实现多个组合子程序的执行。

3. 收放系统

受母船甲板作业面积和配套装备能力的影响，现有海底钻机的收放系统可分为通用收放设备和专用收放设备两类。在同一母船上，通用收放设备对海底钻机的高度有较大限制。例如，我国的"大洋一号"科考船上通用收放设备，限制了海底钻机的机身高度不超过 4m。而在使用专用收放设备时，可以将钻机倒放在母船甲板上，借助 A 形架将海底钻机横躺放置，这样钻机高度可以突破母船 A 形架的高度限制，增大至 7~8m。下面以某型钻机为例，介绍收放系统的工作原理，其组成如海洋绞车、A 形架、收放机构及铠装缆等部分将在第 6 章详细介绍，收放系统具体布局如图 5.42 所示。

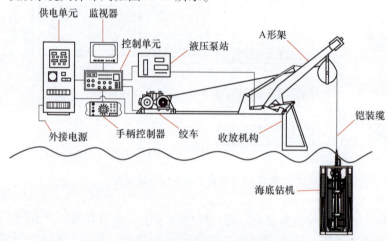

图 5.42 某型钻机收放系统示意

（1）海底钻机布放流程

1）支撑机构与钻机托架两根 U 形滑槽分别对正，起动卷扬机，将海底钻机从支撑机构牵引至钻机托架两根 U 形滑槽上。

2）驱动导梁钩勾住钻机机架，同时合上翻板机构，通过驱动收放液压缸伸出，使钻机与钻机托架所构成的整体从水平状态翻转 90°至垂直于母船的后甲板。

3）起动绞车，缓慢回收铠装脐带缆直至将海底钻机微微提起。

4）驱动翻板锁紧液压缸缩回，解除对翻板机构的锁紧，驱动翻板液压缸伸出，打开翻板机构。

5）驱动导梁钩液压缸缩回，解除导梁钩对海底钻机的抱紧。

6）绞车缓慢释放铠装脐带缆，海底钻机将沿钻机托架的两根 U 形滑槽下入海水中，海底钻机下放速度不宜过快，一般控制在 30m/min 左右。

7）当海底钻机入水深度在 30m 左右时，暂停钻机下放，开始每隔 1m 安装一个浮力球，共安装 15 个浮力球。

8）当海底钻机下放至离海底的高度为 100m 左右时，打开高度计，监控海底钻机离底高度。

9）当海底钻机离底 20~30m 时，控制绞车缓慢释放铠装脐带缆（小于 10m/min）。

10）海底钻机离底小于 10m，打开寻址摄像和寻址灯开始寻址。

11）当海底钻机寻找到合适钻探取样位置后，控制铠装脐带缆绞车缓慢释放铠装脐带缆使钻机着底。

12）如果海底钻机着底后倾角大于 15°或倾倒，应将海底钻机提离海底 10~20m，重新寻址。

13）当海底钻机着底后，控制铠装脐带缆绞车快速释放铠装脐带缆 20~30m，使与海底钻机连接的铠装脐带缆成 S 形，可有效降低波浪运动对钻机的干扰，同时避免铠装脐带缆着底拖挂损坏和与海底钻机的缠绕。

14）利用海底钻机三条液压支腿进行钻机调平。

15）关闭寻址摄像头和寻址灯，锁定三条液压支腿，钻机下放流程结束。

(2) 海底钻机回收流程

1）当海底钻机完成海底钻探取样作业后，回收三条液压驱动调平支腿。

2）停止向钻机主电动机供电，开启寻址摄像和寻址灯，监视离底过程。

3）以中等速度回收铠装脐带缆，待海底钻机离海底的高度大于 10m 时关闭寻址摄像和寻址灯。

4）海底钻机离海底高度大于 100m 后关闭高度计。

5）待浮力球浮出水面后，开始回收浮力球。

6）浮力球全部回收完毕后，通过绞车将海底钻机部分提出水面，并通过起动海底钻机机载推进器调整钻机姿态，使海底钻机机架上的两根 U 形滑槽与钻机托架的两根 U 形滑槽对正。

7）操控母船 A 形架缓慢向内回收，带动海底钻机进入钻机托架内。然后，缓慢回收脐带缆，将海底钻机底部提升至略高于钻机托架底部。

8）通过驱动翻板液压缸带动翻板机构回收。然后，驱动翻板锁紧液压缸将锁紧块锁紧翻板机构。

9）缓慢下放海底钻机，使其在翻板机构上坐稳。

10）驱动导梁钩液压缸，促使导梁钩组件将海底钻机的机架钩住，此时海底钻机已被稳定地固定在钻机托架上。

11）驱动收放液压缸缩回，海底钻机与钻机托架所构成的整体从垂直位置收回至水平位置，钻机托架的两根 U 形滑槽分别与支撑机构上的 U 形滑槽对接。

12）通过驱动导梁钩液压缸使导梁钩组件与海底钻机的机架分离，并通过卷扬机将海底钻机拉回到支撑导轨上，从而实现海底钻机的安全回收。

(3) 海底钻机收放过程动画技术

海底钻机收放过程的动画演示如图 5.43 所示，利用制作的海底钻机收放过程动画视频，进行了从海底钻机与收放装置 V 形口对正、铠装脐带缆绞车提升钻机、海底钻机紧固于钻

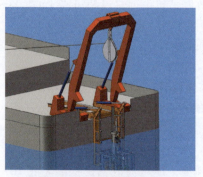
a) 海底钻机与收放装置V形口对正

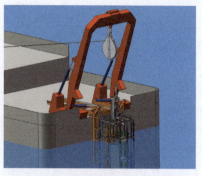
b) 绞车将海底钻机提升至钻机托架上

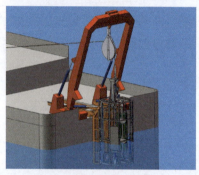
c) 海底钻机紧固在钻机托架上

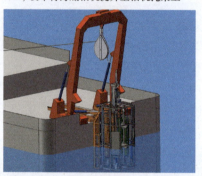
d) A形架缓慢向内回收

e) 收放装置翻转角度A

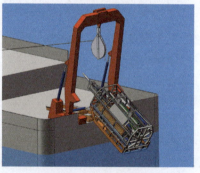
f) 收放装置翻转角度B

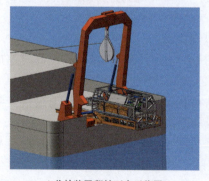
g) 收放装置翻转至水平位置

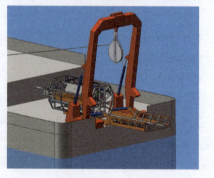
h) 卷扬机牵引钻机回支撑导轨上

图 5.43 海底钻机收放过程动画示意

机托架上、母船A形架向内回收、收放装置带动海底钻机一同翻转及卷扬机牵引钻机回支撑导轨上等海底钻机收放工艺过程的模拟操作，结果表明：海底钻机收放装置在收放作业过程中未与钻机本体或母船发生干涉现象，收放装置的翻板机构运动正常、翻板锁紧液压缸伸缩正常、导梁钩机构执行抱紧/解除抱紧钻机机架的动作正常、收放液压缸带动钻机托架与海底钻机所构成的整体在翻转过程中动作协调良好，整个收放过程流畅。

4. 钻机本体结构

海底钻机本体是海底钻机系统的核心组成部分，也可被视为关键装备。其结构设计和合理配置直接影响钻探作业的成败。海底钻机本体通常由机架、液压动力系统、动力头及推进机构、钻杆钻具、钻杆接卸存储机构及冲洗液循环系统以下构成。

（1）机架

海底钻机的外框架结构较陆地钻机复杂，不仅需提供内部部件的安装空间，还需在收放及着底过程中防止碰撞，通常采用封闭笼形设计，以确保足够的强度和刚度。例如，英国RockDrill1、RockDrill2钻机和我国及俄罗斯的海底钻机均采用封闭式框架设计。使用专用收放设备的钻机，由于设备已提供部分保护，可采用部分开放或完全开放的框架设计，如日本BMS钻机、澳大利亚PROD钻机和德国MEBO钻机。考虑到海底钻机重量常超过10t，其机架结构一般采用半封闭设计，既保证强度和刚度，又尽量减轻重量，并需满足稳定性、便捷性及标准化运输要求。浅孔海底钻机多采用2.3m×2.3m方形底盘与方柱形外框架，不仅结构规整，便于内部部件排布，还降低了重心，增强了稳定性。浅孔海底钻机主要获取表层富钴结壳数据，支腿仅用于作业时的稳定支撑。而中深孔钻机需确保钻具垂直钻入岩层，配备多条支腿以实现底盘调平功能，适应倾斜地形并保持水平，满足深海钻探的高精度需求。采用液压缸驱动向外伸展的三条调平支撑支腿，布置在八边形底盘的三个关键点，呈120°对称分布，可调节支腿伸缩长度，使钻机在倾斜坡面上调整至水平，确保钻具垂直进入岩层，同时防止倾倒或滑动。支腿最大伸出长度可使钻机在15°坡面上稳定着底，其前端配备可更换的带裙边脚板，以适应不同底质，保障钻探作业的精准性与稳定性。

（2）液压动力系统

海底钻机本体液压动力系统包含了陆地全自动接杆钻机液压系统的全部构成和功能，其液压系统也是由液压油箱、电动机、液压泵、液压阀、液压执行器件、软硬油管等部件组成，实现钻进驱动、钻杆钻具移位接卸等功能，但海底钻机液压系统比陆地全自动接杆钻机液压系统更复杂、设计中需要考虑的因素更多。

在海洋环境中，每下降100m水深就会产生1MPa的水压，当水深达到10000m时，水压可高达100MPa。因此，海底钻机必须具备耐压、耐蚀和良好的密封防水性能。海底钻机的液压系统处于极端的工作环境中，周围是高压、低温、高腐蚀性和高导电性的海水。因此，液压系统需要采取深海专用的密封措施、压力平衡措施和电绝缘措施，并选用专为深海高压耐腐蚀环境设计的液压元器件，以及充油或充水的电动机。海底钻机的液压系统外观与普通陆地液压系统也有所不同。为了应对腐蚀和电绝缘的需求，其液压阀组件、电动机液压泵等元器件大多被安置在充满油的箱体内，箱体由耐海水腐蚀的材料制成。这种设计避免了像陆地液压系统那样将液压元件暴露在外。海底钻机的液压系统由主电动机液压泵组件、两个液压控制阀箱总成、液压压力补偿装置、液压管路及各类液压执行机构（如液压缸和液压马达）等组成。液压系统的设计涉及多个方面，包括主电动机的选型、液压元器件的选择、主要液压动力技术与液压控制技术、深海压力补偿技术、深海密封技术、液压压力缓冲技术、深海专用液压缸设计技术，以及主液压泵恒功率控制技术等。这些技术确保海底钻机能够在极端的海洋环境下稳定安全地执行作业任务。

（3）动力头及推进机构

早期海底钻机采用提钻取芯的方式，结构形式为全液压贯通式钻进机构，设计简单紧凑。全液压贯通式钻进机构将钻进单元设计为独立模块，安装在机架上的滑轨上，并通过升降液压缸沿滑轨上下移动。在钻进操作中，首先将钻进机构下降至岩石表面，并通过液压阀设定的压力将其顶紧在岩石表面，然后起动钻具进行回转钻进。钻进完成后，先起拔钻具，通过钻进机构头部顶紧于岩石表面的作用将岩芯拔断，拔断后的岩芯负载直接传递至岩体，随后整体收回钻进机构至机架内。这种设计的优势在于钻进机构能够稳固顶紧在岩石表面，形成一个可靠的支点，对钻具的稳定性起到关键作用。这种结构不仅有助于岩芯的保护，尤其是在大坡度开孔时能够有效防止钻头沿岩面滑移，从而大幅提高开孔成功率，解决开孔难题。此外，钻头在贴近岩石面后开始钻进，可以确保钻进深度和岩芯长度的精确性。拔断岩芯所需的力（可高达100kN）直接由岩石表面承受，避免了机架和支腿因过大的拔芯力而产生的变形。该设计采用液压马达实现旋转运动，功率相对较小，但具备强行拧卸钻杆的能力。然而，随着海底钻机钻进深度的不断增加，这种依赖单回次提钻取芯的钻进动力头已无法满足大深度勘探作业、高效的需求。

现代海底钻机钻进动力头需要具备以下能力：能提供强大的推力、高钻速、大扭矩及快速提升的能力，支持绳索取芯技术。基于这些要求，海底钻机的动力头机构通常采用绳索取芯技术与推进动力头相结合的模式。这种设计的优势在于显著增强海底钻机的钻进能力，结合绳索取芯技术后，可使钻机的钻探深度从数十米提升至上百米，满足深海勘探的需求。动力头是海底钻机的核心组件之一，主要功能是为钻管提供可靠的旋转动力。作为钻管动力输入来源的关键装置，动力头通过液压驱动实现钻杆的旋转运动，并结合推进系统完成钻具的轴向进给。与此同时，动力头还需满足复杂深海环境下的高稳定性与高可靠性要求，确保在高压、低温、强洋流等极端条件下稳定运行。此外，为适应多种作业需求，钻进动力头通常集成通孔给水、绳索打捞、压力补偿、钻杆拧卸等功能，是深海钻探设备自动化和高效化的技术保障。钻进推进系统负责将钻具稳定、精准地推入岩层，实现连续钻进作业。其通过带动钻机动力头沿垂直滑轨上下滑动，克服钻进过程中岩层的阻力，从而实现动力头和钻具的给进。推进系统的设计不仅要求高效传递推进力，还需与动力头、钻管接卸装置等模块紧密配合，实现作业的协调性与连续性。

（4）钻管接卸存储机构

对于海底钻机而言，当其钻深能力超过5m时，使用单根钻管完成全程钻探已不现实。过长的钻管不仅要求钻机具备更高的结构高度，还会显著增加设备在下放、回收及支撑调平过程中的难度。同时，由于海底作业环境的特殊性，钻管钻具在作业过程中无法人工作业，现场进行补充或更换，大型海底钻机必须提前将作业所需的钻管和钻具存放在储管架中，并配备专用的移管机械手，实现钻管和钻具的抓取、移动、接卸及存储。因此，钻管接卸存储系统的分段取芯技术已成为深海钻探的主流选择。

现代海底钻机设置钻管接卸存储机构，包括钻管存储机构、钻管接卸装置两个部分。该机构通过钻管存储机构、钻管接卸装置的协同工作，完成钻管的存储、接卸和移管操作。在深海复杂环境下,接卸存储系统需要满足自动化、高存储密度、高精度定位和高可靠性等要求。例如,两个单排转盘式旋转存储机构,这种设计的优势在于能够分别存储钻管和岩芯管,能更好地适应海底作业的需求。同时,接卸存储机构的设计应尽量简化结构,以提高可靠性,并确保在极端海底环境下的高效作业。

(5) 冲洗液循环系统

海底钻机的冲洗液循环系统是确保钻探作业顺利进行的关键部分,主要功能包括清洁钻孔、冷却钻头、润滑钻具、稳定孔壁及抑制岩屑对钻进系统的阻塞。随着钻探深度的增加,特别是在深海环境下,钻探过程中所产生的热量和岩屑不仅对钻具本身构成威胁,而且可能导致孔壁坍塌或钻具卡钻。因此,海底钻机的冲洗液循环系统必须具备耐高压、耐腐蚀、稳定性强和流体循环效率高等特性。

海底钻机的冲洗液循环系统通常由液体供应装置、液体输送管路、回流管路、压力控制系统、过滤装置及排放系统等组成。这些组件协同工作,确保液体流动的高效性与系统的长时间稳定性。冲洗液通常为海水或特制的泥浆液,需具有良好的流动性、较高的悬浮能力及较强的清洁性,以便有效带走钻探过程中产生的碎屑和其他杂物。液体的选择会依据不同的作业需求和地质条件进行调整,确保最大限度地提高钻探效率。

冲洗液循环系统的设计不仅需要满足钻探作业的基本需求,还需要具有自动化控制功能,确保在不同作业条件下能够及时调整冲洗液的流量和压力,达到最佳作业效果。在深海环境中,可靠的冲洗液循环系统可以大大提高钻探效率,减少设备损耗,并且减少钻探过程中可能发生的故障或事故,确保海底钻机作业的高效与安全。

5.3 海底钻机关键技术

海底钻机面临深海压力、海水腐蚀和沉积物底质等严苛作业环境,装备长时运行和超长收放,既要考虑自身钻取稳定性、高效性等技术需要,又要考虑安全性、可操作性等作业需要。各国的海底钻机既拥有许多共同点,又由于国情背景和设计理念的不同呈现出多样性。下面分别对海底钻机中的液压动力、高压供变电、动力头与钻管接卸、取芯工艺、稳定支撑与调平等关键技术进行分析。

5.3.1 液压动力技术

海底钻机液压系统一般由电动机液压泵箱、液压阀箱、滤油器、液压管路和各液压执行机构等组成。与陆地钻机不同之处是海底钻机的液压控制阀组件为了防止海水腐蚀和实现有效隔离密封,不能直接暴露在外。大部分液压阀组件会被封装在一个由防腐材料制成的箱体中,这个箱体被称为"阀箱"。当液压阀数量较多时,如果将所有阀封装在一个阀箱内,会导致阀箱体积过大,不利于密封处理。所以有些海底钻机会包含多个液压阀箱,如设置一个主控液压阀箱和一个辅助液压阀箱。在多阀箱系统中,主控液压阀箱主要负责钻进系统的液压控制,涵盖钻进动力头、供水系统、推进系统及系统卸压等核心功能;而辅助液压阀箱则主要承担液压夹持器、钻杆接卸机构、液压支腿等辅助功能的控制。

1. 设计要求

鉴于海底钻机的全液压特性,其液压传动系统的设计不仅是机械设计的核心内容之一,也直接决定了各项功能的实现效果及整体性能的优劣。虽然陆地全液压钻机的液压系统设计经验在很大程度上适用于海底钻机，如液压原理图设计、工作参数的选择与计算、系统及元器件的静态和动态响应分析等；但在液压元器件的选型设计、密封材料与结构的选择、深海环境下的压力补偿、液压箱及系统的散热设计、元器件的封装与连接方式、自动控制策略，以及设计过程中需考量的各项因素的优先级等方面，海底钻机与陆地钻机存在显著差异，需要特别关注和处理。因此，针对海底钻机液压系统的设计提出了如下要求：

1）选用深海适用的液压元器件。这些元器件必须能耐深海高压、耐海水腐蚀、内部没有封闭的空腔；对用于超大深度深水（4000~5000m）的液压元器件，其材质及公差配合设计还必须考虑到深水压力下的体积收缩与变形；液压控制阀必须采用开放的湿式电磁铁驱动。

2）采用适用于深海机电设备的特殊密封措施，包括采用高耐压密封材料和结构、油和海水双向密封等方式。整个液压系统需要完全封闭，确保与外部海水隔离，同时具备良好的密封性和抗腐蚀性能。

3）采取深海压力补偿措施，以确保系统所有元器件必须能在数十兆帕背压下工作，防止外部海水压力对系统造成损害。系统（特别是油箱）设计中必须重视排气措施，由于气泡的存在会影响压力补偿装置的精度，进而影响整个系统的压力平衡。

4）可靠性原则。海底钻机工作于数千米深的海底，一旦出现故障，不仅会导致钻孔报废和孔内钻具丢失，严重时还可能使钻机无法回收。因此，海底钻机的液压系统优先选用高质量液压元器件。系统设计应遵循简单可靠的原则，通常采用单泵系统，最多采用双泵系统，尽量避免复杂的控制原理。

5）能量利用效率原则。与陆地钻机不同，海底钻机要通过数千米铠装光纤动力复合电缆向海底输送电力，其最大输电功率有限，为使海底钻机在有限功耗下实现尽可能大的钻进能力，就要求钻机液压系统具有高的能量利用效率。为此，应尽可能采用负载敏感泵或马达、恒功率控制、闭式主回路、电液比例调节等先进的液压控制技术，以提高液压系统能量利用效率。

6）轻量化原则。海底钻机需要通过铠装电缆吊放至海底，并通过铠装电缆为钻机工作提供动力，因此对钻机的重量体积极为敏感。一方面，海底钻机重量体积受到收放设备能力的限制，包括绞车、缆绳和 A 形架等设备能力；另一方面，在相同功率条件下，液压系统的重量体积越小，意味着铠装电缆在可承受的重量体积限制下，可以提高系统的功率，从而增强钻机的钻进能力。

2. 主要液压回路

海底钻机一般由电动机液压泵箱、液压阀箱、滤油器、液压管路和各液压执行机构等组成，图 5.44 是我国中深孔海底钻机的液压原理图。其液压系统一般包含三类主要液压回路：回转回路，负责驱动和调节动力头和钻杆钻具的回转运动，是钻机最主要、消耗功率最大的回路；给进回路，负责推进钻头钻具深入孔底并抵紧孔底岩石，同时在结束钻进后提升钻杆钻具；辅助回路，是多个回路的统称，如调平固定回路、换钻杆回路、换钻具回路、卸扣回路等，负责支腿调平、钻杆钻具的存取移位和卡夹接卸等动作。液压动力单元的配置可以是单泵方案（一台液压泵带所有回路）、双泵方案（两泵一大一小，大泵主要带回转回路，小泵主要带给进回路）和多泵方案。单泵方案的主要优点是系统结构简单可靠、重量轻体积小，钻进时液压能量可自动合理分配等，适用于小型海底钻机。双泵和多泵方案的主要优点是可以避免各回路之间产生相互干扰，降低能耗，主要用于大型海底钻机。回路间液压干扰问题可通过其他技术途径得到改善，使之对钻机工作不产生显著影响。

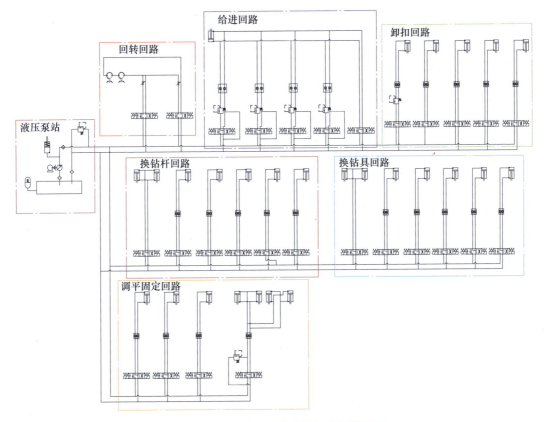

图5.44　我国中深孔海底钻机液压原理图

（1）回转回路

如前所述，海底钻机的一个重要特点是所获电力供应受到严格限制，要求其液压动力系统不能超载，否则将引起供电系统过载自动断电，由此引发钻机故障或孔内事故。为此，回转回路通常采用变量泵——定量马达，同时选用带恒功率控制的变量泵作为系统主液压泵。只要主液压泵的恒功率控制值调定在电动机额定功率以下，即可圆满解决系统超载问题。在一定条件下，钻头进给速度基本与钻头转速成正比，采用恒功率控制主液压泵可最大限度地提高系统能量利用效率。当岩石比较容易切削时，所需破岩功率较小（切削扭矩小），恒功率主泵将自动加大排量，提高钻头转速，从而提高钻头进给速度；反之，当岩石硬度大不易切削时，钻头转速自动降低，以确保系统不超载。

海底钻机冲洗水泵可以单独一个回路，也可以将驱动冲洗水泵的液压马达串联在回转回路上，位于钻进动力头主马达之后。其优点一是冲洗功率和钻进功率完全自动分配，充分利用液压系统功率；二是冲洗马达和钻进马达共起停，无须额外的控制输出，减少了控制系统输出量。

（2）给进回路

现有海底钻机大多采用液压缸驱动的钢丝绳倍程给进机构。给进液压缸的进油压力调节方式是给进回路设计的核心。可供选择的调节元件有溢流阀和减压阀。如果海底钻机采用单泵系统，可以采用减压阀，即液压油进入给进液压缸之前先通过减压阀将进油压力调节到合适的值。为了得到不同的给进液压缸进油压力值，可以采用多个减压阀并联，或者单个电液比例减压阀。前者简单可靠、容易操作，但只能得到有限的几个压力值；后者复杂，可连续调节压力，但对控制系统的要求较高。为保证系统可靠性，海底钻机通常选择前者，通过开关阀选择合适的减压阀接入。

（3）辅助回路

辅助回路执行机构都是液压缸，每个驱动液压缸的支路之间一般属于并联关系，均由同一条主回路供油。对于没有使用液压锁的支路，其换向阀一般采用 O 形中位机能，而对于有液压锁的支路一般采用 J 形三位四通换向阀。与此同时，还需要在液压缸的进油口、回油口添加减压阀或溢流阀。在有必要调速的支路还需要添加调速阀。

3. 深海压力平衡

为保证深海液压系统压力平衡，无论是采用开式还是闭式液压系统，深海液压系统都必须保持对外部海水的全封闭和密封状态，同时确保系统内部的所有空间都被液压油充分填充。在系统尚未入水时，允许液压油中含有极少量的空气气泡，但这些气泡必须处于压力补偿装置的调节范围之内。通过使用压力补偿装置，可以保证液压箱内的液压油压力与外部海水压力相等或略高，从而确保箱壁、元器件及其外壳所承受的内外压力基本相等。在这样的受力条件下，液压箱和液压元器件只会经历极其轻微的体积压缩和形变，通常不会对液压系统的正常运作造成影响。然而，在水深超过 4000m 的极端环境下，液压元器件的压缩和形变可能会对其功能产生负面影响，此时除了实施压力平衡措施之外，还需要在元器件的设计上采取专门的措施。

除了深海液压系统需要配置压力平衡装置外，海底钻机其他系统中的部件同样需要设置此类装置。这些部件包括各种电力元件、液压控制阀、各类传感器等。如果这些部件的外壳或安装容器不能够独立抵抗外部海水的压力，就必须在其内部填充液体介质，并采取相应的压力补偿措施。对于每一个封闭的液压系统（或容器、壳体），如果其内部与另一个封闭系统内部填充的是相同的液体介质，并且两者之间通过液体介质管道相连通，那么它们可以共享一个压力补偿装置；反之，则需为每个系统单独设置压力补偿装置。

压力补偿装置主要分为两种类型：零压压力补偿装置和正压压力补偿装置。零压压力补偿装置是指液压箱内压力与外部海水压力相等的情况，本质上是一个容器，其内部填充了与待补偿设备内部相同的液体介质，该容器的容积可以在极小的内外压力差作用下快速调整（膨胀或收缩），直到内外压力达到平衡。正压压力补偿装置是在膜片、皮囊、波纹管或低阻力活塞的外部添加弹簧组件，以在容器外部施加一个给定的压力，并传递给其内部液体介质，使其内部液体介质压力始终高于外部海水给定的压力值。当存在轻微泄漏的情况下，可以有效防止海水渗入液压系统，零压压力补偿装置则可能导致海水进入系统。因此，通常推荐使用正压压力补偿装置。

5.3.2 高压供变电技术

1. 供变电系统工作原理

海底钻机与其他深海装备相似，依据海底钻探具体场景，海底钻机所搭载的电动机可选用高压电动机或低压电动机。因此，海底钻机的供变电系统分为高压电动机起动与低压电动机起动两种类型。高压电动机供变电系统的特点为：甲板上的升压电直接驱动高压电动机，未经机载变压器变压；低压电动机供变电系统的特点为，甲板上的升压电通过脐带缆传输到海底，经过机载变压器降压，以此驱动低压电动机。

（1）高压电动机供变电系统

国内外多种型号海底钻机均采用高压电动机供变电系统。例如，MEBO、MEBO200均配备2台功率65kW的3000V高压电动机；FUGRO钻机配备单台110kW的3300V高压电动机；我国中深孔钻机也配备有3300V高压电动机。供变电系统将母船电力通过脐带缆传输至海底钻机，随后经过一系列的升压、稳压及保护措施，确保电力稳定且安全地供给至高压电动机。在电动机起动前，系统进行一系列预检，确保各部件处于正常工作状态；起动后，系统会实时监控电动机运行状况，及时调整供电参数，以保障海底钻机的高效、稳定运行。具体工作流程根据母船、钻机及配套设施有所差异，但总体相似。概括如下：

1）当水面配电控制柜的直接供电接触器闭合时，母船提供的三相电源通过绞车间升压变压器升压，经由绞车上的光纤动力滑环与脐带缆传输至海底钻机，用于驱动其深海作业。

2）脐带缆传输的三相高压电接入海底钻机配电箱，分为两路：一路连接深海高压电动机（此时高压接触器处于常开状态，电动机未起动）；另一路则接入降压变压器（将三相高压电源降为三相低压电），并通过常闭接触器供给机载控制系统。

3）机载控制系统接收三相低压电经整流滤波转换为低压直流电，再由DC/DC变换器转为设备元件用电，以此驱动机载控制系统自动运行。

4）机载控制系统启动后，接通耐压仓内蓄电池的常开继电器，使蓄电池进入浮充状态。

5）钻机完成寻址并着底后，机载控制系统断开与配电箱中的常闭接触器的连接，转为蓄电池供电模式，同时断开甲板低压控制配电柜的直接供电接触器。

6）机载控制系统控制配电箱的高压常开接触器闭合，并通过甲板控制配电柜的三相软起动器起动深海高压电动机。起动完成后，软起动旁路接触器自动闭合。

7）深海高压电动机起动后，机载控制系统重新连接配电箱中的常闭接触器（由船电供电），随即进行钻进取芯作业。

8）单次钻探任务完成后，机载控制系统断开强电箱内的常闭接触器，转换为蓄电池供电，然后通过甲板的三相软起动器实现电动机的软停止，并断开高压常开接触器以停止电动机供电。

9）在回收钻机前，机载控制系统重新接通强电箱中的常闭接触器，通过直接供电接触器恢复至三相船电供电。

10）在钻机回收过程中，机载控制系统停止供电，同时断开甲板的直接供电接触器和蓄电池的常开继电器。

当脐带缆出现供电故障，机载控制系统将关闭高功耗设备，并自动切换至蓄电池供电，以维持半小时的供电时间用于故障排除。如果海底钻机钻进系统故障无法排除，将通过光纤向机载控制系统发送抛弃钻具指令，并且光纤通信中断且超出设定时间仍无法与甲板建立通信，机载控制系统将自动启动钻具抛弃程序。

（2）低压电动机供变电系统

相较于搭载高压电动机，低压电动机的工作原理表现出更为复杂的特性，主要体现在海底钻机本体的电力分配中，来自脐带缆的三相高压电需要降压转换为三相或单相低压电源，分别给电动机及机载控制系统供电。其中，ROVdrill、ROVdrill3 配备单相 120V 电压，CRD100 钻机配电盒和控制端电压为三相 440VAC，BGS RD2 Rockdrill 配备三相 415VAC 电源。具体工作流程可概括如下：

1）此步骤与高压电动机工作流程的第一步相同。

2）在海底钻机本体上，来自脐带缆的三相高压电首先通过分线箱进入机载强电箱，经由降压变压器转换为三相电源。由于连接的深海电动机接触器处于常开状态，深海电动机并未获得起动所需电力。同时，另一路三相电源则通过常闭接触器输送至机载控制系统。

3）当海底钻机完成寻址并着底后，需起动深海电动机。此时，机载控制系统断开强电箱内的常闭接触器，转为蓄电池供电模式。随后，断开甲板配电柜上的直接供电接触器。

4）机载控制系统随后闭合强电箱中的常开接触器，并通过甲板的三相软起动器起动海底钻机深海电动机。起动完成后，软起动旁路接触器自动闭合。

5）电动机起动后，机载控制系统重新接通强电箱中的常闭接触器，恢复由船电供电，进行钻进操作。

6）此步骤与高压电动机起动的步骤 8）相同。

7）在回收海底钻机前，通过直接供电接触器恢复对其的直接供电。当机载常闭接触器接通，机载控制系统转由船电供电。此时，可进行海底钻机回收操作。

8）余下的步骤与高压电动机工作流程的步骤 10）相同。

2. 高压供变电系统设计

在供变电系统设计时，假设某型母船船电为 380V 三相交流电；配备的脐带缆由 6 根输电芯线和 4 根单模光纤组成，其耐压性能指标为 3300VAC，此时输电电压等级也视为 3300VAC；深海电动机分别为 3300V 和 380V；机载控制系统所需电压为 24V。图 5.45 为供变电系统简图，具体如下：

船上发电机提供的 380VAC 三相动力电首先进入甲板低压控制配电柜。在配电柜内部，母线依次经过漏电断路器、过载保护器和保险丝等安全保护装置。随后，该母线被分为三条路径，分别连接到直接供电接触器、电动机软起动器及软起动旁路接触器。经过这些设备后，三条路径重新合并为一条母线，并送入升压变压器升压至 3300VAC（或送入不同的升压变压器，分别对深海电动机和水下降压变压器供电）。最后，升压后的电力通过绞车滑环系统，经脐带缆传输至海底钻机本体。

在海底钻机本体上，脐带缆的缆头自承重头引出后，直接进入浸油压力平衡式转接配电箱，并通过密封件在箱壁入口处实现密封。转接配电箱内配备有高低压接线端子、光纤连接器插座、小型 3300VAC/220VAC 三相降压变压器、3300VAC 高压常开接触器及低压常闭接触器等组件。具体而言，从脐带缆头分出的三相高压芯线通过高压接线端子分别连接至高压常开接触器和降压变压器的原线圈。其中，高压常开接触器输出的三相高压线穿出箱体，连接至三相高压深海电动机；而降压变压器副边输出的三相低压（220VAC）线则先经过一个常闭接触器，再接入机载控制系统耐压仓。此外，光纤芯线通过光纤连接器穿出转接配电箱，进入控制系统耐压仓，并接入光调制解调器。

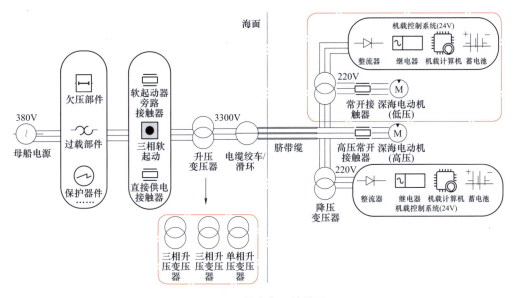

图 5.45　供变电系统简图

在机载控制系统耐压仓内，来自转接配电箱的三相 220VAC 电源首先经过整流滤波，转换为约 350VDC，随后通过 DC/DC 直流稳压电源变换为 24VDC。其中，一路 24VDC 直接供给电动机载控制系统；另一路则通过一个由机载控制系统控制的常开继电器连接至 24VDC 蓄电池。当常开继电器接通时，蓄电池既可处于浮充状态，也可向机载控制系统供电。

低压电动机起动与高压电动机系统的主要区别在于海底钻机本体上的配置。三相高压芯线从分线箱引出后，进入机载强电箱。机载强电箱内包含大型 3300VAC/380VAC 三相降压变压器、380VAC 常开接触器和 380VAC 常闭接触器、高低压接线端子等组件。三相高压芯线通过高压接线端子连接至降压变压器的原边线圈，而降压变压器副边输出的三相（380VAC）线则分别连接至 380VAC 常开接触器和 380VAC 常闭接触器。其中，380VAC 常开接触器输出的三相线穿出箱体，连接至三相 380VAC 深海电动机；而 380VAC 常闭接触器输出的三相线则穿出箱体，接入机载控制系统耐压仓。

3. 高压供变电控制

供变电系统的控制过程是一个综合且精密的系统工程，主要分为四个核心环节：首先是电子监控系统上电与寻址，确保系统初始化并精准定位；其次是水下高压电动机起动，通过一系列有序操作实现电动机的安全高效运行；紧接着是水下高压电动机停机，确保电动机平稳停止以保护设备；最后是海底钻机故障处理，及时响应并排除故障，以保障整个系统的稳定运行和作业效率。

（1）上电与寻址

上电与寻址的工作流程如图 5.46 所示。在系统初始化阶段，甲板计算机首先启动，随后多功能通信机准备与水下光端机建立信号连接。当甲板直接供电接触器被合上，水下监控系统获得电力并启动，同时开始对水下应急电池进行充电。监控系统启动后，摄像头和灯光设备随即开启，用于进行寻址操作。若寻址过程中找到合适的地址，则进行海底钻机的下放，并起动电动机进行钻进作业，如果未找到合适地点，则继续执行寻址任务。

（2）水下高压电动机起动

水下高压电动机起动工作流程如图5.47所示，水下高压电动机起动前，水下监控系统先断开强电箱内的常闭接触器，改为应急电池供电给水下监控系统，断开甲板直接供电接触器。通过水下监控系统合上连接电机的水下高压常开接

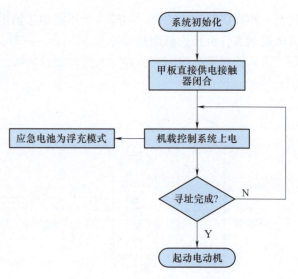

图5.46 上电与寻址工作流程

触器，再在甲板软起动水下电动机。软起动完毕后，旁路接触器闭合，通过旁路接触器供电。最后接通强电箱中的常闭接触器，恢复到船电供电，开始钻进工作。

（3）水下高压电动机停机

海底钻进任务结束后，停止高压电动机的工作流程如图5.48所示，钻进结束后，水下监控系统先断开强电箱内的常闭接触器，改由应急电池供电。甲板软起动器停止电动机，待电动机完全停止后，断开水下高压接触器。再合上甲板直接供电接触器，水下监控系统由甲板供电，应急电池变为充电模式。最后是监控系统断电工作，断开给应急电池充电的继电器。随后断开甲板直接供电接触器停止向海底钻机本体供电，并对海底钻机进行回收。

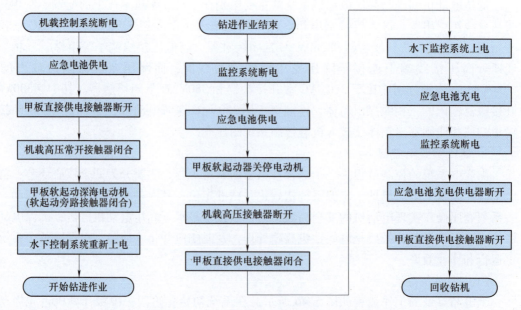

图5.47 起动水下高压电动机工作流程　　图5.48 钻进结束后停止高压电动机工作流程

（4）海底钻机故障处理

海底钻机故障处理的工作流程如图 5.49 所示，当接收到故障信息提示时，首先判断该故障是否属于机载供变电系统。若属于，则立即由甲板供电模式切换至应急电池工作模式，并关闭照明灯、摄像机、各传感器及电池阀等高功耗外接设备。随后再次检查机载供变电系统故障是否已排除。若故障仍未排除，则需进一步判断通信系统是否正常。若通信系统正常，则控制水下监控系统执行抛弃钻具的操作，并随后回收海底钻机。若通信系统异常，则延时以观察通信是否能在规定时间内恢复。如未能在规定时间恢复通信，系统将自动执行抛弃钻具的操作。

4. 无功功率就地补偿

海底钻机液压动力系统的核心为一台三相交流浸油压力平衡深海高压电动机，其功率因素偏低。因此，脐带缆在传输足够的有功功率之外，还需承担大量无功功率的传输，这导致电缆内三相电流显著增大。电流过大引发两大问题：一是电缆末端的电压随负载变化剧烈波动，通常超过 20% 的电压波动即可能对海底钻机的正常运作造成影响，而实际波动幅度可能高达 30%~40%，严重威胁电动机的稳定运行；二是脐带缆过度发热，导致电缆及绞车温度急剧上升，存在损坏风险。

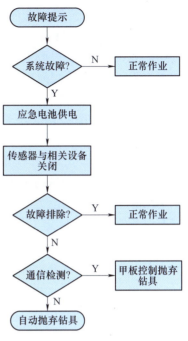

图 5.49　海底钻机故障处理的工作流程

鉴于通用脐带缆长度可达一万米，当海底钻机下潜至 3000~4000m 深海时，船上储缆绞车卷筒上仍缠绕着数千米的未释放脐带缆。这种紧密缠绕状态使得脐带缆的热量难以有效散发。国外调查船常采用为绞车加装喷淋式散热装置的方法应对此问题，但并非所有科考船均配备降温设施，因此需探索其他解决方案：一是尽可能采用高压输电技术；二是在确保海底钻机负载能力的前提下，尽量减小供电电流。然而，供电电压的提升受限于电缆的耐压等级，最大值仅为 3300VAC。而减小供电电流的唯一可行途径是提高海底钻机用电系统的功率因素，使之趋近于 1.0。这意味着需要对海底钻机上的主要用电设备——三相高压机载电动机进行无功功率补偿。

无功功率补偿不仅涉及三相间的能量转换，还包括储能与释能的方式。当实际功率的瞬时值偏离最佳功率瞬时值时，储能元件都会相应地存储或释放这部分能量，以此来合成最接近理想的功率波形。无功补偿装置种类繁多，针对海底钻机的特定需求，通常选择电容器作为无功补偿的元件，具体实现方式包括集中补偿、分组补偿和就地补偿等。鉴于海底钻机机载供变电系统的独特性，以及其通过长达万米的脐带缆进行供电的特点，采用就地补偿方式更为适宜。为便于深入分析，海底钻机供电系统可简化为图 5.50 所示的模型。在供电系统的电路模型中，U_{L1} 代表从船舶三相高压动力电源输送至电缆的线电压，其值设定为 3300VAC，相应地，U_{P1} 为船上三相高压电源的相电压，鉴于系统采用的是三相三线制，图中以虚线形式标示的零线在实际情况中并不存在；U_{L2} 则是指海底钻机从电缆末端实际接收到的三相电源线电压，而 U_{P2} 则是海底钻机从电缆末端实际获取到的三相电源相电压；I_L 表示在电缆中流动的三相线电流；R_C 代表电缆中每根相线的沿程电阻；R_m 为海底钻机上所装机载电动机的等效相电阻，X_m 则代表海底钻机机载电动机的等效相感抗，这一数值可以通过实施无功功率就地补偿技术来进行调整和优化。

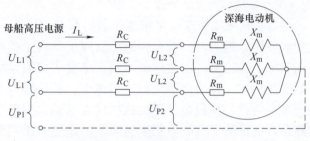

图 5.50 供电系统示意

机载电机无功功率的补偿策略，具体实现方式是在电动机的三相进线端，依据实际需求选择星形或三角形连接方式，并联接入专为深海环境设计的电力电容器。此类电容器具备优异的耐压、耐潮及耐蚀性能，确保在极端海洋条件下仍能稳定工作。补偿装置的安装位置及其与电动机系统的连接方式如图 5.51 所示，三组电容器采用星形连接，每组电容器由一个或多个电容器并联组成，其个数取决于每组所需要的电容总量。

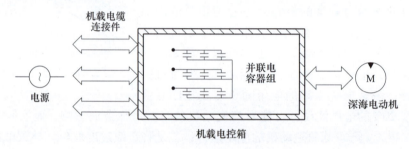

图 5.51 无功功率就地补偿示意

在实际应用中，不同船舶所配备的绞车对发热功率的要求存在显著差异。例如，"大洋一号"科考船上的脐带缆及其配套绞车，对电缆的总发热功率有着严格限制，要求不得超过 5kW。而对于机载电动机而言，在其正常作业状态下，供电电压的波动范围需控制在 ±10% 以内，以确保电动机运行的稳定性与可靠性，这一波动范围在极端情况下也不得超过 ±15%，否则可能会对电动机的性能及使用寿命产生不利影响。据此，开展无功功率就地补偿实验，如图 5.52 所示。

图 5.52 无功功率就地补偿实验

机载电动机为三相浸油鼠笼式异步电动机，其高压电源供电电压 U_{L1} 为三相 3300VAC，接至机载电动机的每根相线上串联一个（总共三个）45Ω 电阻，以模拟万米电缆沿程电阻；在电动机进线端采用三组耐压 3000VAC 电力电容器组成就地星形补偿网络，其中每组电容器为 3 个 1.7μF 电容器和 1 个 0.5μF 电容器并联组成，其总电容量为 5.6μF。试验结果见

表5.2。

表 5.2 电动机无功功率补偿试验结果

工况	$\cos\theta$	U_{L2}/V	I_L/A	N_R/W
空载未补偿运行	0.26	3150	4.1	2269.4
空载补偿运行	0.91	3130	1.7	390.2
轻载未补偿运行	0.34	3090	4.3	2496.2
轻载补偿运行	0.95	3110	2.4	777.6
满载未补偿运行	0.70	2910	7.1	6805.4
满载补偿运行	0.97	2930	4.95	3307.8

电动机空载运行即海底钻机液压系统已起动但未承载任何负载；电动机轻载运行则是液压系统已带动钻进系统运作，但尚未钻入岩石层；电动机满载运行则指海底钻机正全力钻进岩石。由于采用模拟高压电表测量 U_{L2} 时，其读数存在较大误差，故 N_R 值是基于 I_L 的计算结果得出。

从表 5.2 可见，实施无功功率补偿能显著提升机载电动机的功率因数，有效减小其工作电流，并降低电缆沿程的发热功率，但对于电压波动幅度的改善效果相对有限。在海底钻机满载且未进行无功功率补偿的情况下，电缆沿程的发热功率高达 6.8kW，已超出电缆所能承受的发热功率范围。而一旦进行补偿，其发热功率则下降至 3.3kW，降幅达 51.5%，重新回归电缆允许的发热功率范畴内；同时，电缆的供电电流也下降了 30.3%。实验过程中，未发现并联电容器对机载电动机的运行产生任何不利影响。

因此，当深海机电设备带有感性电力负载，且在水下大深度作业时，其细长的供电脐带缆易导致供电能力紧张，此时可通过并联电容器的方式对其进行无功功率补偿。这一方法对于提升功率因数、减小供电电流、降低电缆沿程发热及增加水下可用电功率等方面均有显著效果。在补偿条件适宜的情况下，电缆供电电流的降幅可达 30% 以上（或水下可用电功率提升 30% 以上），电缆沿程的发热功率也能降低 50% 以上。

5.3.3 动力头与钻管接卸技术

海底钻机在工作过程中，一方面将液压马达输出的高速旋转动力经齿轮箱减速后转化为适合钻进作业的低速高扭矩输出动力；另一方面利用液压缸提供动力实现接卸存储机构移管、对中和接卸等功能。上述功能主要由动力头、推进系统、钻管接卸存储系统实现，它们为海底钻机提供钻进动力，推动动力头和钻具向下给进，为提高钻深能力、存储钻探样本提供保障。

1) 动力头是海底钻机的核心组件之一，其设计需兼顾高负载条件下的稳定性与精度，以确保钻管的运行平稳及深海作业的精确性，是保障钻探系统高效运作的重要环节。其主要功能是为钻管提供可靠的旋转动力。通过驱动装置和传动机构，动力头将机械能高效转化为钻管的旋转运动，并与推进系统协作实现对岩层的钻进作业。

2) 推进系统能够带动钻机动力头沿垂直滑轨上下滑动，从而实现动力头和钻具的给进，以克服钻进过程中岩层的阻力，其刚度和稳定性，关乎钻孔的精确度和稳定性。对于传统的推进系统，增加钻进动力头行程往往会增加钻机高度和动力液压缸安装空间，很难实现钻机整体结构的紧凑性和轻量化。而海底钻机的倍程推进系统，通过动滑轮和定滑轮的组合，既能保持钻机结构紧凑，又能实现较高的钻进动力头行程。

3）接卸存储系统通过钻管存储机构、钻管接卸装置的协同工作，完成钻管的存储、接卸和移管操作。在钻管存储机构中，移管机械手能适应不同外径并提供可靠夹持力，负责在钻管库与动力头位置之间搬运钻管、钻具及岩芯管；盘式钻管库具备多层存储结构，负责存放备用钻管钻具、存储样本岩芯管。在钻管接卸装置中，对中装置负责对中上、下两根钻管的轴线；旋转卡盘负责夹持上钻管并旋转；夹持装置负责固定夹持下钻管；部件共同联合实现钻管或钻具丝扣的拧卸。

1. 动力头与钻管接卸原理

（1）动力头工作过程

动力头工作过程包括运行阶段、调整阶段、钻管更换与收尾阶段三个步骤。工作过程依靠动力头、给水装置、推进系统等部分协调配合。图 5.53 为海底钻机动力头工作流程。具体钻进系统操作过程如下：

1）运行阶段。系统开始工作之前，动力头已与第一根主动钻管完成连接。当钻进系统启动时，给水装置、动力头及推进系统同步运转。动力头负责提供切削地层所需的扭矩，推进系统则提供向下的推进力。与此同时，给水装置将海水泵送至钻管水路，用于冲洗和冷却钻头。

2）钻进调整阶段。在钻进过程中，由于地层复杂，可能会发生卡钻现象。当遇到卡钻问题时，可通过上提钻管重新定位等方式进行调整，以恢复正常钻进。如果钻管无法回收，为保护钻机主体并减少损失，可启用钻管抛弃装置，使海底钻机与卡涩的钻管脱离，并将海底钻机主体安全回收。

3）钻管更换与收尾阶段。当钻进推进至最下端时，需要为动力头接入新的钻管。接入新钻管后，钻机可继续下一轮作业。如果作业完成，则应按程序回收所有钻管，并结束作业。

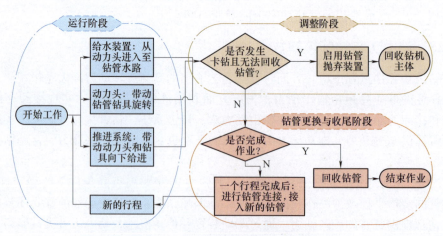

图 5.53　海底钻机动力头工作流程

（2）接卸存储工作过程

接卸存储工作过程包括接入输送新钻管、对中校准、丝扣连接及钻管回收等步骤，图

5.54 为钻管接卸流程，图 5.55 为动力头与钻管接卸系统。

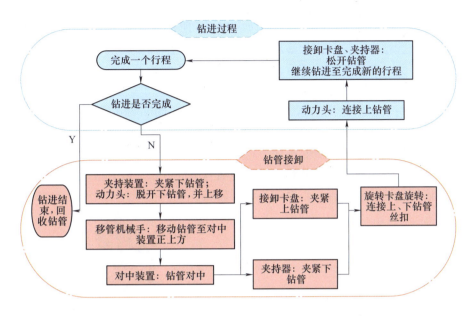

图 5.54　钻管接卸流程

钻管接卸过程具体过程如下：

1）准备接入新钻管。当上一钻进行程完成后，若需继续向更深处钻进，则需接入新的钻管。此时，动力头已移动至行程最底端，夹持装置夹紧下钻管，动力头与下钻管脱开，并向上移动，为接入新钻管预留空间。

2）输送新钻管。移管机械手将新钻管（上钻管）移动至对中装置的正上方，为后续操作做好准备。

3）对中校准。对中装置对上钻管进行校准，使其与旋转卡盘中孔及下钻管趋于同轴状态，以确保丝扣连接的精确性。

4）丝扣连接。旋转卡盘夹紧上钻管，通过旋转和下移的联合动作，实现上、下钻管丝扣的精确连接。

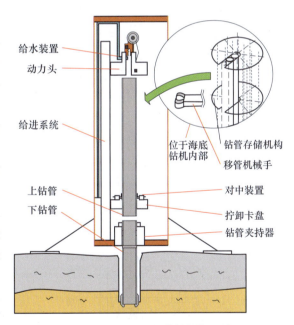

图 5.55　动力头与钻管接卸系统

5）动力头连接。丝扣连接后，动力头与上钻管接合，为后续钻进提供动力。

6）松开装置。旋转卡盘与夹持装置松开对上、下钻管的夹持，钻机恢复正常作业状态，继续新的钻进行程。

7）钻管回收。在钻进任务结束后，需对钻管进行回收。回收过程为钻管连接过程的逆操作，逐步拆卸并存储所有钻管。

2. 动力头

（1）主体结构

以提钻方式取芯的海底钻机动力头结构如图 5.56 所示，其主体结构包括主轴、液压马达、给水装置、钻管抛弃机构和卸扣液压缸等。由于钻进的深度较浅，所以仅由液压马达将动力直接输出给钻管，能够对钻管进行拧卸。此外，钻机配备了合理的给水装置，其中供水管设置在动力头下端侧部，便于供水过程的操作与管理。为了进一步提高设备运行的安全性，钻管抛弃机构用于保护钻机主体，确保工作稳定性。图 5.56d 所示为 ROVDrill 钻机动力头。

1）主轴通过键与可抛弃连接轴连接，可抛弃连接轴通过变径通孔内的钢球与主轴固定，并通过螺纹与钻管相连。主轴外套环形弃轴活塞组件。钻进时，液压马达输出的扭矩经主轴和可抛弃连接轴传递至钻管，再由钻头切削岩层。

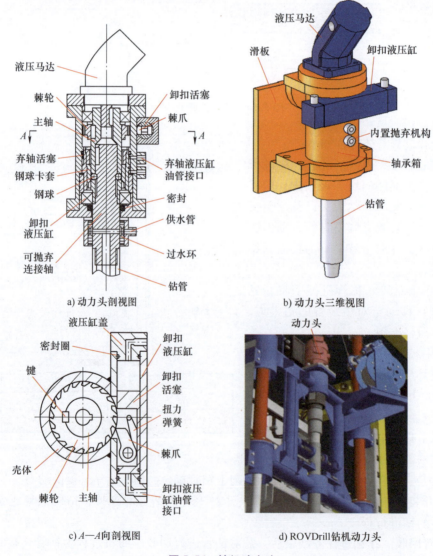

图 5.56 钻机动力头

2) 液压马达可分为主、副液压马达，两者协同工作，各司其职：主液压马达驱动钻管，通过其驱动轴连接钻管，并带动钻管及其丝扣连接的钻具进行高速正向旋转，实现岩层的高效切削；副液压马达则负责为钻孔作业提供所需的工作压力和流量，输送冷却水和清渣水流。

3) 卸扣液压缸用于拧松因钻进作业而紧固的钻管丝扣，其主要组件包括卸扣活塞、棘爪、棘爪销、扭力弹簧及液压缸盖。卸扣活塞为圆柱形，其侧面设置长方形槽，与液压缸壳体内部的对应槽配合，用于安装棘爪。工作时，高压液压油推动卸扣活塞沿双向运动路径运行。上移时，棘爪嵌入壳体内部，与棘轮形成棘轮-棘爪机构，驱动棘轮逆时针转动，进而通过与棘轮相连的主轴产生高反转扭矩，足以拧松紧固的钻管丝扣。卸扣活塞下移至最底部时，棘爪自动回缩，棘轮与主轴恢复自由转动状态，确保后续操作的顺利进行。

(2) 冲洗给水结构

动力头在冲洗水循环系统中起到了过渡连接的作用。动力头的冲洗给水结构由供水管和过水环组成，如图 5.56a 所示。工作时，水泵将水流从供水管引入可抛弃连接轴内部的通水孔，随后通过多个串联钻管中的中芯孔传至孔底。冷却水流经钻管外壁与孔壁之间的环形空间排出孔外，从而完成钻孔排渣、钻头冷却、稳固钻孔壁的任务。

(3) 钻管抛弃结构

钻管抛弃结构用于应对卡钻等事故，旨在保护海底钻机主体免受损害。该机构的核心组件为环形弃轴活塞组件，由弃轴活塞、固定环、钢球卡套、弹性卡环、活塞套及钢球等组成。在正常状态下，钢球由钢球卡套固定在主轴的通孔内，部分球体突出并顶住插入主轴的可抛弃连接轴台阶，从而实现对连接轴的固定及轴向拉力的传递。当需要实施抛弃操作时，高压液压油注入环形弃轴活塞组件下部的油腔，推动弃轴活塞向上运动，同时带动钢球卡套上移。随着卡套喇叭口锥度释放对钢球的约束，钢球在主轴通孔的锥度作用下向外移动，直至失去对连接轴台阶的支撑，可抛弃连接轴及钻管脱离主轴并自由下落，从而完成抛弃操作。

(4) 齿轮箱结构

1) 齿轮箱的作用与结构。随着钻进深度的增加，地层对钻管的摩擦力显著提高，液压马达与钻管直接传动的方式难以提供足够的扭矩。为此，在中深孔钻探中加入齿轮箱，将液压马达的动力转换为低转速高扭矩输出，并传递至钻管。齿轮箱结构主要由箱体、转动轴、齿轮、轴承及密封组件构成，内部通过高压液压油润滑，压力略高于外界海水压力，以防止海水侵入，保障齿轮箱内部的稳定性。

2) 压力补偿器的功能与应用。压力补偿器主要应用于带齿轮箱的动力头，通常固定安装于减速箱侧壁。其结构包括压力补偿筒、端盖、活塞和弹簧等部件。压力补偿筒顶部配备进、出油管接头，进油管设有单向阀，确保油液只能单向流动。出油管连接至减速箱顶板的油管接头，形成完整的油路系统。通过引入海水压力，补偿器可自动调节内部油压，从而保障海底钻机在深海高压环境下的稳定运行。

(5) 绳索打捞结构

钻进深度较浅时通常采用提钻取芯法来回收岩芯管，但随着钻进深度的增加，此方法的取芯效率和质量逐步下降。因此，针对更深的取芯作业，海底钻机通常需要具备岩芯管打捞功能，即在完成每一根钻杆的钻进后，通过绳索打捞结构将岩芯管从钻孔位置打捞至钻机主体。因此，可将绳索打捞结构设置在动力头，形成带打捞功能的动力头；或者为减轻动力头负载，将该机构设置在桅杆架，以提升整体稳定性并实现轻量化。

绳索打捞结构示意如图5.57所示。主要由打捞器、钢丝绳、绳索打捞绞车及其动力机构组成（动力机构未绘制）。绳索打捞绞车可与钻进动力头固定，随动力头一同运动。钢丝绳一端缠绕于绳索打捞绞车的卷筒，另一端则连接至打捞器。打捞器置于主轴中心孔内，其直径小于主轴中心孔的孔径。在正常钻进时，打捞器位于最上端堵住通孔，使得钻具内部形成冲洗水通路。在一个钻进行程完成之后，供水管停止供水，打捞头下放并与岩芯管连接，绳索打捞绞车的作用下，拉动钢丝绳，将打捞器往上提，以实现岩芯管的快速稳定打捞。

3. 推进系统

钻进推进系统负责将钻具稳定、精准地推入岩层，从而实现连续钻进作业。推进系统的设计不仅要求高效传递推进力，还需与动力头、钻管接卸装置等模块紧密配合，实现作业的协调性与连续性。

（1）液压缸推进系统

液压缸推进系统结构和工作原理较为简单，主要由液压马达、推进液压缸、桅杆架、滑轨组成。推进液压缸的缸筒铰接在桅杆架上，液压缸杆则与动力头的滑板连接。动力头的滑板则安装于桅杆架的垂直滑轨，能够在滑轨上实现垂直往复移动。在工作时液压马达带动推进液压缸实现往复运动，推进液压缸则连接动力头的滑板，使得动力头在滑轨上完成推进运动。液压缸推进系统的优点是结构简单，维修方便；缺点是行程短，工作效率低。

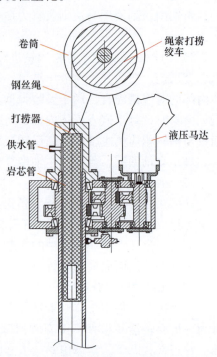

图 5.57 绳索打捞结构

（2）链条推进系统

链条推进系统主要由液压马达、链轮组、链条及张紧装置等构成，能提供稳定的推进力，驱动钻具进行钻探作业，如图5.58所示。系统具有结构简单、传动效率高、承载能力强等特点，能在复杂海底环境中持续运行，提供稳定的推进力，满足深海钻探需求。

液压马达作为动力源，与主动链轮连接，提供链条推进所需的驱动力，具有体积小、重量轻、扭矩的特点，能够方便地安装并固定在桅杆架上。

链轮组包括主动链轮和从动链轮。上侧的从动链轮和主动链轮铰接于桅杆架，下侧的从动轮则铰接于张紧装置。主动链轮由液压马达驱动，从动链轮则随链条的运动而转动。链条需要具有高强度、耐磨、耐腐蚀等特性，连接主动链轮和从动链轮，传递动力并实现推进功能。

张紧机构用于调节链条的松紧度，确保链条在传动过程中能够保持稳定和可靠。张紧机构的设计需要考虑到海底钻机的整体结构和空间布局，以确保其能够方便地安装和维护。

滑轨用于引导和支承滑板的竖直运动，滑板则用于承载动力头并与链条连接，在链条的作用下滑板能带动动力头在滑轨实现推进运动。

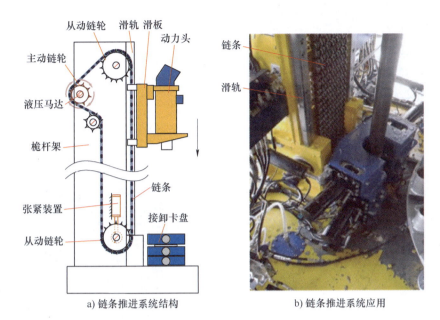

图 5.58 链条推进系统

（3）钢丝绳倍程推进系统

钢丝绳倍程推进系统，主要由推进液压缸、滑轮组、钢丝绳、张紧调节装置组成。系统通过滑轮和钢丝绳的组合增加了动力头的行程，合理的滑轮设计与钢丝绳张紧调节装置，实现高效、稳定的推进功能。图 5.59a、b 所示为湖南科技大学具有自主知识产权的钢丝绳倍程推进系统。图 5.59c 展示了钢丝绳倍程推进系统在 A-BMS 钻机的应用，虽然结构有所区别，但原理具有相似性。

推进液压缸的一端铰接于桅杆架内部，液压缸杆上端与推进耳环固定。为了动力头能够获得足够的行程，所以推进液压缸的行程比海底钻机内其他液压缸更长。

推进耳环与推进液压缸的液压缸杆连接，两侧用于安装动滑轮，能够在推进液压缸的作用下带动动滑轮沿桅杆架的滑槽内上下移动。

滑轮组包括动滑轮和定滑轮，定滑轮铰接于桅杆架上下两端，动滑轮则铰接于推进耳环，能够配合钢丝绳将推进行程放大 1 倍。

钢丝绳绕过滑轮组，连接滑板，推动动力头在垂直滑轨上下移动，末端连接张紧张紧调节装置。

张紧调节装置两侧的钢丝绳张紧座固定在钻机桅杆架上，钢丝绳调节螺杆套装在张紧座内，并通过调节螺母调节张紧度。调节螺杆端部与钢丝绳固定连接，螺母旋转可调节钢丝绳的张紧程度，从而保证推进系统的稳定性。

4. 钻杆接卸存储系统

为适应复杂海底钻探作业需求，并满足海底钻机在下放、回收及支撑调平技术指标要求，因此，钻管接卸存储系统的分段取芯技术已取代单钻管取芯技术，成为深海钻探的主流选择，该系统主要包括钻管存储机构、钻管接卸装置两个部分。

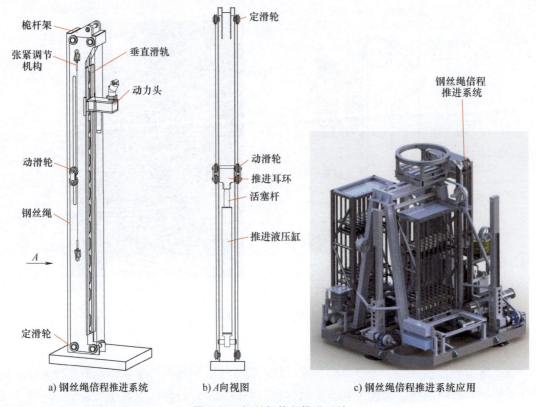

a) 钢丝绳倍程推进系统　　b) A向视图　　c) 钢丝绳倍程推进系统应用

图 5.59　钢丝绳倍程推进系统

（1）钻管存储机构

钻管存储机构的设计直接影响作业效率和设备可靠性。面对深海环境的复杂性与钻探任务的高频次需求，钻管存储机构需要兼具高存储密度、高效操作和稳定运行的特点。海底钻机钻管储存机构以其紧凑布局和大容量存储优势，满足深海作业对钻管空间利用率的严格要求，主要包括钻管储存机构、支撑装置及移管机械手。常见的形式包括扇形钻管库、方形钻管库、圆盘形钻管库。

1）扇形钻管库。扇形钻管库如图 5.60 所示，应用于美国 ROVDrill Mk.2 海底钻机，主要由扇形储存机构、移管机械手、机械手后臂、机架等部分组成。储存机构的部件以机架作为载体，以移管机械手为中心进行扇形排布，钻管沿径向排布，收纳于储存机构的卡槽中。机械手后臂通过铰接的方式安装于机架，由液压缸驱动，具有前后伸缩、绕铰支点摆动的 2 个自由度。机械手通过后臂带动，完成钻管抓取和移管的功能，并将钻管移送至左侧的动力头和接卸装置，或从动力头和接卸装置取回钻管并储存。机械手结构稳定，可靠性好，但空间利用率不高。

2）方形钻管库。方形钻管库如图 5.61 所示，应用于美国 A-BMS 系列钻机。两排方形存储机构以平行并列的方式分布于钻机两侧，内部具有弹簧机构，能够将钻管推送至开口位置，方便移管机械手抓取。移管机械手位于存储机构的中间，通过滑轨和槽轮机构，实现横向平移与转动，从而完成对钻管的定位和抓取转移。动力头和接卸装置位于存储机构的侧边。结构简单，定位和操控方便，空间利用率较高。

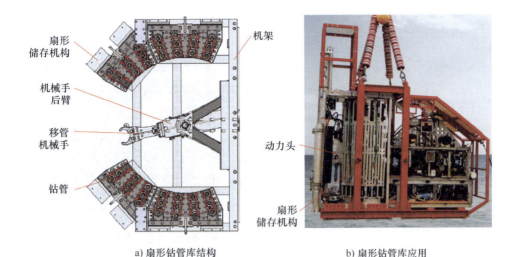

a) 扇形钻管库结构　　　　　　　　b) 扇形钻管库应用

图 5.60　扇形钻管库

a) 方形钻管库结构　　　　　　　　b) 方形钻管库应用

图 5.61　方形钻管库

3）圆盘形钻管库。圆盘形钻管库应用于"海牛号"系列、加拿大 CRD100、德国 Mebo200 等海底钻机，如图 5.62 所示。通过分层存储钻管，显著提高了空间利用率。圆盘存储机构在驱动机构驱动下绕中轴转动，滚轮起到支承和减少阻力的作用，便于移管机械手操作。移管机械手在机械臂的带动下完成伸缩和摆动，能够伸进圆盘存储机构中抓取钻管，将钻管、钻具或岩芯管移动至指定操作位置。

圆盘形钻管库通过分层存储钻管，显著提高了空间利用率，如图 5.63 所示。钻管盘由内向外依次划分为第Ⅰ层、第Ⅱ层、第Ⅲ层、第Ⅳ层、第Ⅴ层等。当第Ⅰ层存储的钻管数量为 $N(N \geqslant 2)$ 时，第Ⅱ层和第Ⅲ层各存储的钻管数量为 $2N$，第Ⅳ层和第Ⅴ层则各为 $4N$。以此类推，每增加两层，所存储的钻管数量增加至前两层的两倍。这种分层递增的存储方式能够在有限的空间内容纳更多钻管。第Ⅰ层钻管数量 N 的具体取值由钻管直径和移管机械手张开状态下的宽度共同决定。设计原则是确保移管机械手在抓取或放回第Ⅰ层钻管时，与相邻存放槽内的钻管不发生干涉。通过精确计算钻管间距和移管机械手的运动轨迹，能够兼顾

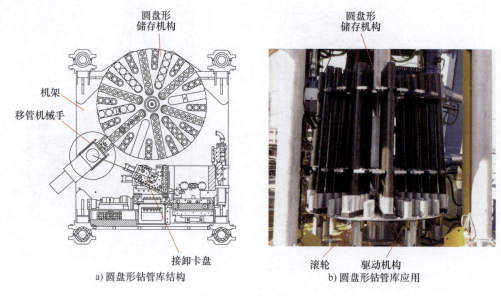

a) 圆盘形钻管库结构　　b) 圆盘形钻管库应用

图 5.62　圆盘形钻管库

高存储密度与操作安全性，满足深海钻探的高效运行需求。

（2）钻管接卸装置

海底钻机的钻管接卸装置是实现钻管高效连接与拆卸的关键设备，其性能直接影响钻井作业的安全性与效率。在深海复杂环境下，该装置需同时满足自动化、精确定位和高可靠性等要求。钻管接卸装置能够完成钻管的对中、夹持、自动拧紧或卸开丝扣操作，为深海钻探任务的顺利开展提供重要保障，主要由对中器、接卸卡盘、钻管夹持器三部分组成。

1）钻杆对中器。在钻管接卸前，如果上、下钻管的轴线没有对中，在拧卸丝扣的过程中就可能出现轴向偏差，导致丝扣难以顺利拧卸，甚至可能出现卡阻或损坏现象。钻管对中装置通过将钻管保持在钻孔和动力头轴线位置，从而提高钻管接卸的效率，降低钻管丝扣损坏的风险，并延长钻管的使用寿命。同时，

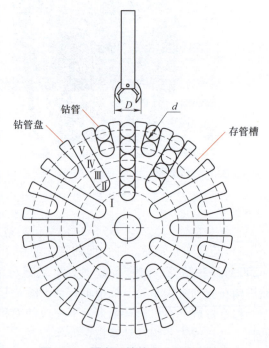

图 5.63　圆盘形钻管库分层存储技术

对中装置能够减少钻管之间的摩擦和磨损，使钻机的钻进过程更加平稳，从而提高了作业的安全性和可靠性。常见的形式主要包括喇叭口对中器和三爪对中器。

①喇叭口对中器。喇叭口对中器如图 5.64 所示，由喇叭口、夹持臂、基座、滑轨等部件组成，能够起到轴线对中和保护的作用。基座上安装有 2 条呈 V 形分布的夹持臂。2 条夹持臂各自安装半边喇叭口，能在基座内液压缸的驱动下完成喇叭合拢和张开的运动。滑轨和

移动液压缸能够使对中器实现前后移动。

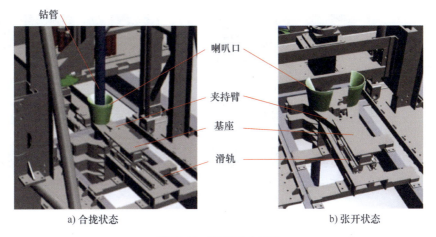

a) 合拢状态　　　　　　　　　b) 张开状态

图 5.64　喇叭口对中器

②三爪对中器。三爪对中器如图 5.65 所示，由对中液压缸、对中爪组件、对中基座、对中转盘和对中架五个主要部件组成。对中液压缸作为核心部件，由缸体、活塞杆和铰接头组成，缸体铰接在对中架上，活塞杆通过铰接头连接至对中转盘。对中转盘安装在对中基座的环形凹槽内，对中爪组件则位于对中基座的滑槽中。对中基座固定在对中架上，整体通过单液压缸驱动完成钻管的对中操作。

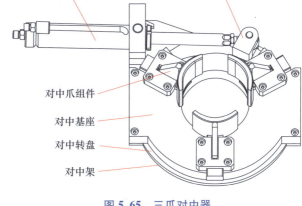

图 5.65　三爪对中器

2) 钻管接卸卡盘。钻管接卸卡盘在海底钻机钻管接卸过程中，起到夹持上钻管并带动上钻管旋转拧卸的作用。由于深海环境复杂，钻管在高压、水流及其他动态作用下易发生滑动或偏移，影响钻管接卸的稳定。钻管接卸卡盘通过夹持钻管并提供稳定的旋转动力，需要解决钻管易滑和受控不足的问题，确保钻管的稳定性和传动效率。同时，钻管接卸卡盘在旋转部件旋转直径和高度两个方向的外形尺寸不宜过大，要能为其他部件让出更多的安装与工作空间。此外，由于接卸卡盘通孔直径与卡瓦行程有限，其适配性需根据钻管尺寸严格设计。

接卸卡盘如图 5.66 所示，主要由卡盘主体、转动液压缸、接卸平台、卡瓦液压缸组成。卡盘主体和接卸平台中间具有通孔，允许钻管穿过。卡盘主体一般位于夹持器的上端，安装于接卸平台，且能在接卸平台转动，内部由卡瓦液压缸驱动卡瓦实现对上钻管的夹紧和松开，外壳与转动液压缸铰接，通过转动液压缸实现对钻管丝扣的拧紧或卸扣。接卸卡盘要能够配合丝扣，完成轴向同步位移，如果同步位移精度差则会在拧卸的过程中损坏钻管丝扣，从而造成损失。

3) 钻管夹持器。钻管夹持器起到夹持下钻管并固定的作用，用于配合接卸卡盘接卸，

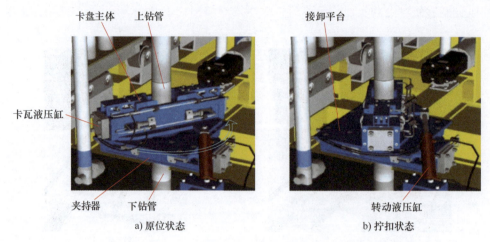

图 5.66 接卸卡盘

或配合打捞机构进行岩芯管打捞。夹持器通常需要具备足够的夹紧力来稳定下钻管，保证下部分钻管在操作过程中的稳定。钻进过程中会有泥砂和岩屑被带出钻孔，可能浮动到夹持器附近，所以夹持器的设计要能够防止泥砂引起的打滑现象。

钻管夹持器结构与接卸卡盘相似，如图 5.67 所示，主要由夹持器主体和夹持器液压缸组成。夹持

图 5.67 钻管夹持器

器主体沿钻进轴线对称分布，中间具有通孔，两侧各装有 2 个夹持器液压缸来提供充足的夹紧力。夹持器液压缸能够驱动上、下两对卡瓦，完成对下钻管的夹紧，并增加夹持的稳定性。

5.3.4 取芯工艺技术

1. 钻进取芯原理

对于小孔径地质岩芯钻探，通常有两种钻进取芯技术：提钻取芯技术和绳索取芯技术。提钻取芯技术主要应用于浅孔钻探作业。其特点是在回次钻进结束后，需要将孔内钻杆串中的每根钻杆进行提升回收，然后才能将位于钻杆串端部的岩芯管回收至钻机上。随着钻孔深度的增加，其辅助作业时间也显著增加。绳索取芯技术主要应用于深孔钻探作业。其特点是在回次钻进结束后，直接以钻杆柱为提升通道，利用钢丝绳下放打捞器实现对位于孔底的内管总成进行抓捕和回收。在深孔钻进作业中，采用绳索取芯技术具有以下优势：一是回收内管总成时无须提升回收钻杆串，减少了辅助作业时间，提高了钻进综合效率；二是减少了提钻次数，降低了钻杆串和孔壁之间的摩擦碰撞，从而减少孔壁坍塌事故的发生概率。

目前，具备开展中深孔钻探作业能力的海底钻机均采用了绳索取芯技术。绳索取芯钻具

由外管总成和内管总成组成。其中，外管总成端部的钻头承担碎岩功能，内管总成的主要作用则是收纳岩芯样品。绳索取芯钻进分为以下4个阶段：

1）正常钻进阶段。正式钻进之前，钻机动力头上的主动钻杆需要与钻杆串连接。钻进过程中，推进机构带动钻机的动力头和钻杆串沿中心桅杆上的滑轨向下移动。液压马达通过减速传动齿轮箱带动钻机动力头上的主动钻杆和钻杆串高速旋转。可通过液压泵流量控制的方式实现对动力头转速的自动无级调节，钻进过程如图5.68所示。在钻进的过程中，通过冲洗液泵加压后的海水从动力头的顶部进入钻杆串。冲洗液通过钻杆串的中心孔流向孔底实现对钻头的冷却。冲洗液到达孔底后携带岩屑并经钻杆串与孔壁之间环形间隙上返至孔口。

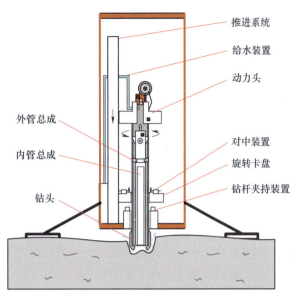

图 5.68　钻进示意

2）内管总成回收阶段。当回次钻进结束后，通过下放绳索打捞器的方式实现对内管总成的回收，如图5.69所示。首先，控制钻机上的微型绳索打捞绞车向下放绳。此时，内置

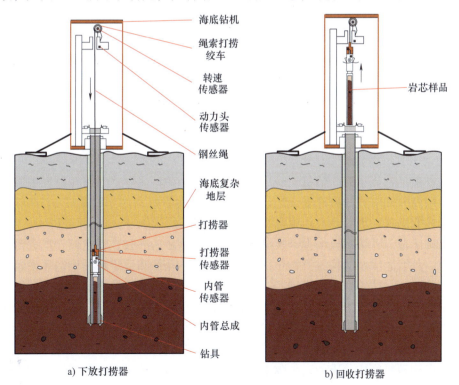

a) 下放打捞器　　　　　b) 回收打捞器

图 5.69　打捞过程示意

在主动钻杆中心孔内的打捞器依靠自重在钻杆串内下行，直至到达内管总成的顶部。然后，进一步下放打捞器完成对内管总成的抓捕。接着，控制微型绳索打捞绞车向上收绳，将打捞器和装满岩芯的内管总成提升至钻机本体。最后，在钻机机械手的配合下，将装满岩芯样品的内管总成存放于钻管库内。

3）内管总成下放阶段。当完成上一回次内管总成的打捞后，需要从钻机的钻管库内取出新的内管总成进行下一回次的投放。内管总成的投放过程可以依靠内管总成的自重完成或利用绳索打捞器将内管总成下放至孔底。当内管总成到达外管总成中的预定位置后，内管总成中的弹卡板在弹簧力的作用下处于张开状态，并紧贴在外管总成中弹卡室的内壁上。弹卡室和弹卡挡头组成的腔室能够防止在钻进过程中内管总成发生轴向向上蹿动，如图5.70所示。

4）加接钻杆阶段。内管总成下放到位，需要加接新的钻杆。首先，将动力头提升至钻机顶端；然后，钻机的机械手从

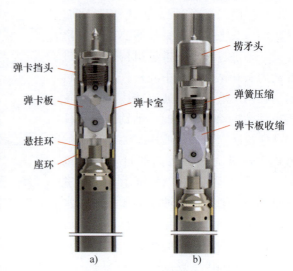

图 5.70 弹卡机构工作原理图

钻管库中抓取新的钻杆并将其移动至动力头下方；接着，动力头旋转下行完成与新钻杆上端部的螺纹连接；最后，动力头带动新钻杆旋转下行，实现与下部钻杆串的螺纹连接。

海底钻机对钻进过程的智能感知与控制能力直接影响了作业可靠性和作业效率。"海牛号"系列海底钻机系统应用了国际首创的"动力头与可升降连续施转卡盘上下对中夹持+三状态机械手+精准测控下的分体打捞取芯系统"组合技术及配套的全自动绳索取芯作业工艺，全面提升了原有海底钻机技术的可靠性和成熟度，从原理上杜绝了因恶劣环境或误动作导致不可排除故障的可能性。

2. 取芯钻具

（1）海底常规取芯钻具

海底常规取芯钻具是海底钻机上应用最为广泛的一种钻具形式，可在硬岩地层、未成岩的沉积物地层及软硬交错的海底复杂地层中使用。海底常规取芯钻具如图5.71所示，包括外管总成和内管总成。内管总成由弹卡机构、定位机构、单动机构、调节机构、隔水机构、岩芯卡断机构组成。外管总成由弹卡挡头、弹卡室、座环、外管、稳定环、扩孔器、金刚石钻头等组成。外管总成中的扶正机构包括弹卡挡头、扩孔器和稳定环。稳定环设置在扩孔器内，其材质为黄铜。扶正机构的作用，一是确保内管总成与外管总成之间的同轴度；二是尽可能保证钻具总成与钻孔之间的同轴度，防止钻孔大角度偏斜。此外，扩孔器起扩大孔径和修整孔壁的作用，从而预防卡钻事故的发生。

内管总成中的弹卡机构如图5.72所示，由捞矛头、弹簧压垫、弹卡板、弹性圆柱销、收卡筒、弹卡连接板构成。捞矛头与收卡筒连接，弹性圆柱销能够在弹卡支架的键槽内轴向移动，从而带动弹卡板张开或收拢。弹卡板的底部还设置有支块，支块通过弹性圆柱销与弹卡支架固定。

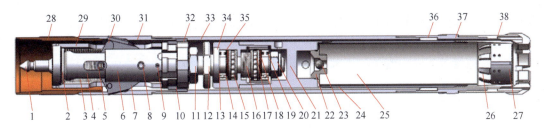

图 5.71 海底常规取芯钻具总成

1—捞矛头 2—弹卡板弹簧压垫 3—弹卡板弹簧 4—深海弹卡架 5—φ12×70 弹性圆柱销 6—弹卡板
7—φ12×50 弹性圆柱销 8—φ6×50 弹性圆柱销 9—悬挂环 10—锁紧螺母 11—调节螺母 12—芯轴
13—骨架油封 14—上深沟球轴承 15—上推力球轴承 16—缓冲弹簧 17—下推力球轴承 18—下传力卡套
19—下深沟球轴承 20—防松螺母 21—内管接头 22—不锈钢球盖 23—14mm 钢球 24—内管 25—塑料岩芯管
26—拦簧片 27—金属卡簧 28—上弹卡挡头 29—收卡筒 30—弹卡连接板 31—弹卡室 32—座环 33—外管
34—套管端盖 35—上传力卡套 36—稳定环 37—φ96-16 扩孔器 38—孕镶底喷钻头

内管总成中的定位机构如图 5.73 所示，主要由弹卡挡头、弹卡室、外管、座环、悬挂环、锁紧螺母、弹卡支架组成。悬挂环设置在弹卡支架的下部并通过锁紧螺母锁紧。钻进过程中，悬挂环与座环相接触对内管总成起到限位作用，防止其下移。弹卡机构中的弹卡板位于弹卡档头与弹卡室组成的腔室内，能够防止内管总成沿轴向向上发生蹿动。

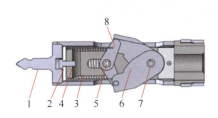

图 5.72 弹卡机构

1—捞矛头 2—弹卡板弹簧压垫 3—弹卡板弹簧
4—深海弹卡支架 5—φ12×70 弹性圆柱销
6—弹卡板 7—弹性圆柱销 8—弹卡连接板

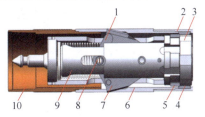

图 5.73 定位机构

1—连接板 2—外管 3—锁紧螺母 4—座环
5—悬挂环 6—弹卡室 7—弹卡板
8—弹性圆柱销 9—深海弹卡架 10—弹卡挡头

内管总成中的单动机构主要是指轴承组合。结合钻具的实际作业特点，通常可采用推力球与深沟球组合式方案。单动机构如图 5.74 所示，主要包括芯轴、套管端盖、骨架油封、上深沟球轴承、上传力卡套、上推力球轴承、缓冲弹簧、下深沟球轴承、下传力卡套、下推力球轴承、防松螺母、内管接头等。单动机构的作用主要有以下两方面：一是在钻进过程中使岩芯管不随外管转动；二是在拔断岩芯过程中将作用力通过外管传递给钻头。正常钻进时，在上深沟球轴承、上推力球轴承、下推力球轴承、下深沟球轴承的组合作用下实现芯轴旋转，而套管端盖

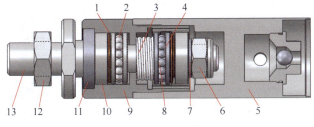

图 5.74 单动机构

1—上传力卡套 2—上推力球轴承 3—缓冲弹簧
4—下传力卡套 5—内管接头 6—防松螺母 7—稳定环
8—下推力球轴承 9—套管端盖 10—上深沟球轴承
11—骨架油封 12—调节螺母 13—芯轴

及内管接头不旋转。当钻进结束后需要进行拔芯操作时,将钻杆串上提一段距离。此时,芯轴则带动下深沟球轴承和下推力球轴承克服缓冲弹簧的弹簧力发生轴向移动。在岩芯摩擦力的作用下,内管接头、内管及以下部分则不发生轴向移动,实现内管总成的下端部能够与外管钻头的内台阶发生接触。这样能够将岩芯的拔断力由内管传递至抗拉性能更高的外管,从而避免对内管造成损伤。

内管总成中的长度调节机构是由深海弹卡支架、调节螺母、芯轴构成。长度调节机构的作用是通过调节螺母来调整芯轴上端部进入弹卡支架内孔的进入量,从而达到调节内管总成长度的目的。装配过程中,首先将芯轴与弹卡支架连接。然后确定内管总成与钻头内台阶之间距离,并通过调节螺母进行锁紧。

内管总成中的隔水机构如图 5.75 所示,由钢球、内管接头、不锈钢球盖组成。在钻进过程中,内管中的海水在岩芯推力的作用下能够克服钢球的重力沿钢球盖的侧水孔排出。更重要的是,隔水机构还能够尽可能地避免钻杆串中的高压冲洗液直接进入内管,防止对样品造成冲刷。在打捞内管总成的过程中,钢球在重力的作用下能够直接封堵内管顶部的排水通道,从而避免回收过程中钻杆串中的海水进入内管导致样品丢失和扰动。

图 5.75　隔水与岩芯卡断机构

1—内管接头　2—钢球　3—不锈钢球盖　4—塑料岩芯管　5—卡簧座　6—卡簧　7—底喷钻头

内管总成中的岩芯卡断机构主要由卡簧座和带有拦簧片的卡簧组成。卡簧上的拦簧片材质为黄铜,呈花瓣形结构,通过金属铆钉与卡簧基体连接。设置拦簧片能够在内管的下端部形成半封闭式的封口,尽可能避免在回收样品的过程中样品的脱落。此外,黄铜材质的拦簧片还能够避免对样品产生严重的二次刮擦。在坚硬地层进行拔芯操作时,则主要是依靠卡簧基体在卡簧座内下移动一段距离,使得卡簧基体内径收缩将岩芯抱住,同时上提和低速旋转钻具钻将岩芯卡断。

(2) 海底保压取芯钻具

保压取芯钻具主要应用在需要维持样品原位压力的钻探作业中。代表性的保压取芯技术原理如图 5.76 所示。钻探船/深水钻井平台采用的保压取芯技术通常是将用于存储样品的岩芯管和用于维持原位压力的保压管分别单独设置,如图 5.76a 所示。保压管的下端部通过球阀或板阀进行

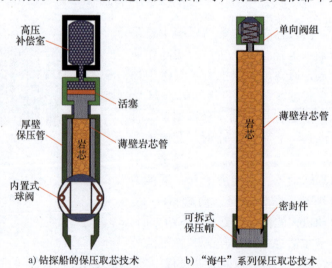

图 5.76　保压取芯技术原理示意图

密封，上端部轴向可布置不同形式的压力补偿装置。值得注意的是，为了使钻具内有足够的径向空间安装球阀或板阀，以上技术思路的钻具尺寸均较大且钻获的岩芯直径偏小。

"海牛"系列海底钻机采用的保压取芯技术是基于岩芯管直接密封原理，将用于收纳样品的薄壁岩芯管直接作为保压容器，如图 5.76b 所示。岩芯管的上端部通过单向阀实现密封。岩芯管的下端部通过可拆式保压帽，并在钻机机械手和保压帽拧卸装置的配合下实现密封。保压取芯钻具如图 5.77 所示，由外管总成和内管总成构成。外管总成与常规取芯钻具结构相同。保压取芯钻具的外管总成如图 5.78 所示，主要由弹卡挡头、弹卡室、外管、座环、稳定环、扩孔器及金刚石钻头等组成。弹卡室和弹卡挡头均需要镀铬处理。外管通常采用具有较高力学性能的 XJY850 地质管材。稳定环主要用于对内管进行导向和扶正，从而使内、外管总成保持同轴。扩孔器则主要起扩大孔径和修整孔壁的作用，以避免钻进过程中钻孔缩径的事故。

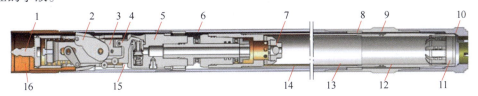

图 5.77　保压取芯钻具总成

1—捞矛头　2—弹卡机构　3—拨叉滚轮　4—拨叉　5—保压单向阀总成　6—外管　7—球阀　8—稳定环
9—扩孔器　10—钻头　11—保压帽　12—卡簧座　13—塑料衬管　14—内管　15—弹卡室　16—上弹卡挡头

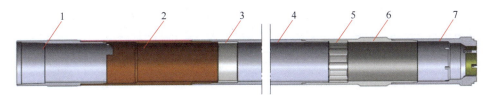

图 5.78　保压取芯钻具外管总成

1—上弹卡挡头　2—弹卡室　3—座环　4—外管　5—稳定环　6—扩孔器　7—钻头

保压取芯钻具的内管总成如图 5.79 所示，主要由弹卡机构、拨叉单向阀启闭机构、保压单向阀机构、岩芯卡断机构和可拆式保压帽组成。弹卡机构中的弹卡板与弹卡连接板采用铰接形式。采用铰接形式能够实现两个弹卡板的同步运动，工作更加可靠。弹卡板通过弹性圆柱销固定在弹卡支架上。正常作业时，在弹簧压力作用下弹卡板能够向外展开。当需要打捞内管总成时，打捞器拉动矛头和收卡筒向上移动。弹性圆柱销带动弹卡板克服弹簧力完成收缩动作。弹卡机构的下端与拨叉单向阀启闭机构连接。保压单向阀机构的下部设有回水球阀。内管中设置有岩芯衬管。内管的下端与卡簧座螺纹连接。卡簧座内设置有带拦簧片的卡簧，以达到既能卡断岩芯又能防止松散岩芯丢失的目的。卡簧座的下部与可拆式保压帽采用螺纹连接。可拆式保压帽内设有密封圈。

该钻具的技术优势在于无须在钻具的下端部内置大直径球阀，钻孔直径得以大幅减小，岩芯直径有效增加。其通过 95mm 的钻孔即可获取直径为 45mm 的样品，实现了小孔径绳索取芯地质勘探在海底钻机保压勘探领域的推广。同时，还可借助海底钻机的深海摄像头对内管总成下端部的密封操作过程进行监控，并可根据监控情况重复执行密封操作。海底钻机配备的清洁装置还可清洗附着在密封结构表面的岩屑，进一步提高了密封的成功率。

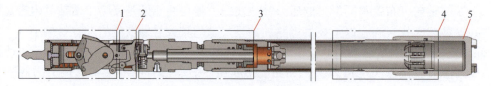

图 5.79　保压取芯钻具内管总成

1—弹卡机构　2—拨叉单向阀启闭机构　3—保压单向阀机构　4—岩芯卡取机构　5—保压帽

（3）内管超前式取芯钻具

内管超前式取芯钻具主要应用在对样品质量要求非常严格的工程地质勘探领域。其主要适用松散的沉积物地层。"海牛"系列海底钻机配备的内管超前式取芯钻具包括外管总成和内管总成，如图 5.80 所示。与常规取芯钻进钻具的区别主要有以下几方面：

1）为了降低取芯过程冲洗液对样品的直接冲刷与破坏，将内管总成超前于外管总成端部 200mm。此外，传统绳索取芯钻具的内管总成主要作用是收纳岩芯，而内管超前式钻具的内管总成还需要承担取样工作。

2）为了确保在压入式抽吸取芯和回转钻进取芯两种工艺模式下的水流通畅，其采用集成在弹卡组件上的过水键槽结构，替代了传统钻具到位报信机构中的球阀组件。

3）为了尽可能降低取芯过程对样品的扰动和破坏，去除了传统钻具中带有弹性支撑片的卡簧。在朱咀内部设置了多道环形沟槽，旨在提高样品与朱咀内部之间的摩擦力，从而在回收过程中尽可能避免样品发生脱落。此外，考虑到内管总成需要承担钻进过程中地层的作用力，弹卡组件进行了加厚处理。此外，其他核心关键零部件同样进行了防腐蚀处理。

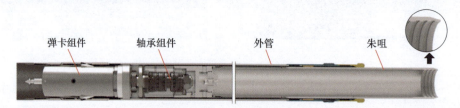

图 5.80　内管超前式钻具

如图 5.81 所示，当采用压入式抽吸取芯时，在样品进入岩芯管的过程中钻机本体上抽吸缸将钻具内部的海水从钻杆串的顶部同步抽出；当采用回转钻进工艺时，高压海水由钻机上的冲洗液泵泵送，通过钻杆串中进入钻具内部。高压海水首先沿着内管总成中弹卡组件的过水键槽进入内管和外管之间的环状间隙；然后沿着环状间隙从钻头的底部排出，到达孔底；最后从钻头中排出的高压海水开始冲刷钻杆串和孔壁，形成上返通道，海水携带岩屑一起上返至孔口。因此，该类钻具能够满足在两种不同钻进工艺模式下的工作需要。

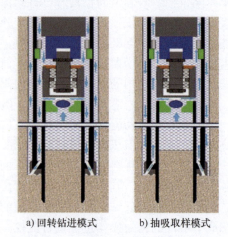

a) 回转钻进模式　　b) 抽吸取样模式

图 5.81　内管超前式钻具的水路示意

3. 钻进取芯工艺流程

（1）保压取芯工艺流程

以我国某型海底钻机的保压取芯工艺为例。钻探作业所需的全部保压取芯钻具存储在钻机上的钻管库内，并由钻机携带至海底。如图 5.82 所示，钻进开始前，钻机的机械手从钻管库内抓取内管总成，并将其移至保压帽拧卸装置处。然后，借助保压帽拧卸装置将可拆式保压帽与内管总成分离。最后，利用内管总成的自重或利用打捞器，将其下放至位于孔底的外管总成中的预设位置。正常钻进时，内管总成中的弹卡板受到外管总成中弹卡室的径向约束，使得收卡筒沿轴向上移一段距离。此时，收卡筒迫使拨叉绕圆柱销发生转动，触发拨叉动作将单向阀的阀芯顶开，确保在钻进过程中单向阀始终处于开启状态，并形成排水通路。钻进结束后，通过下放打捞器将内管总成提至孔口。此时，外管总成中弹卡室对内管总成中弹卡板的径向约束作用解除。收卡筒在弹簧力的作用下向下移动并带动拨勾转动，使得单向阀芯复位，完成内管总成上端部的密封。最后，在钻机的机械手配合下将存储在拧卸装置中的保压帽与内管总成的卡簧座拧紧，完成对内管总成下端部的密封操作。机械手将内管总成放回钻管库内，并从库内抓取新的内管总管，进行下一回次的作业。

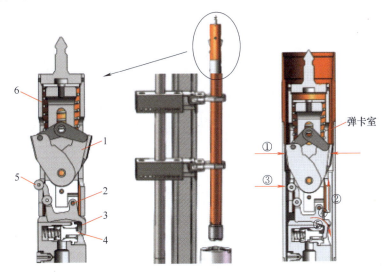

图 5.82 保压取芯钻进工艺流程示意

1—弹卡板　2—圆柱销　3—拨叉　4—单向阀芯　5—拨叉滚轮　6—收卡筒

当在粉质黏土、泥质粉砂、粉细砂等非岩性沉积物层进行钻进时，可采用压入式抽吸取芯模式。借助钻机本体的抽吸活塞缸，取芯过程中内管总成的内部可形成一定程度的负压，从而提高取芯率。当在较硬的沉积物地层钻进时，则可采用回转钻进模式。冲洗液经内外管之间的环状间隙流经钻头的水口到达孔底，对钻头进行冷却，并携带孔底岩屑沿钻杆和孔壁间的环状间隙上返至孔口。

（2）沉积物地层取芯工艺流程

以我国某型海底钻机为例，如图 5.83 所示，其配套使用内管超前式钻具在沉积物地层的取芯工艺流程如下：

1）先将钻探所需的全部钻杆、取芯内管和外管存储在钻管库内并由海底钻机直接携带至海底。在机械手的协助下,将1根尚未取芯的内管总成放入外管总成中完成钻具总成的组装。当海底钻机着底后,通过钻机上调平支腿对钻机进行调平和支撑。

2) 利用冲洗水换向阀将海水抽吸缸无杆腔入口与钻杆内孔连通,钻机采用纯压入抽吸取芯模式钻进。钻进动力头经钻杆串和钻具的外管总成驱动内管总成端部的薄壁环形切割刀口以恒定的速度切入海底沉积物。纯压入速度控制在 (20 ± 2) mm/s,同时海水抽吸缸从钻杆中抽取与进入绳索取芯内管的沉积物岩芯样品等体积的海水。

3) 当钻进动力头推进力不足以以纯压入方式驱动内管前部的薄壁环形切割刀口以恒定的速度切入海底沉积物时,即钻进动力头的推进力为其最大推进力的 60%~80% 时,或推进力为 30~40kN 时,启动钻进动力头的旋转驱动功能,转速为 30~150r/min,钻进速度为 (20 ± 2) mm/s,通过钻杆带动钻具的外管总成旋转钻进,由于内管总成中设置有轴承组合,因此其保持不旋转切入海底沉积物;当钻进动力头推进力减小至 20kN 以下,或小于其最大推进力的 40% 时,停止钻进动力头的旋转,切换回步骤2)。

4) 在该回次钻进结束后,操作钻进动力头上行,带动钻杆、钻具总成上移一段距离,从而拔断沉积物岩芯。

5) 利用打捞绞车下放打捞器,下放速度为 18~25m/min,将装有沉积物岩芯样品的内管总成打捞至海底绳索取芯钻机上,钻进动力头主动钻杆与下部钻杆卸扣分离并上升至最高位置,上行速度为 30~40m/min,将装有沉积物岩芯样品的内管总成放至钻机的钻管库内。

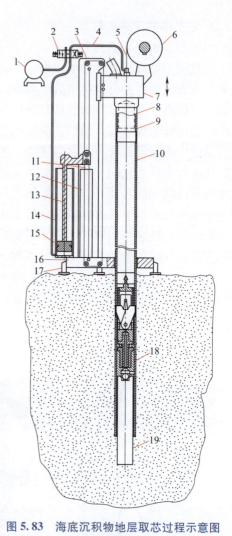

图 5.83 海底沉积物地层取芯过程示意图
1—高压海水冲洗泵 2—冲洗水换向阀
3—钻进动力头滑轨架 4—水管 5—打捞钢丝绳
6—打捞绞车 7—钻进动力头 8—打捞器
9—钻进动力头主动钻杆 10—钻杆
11—推进液压缸活塞杆 12—推进液压缸
13—海水抽吸缸活塞杆 14—海水抽吸缸
15—海水抽吸缸活塞 16—底座 17—调平支腿
18—绳索取芯外管钻具 19—绳索取芯内管

6) 操作钻进动力头主动钻杆与下部钻杆重新连接。利用冲洗水换向阀切换至将高压海水冲洗泵的出水口与钻杆内孔连通。起动高压海水冲洗泵和钻进动力头,钻具总成进行扫孔操作,扫孔速度为 20~25m/min,将因采用内管超前式钻具所形成的孔底台阶扫平。

7) 利用高压海水冲洗泵多次冲孔,高压海水冲洗泵的泵量为 50~80L/min,并在孔底停留 1~2min。

8) 操作钻进动力头主动钻杆与下部钻杆卸扣分离并上升至最高位置,再将1根新的内管总成下放至位于海底的外管总成内。

9）利用高压海水冲洗泵进行多次冲孔。当钻孔深度小于 10m 时，冲孔次数为 1~2 次；当钻孔深度为 10~30m 时，冲孔次数为 2~3 次；当钻孔深度大于 30m 时，冲孔次数为 4 次。下行和上行冲孔时，高压海水冲洗泵的泵量均为 100~150L/min。判断钻进取芯是否至给定孔深，若到达给定孔深，进行下一步操作，若没有到达给定孔深，则重复钻进取芯，直到钻进至给定孔深。

10）回收钻杆串和钻具总成。

（3）海底复杂地层取芯工艺流程

以我国某型海底钻机为例，在蕴藏天然气水合物的软硬交错复杂地层的取芯流程如下：

1）海底钻机入水前，保压帽与内管总成分离，将钻探所需的全部管材存放在钻机的钻管库内，保压帽暂存在钻机本体的保压帽拧卸装置上。

2）向钻具的压力补偿装置内预充 0.25~0.3 倍水深压力的惰性气体。钻机下放至钻探点时，保压筒内的惰性气体压力与外界海水压力平衡。

3）钻机完成着底后，进行调平和支撑。

4）软地层钻进时，采用纯压入抽吸模式，以（20±2）mm/s 的速度钻入沉积物，同时抽吸与岩芯等体积的海水。硬地层钻进时，切换至旋转驱动模式，钻头转速为 30~150 r/min，钻进速度为（20±2）mm/s，外管钻具旋转钻进，内管保持静止。硬地层钻进时，采用高钻速、高转速取芯模式；软硬交错地层钻进时，切换为低扰动模式；若再次钻进软地层，返回纯压入抽吸模式。钻进模式实时调整，匹配地层条件。

5）钻进结束后，通过动力头上行拔断岩芯并将其打捞至钻机上。在钻机的机械手和保压帽拧卸装置的配合下完成保压帽与内管总成的密封操作。将新内管总成下放至外管钻具中，同时连接新钻杆。

6）动力头带动钻杆串以 20~25m/min 速度扫孔，平整孔底并多次冲孔后开始新回次的钻进作业。重复取芯钻进，直至完成。

7）全部作业结束在回收海底钻机过程中，内管压力和温度传感器实时采集数据，惰性气体推动活塞补偿压力损失。同时，通过半导体制冷维持保压筒温度恒定，并将热量传导至海水。

4. 冲洗液循环系统

钻探过程中的水路循环是否正常，是影响钻头使用寿命和钻进效率的关键因素。技术上讲，冲洗液在孔内的循环可以分为三种方式：全孔正循环、全孔反循环和钻孔上部正循环+孔底局部反循环的综合式循环。全孔正循环冲洗时，冲洗液或冲洗介质由水泵压入管路，以钻杆串为通道流至孔底，由钻头的水口返出，并经由钻杆串与孔壁的环状空间上返至孔口。该循环方式在陆域和海域钻探领域均得到广泛应用。全孔反循环冲洗时，冲洗液的流经方向正好与正循环相反。冲洗液经孔口压入钻杆与孔壁的环状空间，并沿此通道流经孔底。然后，冲洗液沿钻杆串的内孔返至孔口。由于冲洗液是从由钻杆串的内孔中上返至孔口。因此，流经的断面较小，上返速度较大，有利于携带大颗粒的岩屑。全孔正循环和全孔反循环冲洗可以采用闭式或开式两种方式。采用闭式则冲洗液可重复利用。采用开式则冲洗液不能重复使用。综合式循环是正反循环相结合的洗井方式。通常孔的上部是正循环，而孔底的局部是反循环冲洗，如喷射式反循环技术，其目的在于提高岩芯的采取率。

钻机的循环系统是指将钻井液循环到钻头再将其返回地面进行清洁和再循环的设备。传统陆地钻机和船载钻机的循环系统主要包括钻井泵、地面管汇、泥浆罐、泥浆净化设备等。其中地面管汇可包括高压管汇、立管、水龙带。泥浆净化设备可包括振动筛、除砂器、除泥器、离心机等。钻井泵将泥浆从泥浆罐中吸入，经钻井泵加压后的泥浆，经过高压管汇、立管、水龙带，进入水龙头；通过钻杆串的中心孔流向孔底后，从钻头的水眼喷出；然后经过孔壁和钻杆串之间的环状空间携带岩屑返回地面；最后从井底返回的泥浆经各级泥浆净化设备，除去固相含量后重复使用。

海底钻机的作业方式与陆地/船载钻机存在显著不同。海底钻机是直接位于海底开展钻探作业，因此，海底钻机的循环系统相对简单，没有地面管汇和泥浆净化设备。海底钻机的冲洗液泵是直接集成在钻机本体上，通常直接采用海水作为冲洗介质。目前，海底钻机的冲洗液循环方式主要是开式正循环方式。钻进过程中冲洗液的水路循环过程如图5.84所示。正常钻进时，海底钻机上的液压马达通过联轴器与集成在钻机本体上的冲洗液泵连接。经过冲洗液泵加压后的高压海水首先从动力头顶部的水管接口进入其内部。冲洗液在流经高压旋转密封对接头后进入主动钻杆的中心孔内；然后，冲洗液通过钻杆串的中心孔流向孔底并冷却钻头；冲洗液到达

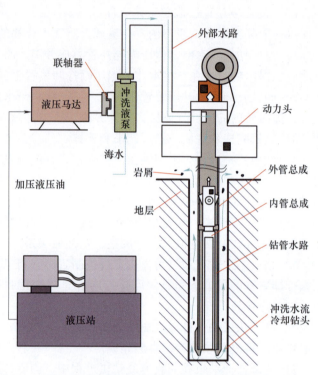

图5.84 海底钻机的冲洗液水路循环示意

孔底后携带岩屑并经钻杆串外壁与孔壁之间环形间隙上返。由于采用的开式正循环循环方式，冲洗液上返回孔口后不重复使用。

冲洗液是钻探过程中孔内使用的循环冲洗介质的总成，又被称为钻井工程的"血液"。其主要作用是清洗孔底、悬浮和携带岩屑、冷却钻头、平衡地层压力与井壁侧压力、维持井壁稳定等。随着钻探技术的发展，冲洗液还能够传递动力，实现液力冲击钻进、螺杆钻进和涡轮钻进等。此外，从冲洗液中还可以提取所钻地层的地质信息。冲洗液根据连续相的相态划分可以分为水基冲洗液（泡沫除外）、油基冲洗液、合成基冲洗液及气体型冲洗液等。其主要性能参数包括密度、流变性、滤失性、含砂量及胶体率。其中，密度及流变性是冲洗液选型时考虑较多的两个因素。目前，海底钻机的钻孔深度较浅（通常不超过300m），冲洗液比较容易实现维持井壁的稳定。同时，海底的低温环境为冲洗液冷却钻头创造了有利条件。此外，根据海洋环保法规要求，冲洗液还必须具备低毒性和生物可降解性。因此，海底钻机采用的冲洗液体系较为简单，多以海水为主。但是，随着海底钻机作业能力和钻孔深度的不断增加，构建专门的冲洗液体系显得尤为必要。与陆地钻探相比，深水冲洗液还面临着海底地层复杂性、冲洗液低温流变性调控、天然气水合物的生成与抑制、海洋环境保护等方

面的挑战。未来，深水冲洗液体系潜在的发展方向主要包括纳米颗粒技术的应用于研究、天然气水合物生成与抑制机理研究、深水井壁稳定机理与防塌对策研究、深水冲洗液无害化处理与再利用技术等。

5.3.5 稳定支撑与调平技术

由于海底表面并不是平整的，特别在热液硫化矿区，海底地形地貌更是复杂。而且，海底钻机不能像陆地钻机那样，进场前先人工平整场地，再通过地脚螺栓与地面基座固定。以现有的海底地形探测与定位手段，可以事先测量并选定海底钻机着陆点较大尺度范围（≥10m）的地形地貌，但着陆点小尺度的微地形则需要钻机近底后通过寻址摄像信号目测确定。通常情况下钻机着底后都是倾斜及不稳定的，这就需要依靠其自重在海底坐稳。为了保证钻具能够垂直钻入海底地层，海底钻机一般都设计了动力可调的支腿，利用这些支腿起到底盘调平和稳定支撑的作用。对于具有钻杆接卸功能的海底钻机，还要求机身在整个取芯过程中不发生明显的侧向滑移或机身姿态角的改变，否则在钻具提出孔口后，下一根钻具就有可能找不到或不能放回原孔位。

海底钻机支撑主要分为如下三种方式：液压缸驱动直接伸缩式，这种支撑方式要求钻机重心较低，重心偏移质心距离少，钻机本体稳定性高，不需要额外的覆盖区域，但调节幅度较小，一般适用于海底浅孔钻机；液压马达驱动丝杆螺母机构向外伸展式，这种支撑形式性能介于液压缸驱动直接伸缩式与液压缸驱动向外展开式之间，适用于海底中深孔钻机；液压缸驱动向外展开式，覆盖区域及调节角度较大，增加钻机稳定性能程度较大，适用于体积和重量较大的海底深孔钻机之上。

以我国某型钻机为例，其支撑系统如图 5.85 所示，支撑系统包含三组结构一致的支腿，每组支腿主要由液压缸、连杆及脚板三部分组成。液压缸的一端与机体支腿座铰接于 M 点，连杆的一端与机体支腿座通过同轴铰接点相铰接，取连杆与支腿座两铰接点连线的中点 N 作为等效铰接点，液压缸、连杆的另一端与脚板通过万向节共同铰接于 J 点。将支腿连杆与机体底面的夹角定义为"支腿展角"，记作 ϕ，在海底钻机释放之前，通过控制液压缸的伸缩完成对支腿展角的设定，并在设定完成后锁定液压缸。将 M、N、J 三点构成的平面定义为支腿平面，将垂直于支腿平面的方向定义为支腿横向，垂直于支腿平面的力则定义为横向力。

由海底钻机支腿结构及其与海底钻机机体的连接方式可知，支腿液压缸在海底钻机的着底碰撞过程中起主要的缓冲吸能作用，仅承受轴向力；而支腿连杆因与机体支腿座间存在两处同轴铰接点，所以连杆除承受轴向力外，还可以承载脚板与底质间作用力在支腿横向的分量，并将其传递至海底钻机机体。

1. 整机机架设计

整机机架是海底钻机的关键部件，一方面需要满足海底钻机功能要求和运输、收放条件约束；另一方面需要考虑海底钻机稳定性。海底钻机采用的是结构紧凑、便于自动控制的全液压动力头形式。在总体结构上，地质取芯钻机均包括一根为钻进动力头提供行程滑轨的桅杆架，普通陆地全液压动力头式钻机为操作和维护的方便，一般将桅杆架垂直竖立于整机的侧边，再用斜支撑柱对桅杆架进行支撑，构成一个简单、开放式的机架；但海底钻机的桅杆架一般竖立于整机的中心位置，这是由于海底钻机难以采用地脚螺栓等方式与地基固定，仅

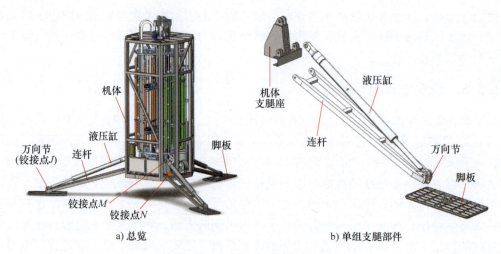

图 5.85 海底钻机支撑系统组成

可通过使桅杆架处于整机的中心，充分利用钻机有限的自重维持其在海底作业时的稳定。海底钻机通过铠装脐带缆吊放到海底，如未安装辅助推动装置（如螺旋桨），则其着底时面朝何方将存在较大的随机性，从而难以控制。若桅杆架处于整机的中心，则能够显著消除海底钻机着底方向对钻机着底及作业稳定的影响。

（1）机架外框架封闭形式

海底钻机一般有着比陆地钻机结构更复杂的外框架，陆地钻机外框架的主要作用是支撑桅杆架，而海底钻机的外框架首要使海底钻机内部的所有部件能够正常安装，并且在下放回收及着底时为内部所有部件提供防碰撞保护，因此，其外机架多为封闭笼形，并且要求有足够的强度和刚度，如英国 RockDrill1、RockDrill2 钻机，我国的海底钻机，俄罗斯海底钻机等，都采用封闭式机架。对于使用专用下放回收设备的海底钻机，由于专用下放回收设备本身会对钻机形成保护，所以对钻机侧面防碰撞保护的要求较低，为了减轻重量，其外机架也可以不完全封闭甚至开放，如日本 BMS 钻机、澳大利亚 PROD 钻机、德国 MEBO 钻机等。海底钻机的质量将达到 10t 以上，需要科考船上配置专用的收放装置，因此，机架采用半封闭形式结构能够减轻重量，且能有效达到防碰撞功能。

（2）机架形状

机架外形设计不仅要求海底钻机在着底过程中有着良好的稳定性，与甲板下放回收装置良好配合便于下放回收，还要能够整体安放于一个 6m 标准集装箱内便于运输。因此，海底钻机机架设计是以方形底盘和方柱形外框架为基础，一方面方形底盘和方柱形外框架的形状较规整，拐角较少，便于在机架内部布置、安装其他部件，机内空间可以得到较充分的利用；另一方面由于海底钻机带滑板的背面与其下放回收装置的滑道能够以 V 形楔面配合，海底钻机在船艉以背面靠入滑道和离开滑道时都会更加顺畅，便于海底钻机的下放回收。同时，将正方形底盘和正方柱形外框架前部两个相邻角截除，使正方形变成正八边形，截除的角边也方便于支撑系统支腿安装，如图 5.86 所示。

海底钻机底盘和机架均为低合金高强度折板型钢板 HG80 焊接而成的框架结构，能够为海底钻机内部各部件提供良好的防碰撞保护。为减轻海底钻机重量，仅在底盘和机架背面进行加强。铠装脐带缆承重头连接机构设于中心桅杆顶部而不是在机架顶部，底盘和机架通过螺栓连接，八边形底盘前主梁和后主梁之间连接有两根承重主梁，承重主梁通过支撑梁与其他主梁连接，用于支撑海底钻机特别是中心桅杆的重量。海底钻机的大部分主要部件直接安装在底盘上，能够更好地保证海底钻机的座底稳定，同时可降低海底钻机的重心高度。机架八边形柱体外框架与八边形底盘对应配合；八

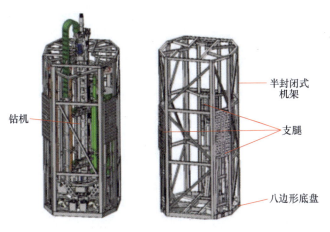

图 5.86　海底钻机及其机架示意

边形柱体外框架采用桁架结构，使得海底钻机整体受力情况较好。外框架的背面安装有两个平行的滑板，在下放回收装置上能够与其上的滑道相配合，并在牵引力或重力作用下进行滑动。顶架与外框架的背面交接处安装牵引板，用于牵引海底钻机用。

2. 连接平台设计

钻机底座作为钻机的主要承重部件，对海底钻机的着底稳定性具有重大影响。钻机底座由支腿安装座、平台外梁及加强内梁焊接而成，如图 5.87 所示。加工时采用钣金折弯打孔工艺减轻钻机底座的重量，各钣金材料相互焊接。为方便其他部件安装，钻机底座上焊接有三对直角支架连接座耳。支腿安装座用于连接钻机本体及支撑系统三条支腿（由直角支架、支腿缓冲液压缸、脚掌组成）。其中主支腿安装座主要由直角支架安装座耳、四根承重纵梁和四根加强横梁组成，

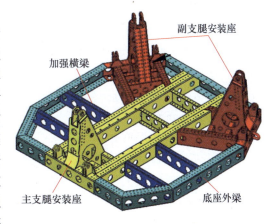

图 5.87　钻机底座示意

其上加工螺栓孔用于连接海底钻机本体。两组副支腿安装座由直角支架安装座耳、四根承重纵梁和两根加强横梁组成，其侧面设有 D 形卸扣用于配合 A 形架进行海底钻机的吊放与回收。平台外梁与主、副支腿安装座共同组成八边形钻机底座外框架，用于辅助承重。加强内梁共四根且两两对称分布，主要用于提高钻机底座的承载能力和强度。

3. 支腿与脚板设计

海底钻机采用三点斜撑的支撑方式，相对于直撑方式来说，斜撑方式的支腿连杆与支腿液压缸所受支撑力较大，该形式结构简单，重量较轻，传递荷载直接，支腿张开角度较大，且具有较强的稳定性。但当垂直冲击荷载过大时，缓冲可靠性低，支架及支腿缓冲液压缸容易受弯矩影响发生卡滞或变形，适用于地形复杂但底质松软的海底环境。支腿连杆采用低合金高强度焊接钢板 HG80 制成，采用两根长梁组成的三角形结构，其中一根长梁长度为 2265mm，宽为 60mm，高为 90mm，两根支腿长梁组成的支腿长度为 2250mm。在两根长梁中间安装横梁以提升强度。支腿连杆在海底钻机机架上有两个铰接点，两个铰接点分布于支

腿液压缸支座的两边，各个铰接点由销轴铰接。三角形的结构能够使支腿连杆更加稳定，同时这样的结构设计还能使整个支撑系统外观和谐美观，如图 5.88 所示。

海底沉积物的表层为含水量极高、孔隙比大且承载力低的流塑状土层，支撑板作为支撑系统的"脚掌"，为整个海底钻机提供稳定的支撑。若海底钻机在海底沉积物中的沉陷量太小，海底底质给支撑板的约束力小，支撑板与底质之间的摩擦力也小，则海底钻机在重力的作用下可能会发生侧滑而导致海底钻机倾覆；若海底钻机在沉积物中的沉陷量太大，海底底质完全没入海底钻机钻杆的动力头，则可能影响海底钻机的钻进取芯作业，甚至导致动力头失效，使作业失败。所以支撑板的形状及尺寸大小设计十分关键。

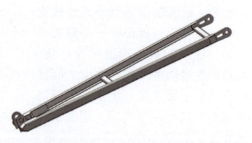

图 5.88　支腿连杆结构模型

设计支撑板形状为长方形盒状结构，支撑板材料为低合金高强度钢板 HG80，板式脚掌通常由底板、侧板、内梁及铰接座等结构焊接而成，通过万向节与液压缸推杆及支架相连，其主要优点为质量轻、与海底底质接触面较大。脚掌底板上均布有大量孔洞，以增大脚掌与海底之间的接触面积，提高与海底底质之间的切向摩擦力。板式脚掌主要适用于流塑性强、含水量高、承载能力低的软质海底底质（如海底软泥、砂土等）。在支撑板内部用加强筋来增加支撑板的整体强度，支撑板上分布均匀的孔可以减轻支撑系统重量，进而减少应力集中的现象。海底钻机在海底有沉陷量，在完成钻进取芯作业后，支撑板会没入海底沉积物之中，支撑板上的孔洞可以在海底钻机回收支腿收回时减少海底沉积物带来的阻力与海水的吸附力，从而提高海底钻机的工作效率。支撑板上有一个与支腿液压缸及支腿连杆铰接的铰接点，铰接点在支撑板的形心位置，支撑板结构模型如图 5.89a 所示。图 5.89b 所

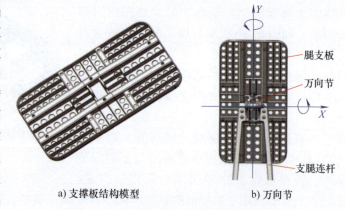

a) 支撑板结构模型　　　　b) 万向节

图 5.89　支撑板结构及万向节结构示意

示为在支腿连杆与支撑板的铰接点上安装的万向节，为支撑板提供转动自由度，使支撑板不但能以 X 轴转动，还能以 Y 轴转动，使海底钻机在工作时能更加适应海底的各种未知的底面情况。

4. 支撑调平原理

海底钻机的三条调平支撑支腿呈 120°分布安装在八边形底盘上位于前方的两个角边上及底盘正后方长边的中央，如图 5.90 所示，通过液压缸驱动向外展开支腿，当着底地面倾斜时，液压缸调节支腿伸出长度，使海底钻机地面处于水平状态，确保钻具垂直钻进海底地质。

当海底钻机在海底工作平面着底后，通过控制支腿运动来完成调平，支撑系统动作如图 5.91 所示。在控制支腿时，由支腿液压缸的行程来控制支腿的运动，进而带动支腿连杆与

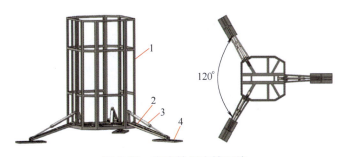

图 5.90　海底钻机支撑系统
1—机架　2—支腿连杆　3—支腿液压缸　4—支腿板

支撑板一起运动，使与底面接触的支撑板向海底钻机方向移动，为海底钻机提供支撑力，以此达到支撑效果。

在海底进行支撑调平时，系统控制仓内装有的海底钻机姿态传感器作为海底钻机倾斜度检测和反馈元件，可以实时精确测量海底钻机底盘在两个相互垂直的方向上（一般为海底钻机底盘的两条相互垂直的底边）与水平面的夹角。而三条支腿中的各条腿在调平过程中如何相互配合、何

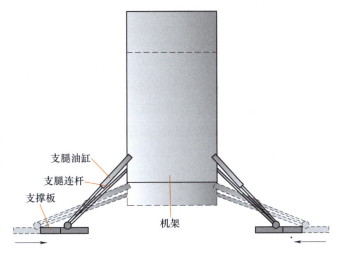

图 5.91　支撑系统动作示意

时伸缩、伸缩多少，以最终达到海底钻机调平的目的，均由控制系统根据姿态传感器的测量值经过计算分别向各条支腿的驱动液压缸控制阀给出指令。支撑调平工作原理如图 5.92 所示。在三条调平支腿的根部，安装有检测支腿伸缩量的位移传感器。通常来说，当海底钻机由一条或两条支腿伸出时便可以达到调平效果，但是为增加海底钻机的稳定性能，未用到的支腿也将放下至接触地面，这时候就需要用到触地位置传感器。当触地位置传感器给出这些支腿已经触地的信号后，控制系统将控制支腿即时停止伸出，以达到既能稳定支撑又能保证海底钻机调平状态不被破坏的目的。

5.4　海底钻机发展趋势

相较于广袤陆地与浩瀚天空，人类对深邃莫测的深海乃至深渊的探索与开发之旅，仍显得稚嫩而初步，这些区域宛如未知的秘境，至今仍然是我们认知版图中的待解之谜。深海环境中，蕴藏着丰富的生物多样性资源、诱人的矿产资源、潜在的油气资源及广阔的空间资源，尚待人类的智慧与勇气去发掘与利用。然而，就海洋地质与环境科学研究来说，研究工作展开的广度和深度，必然受到技术和经济因素的制约，低成本、效率高、样品质量高、海域适应性强的海底钻机自然成为世界海洋科学研究的重要支撑。就海洋地质资源开发利用来

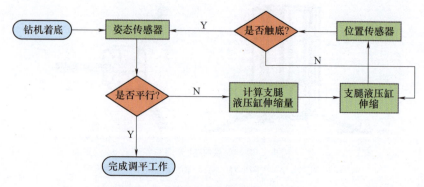

图 5.92　海底钻机支撑调平工作原理

说,在陆地矿产资源日趋枯竭的今天,世界各国越来越重视深海矿产资源的开发和利用。根据《联合国海洋法公约》约定,要想在"区域"内的国际海底矿区获得具有专属勘探权和优先商业开采权的矿区,则需要遵循海管局的相关规则、规章及程序,对签订合同内的环境广袤的、地质条件复杂多变的国际海域矿区进行专属勘探。因此,低成本、效率高、样品质量高、海域适应性强的海底钻机自然成为各国海洋资源竞争的有力武器。随着海洋地质科学研究从深海走向深渊,海洋地质资源特别是一些深海矿产资源引起的竞争加剧,油气田、天然气水合物、风电场开发与利用进入深海,将有力促进海底钻机钻探技术与装备发展。

5.4.1　适应海深全覆盖

海洋最深处是超过 10000m 的深渊,蕴藏丰富的地球演变、生命起源、气候变化等方面宝贵信息,从海洋深渊钻探获取岩芯样本一直是科学家所愿。从海洋地质资源开发而言,一些具有战略意义的稀有矿产资源,如稀土富集海洋沉积物等海底地质矿产资源太平洋海域水深达到 6000m 左右。就目前全球新型海底钻机来说,设计工作水深超过 4000m,如英国 Rockdrill Ⅱ 钻机水深 4000m、日本 A-BMS 钻机水深 4000m、澳大利亚 PROD4&5 钻机水深 4000m、我国"海牛号"系列海底钻机水深 4500m,但钻机钻探的实际工作水深一般都在 3000 米以下。即使采用钻探船作业,实际工作水深多为 2000~4000m,日本地球号钻探船也只创造了 8200m 最大工作水深纪录,为此,具备工作水深超过 10000m 的全海深钻探能力的我国"梦想号"大洋钻探船正式入列。所以,为了满足海洋深渊科学研究和深海地质资源勘探需要,无论从钻探成本、效率角度,还是从取芯样品质量、适应性角度,研究开发全海深海底钻机都具有不可替代的重要意义。

5.4.2　钻深能力新突破

海底钻进取芯深度越深,获得的地层地质信息就越丰富。从海洋地质资源开发而言,一些具有商业开发前景的矿产资源,如天然气水合物就分布在海床下 300~500m 厚的沉积物中,在我国南海海域就发现了多个水深超 1000m、埋深 200~300m 的天然气水合物沉积物。从海洋海底工程建设而言,无论是油气田海底工程还是风电场海底基础,都需要大量钻深数十米到数百米的过程地质钻探。就目前全球新型海底钻机来说,设计钻孔深度都在 200m 左右。日本 A-BMS 钻机钻深能力 100m,德国 MeBo200 钻机钻深能力 150m,澳大利亚

PROD4&5 钻机钻深能力 150m，荷兰 FUGRO 公司 SFD-Ⅱ 钻机钻深能力也为 150m，实际工程钻深大都在 100m 以内；我国"海牛Ⅱ号"钻机实际钻深达到了 231m，创造了深海钻深新纪录。所以，为了满足广大海洋海域科学研究、深海重要矿产资源勘探战略需要和深远海油气田、风电场工程建设现实需求，扩展海底钻机钻探应用，研究开发钻深能力达到 500m 的超钻深海底钻机具有重要意义和现实紧迫性。

5.4.3 高质钻探新需求

随着海底钻机适应水深和钻深能力的发展，确保高品质的钻探作业更加重要。一方面，海底钻机每次下放回收，都需要一定的人力物力和时间成本，钻机将携带更多的原位探测工具，完成多种原位探测任务；另一方面，无论是海洋科学研究还是海洋地质资源与工程地质钻探，确保钻探取芯样本的高品质至关重要，而高品质岩芯样本既需要原位保真又需要低扰动取样。目前，钻机会携带多种探测作业工具，包括测量仪、多种探头、声波工具等。例如，RockDrill 2 钻机不仅携带有光学、声学和光谱伽马（OAG）记忆测井仪、双感应测井仪、磁化率测井仪、气体顶盖系统，还携带有可以安装在钻孔的钻孔塞、尼金斯采水瓶和示踪剂；澳大利 PROD2、PROD3 钻机既可利用环境静水压力采用自系留式活塞取芯工具（HTPC）进行沉积物取样，也能利用标准压电圆锥贯入仪、Benthic's 创新型球贯入仪及碳氢化合物分析系统和深水探头进行现场分析测试；德国 MeBo200 钻机搭载了伽马射线探头、测量感应电阻率和磁化率探头、CPT 探头及声波工具。深海钻探取样经历了钻进取样、钻机回收，在这个过程中岩芯样本环境压力、温度等发生显著变化，样本物理化学生物特性也会随之变化，导致气相溶解、组分损失、有机物分解、嗜压微生物死亡、化学梯度及变价离子氧化态的变化等缺陷。例如，天然气水合物在海底赋存时是固态，随着钻机和岩芯样本回收，其环境压力下降，天然气水合物就会挥发。目前，海底钻机保真受限于钻进取芯工艺和结构，多采用机械密封保压、取芯管涂层保温方法，岩芯样品保真效果仍然不够理想。钻机在钻进取样过程，岩芯既要承受钻具的挤压、冲击作用，又会经受钻进岩屑冲洗水冲刷，这些将导致岩芯样本的原始层弯曲、变形和物质流失，从而破坏了样本信息的完整性。因为没有复杂海况、船舶、钻杆对钻探取芯的扰动，海底钻机钻探取芯率明显优于钻探船，实际钻探取芯率高达 80%，但是仍然不够稳定，有时甚至低于 50%。所以未来海底钻机将成为具有多种海底作业手段的集合体，并且能够实现低扰动取样，带回高品质原位保真岩芯样本。

5.4.4 模块化和智能化

目前国内外典型海底钻机系统为方便运输转移，实现作业时的快速安装部署，将整个钻机系统模块化分解，专用光电复合电缆及绞车、供变电系统和甲板操作控制室安装布置在标准船用集装箱内，使用时无需取出，只需将其集装箱体固定在母船甲板上，作为工作间使用，水下钻机本体和专用下放回收装置在装运时也整体安放于标准船用集装箱内，上船后再从集装箱内取出。然而钻机本体单次作业搭载的钻管数量有限，这是超深孔钻机发展所面临的巨大挑战，因此海底钻机本体的模块化将是未来发展趋势之一。如挪威 Robotic Drilling System AS 公司提出的模块化海底钻机模型沿垂直方向分布，由上、中、下三个功能单元及其辅助单元组成，英国 Maris International 公司的 Laurence John Ayling 提出的海底概念钻机沿水平方向分布，构成 3×3 的矩阵模块组。钻机本体按功能进行模块化设计，实际应用时，各个模块按顺序依次下放至海底，通过水下机器人在海底进行组装，理论上只需更换钻管存储模块。同时，随着海底钻机用途多样化，必然配备更多的功能模块和设备，多种装备同时作业，必须对整个钻机系统进行智能控制，实现各种装备协调高效作业，增强钻机适应复杂多变的海底环境和地质条件能力，提高钻机的工作效率、缩短工作时间、降低取样成本，特别是在钻进过程中，根据不同岩层条件优化控制钻机的旋转扭矩、钻头推进力、冲洗水压力、钻头的转速，实现智能高效钻进。因此智能化也将是海底钻机的发展趋势之一。

主要参考文献

[1] 万步炎，彭奋飞，金永平，等．深海海底钻机钻探技术现状与发展趋势［J］．机械工程学报，2024，60（2）：385-400.

[2] 刘德顺，金永平，万步炎，等．深海矿产资源岩芯探测取样技术与装备发展历程与趋势［J］．中国机械工程，2014，25（23）：3255-3265.

[3] 邹丽，孙佳昭，孙哲，等．我国深海矿产资源开发核心技术研究现状与展望［J］．哈尔滨工程大学学报，2023，44（5）：708-716.

[4] 刘协鲁，陈云龙，张志伟，等．海底多金属硫化物勘探取样技术与装备研究［J］．地质装备，2019，20（5）：28-30.

[5] 杨红刚，王定亚，陈才虎，等．海底勘探装备技术研究［J］．石油机械，2013，41（12）：58-62.

[6] 张汉泉，陈奇，万步炎，等．海底钻机的国内外研究现状与发展趋势［J］．湖南科技大学学报（自然科学版），2016，31（1）：1-7.

[7] 王敏生，黄辉．海底钻机及其研究进展［J］．石油机械，2013，41（5）：105-110.

[8] 万步炎，黄筱军．深海浅地层岩芯取样钻机的研制［J］．矿业研究与开发，2006，(S1)：49-51.

[9] 朱伟亚，万步炎，黄筱军，等．光电复合缆供电的深海2m岩芯钻机的研制［J］．有色金属（矿山部分），2014，66（6）：47-52.

[10] 万步炎，金永平，黄筱军．海底20m岩芯取样钻机的研制［J］．海洋工程装备与技术，2015，2（1）：1-5.

[11] 朱伟亚，万步炎，黄筱军，等．深海底中深孔岩芯取样钻机的研制［J］．中国工程机械学报，2016，14（1）：38-43.

[12] 金永平，万步炎，刘德顺．深海海底钻机收放装置关键零部件可靠性分析与试验［J］．机械工程学报，2019，55（8）：183-191.

[13] 王佳亮，彭奋飞，万步炎，等．海底钻机的高可靠绳索取芯钻具的结构优化与仿真分析［J］．煤田地质与勘探，2019，47（4）：206-211.

[14] 彭奋飞．海底钻机用高可靠绳索取芯钻具结构优化研究［D］．湘潭：湖南科技大学，2019.

[15] 朱伟亚．深海底岩芯取样钻机强电系统的设计［D］．长沙：湖南大学，2017.

[16] 万步炎，章光，黄筱军，等．深海电机无功功率就地补偿技术研究［J］．矿业研究与开发，2010，30（2）：66-69.

[17] 艾勇福．深海中深孔岩芯取样钻机监控系统设计与实现［D］．杭州：杭州电子科技大学，2011.

[18] 朱伟亚，何智敏，万步炎，等．海底地质勘探多次取芯钻机试验研究［J］．矿业研究与开发，2010，30（4）：33-36.

[19] 郭勇，罗柏文，金永平，等．深海钻机盘式储芯机构动力学分析［J］．海洋工程，2014，32（4）：96-103.

[20] 邓斌．海底多金属硫化物取样钻机支撑系统设计及着底动力学分析［D］．湘潭：湖南科技大

学，2021.

[21] 周怀瑾. 深海海底超深孔钻机支撑系统分析与试验研究［D］. 湘潭：湖南科技大学，2020.

[22] REN Z Q, ZHOU F, ZHU H, et al. Analysis and research on mobile drilling rig for deep seabed shallow strata［J］. Marine Technology Society Journal, 2021, 55（2）: 81-93.

[23] ISHIBASHI J, MIYOSHI Y, TANAKA K, et al. Pore fluid chemistry beneath active hydrothermal fields in the Mid-Okinawa Trough: results of shallow drillings by BMS during TAIGA11 cruise［J］. Subseafloor biosphere linked to hydrothermal systems: TAIGA concept, 2015, 535-560.

[24] NAKAMURA K, SATO H, FRYER P, et al. Petrography and geochemistry of basement rocks drilled from Snail, Yamanaka, Archaean, and Pika Hydrothermal Vent Sites at the Southern Mariana Trough by Benthic Multi-Coring System (BMS)［J］. Subseafloor Biosphere Linked to Hydrothermal Systems: TAIGA Concept, 2015, 507-533.

[25] PAK S J, KIM H S. A case report on the sea-trial of the seabed drill system and its technical trend［J］. Economic and Environmental Geology, 2016, 49（6）: 479-490.

[26] FREUDENTHAL T. MeBo200-entwicklung und Bau eines ferngesteuerten Bohrgerätes für Kernbohrungen am Meeresboden bis 200m Bohrteufe, Schlussbericht［R］. Berichte aus dem MARUM und dem Fachbereich Geowissenschaften der Universität Bremen, 2016, 308: 1-9.

[27] RIEDEL M, Freudenthal T, Bialas J, et al. In-situ borehole temperature measurements confirm dynamics of the gas hydrate stability zone at the upper Danube deep sea fan, Black Sea［J］. Earth and Planetary Science Letters, 2021, 563: 116869.

[28] BOHRMANN G, AHRLICH F, BACHMANN K, et al. R/V METEOR cruise report M142: Drilling gas hydrates in the Danube Deep-Sea Fan, Black Sea, Varna-Varna-Varna, 04 November-22 November-09 December 2017［J］. Berichte, MARUM-Zentrum für Marine Umweltwissenschaften, Fachbereich Geowissenschaften, Universität Bremen, 2018, 320: 1-121.

[29] WAN B Y, HUANG X J. Development of core sampling drill for deep seabed shallow strata［J］. Mining Research and Development, 2006, (S1): 49-51.

[30] WAN B Y, ZHANG G, HUANG X J. Research and development of seafloor shallow-hole multi-coring drill［C］//The Twentieth International Offshore and Polar Engineering Conference, June 20-25, 2010, Beijing, OnePetro, 2010, ISOPE-I-10-237.

[31] 万步炎，黄筱军. 一种深海岩芯取样钻机钻进动力头：CN200810031036.0［P］. 2008-08-27.

[32] 金永平，刘亮，彭佑多，等. 机械手持式海底保压取芯微型钻机：CN202010098496.6［P］. 2024-07-02.

[33] 万步炎，金永平，黄筱军. 集钻进冲孔和岩芯管打捞一体的海底钻机驱动装置：CN201820948467.2［P］. 2019-01-01.

[34] 万步炎，金永平，黄筱军. 一种海底钻机用倍程推进装置：CN201510796393.6［P］. 2016-01-13.

[35] 万步炎，金永平，黄筱军. 一种多层排列旋转圆盘式钻杆库：CN201510718767.2［P］. 2015-12-23.

[36] 万步炎，金永平，黄筱军，等. 一种适用于海底钻机不同管径的多功能取管护管机械手：CN201910525638.X［P］. 2023-12-12.

[37] 万步炎，金永平，黄筱军. 一种适用于海底钻机的钻杆接卸装置：CN201510714974.0［P］. 2016-01-13.

[38] 万步炎，金永平，黄筱军. 海底钻机钻杆对中装置：CN201810111145.7［P］. 2023-08-11.

[39] 黄筱军，万步炎，金永平. 一种自动钻机用液压动力卡盘：CN201410083357.0［P］. 2014-05-28.

[40] 黄筱军，万步炎，金永平. 一种自动钻机用带浮动功能钻杆夹持器：CN201420121544.9［P］. 2014-07-23.

第 6 章

海洋地质勘探母船配套甲板支持系统

在探讨海洋地质勘探作业时，不得不面对的一个事实是，与陆地作业相比，海上作业面临着更为复杂和严峻的挑战。这主要是由于海洋环境的特殊性，包括广阔无垠的水域、变幻莫测的天气条件及深不可测的海底地形等，这些都极大地限制了海洋地质勘探装备的作业能力和独立性。在海上，除了少数如钻探船这样能够直接在船体上进行作业的特殊装备外，大部分水下装备都依赖于科考船或海工船等母船作为载体。这些水下装备在到达预定的作业海域后，需要离开母船进入水下，执行包括地质勘探、样本采集等一系列任务。然而，由于海洋环境的复杂性和不确定性，水下装备往往难以独立完成这些任务。因此，母船上的配套甲板支持系统就显得尤为重要。本章首先简要概括水下装备的辅助作业需求和分类总结相应的配套甲板支持设备，然后从功能原理、结构组成和关键技术等方面对配套甲板支持设备进行具体介绍。

6.1 辅助作业需求与配套甲板支持设备

水下装备通常需要母船配套甲板支持设备的配合才能实现正常作业。鉴于水下装备不同的外形尺寸、不同的体积及重量、不同的作业形式（拖曳移动或固定位置作业）及不同的供电与通信需求等特点，其辅助作业需求与相应的配套甲板支持设备也会不同。

6.1.1 辅助作业需求

（1）基础辅助需求

虽然水下装备的类型多样，但无一例外的，其搭载在母船上到达指定作业海域后，均需先从母船甲板下放入水，并在执行完预定作业任务后被回收至母船甲板，可知收放作业是水下装备最基础的辅助作业需求。对于早期的箱式取样器及重力取样器等水下装备，因其功能单一、操作简便，仅需由母船提供基础的收放辅助作业即可满足其设计功能的全部实施条件。

（2）特殊辅助需求

母船甲板配套支持设备除了为水下装备提供最基本的收放外，还应能满足正常作业过程中的特殊辅助需求。例如，对于拖网类水下装备，其作业方式是在海洋拖行的过程中采集目标样品，需要甲板设备配合母船的移动对其进行拖曳；而对于海底钻机类功率大且作业过程复杂的装备，还需要来自母船甲板的电力输送及双向通信。近年来，随着各类水下装备向着多功能、可视化、智能化、自动化等方向发展，通信与供电正逐渐成为一项基础辅助需求。

6.1.2 甲板支持设备

收放作业利用母船甲板的收放系统来完成，收放系统是对共同参与收放作业的母船甲板配套支持设备的总称。收放系统通常由基础收放模块与专用收放模块两大部分组成。基础收放模块是通用型收放系统，能够完成对常规水下装备的收放任务。对有特殊收放需求的水下装备，则需要配备专用收放模块。

通用型收放系统通常由海洋绞车、升沉补偿器、脐带缆、A形架等组成。其收放作业能力受两方面限制，一是尺寸限制，收放作业时被收放对象需以起吊姿态通过A形架，A形架的尺寸限制了被收放对象的外形尺寸与通过姿态；二是安全限制，海上作业不可避免地受风、浪、流等海洋环境载荷的影响，当水下装备处于悬吊状态时，易产生摇晃而与母船发生碰撞，通用型收放系统不宜用于重型水下装备的收放。此外，因海上作业窗口期短，对收放系统而言，收放效率是一项十分重要的评价指标。当通用型收放系统不足以安全高效地收放时，通常会增加专用收放模块来进一步提高收放系统的适应性、作业效率及安全性。

图6.1所示为我国"蛟龙号"载人潜水器的收放作业场景，其使用的收放系统在A形架上加装了缓冲对接保护装置，以提高针对载人潜水器的收放效率与安全性。图6.2所示为海底重力活塞取样器的模拟收放场景，该套收放系统的专用收放模块采用了导轨滑动与翻转式收放机构相结合的方式，实现了长柱状重力活塞取样器的准确下放与回收。

图6.1 载人潜水器收放作业

图6.2 重力活塞取样器收放作业

海底钻机根据其重量及外形尺寸可以选择不同的收放方式。一般而言，对于重量较轻且高度低于母船A形架允许通过最大高度的深海海底钻机，如我国深海浅地层钻机重量约为2.8t，钻机高度为2.8m。我国深海底中深孔钻机重量约为4t，钻机高度为4m，可直接利用母船甲板的通用型收放系统对钻机收放。但是对于重量较大且高度高于母船A形架允许通过最大高度的深海海底钻机,如我国"海牛"号深孔钻机重量约为8.3t,钻机高度为5.6m(已经超出母船A形架允许通过最大高度),则必须配备专用收放模块——深海海底钻机专用收放托架来进行收放。图6.3和图6.4所示分别为澳大利亚PROD深海海底钻机和德国MeBo深海海底钻机采用专用收放托架方式进行收放作业。

图6.3 PROD海底钻机收放作业　　　　图6.4 MeBo海底钻机收放作业

除上述利用通用型收放系统与专用收放模块进行组合构成的常规收放模式之外,为了充分满足各种水下装备的个性化收放需求,还有基于单臂式收放系统、集成式收放系统、滑道式收放系统及船舯月池式收放系统等收放系统的独具特色的收放模式。

单臂式收放系统是最简易的一种收放系统,可针对水下装备的结构特征设计专用起吊臂,也可直接利用母船上船用起重机作为吊臂。该形式收放系统结构简单,成本较低,且占用母船空间少,可广泛应用于各类中小型潜水器收放作业(如图6.5所示)。单臂式收放系统的缺点是收放能力较弱,适用范围小,且作业时需要操作人员进行配合,以保护被收放对象的安全。

图6.5 单臂式收放系统作业状态

集成式收放系统是指运用集成化思想,通过对各零散的收放设备进行合理的布置,形成的一套结构紧凑、功能完整且可以整体运输的收放装置,如图6.6所示。显然,集成式收放系统具有操作维护简单的特点,无作业时可放置于陆地上,海上作业时可整体吊装到母船甲板上。集成式收放系统通常是专门针对特定类型的水下装备设计的,对特定的水下装备收放效率和安全性高,但其适用范围小,有限空间内的集成对其收放能力形成较大的限制。

滑道式收放系统主要应用于需要连续释放多个设备的水下作业机器人收放作业，如一种水下测量机器人的水下部分由脐带缆、测量机器人、中间缆及压载铅等部分依次连接组成，且脐带缆在释放的同时还要间隔一定距离绑定浮球，如果采用吊放的形式进行布放回收，则操作极其不便，且易损坏设备，因此需要设计一种专用滑道式收放系统。该系统主要由集成平台、脐带缆绞车、线阵转盘、液压系统、操作平台、移动滑道、控制系统等部分组成，如图 6.7 所示。

图 6.6　集成式收放系统作业状态

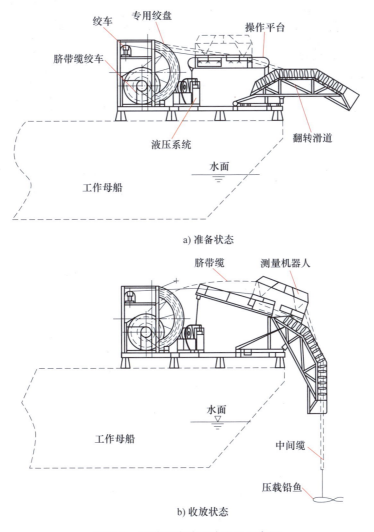

图 6.7　滑道式收放系统作业示意图

船艏月池式收放系统是在船体中部对水下装备进行布放回收作业,该形式系统需要安装在专用母船上,制造成本高。通过母船上吊臂将水下装备吊至船艏月池上方后,可直接从中央月池内吊放入水中,也可根据具体水下装备的结构形式在船艏月池内设置垂直轨道,使水下装备沿轨道直接滑入水中。轨道式船艏月池收放系统在布放时可有效保护水下装备的安全。图6.8所示为海底钻机通过船艏月池式收放系统进行收放。

图6.8 船艏月池式收放系统

收放作业作为最基本的辅助作业,其对应的收放系统也是最基础的母船甲板配套支持设备。事实上,收放系统基本上涉及了所有主要的母船甲板配套支持设备。对于拖曳、供电、通信三大需求而言,其对应的母船甲板配套支持设备可以看成是在收放系统的基础上改造升级而来。无论是拖网类取样装备还是拖体类探测装备,仅就拖曳需求而言,其母船甲板配套支持设备主要是拖缆和拖曳绞车,与收放绞车和收放缆形式上虽有区别,但收放操作流程相近。

水下装备的供电与通信需求通常由水上甲板单元、水下机载单元及线缆传输介质三部分共同实现,其中水上甲板单元和传输线缆属于母船甲板配套支持设备的范畴。光纤和电缆分别作为水下通信和供电常用的传输介质,两者可整合为铠装光电复合脐带缆——承担收放又兼作供电与通信传输介质。需要指出的是,水下装备的水上供电甲板单元(也称为水下装备甲板供变电子系统)及水上通信甲板单元(也称为水下装备甲板操控子系统)是一类较为特殊的母船甲板配套支持设备,通常是作为水下装备的一部分而研制的,也可视为一种专用型通信与供变电装置。

总体而言,母船甲板配套支持设备主要针对水下装备的收放、拖曳、供电及通信四大需求而配置,设备种类繁多,其中最基本、最典型的为以下七类:海洋绞车、升沉补偿装置、脐带缆、A形架、专用收放装置(适配特定水下装备)、水下装备甲板供变电子系统和水下装备甲板操控子系统。母船甲板配套支持设备与水下装备辅助作业需求间的关系如图6.9所示。

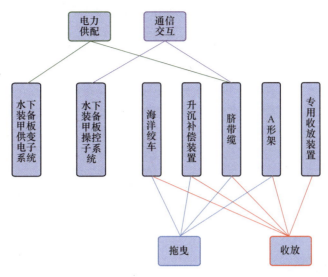

图 6.9　甲板设备与辅助作业需求关系示意图

6.2　海洋绞车

海洋绞车是进行海洋地质勘探不可或缺的甲板支持设备，通过精确控制缆绳的收放来完成对水下作业装备的布放、回收及拖曳。海洋绞车与陆地绞车的区别主要体现在两方面，一是海洋绞车在设计时受到母船甲板空间、电力系统等各方面的严格限制；二是海洋绞车的作业工况更加恶劣——海洋作业环境复杂多变，这既导致海洋绞车自身受到母船摇晃运动的影响，又会使水下作业装备的运动具有一定的随机性，从而使得海洋绞车的负载具有变化范围大、变化频次高的特点。此外，为了更好地满足不同作业装备的收放及拖曳需求，海洋绞车也衍生出了各种不同的类型、不同的结构形式及不同的技术特点。

6.2.1　海洋绞车分类

按驱动方式分类，海洋绞车类型主要有柴油动力绞车、液压绞车、气压绞车、直流电驱绞车和变频电驱绞车等类型。随着绞车驱动方式的不断发展更新，柴油动力海洋绞车已逐步淘汰。液压绞车是当前海洋绞车的主流方式，液压绞车具备驱动力矩大、起动平稳等特点，但其运行能耗大、速度响应慢。电动绞车的发展大致经历了直流转直流电驱动、交流转交流电驱动、交流电先整流后用直流电驱动、交流变频电驱动四个发展阶段。20 世纪 90 年代出现的变频电驱绞车，基于变频器变频调速技术和配备的自动控制系统，通过调整输出频率和工作电压来实现绞车速度的调节，大幅节约了电能和提升了作业效率。

按结构分类，目前海洋绞车一般可分为两种类型，即传统的单卷筒一体化绞车和牵引机构与储缆机构各自分开、前后布置的分离式双绞车收放系统。较早的海洋绞车一般采用的是单个的滚筒和引导缆绳辊子的方式，具有占用甲板空间小、系统结构简单等特点，且能很好地完成投放和回收的工作。分离式的双滚筒绞车中牵引滚筒被布置在收放装置的后面，而阻尼缓冲机构、排缆装置和储存滚筒依次被顺序地布置在牵引滚筒之后。分离式绞车适合于深海作业，可以减少储缆卷筒上的张力,有利于自动排缆,但有占用空间增大、维护不方便等缺点。

按用途分类,海洋绞车大致分为七类,分别是渔网绞车、起锚绞车、拖曳绞车、拖带绞车、科考绞车、系泊绞车、遥控无人潜水器(Remote Operated Vehicle,ROV)绞车(图6.10)。渔网绞车的主要功能是以最大功率和最大速度起升渔网,同时通过滚轮工作实现对渔网、浮标和沉坠的牵引。拖曳绞车又称为拖缆绞车,它常被用于连接船体与被拖物,通过对被拖物施加载荷带着被拖物移动。拖带绞车则与拖曳绞车不同,一般在拖船牵引驳船时使用。与其他类型的绞车相比,拖带绞车是大型的海洋绞车,一般以液压作为驱动力。科考绞车一般装备于各种不同的海洋科考船上。科考绞车的衍生功能多种多样,因为其可以安装多种常见科考设备,如岩层取样器、海底生物取样器、浮游生物网和鱼群声呐等。系泊绞车是在船舶泊船或泊船靠岸停船下锚的专业设备,其主要作用是在装载和卸载过程中对船舶进行支持和定位,同时以恒定的张力调整补偿振动产生的偏差。ROV绞车用于收放潜水器,为了在最恶劣的海况下能正常操作水下遥控潜水器,一般都配有主动升沉补偿装置。

图6.10　各种用途海洋绞车示意图

f）系泊绞车　　　　　　　　　　　g）ROV绞车

图 6.10　各种用途海洋绞车示意图（续）

6.2.2　单卷筒绞车

针对海洋绞车在海洋钻探、海洋资源勘查与开发等深海作业中的特殊要求，突破解决海洋绞车复杂机电液系统总体设计技术、海洋绞车主动升沉补偿控制两大关键技术，湖南科技大学成功研制了电驱动主动升沉补偿海洋绞车。该海洋绞车为采用交流变频电驱动的单卷筒绞车，带有主动升沉补偿功能和自动排缆功能，整体技术水平达到国际先进水平且具有自主知识产权。

在海洋绞车工作过程中，一是要求绞车在最低转速下能产生足够大的转矩和拉力，以平稳地起升或下放重物，在高速运行时有足够大的起升和下放速度，以保证绞车的工作效率；二是要求在深海作业环境下具有升沉补偿功能，对缆索长度进行有效补偿，适时调整缆索长度，保证缆索张力恒定和在指定深度下正常操作；三是要求有足够大的卷筒尺寸和缠绳容量，有能够与卷筒协调动作的自动排缆机构及安全可靠的刹车装置等功能。海洋绞车功能分解如图 6.11 所示。

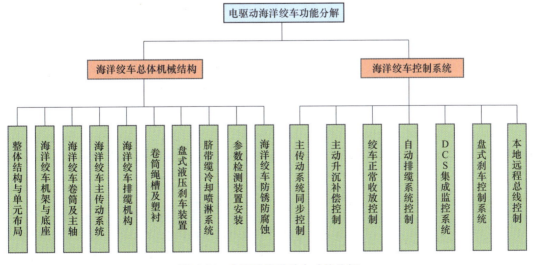

图 6.11　电驱动海洋绞车功能分解

该海洋绞车是集机械、电气、液压、自动化控制、智能化为一体的复杂机电系统,主要由绞车整机机械结构、多变频器多电动机驱动系统、集成监控系统、盘式刹车制动系统、主动升沉补偿系统和自动排缆系统等组成。

(1)整机机械结构

该海洋绞车为单卷筒一体化绞车,如图 6.12 所示,具有结构紧凑、安装使用方便及制造工艺成本低等特点,与双卷筒牵引绞车相比,降低了缆绳弯曲疲劳循环的频率。

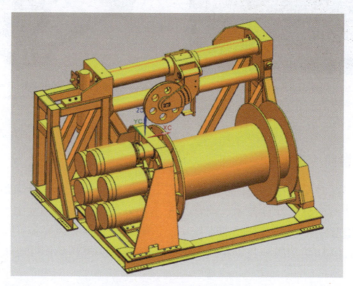

图 6.12 海洋绞车整体机械结构图

(2)主传动系统

该海洋绞车主传动系统机械结构采用多电动机、多行星减速器、固定轮系及主轴支撑的结构形式。主传动系统中每台电动机的主轴直接与 1 台行星减速器相连,每个行星减速器输出轴上安装 1 个小齿轮,6 个小齿轮以外啮合方式同时驱动 1 个大齿轮(6 个小齿轮和 1 个小齿轮形成 1 个固定轮系减速),大齿轮直接安装在卷筒上,绞车卷筒通过主轴支撑在机架上。

(3)自动排缆系统

该海洋绞车的自动排缆系统由伺服电动机、伺服驱动器、减速器、丝杆、导缆轮、导向轮、行程开关和丝杆编码器组成,如图 6.13 所示。伺服驱动器驱动伺服电动机正反转,通过减速器带动丝杆旋转,实现导缆轮在丝杆上往返运动,运动到卷筒两端(排满/收回一层缆)触发行程开关换向,丝杆每旋转一圈,导缆轮相应平移一个丝杆导程。采用"卷筒旋转一圈导缆轮沿卷筒轴向方向平移一个缆径位移量"原理匹配卷筒与丝杆的转速,实现有序排缆。

(4)多变频器多电动机驱动系统

多变频器多电动机同步控制系统中主电动机处于十分重要的地位,它的转速决定着整个系统的转速,另外该系统还包含很多其他从动电动机,如图 6.14 所示。实际作业过程中,通过采取相应的有效控制措施,以提高多电动机多变频传动系统的动静态性能,并协调多个交流电动机间的正常运作。

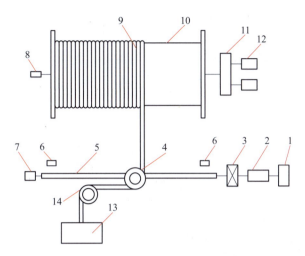

图 6.13　电驱动海洋绞车自动排缆系统结构图

1—伺服驱动器　2—伺服电动机　3—减速器　4—导缆轮　5—丝杆　6—行程开关　7—丝杆编码器
8—卷筒编码器　9—缆绳　10—卷筒　11—减速箱　12—变频电动机　13—作业装备　14—导向轮

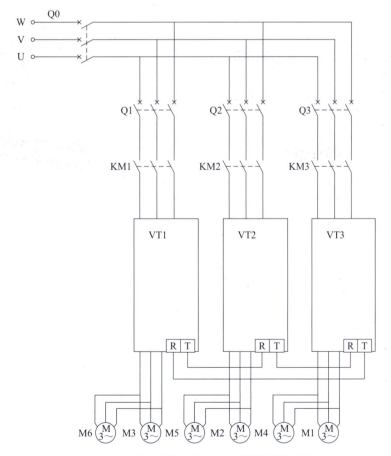

图 6.14　多变频器多电动机同步控制原理图

（5）集成监控系统（DCS）

集成监控系统的实质是利用现代计算机技术、显示技术、通信技术等对工业生产的过程进行监视、操作、管理和分散控制，达成了系统功能的分散、危险的分散，而且具备控制能力强、操作简单和稳定性高等特色（图6.15）。因此，采用基于集成监控系统的海洋绞车控制系统不仅能够在很大程度上提高绞车的工作效率，还可以降低绞车运行风险。

（6）盘式刹车制动系统

制动器是应用于海洋绞车刹车系统的液压执行机构，海洋绞车的制动力由碟簧变形而产生的恢复力提供，并由液压系统提供松开制动器的推力（图6.16）。工作过程中需要进行制动刹车时，绞车液压站卸荷制动器在碟簧作用下将以最大的力在最短的时间内让海洋绞车停车。

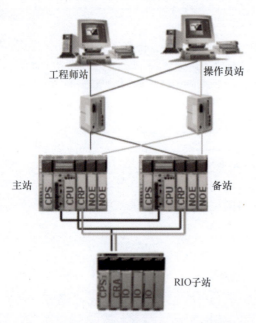

图6.15 基于DCS的海洋绞车控制系统原理图

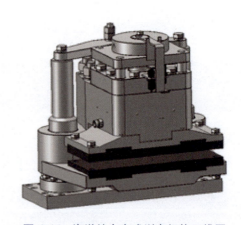

图6.16 海洋绞车盘式刹车机构三维图

6.2.3 双卷筒绞车

浅海作业时海洋绞车一般采用单卷筒结构同时承担脐带缆的提升和储存工作，但随着勘探装备的作业水深不断增加，连接勘探装备与母船的脐带缆也相应加长，这可能导致收放过程中出现以下情况：①随着作业深度的增加，脐带缆的重量也随之不断增加，并逐渐成为脐带缆绞车的主要负荷；②由于脐带缆长度的增加，同时受导向轮入角的限制，绞车的长度不可能太大，造成脐带缆在绞车上的缠绕层数增加，绞车卷筒的容纳体积相应增加，使得绞车的半径和转动惯量随之增大，所需驱动力矩也大大增加；③脐带缆在绞车上各层之间的张力变化较大，在勘探装备出水前张力最小，而在勘探装备出水后浮力消失重量突然增大，导致绞车最外层缆张力远大于出水前缠绕的张力，这会导致外层缆进入内层，造成脐带缆排列混乱，并容易使脐带缆受到严重的损坏。为解决单卷筒绞车在收放长缆时存在的问题，大水深勘探装备的脐带缆绞车可采用双卷筒结构，即将脐带缆的储存和提升功能分离。

双卷筒绞车系统由牵引绞车和储存绞车组成，牵引绞车布置在勘探装备收放 A 形架的后面，储存绞车依次布置在牵引绞车的后面，如图 6.17 所示。连接探测装备的脐带缆由负重端通过 A 形架上的导向轮后进入牵引绞车，在两个绞盘上交替缠绕后，再通过导向轮和排缆机构在储存绞车卷筒上缠绕。绞车工作时，两个绞车盘同步驱动，由缆槽与脐带缆之间的摩擦产生提升力。由于脐带缆在牵引绞车缠绕圈数较多，牵引绞车出缆处的绳张力相对于入缆处大大减少。因牵引绞车的"放大"作用，储存绞车只需保持一个较小的张力（通常只需提升力的 1/20）就可以满足提升探测装备的需要。

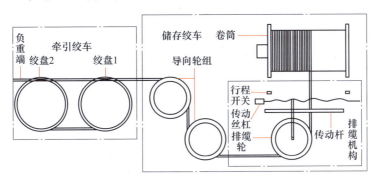

图 6.17 双卷筒绞车系统示意图

1. 储存绞车

储存绞车为卷筒结构形式，可容纳全部脐带缆，轴线沿脐带缆收放方向。储存绞车由卷筒、排缆机构及导向轮等组成。

1）卷筒。卷筒的主要功能为容纳脐带缆，并为牵引绞车提供初始张力。卷筒结构要求如下：①卷筒的直径不得小于最小曲率半径（脐带缆正常工作的最小半径）；②卷筒必须要足够容纳所有的缆；③为了缆能够整齐排布，必须控制缠绕的层数，一般不超过 6 层；④在卷筒上制作螺旋槽，使缆在槽中排布可改善滚筒的受力，同时便于缆在滚筒上均匀排布。

2）排缆机构。排缆机构包括导向杆、传动丝杠、排缆轮、行程开关等。导向杆和传动丝杠平行于卷筒轴线安装，且与卷筒位置固定。排缆轮安装在导向杆上，由丝杠带动在卷筒长度范围内移动，排缆轮的半径不小于脐带缆的最小曲率半径。绞车进行收放时，储存绞车每转动一圈，排缆轮移动一个导程的距离，保证脐带缆在卷筒的出入缆方向始终与卷筒的轴线垂直，使缆在卷筒上紧密排列。行程开关安装在丝杠的两端，当收放到每一层的最后一圈时，排缆轮触动行程开关，控制丝杠转动换向，储存绞车进入下一层脐带缆的收放。

3）导向轮。导向轮的作用是将脐带缆从牵引绞车引导至储存绞车的排缆轮，其数量和位置根据脐带缆转向过渡需要确定。导向轮的半径不小于脐带缆的最小曲率半径。

2. 牵引绞车

牵引绞车由结构相同、前后排列的两个绞盘组成，如图 6.18 所示。右边为绞盘 1，左边为绞盘 2，每个绞盘有多个环形缆槽（通常 6 个即可满足需要）。探测装备收放时，脐带缆由绞盘 2 第 1 道缆槽水平入缆，绞盘 2 第 1 道缆槽起引导作用不受力，随后进入绞盘 1，在绞盘 1 第 1 道缆槽缠绕 180°，缆从上端进入（实线表示）下端出（虚线表示），再进入绞盘 2 缠绕 180°，缆从下端进（虚线表示）上端出（实线表示），依次缠绕 2 个绞盘的各缆槽，最后缆从绞盘 1 最后一道缆槽水平出缆，绞盘 1 最后一道缆槽只起引导作用不受力。由于绞盘缆槽和缆的摩擦力作用，牵引绞车入缆的张力远小于出缆的张力，这样牵引绞车与脐带缆的摩擦力提供探测装备收放时的主要拉力。

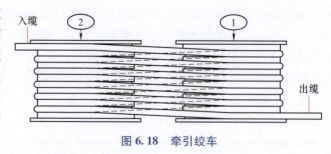

图 6.18　牵引绞车

3. 双卷筒绞车的优缺点

优点：①避免了缠绕半径变化对牵引绞车驱动力矩的影响，且负荷分配在两个绞盘上，也减少了单个驱动机构的功率；②储存绞车沿轴向布置，卷筒长度不再受排缆轮偏角影响，卷筒长度可大大增加，使得脐带缆缠绕层数能控制在较小范围内，进而有效限制了转动惯量的增大，降低了储存绞车的驱动功率；③脐带缆在卷筒上缠绕的张力远小于脐带缆的提升力，因此即使在探测装备出水的瞬间，提升力突然增大，脐带缆最外层的张力仍然能够维持在一个很小的张力范围，可以避免外层缆进入内层。

缺点：在实际工作中，由于环境的影响，脐带缆（如有油和水）和牵引绞车缆槽（磨损、腐蚀）的工作状态都会发生变化，这可能导致缆绳与缆槽间的摩擦系数发生改变，进而出现脐带缆在牵引绞车上打滑的现象。

6.2.4　自动排缆技术

自动排缆即在卷筒收放缆绳时，排缆机构同步协调运动，使得排缆机构在绞车卷筒轴向的行走位移能够动态跟踪滚筒的转动位移。由于海洋绞车随母船出海作业时，母船空间有限，绞车尺寸受限，再加上海洋绞车吊放深度经常在数千米之下，缆绳缠绕层非常多。同时，绞车在受海浪影响时，缆绳摇摆不定，使排缆容易出现缠绕不均、乱绳、咬绳等情况，当排缆排列严重混乱时，运行绞车将会导致缆绳间非正常摩擦，加剧缆绳磨损，尤其是下放作业过程容易出现绞车运行不稳、掉道等问题，严重时甚至会出现断绳跑车和人身事故。因此，自动排缆系统在海洋绞车中不可缺少。

自动排缆简单来说是以卷筒转动一圈所收放缆绳宽度作为丝杠水平运动的位移长度，进而计算在此时丝杠所转动的圈数。通过测量卷筒转速，最终转换为丝杠转速。卷筒与丝杠之间排缆的表达式如下：

$$v_s = \frac{id}{P_b} v_c \tag{6.1}$$

式中，v_s 为丝杠转速；v_c 为卷筒转速；i 为丝杠传动比；d 为缆绳直径；P_b 为丝杠导程。

自动排缆方式可根据驱动方式分为两大类。第一类为间接驱动的被动式排缆，无独立的排缆动力源，采用链条、齿轮箱等设备将卷筒主轴与丝杆等连接，利用卷筒的运动带动丝杆运动，实现自动排缆。被动式排缆机构的代表有光杆排缆机构和补偿式排缆机构，其缺点是传动比容易发生变化，排缆不稳定、精度较差。第二类为直接驱动的主动式排缆，其采用液压马达或电动机作为动力源驱动丝杆，通过编码器实时获取卷筒转速和丝杆转速信号，当平移螺母触碰到行程开关，液压马达或电动机通过反转实现排缆换层功能，控制器协调卷筒与丝杆转速的匹配实现二者之间的高精度协同运动，保证准确排缆。主动式排缆机构的代表有丝杠排缆机构、液压排缆机构、凸轮排缆机构。

（1）凸轮排缆机构

凸轮排缆机构如图 6.19 所示，主要由拨缆器、排缆杆、复位弹簧等构件组成。凸轮排缆机构通过电动机驱动凸轮旋转，推动排缆杆完成推程运动，复位弹簧复位完成回程运动，缆绳经过拨缆器作用整齐排列在储缆筒上。凸轮机构具有结构简单、易于加工、布局紧凑、经济实惠等特点，凸轮的尺寸决定排缆行程，凸轮设计的合理性决定着排缆性能的好坏。但因为凸轮与排缆杆接触形式为点线接触，所以凸轮机构一般用于提升速率较小、提升重物不大的场合。

（2）液压排缆机构

液压排缆机构如图 6.20 所示，主要由液压缸、拨缆器、行程开关等构件组成。液压排缆机构以卷筒编码器读取的转向和转速为输入信号，输入液压控制系统，通过调节液压缸双出杆的速度和方向，驱动拨缆器完成往返运动，保证缆绳的整齐性，当系统接收到左右行程开关信号完成自动换向。液压排缆通过比例系统可以实现无级调速，机构传动相对平稳，效率高。但其液压系统结构复杂，对作业环境要求较高且安装空间较大，不适合空间狭小、工作环境不稳定的场合。

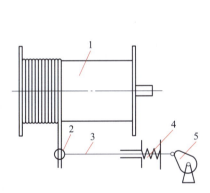

图 6.19　凸轮排缆机构
1—卷筒　2—拨缆器　3—排缆杆
4—复位弹簧　5—梅花凸轮

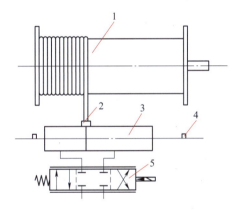

图 6.20　液压排缆机构
1—卷筒　2—拨缆器　3—液压缸
4—行程开关　5—比例阀

（3）丝杠排缆机构

丝杠排缆机构主要有两种形式，一种为单向丝杠排缆，一种为双向丝杠排缆。单向丝杠排缆机构如图 6.21 所示，主要由丝杠、螺母、导向杆、拨缆器等构件组成。工作时，卷筒编码器测量卷筒的转速和方向作为排缆控制系统的输入信号，控制电动机正反转驱动丝杠旋转，进而推动螺母上的拨缆器周期性往返运动，保证排缆机构跟随性能，使缆绳整齐排缆在卷筒上。单向丝杠排缆主要由行程开关控制电动机正反转实现排缆器的往复运动，具有易加工、成本低的特点，可满足不同缆绳直径的排缆需求。双向丝杠排缆是利用均匀设计的双向螺纹，两端的纹路交叉在一起形成了一种"闭合回路"的形式，如图 6.22 所示，根据丝杠和螺母的机械配合连续滑动实现自动换向。往复丝杠不需行程开关便可完成自动换向，但加工困难、成本高，且只能完成一种缆绳直径的排缆，当缆绳直径变化时，需变换对应减速比的减速器。

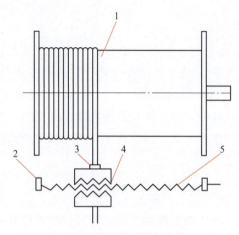

图 6.21　单向丝杠排缆机构
1—卷筒　2—行程开关
3—拨缆器　4—螺母　5—丝杠

图 6.22　双向丝杠

丝杠螺距选择和加工精度对排缆性能有重要影响，螺距较小，结构受较大的轴向和径向力，工作时间长会使结构变形影响排缆精度；螺距较大，绞车作业时排缆机构往返频率较高，加速机构磨损，换向响应较慢，减小机构的使用寿命。

（4）排缆机构出绳方式

比较常见的排缆机构出绳方式主要有两种，平行排缆和垂直排缆。平行排缆如图 6.23 所示，卷筒上缆绳放置于两个导缆柱之间，排缆机构低于卷筒高度不受径向力作用，缆绳张力直接作用于卷筒，收放缆绳时排缆器给予缆绳较小的侧向力便可完成排缆动作。平行排缆机构由于受力不大，因此结构尺寸较小，成本较低。该种结构使缆绳张力完全作用于卷筒，对卷筒尺寸与质量要求高，缆绳间挤压磨损严重。在海上作业时因海浪、潮流等因素导致母船和重物产生上下浮动、左右纵摇，缆绳和卷筒的角度时刻变化，对收放的重物影响较大。因此该种机构一般用于浅海作业绞车、矿用绞车等容绳量小、作业环境相对稳定的场合。

垂直排缆如图 6.24 所示，卷筒上缆绳经过两个导缆柱变向缠绕于导向轮上，缆绳张力先作用于排缆机构，再缠绕于卷筒使得缆绳间压力和磨损减小，增加缆绳使用寿命。排缆机构受缆绳作用较大的弯矩、轴向力与径向力，因此排缆机构的导向轮、导向杆、丝杠等加工尺寸较大。导向轮与卷筒偏角保持恒定，排缆效果更好，使收放的重物更平稳安全。深海作业绞车，特别是资源探测用绞车，下放仪器往往特别贵重，垂直排缆更为适合。

6.2.5　多电动机同步控制技术

考虑到海洋绞车出海作业中的大功率需求，若采用与海洋绞车相匹配的大型电动机进行驱动，将会占据母船大量空间，不具有经济性，单台小型电动机又无法满足其功率需求，此时多电动机同步转动技术的应用便可有效解决此类问题。多电动机同步转动不仅可以使海洋绞车拥有足够大的功率，而且在恶劣的海洋环境中，当其中一台电动机发生故障时，其余电动机还能正常工作，保障工作的安全性与贵重设备回收。

图 6.23 平行排缆

图 6.24 垂直排缆

多电动机同步按连接方式可分为刚性连接和柔性连接。刚性连接即多台电动机之间通过齿轮或者链条进行无弹性连接，这要求两台或两台以上电动机在驱动负载时转速和转矩均相同。电动机同步控制方法很多，主要分为并行控制、主从控制、交叉耦合控制。

1）并行控制。并行控制结构简单，容易实现，所有电动机共同拥有一个输入信号，并行连接，所有电动机在共同输入信号下实现同步运动。

2）主从控制。主从控制是以一台电动机为主电动机，其余电动机为从电动机，外部驱动器只需给主电动机发送速度指令，以主电动机的速度、转矩作为从电动机的设置值，从而实现多电动机同步控制。

3）交叉耦合控制。交叉耦合控制适用于两台电动机同步，每台电动机之间相互耦合，都有一台驱动器对电动机之间转速差进行补偿，当其中一台电动机受到干扰发生转速改变时，另一台电动机将会受到反馈，重新调整速度，实现多电动机同步控制。

6.3 升沉补偿装置

母船在海面不可避免地会受风、浪、流等的影响，产生六个自由度的运动，包括横荡、纵荡、垂荡、横摇、纵摇和艏摇，如图6.25所示。其中，影响海上收放作业稳定性的一个最重要因素是升沉运动（也可以将其理解为垂直运动）。母船的这种垂直运动会通过收放缆传递到水下作业的勘探装备上，从而影响水下作业装备的作业质量和效率，甚至威胁其安全。为了尽量隔绝水面母船

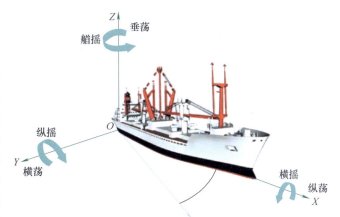
图 6.25 海面母船的六自由度运动

无规则运动对水下作业装备的不利影响，需要减轻或抵消波浪等引起的船舶垂直运动，以期使得海上收放操作具有与陆地操作相当的平稳性。满足这一需求的技术称为升沉补偿技术，

对应的实体称为升沉补偿装置。配备升沉补偿装置可以使母船收放系统能适应更恶劣的海况条件，延长作业窗口期，提高作业的质量和效率，保障作业安全。

根据驱动原理的不同，可将升沉补偿装置分为两种主要的类型，分别是主动升沉补偿器（Active heave compensator，AHC）和被动升沉补偿器（Passive heave compensator，PHC），而所谓的半主动升沉补偿或主、被动复合式升沉补偿则可视为是二者的组合体。

6.3.1 被动式升沉补偿装置

被动式升沉补偿装置最简单的形式可以看成是一个隔振器，作为一个开环系统，其输入是船体运动，输出是所附物体的减振幅运动，起到一定程度的将负载与船舶分离的作用。PHC 不需要输入能量即可运行。图 6.26 展示了一种放置在起重机和负载之间中间位置的被动式升沉补偿装置，其被简化为一套并联的弹簧阻尼器系统。图 6.26 同时也反映了一个重要的事实，那就是补偿器可以放置在承载线上的任何位置，可以是船舶甲板上，也可以是水面之下。

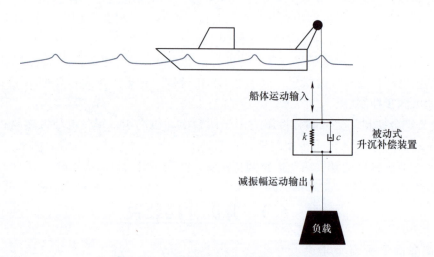

图 6.26 一种简化的 PHC 的工作原理图

在大多数隔振系统中，并联弹簧阻尼器串联放置在设计人员希望隔离的负载之前。并联弹簧阻尼器充当机械低通滤波器，其中不同的弹簧常数 k 和阻尼 c 值会产生不同的低通滤波器转折频率。考虑图 6.26 中的系统，其中显示了一艘小型水面舰艇使用由并联弹簧阻尼器组成的 PHC 来帮助将负载运动与舰体运动隔离。可以写出以下微分方程来描述负载运动：

$$m_L \ddot{x}_L = -k(x_L - x_H) - c(\dot{x}_L - \dot{x}_H) \tag{6.2}$$

式中，x_H 是船舶的升沉；x_L 是负载位移；m_L 是负载质量。

对式（6.2）进行拉普拉斯变换可得：

$$m_L s^2 X_L(s) = -k(X_L(s) - X_H(s)) - c(sX_L(s) - sX_H(s)) \tag{6.3}$$

整理式（6.3）可得：

$$\frac{X_L}{X_H} = \frac{cs + k}{m_L s^2 + cs + k} \tag{6.4}$$

对于方程式（6.4）描述的二阶系统，拐角频率（阻尼固有频率）ω_d 将发生在

$$\omega_d = \omega_n \sqrt{1 - \left(\frac{c}{2\omega_n}\right)^2} \tag{6.5}$$

式中，无阻尼固有频率 ω_n 由下式给出：

$$\omega_n = \sqrt{\frac{k}{m_L}} \tag{6.6}$$

频率高于 ω_d 的升沉振幅会在负载处开始衰减，这表明设计补偿器的目标应该是使 ω_d 远低于海洋波浪（以及船舶运动）的预期频率范围。

图 6.27 是式（6.4）所给出的两个系统（无补偿系统和有补偿系统）的传递函数 Bode 图。在无补偿系统中，弹簧常数主要由收放缆的特性决定。在图 6.27 中，无补偿的固有频率 $\omega_{\text{uncompensated}}$ 出现在输入波谱内，这意味着对于无补偿的系统，升沉运动会在负载处被放大。对于有补偿系统，希望 ω_d 出现在预期的输入频率范围以下，这意味着设计者应选择 k，使 ω_d 出现在图 6.27 所示的 $\omega_{\text{compensated}}$ 位置，从而成功减弱负载处的运动。补偿器的调谐主要通过调整弹簧常数 k 来实现，因为阻尼往往难以控制。

常见的做法是使用某种气体支撑蓄能器驱动的液压活塞作为被动补偿的弹簧。图 6.28 所示为气背式液压活塞蓄能器简化示意图。蓄能器在气囊的一侧充有加压气体。气体压力设定为在稳定状态下保持负载，同时气囊将气体与液压油分离。液压油的压力与气体相同，通过推动气缸中的活塞来保持负载。

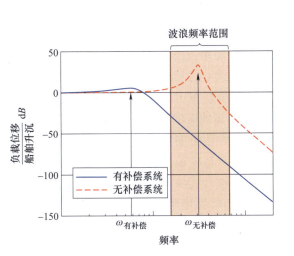

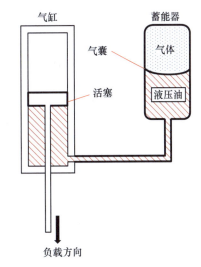

图 6.27　系统传递函数 Bode 图　　图 6.28　气背式液压活塞蓄能器简化示意图

在使用无源补偿器的系统中，总阻尼由系统组件确定，如浸没缆绳长度、负载几何形状造成的阻力及机械摩擦。被动补偿器的弹簧常数 k 根据储气罐容积设定。为了说明 k 与体积的关系，可以从图 6.29 中的等温过程开始，其中 p 是压力，V 是体积，x 是位移，A 是活塞面积。假设 $p_1 V_1^n = p_2 V_2^n$（n 为相关气体常数）和 $V_2 = V_1 - \Delta V$（ΔV 为体积变化），则：

$$p_2 = p_1 \left(\frac{V_1}{V_2}\right)^n = p_1 \left(\frac{V_1}{V_1 - \Delta V}\right)^n = p_1 \frac{1}{\left(1 - \frac{\Delta V}{V_1}\right)^n} \quad (6.7)$$

首先在式（6.7）两边同时减去 p_1，然后考虑当 z 较小时，有 $\frac{1}{(1-z)^n} \approx 1 + nz$，最后根据 $p_2 - p_1 = \Delta p = \Delta F/A$，以及 $\Delta V = xA$ 可以得到：

$$\Delta p = p_1 \frac{nxA}{V_1} \quad (6.8)$$

将式（6.8）的两边乘以 A，得出最终结果：

$$F = \frac{np_1 A^2}{V_1} x \quad (6.9)$$

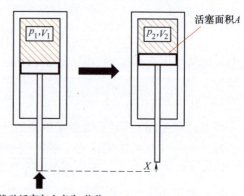

图 6.29 气体压缩过程示意图

在式（6.9）中，力并没有被定义在一个特定的方向上，而是简单地从体积 V_2 的四面推出。将式（6.9）与胡克定律 $F = -kx$ 进行比较，并按照力必须与运动 x 相对的惯例，得出 k 值，即：

$$k = \frac{np_1 A^2}{V_1} \quad (6.10)$$

这表明增加 V_1 会使弹簧变软。

在船舶运动大于补偿器行程的情况下，有必要增大 k 值，以增强系统刚度，从而减小补偿器的运动幅度，或完全锁定补偿器。加固或锁定系统可确保在补偿器突然碰到硬止点时不会发生卡压，这种情况可能发生在升沉运动大于补偿器行程时。一般来说，增加 PHC 蓄能器的气体容积可以提高解耦运动的能力，但是无限增加补偿器气体容积的收益会递减，因为系统性能最终会受到连接蓄能器和补偿气缸的管道尺寸和长度的影响。

蓄能器的初始压力由用户设定，以保持稳态负载。对于起重机或绞车来说，总载荷还包括固定有效载荷的缆绳重量。在足够深的水下，缆绳质量可能会主导载荷，缆绳共振也可能参与其中，产生比船舶更大的运动。通过对缆索共振效应的模拟，可以确定安装在深度处、靠近负载的补偿器可提供更有效的运动解耦。在载荷附近安装补偿器的缺点是，需要事先知道运行深度和载荷，才能对补偿器进行调整，而且无法就地改变调整。如果载荷在运行过程中发生重大变化，则应使用船用无源补偿器。使用被动式深度升沉补偿模块可以解决深度调整问题，图 6.30 显示了深度补偿系统的示意图。随着深度的增加，水压会推动从气瓶 B 延伸出来的杆的底部，这种水压直接抵消了载荷力，从而有效地降低了系统调谐时所承受的载荷（系统调谐是通过对气瓶 A 中的气体加压来实现的）。C 气瓶被添加到系统中以补偿因水压增加而产生的力，随着水压的增加，从气缸 C 延伸出来的杆上产生了一个力，该力对气缸 C 中的流体加压，直接推向气缸 B 中杆的顶部，与气缸 B 杆底部产生的力相反，于是水压产生的力相互抵消。

许多早期的被动系统都存在气缸黏滞的问题，即静摩擦力过大，负载难以克服。打破初始"黏滞"以开始移动液压缸需要一定的力，这取决于系统的大小。如果系统尺寸不当，负载可能不足以打破这种摩擦力。

曾有人研究石油钻井平台的被动补偿器动力学，得出如下结论：在现实世界中，只有通过使用主动补偿器，才能将波浪运动与负载的耦合降低 80% 以上。希望进一步降低升沉运动耦合是 20 世纪 90 年代开发主动式升沉补偿的动力之一。此外，被动补偿器在船与船之间的有效载荷转移或将载荷从空中转移到水中时的波浪匹配等应用中也不起作用。在有效载荷转移和波浪匹配的情况下，PHC 无法补偿两个独立运动的参照物之间的相对运动。在这些应用中，必须使用主动式波浪补偿器。

受限于时代技术背景，被动式升沉补偿装置是最早开发出来的升沉补偿装置。被动式升沉补偿装置具有独特的优势，至今在某些场合仍在使用，但通常与主动升沉补偿方式结合使用。常见的被动式升沉补偿解决方案如图 6.31 ~ 图 6.33 所示。

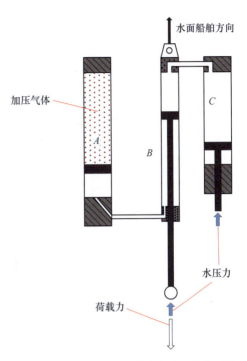

图 6.30　带深度补偿的被动式升沉补偿系统

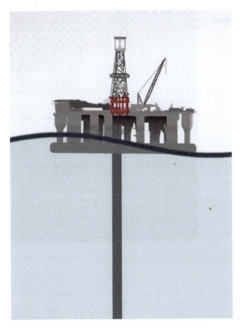

图 6.31　钢丝绳张紧器

世界上最大的升沉补偿器制造商当属美国的 NOV（National Oilwell Varco）公司。该公

图 6.32 直升式张紧器

图 6.33 绳上被动升沉补偿

司从 20 世纪 60 年代就开始进行升沉补偿器的研究，图 6.34 所示的双液压缸的升沉补偿器就是由该公司生产的。这种升沉补偿器主要应用在海洋浮式钻井平台上，是海洋钻井作业时必须配套的设备。这种升沉补偿器是把液压缸安装在大钩与游动滑车之间的一种可在滑车间滑动的新型双液压缸补偿器。液压缸中油液承受大钩上的所有载荷，游动滑车与双液压缸的缸体相连，液压缸中活塞和活塞杆与大钩相连。这样当船体带动游动滑车上下升沉时，只能带动液压缸的缸体周期性的上下运动,而在液压缸中的活塞及活塞杆保持平稳不动,即大钩负载基本上不受船体升沉运动的影响,从而实现补偿船体升沉位移的作用。这种升沉补偿器在设计完成后,并进行模拟试验得到了很好的效果,之后在工厂规模生产并广泛应用于钻井船上。在实际的海洋钻井中证实了该补偿器在保持井底钻压稳定方面起到了很好的补偿效果。但该装置也有很多不足,由于这种补偿器体积庞大,会占据海洋作业船船体甲板很大的空间,这是它最大的弱点;其次,由于液压缸中密封多,造成液体损失多,设备维护相当不便,而且由于液体管线长,液体能量损失较大,长时间工作补偿效率会下降。

1992年荷兰 Aker-Kvaerner 公司设计生产了一种新型天车型升沉补偿装置,并将该装置使用在钻井船上,其最大负载可达 750000lb(1lb = 0.454kg),补偿行程可达 5m,如图 6.35 所示,这种升沉补偿器广泛应用于海洋石油开采作业中,而且效果很好。它主要由浮动天车、主气缸、液压缸、储能器、液压站、控制器、操控装置、传感器、天车模块、摇摆臂等部分组成。当钻井船受到海浪的影响而升沉运动时,液压缸的推动天车模块沿轨道相对于井架做相反方向运动,放松或张紧钻井钢丝绳,补偿钻井船的升沉运动;操控员通过调节钻井船上的调节阀来改变系统压力,从而达到调节井底钻压的目的。此外,滑轮组锁紧装置被安装在该补偿器的天车上,在进行下钻作业时,通过控制液压系统将辅助滑轮组紧紧固定在井架顶部,这样浮动天车就可以承载钻井装置正常工作时的最大额定载荷。这种天车型补偿器起初只是应用在钻井船浅海石油开采方面,而且体积也不是很庞大,但随着海洋石油开发走向深海,为了满足深海升沉补偿目标的要求,这种天车型补偿器的体积也变得很庞大,不仅占据了作业船甲板上的很多空间,也不便于对它进行维护,这也是其最大的弱点,但补偿效果还是能够满足钻井要求的。

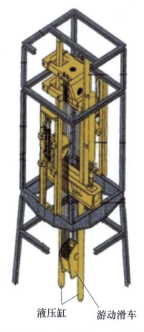

图 6.34 美国 Varco 公司的升沉补偿器

图 6.35 天车型升沉补偿器

6.3.2 主动式升沉补偿装置

AHC 旨在主动、先发制人地对升沉运动做出反应，从而控制负载相对于海床的位置，其工作原理如图 6.36 所示。AHC 的核心是利用配备动力执行器的控制系统来主动抵消传感器检测到的运动。这些传感器通常是惯性测量设备或高精度卫星导航系统可识别船舶运动，触发集成到吊钩或直接应用于绞车设备的执行器（通常是液压缸）。使用 AHC 的主要目标是为自由悬挂负载保持恒定的垂直位置，或为支撑或固定负载保持一致的张力。来自运动参考单元（MRU）或预设测量位置检测系统的实时信号指导控制系统（无论是基于 PLC 还是基于计算机）计算主动组件的必要调整，以消除船舶运动。AHC 的突出之处在于它能够几乎实时响应测量的运动，有效地补偿位移。事实证明，该功能对于减轻波浪、风和其他外部因素对船舶和平台的影响至关重要。通过积极应对这些运动，AHC 可确保稳定性、安全性和效率，尤其是在波涛汹涌的大海上。这种主动技术可最大限度地减少天气引起的停机时间、延长运行时间并减少设备损坏。

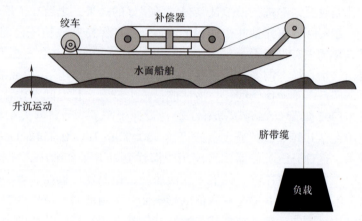

图 6.36 AHC 工作原理

AHC 系统是一种主动反馈系统，它将有效载荷的位移作为反馈提供给每一时刻的控制器，从而实现更好的补偿。这种基于反馈的补偿方式需要大量的动力源才能运行。与开环被动系统相比，主动式升沉补偿系统涉及闭环控制。在主动系统中，测量船舶的升沉运动并将其传递给控制器，然后控制器推动执行器来平衡升沉运动，因此，如果船舶向上摆动，控制器就会命令负载向下移动相同的幅度。对于有源系统来说，最大的优点之一是反馈变量并不局限于船舶的升沉运动。例如，反馈可以基于两艘船之间的距离，如在有效载荷转移过程中使用的距离，也可以是用于始终保持缆绳恒定张力的称重传感器测得的力；反馈也可以基于波浪高度，这在负载从空气过渡到水时最常用。

图 6.37 所示为一种早期的主动升沉补偿系统，将一条弹簧系绳从一艘

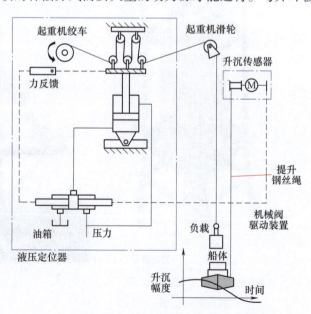

图 6.37 船与船之间转移货物使用的主动升沉补偿系统

船的吊臂连接到另一艘船的甲板上。当系绳被拉进或拉出时，它移动一个液压比例阀，该阀调节负载，保持与甲板的恒定高度。图 6.37 所示的系统已完全集成到起重机的操作中。此外，还可以对类似的机械驱动系统进行独立性改装，进而可以搭配本身不具备升沉补偿功能的起重机一起使用，其可以悬挂在起重机和负载之间。

1980 年至 1990 年期间，有关机械式主动升沉补偿系统的研究及相关论文发表很少，这可能是因为这一时期的实时计算机控制还没有成熟到可以集成到一个复杂的系统中。此外，在 20 世纪 80 年代，被动系统通常足以满足石油和天然气行业的需求，而石油和天然气行业正是最初的波浪补偿研究的主要推动力之一。巴伯的一项专利展示了一种基于电路的 AHC 系统，在这种系统中可以感应到升沉运动，并采用固定电路设计来控制升沉运动，但固定电路的缺点是无法更改。如果需要更改控制方案，则需要重新制作电路板。尽管这一时期有关机械式主动升沉补偿系统的研究成果很少，但声呐领域的升沉补偿理论和算法开发工作仍在继续。

哈钦斯的一项专利显示了如何使用简单的双积分器电路将加速度计数据转换为垂直运动数据，作为拖曳声呐阵列控制电路的一部分。在这种情况下，声呐阵列用于绘制海底地图。有了垂直位置数据，声呐阵列就可以调整声呐脉冲定时，从而有效地校正船上的垂直运动，并展示了在 AHC 系统中从机械反馈过渡到电子反馈的早期实例（在计算机控制成为主流之前）。

El-Hawary 于 1982 年提出了一种校正声呐数据中升沉的改进方法，其利用快速傅立叶变换（FFT）分析法对声呐数据进行分析，以确定船体升沉的频率成分，并通过应用优化的卡尔曼滤波器，在后处理中选择性地去除升沉运动，同时保留海底剖面。所需的计算能力，在发表该论文时还无法实时进行分析。

Jones 和 Cherbonnier 于 1990 年获得的一项专利是关于微处理器控制的主动升沉补偿系统的最早实例之一。由于是专利，有关控制方法的细节有限。不过 Robichaux 和 Hatleskog 于 1993 年获得的专利表明，微处理器的优势主要来自适应性。有了机械硬件，就可以通过向控制器上传新软件来改变控制参数或控制方法，操作员可以轻松地即时调整控制参数，以适应各种负载或海洋条件。修改软件的成本大大低于更改硬件的成本，同时还能扩大控制系统的使用范围，使其有可能用于大型石油钻井平台，或适用于可能希望将 AHC 用于遥控潜水器的小型船只。还可以编写软件，根据主动升沉补偿系统的应用情况接受不同的传感器输入，这可能对主动升沉补偿系统有多种用途的用户很有吸引力。

在海上钻井时，有多种类型的钻井船（浮式或固定式）在不同深度进行钻井作业。如果钻井船是浮动的，则必须消除整个钻柱的船体升沉运动，而钻柱通常是指从钻井船到钻头的整个钻井系统。消除钻杆上的升沉运动能延长作业时间，减少钻头和隔水管的疲劳。Korde 对用于稳定钻井船钻杆的 AHC 系统进行了深入的数学处理。在他的系统中，加速度计数据被用于主动位置控制系统和主动振动吸收器中的位置和力反馈。模拟结果表明，该系统能够使用线性模型完全解耦运动。Do 和 Pan 采用非线性模型和控制方案，在类似于 Korde 之前研究的钻杆系统中对升沉运动进行主动补偿。在使用非线性模型时，Do 和 Pan 无法将船体升沉与钻杆完全解耦，这表明使用线性系统模型可能过于简化，无法捕捉到完整的系统动态。

现代系统需要的不仅仅是简单的加速度测量，通常使用惯性测量单元（IMU）[也称为运动参考单元（MRU）]来实时确定船舶运动。IMU 使用三轴加速度计和陀螺仪，根据类似于 Godhaven 提出的算法确定船舶运动。船用 IMU 的购买成本往往很高，因此 Blake 等在一篇论文中提出了一种基于全球定位系统的低成本测量波浪的替代方法。初步结果表明，使用该设备测量的波浪与使用 IMU 测量的波浪相当；不过，全球定位系统的采样率被限制在 4 Hz 以下，这可能是实施高速控制算法时的一个问题。

主动升沉补偿系统中的这种控制算法可以是简单的基本 PID 和磁极位移控制，也可以是先进的使用卡尔曼滤波和观测器的系统，将系绳动态等复杂特性作为控制方案的一部分。在任何控制系统中，都必须对固有的滞后进行校正，以确保理想的控制效果，这种滞后可能是由液压系统引入的，也可能是由于 IMU 和控制系统之间的通信缓慢造成的。例如，Kyllingstad 的一个系统就采用了传递函数滤波器来校正整个系统的时间/相位差。另外，Kuchler 等根据之前的测量结果，使用波浪预测算法来预测船只的波浪运动，然后根据这些预测运动采取控制行动。现在，随着更先进的算法和更好的传感器被纳入自动协调控制系统，控制质量得到了提高，然而纳入更先进的组件也有其不利之处。

对于有源系统来说，电子设备、传感器和受控执行器都会参与其中，这不仅会增加设计和生产成本，还可能需要专门的故障排除和维修培训。在被动式波浪补偿器中，不需要反馈和控制系统，由于系统简单，故障排除相对容易。如果采用严格意义上的有源系统，则不仅难以排除故障，还必须考虑潜在的巨大电力需求。有源系统要求执行器由液压或电力驱动，并要求执行器始终提供最大功率，以确保系统按预期运行。如果电力输送是一个限制因素，那么主动-被动混合系统可能是一个选择，因为它可以进行主动补偿，而无须主动保持满负荷。常见的主动式升沉补偿解决方案如图 6.38~图 6.40 所示。

图 6.38 直线式主动升沉补偿

图 6.39　旋转式主动升沉补偿

图 6.40　带有升沉补偿的海上起重机

6.3.3　复合式升沉补偿装置

主、被动升沉补偿装置各有优缺点，见表 6.1。主被动复合式升沉补偿系统将被动式升沉补偿系统的经济性较好的优点和主动式升沉补偿系统的精准度较高的优点结合起来，是应用效果出色、适用场景更广泛的补偿系统类型，其应用前景更好。主被动复合式的升沉运动补偿系统又可分为主被动串联式和主被动并联式复合升沉补偿系统。

表 6.1　主动和被动升沉补偿之间的差异

项目	被动升沉补偿（PHC）	主动升沉补偿（AHC）
成本	比 AHC 便宜很多	整个 AHC 系统价格昂贵
工作原理	"反应式系统"，利用系统的自然阻尼特性	使用仪器并根据船舶运动主动调整
电源要求	无须额外电源	仪器和控制系统需要电源
准确性	与 AHC 相比准确性较低，有局限性	补偿精度高，速度快
速度	有特定的延迟时间	可实时补偿
可操作性	负载场景可能需要特定的计算、负载限制	可随时提升任何负载，适应不断变化的负载场景
复杂度	简单可靠，系统复杂度低	控制系统更复杂，需要更多维护
适用性	适用于精度要求不高的重负载	适用于各种负载场景
能源消耗	不需要能量	消耗能量
补偿效率	一般不超过 80%	一般较高，可达 90%

复合式系统既有主动气缸，也有被动气缸。图 6.41 所示的系统有两个被动气缸，每个气缸承受总负载重量 F_L 的一半，第三个较小的气缸是主动控制回路的一部分，可以施加额外的调整力 F_A。主动气缸需要能够以最大负载速度运动，不过由于主动气缸通常施加的力要比被动气缸小得多，因此与严格意义上的主动系统相比，主动气缸的体积可更小，所需的流量和压力也更小，因此所需的功率也更小。

Hatleskog 和 Dunnigan 设计了一种钻柱混合补偿器，该设计结合了一个被动系统和一个主动系统，被动系统用于承受大部分载荷，主动系统用于协助进一步将载荷运动与船体倾斜解耦。在他们的报告中，设计用于被动保持 1000000lb 荷载的混合系统需要一个仅能为主动补偿部分提供 100000lb 荷载的执行器。Robichaux 和 Hatleskog

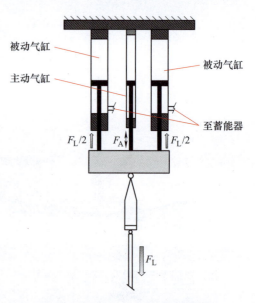

图 6.41　复合式升沉补偿器示例

也在 1993 年为一个非常类似的系统申请了专利。Nicoll 等人模拟在负载附近安装一个被动式波浪补偿器，并在表面安装一个主动式系统。虽然他们的研究结果表明，与单独使用主动或被动系统相比，载荷运动和缆索张力都有所减小，但这种系统要求主动系统保持整个载荷，如果需要对被动系统进行调整，则必须返回地面。

一种复合缸式半主动升沉补偿系统原理如图 6.42 所示，执行元件为复合缸 11，底部固定在母船甲板上，由内外两缸筒与空心活塞杆嵌套而成，分为内缸腔 E、外缸有杆腔 F 和外缸无杆腔 G 三个油腔。其中，缸腔 G 与气液蓄能器 19 相连，与工作气瓶 20 组成被动升沉补偿子系统；缸腔 E、F 与电液比例阀 6 相通，与电动机 2、液压泵 3 组成主动升沉补偿子系统。两个限压溢流阀 7、8 跨接在复合缸进、回油路上，能防止复合缸油腔内压力过高而导致的密封元件损坏。模/数转换器 16 采集母船升沉位移 x_1 与复合缸活塞位移 x_2，经控制器

17 得到电液控制指令，通过数/模转换器 18 控制电液比例阀驱动活塞杆上下运动。中继器 15 通过铠缆 14 悬挂在复合缸顶端动滑轮 10 上，随着母船的升沉而上下运动。

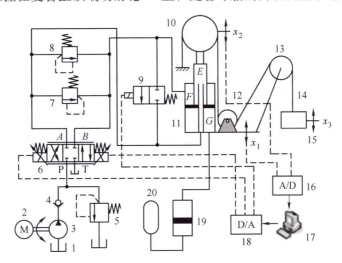

图 6.42　半主动升沉补偿系统原理
1—油箱　2—电动机　3—液压泵　4—单向阀　5—安全阀　6—电液比例阀　7、8—限压溢流阀
9—电磁换向阀　10—动滑轮　11—复合缸　12—导向滑轮　13—支架定滑轮　14—铠缆
15—中继器　16—模/数转换器　17—控制器　18—数/模转换器　19—蓄能器　20—气瓶

在母船的上升、下降过程中，只要复合缸释放、回收铠缆的方向与母船升沉运动相反，就达到了降低母船升沉对水下中继器位移与铠缆张力影响的目的。具体来说，图 6.42 的半主动升沉补偿系统有两种工作模式：

1）被动升沉补偿模式。电磁换向阀 9 处于左位，电液比例阀 6 处于中位，只有被动升沉补偿子系统动作。

2）半主动升沉补偿模式。电磁换向阀 9 处于右位，主动升沉补偿子系统与被动升沉补偿子系统同时进行补偿。补偿过程为：当母船上升（下降）时，因中继器具有大惯性，作用在复合缸顶端动滑轮上的外载荷增大（减小），活塞杆会往下（上）移动，蓄能器与工作气瓶内的气体压缩（膨胀），同时，电液比例阀 6 在控制器的作用下处于左（右）位，电动机带动液压泵旋转输出压力油，经单向阀 4 进入复合缸腔 F（缸腔 E），克服活塞与缸筒、活塞杆与缸筒间的摩擦阻力及其惯性力，使活塞杆进一步下（上）移，释放（回收）铠缆，复合缸腔 E（缸腔 F）的低压油则经电液比例阀 6 流回油箱。

6.3.4　升沉补偿用驱动器

大多数升沉补偿系统的主要驱动装置由液压或电力驱动系统提供。虽然被动系统使用的是气动液压系统，但由于需要额外的制动器来固定气动系统，以及液压流体增加了阻尼以平滑产生的运动，因此它们并非严格意义上的气动系统。

1. 电动式

交流电（AC）驱动的升沉补偿系统于 20 世纪 90 年代初问世。由于高效的控制和电动机系统及制动时使用的能量回收技术，电动升沉补偿系统的效率相对较高（峰值估计在

70%~80%)。与液压系统相比,电动升沉补偿系统电动机噪声低,且没有储油罐,不必处理更换机油或潜在泄漏的问题。

大功率交流电动机往往体积庞大,惯性矩也相应较大。大惯性意味着在响应瞬态行为时需要大扭矩来改变电动机速度。在某些情况下,当改变速度时,主导所需功率的可能是电动机惯性,而不是负载本身。图6.43 所示的主动升沉补偿系统使用交流变频驱动器(VFD)、交流感应电动机、

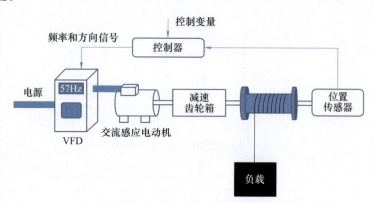

图6.43 带反馈控制的简单交流驱动绞车系统

齿轮箱、传感器反馈和控制系统,以及制动系统和潜在的冷却系统。在交流感应电动机中,电动机速度与所提供的交流电压频率成正比,如下式所示:

$$\omega_m = \frac{120f}{p} \tag{6.11}$$

式中,ω_m 为电动机转速(r/min);f 为交流电压频率(Hz);p 为电动机极数。

变频驱动装置产生交流电压信号,用户可调节输出频率,以式(6.11)所述的角速度驱动交流电动机。

如果需要多个驱动器或安装多个绞盘,则必须对每个驱动器的整个系统进行完整复制,如图6.44 所示,图中的系统被复制了三次,以创建一个多绞盘系统。复制整个系统并不理想,因为交流电动机与同等功率的液压马达相比体积较大。

最早的交流电 AHC 系统很可能是由一种称为标量式变频调速器驱动的。标量无级变频器保持恒定的电压频率比,以校正较低频率下降低的电动机阻抗。阻抗降低意味着需要更低的电压来维持等效电流,因此也就需要更低的扭矩。标量式变频驱动器在快速变速时可能会损失转矩,迫使设计人员对物理系统和电力系统进行过大调整。使用标量式变频器的系统可以在恒定的低速下提供设计扭矩,但是对于高扭矩低速应用,通常需要对

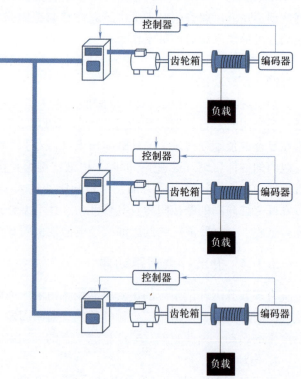

图6.44 交流电驱动多绞车系统

电动机进行额外的冷却，因为大多数交流电动机都依赖于与自身直接连接的风扇来提供冷却。额外冷却可通过增加外部驱动风扇或为交流电动机安装外壳和提供水冷系统来实现，这两种方法都会增加总成本。

现代变频驱动系统现在可以使用矢量控制，也称为面向现场的控制，它能更有效地控制电动机的功率传输，从而实现更好的控制，并减少电动机过大的需要。矢量控制还将能量回收功能集成到电子设备中，允许在减速时捕获能量，从而提高系统效率。目前，在变频驱动装置中进行能量捕捉的一个问题是储存能量，因为如果在无法使用的情况下将电能推入船舶电网，这些多余的电能可能会干扰其他系统。因此，需要使用电池或电容器组进行存储，这就增加了成本，因为重量增加了，还需要额外的存储空间。

2. 液压驱动式

液压系统在船舶工业中应用广泛。从打开船舶上的大门到渔船上的简单绞盘，液压系统无所不能。液压马达的功率重量比很高，因此驱动器在驱动点的占地面积很小，这在甲板空间有限的情况下很有吸引力。使用液压驱动器的缺点是必须在船上的某个地方安装液压动力装置（HPU）。根据负载的不同，这些 HPU 的体积可能会很大；但需要注意的是，如图 6.45 所示，一个 HPU 可以操作多个驱动器。在图 6.45 中，每个马达都可以通过操作各自的方向阀进行独立操作。

如前所述，液压系统是航海业中一项广为人知且广泛使用的技术，零件随处可得，因此液压系统的故障排除和维修通常可以很快完成。相比之下，电气系统的故障排除可能更加困难，需要专门的电气培训。

图 6.46 展示了两个操作液压马达的简单液压回路。上部回路为开环回路，泵中的流体在流向液压马达、做功和返回露天油箱的过程中受到方向阀的调节。图 6.46 中的下部回路称为闭环回路，流体由液压泵本身调节，直接流向驱动器，然后返回液压泵。在闭环系统中，液压泵可以提供双向流动，而开环泵只能提供单向流动。

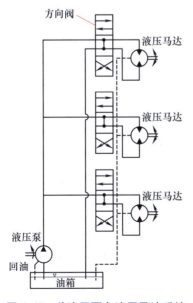

图 6.45　单液压泵多液压马达系统

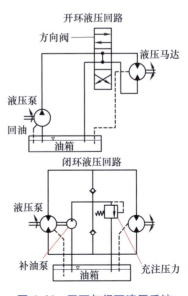

图 6.46　开环与闭环液压系统

在开环系统和一般液压系统中，最显著的缺点是效率低。根据设计和操作的不同，一些开环系统的平均效率可低至10%~35%。然而，效率如此之低，通常是在系统运行远离最大负荷时出现的。效率最低的系统使用固定排量的液压泵提供恒定流量。未使用的流量被从负载中分流出来，这需要大量的能源成本，而比例阀则控制向液压马达输送多少有用流量。对于只在短时间内运行的系统，固定排量泵可能是可以接受的——以效率换取简单、硬件初始成本低和易于维护。在较大的系统或可能长时间运行的系统中，低效率可能会带来高昂的成本。因此，变量液压泵是首选。变量泵只在需要时才输送流体——能更好地满足工艺要求，并避免将多余的流量从负载中排出而造成损失。比例控制阀用于调节输送到负载的流量。在使用变量泵的系统中，最主要的能量损失来自比例控制阀的计量及液压泵和液压马达的低效率。这些损失与系统有关，并取决于液压泵的待机压力（待机压力是指变量泵在无流量需求时保持的压力）。对于使用比例阀和变量泵的系统而言，50%~80%的效率是合理的。

闭环液压系统是比例控制阀的一种替代方法，闭环系统的效率至少可达到80%。如果在闭环液压泵中加入变速控制，则可进一步提高效率，从而在不需要流量时减少机械损耗。效率的提高对设计者来说很有诱惑力，然而闭环系统的成本也随之增加，因为每个驱动器都需要专用的液压泵和液压马达才能以高效率独立运行。在闭环情况下，驱动器速度受泵输出的线性控制，而不是大多数比例控制阀的非线性响应，这简化了AHC的控制系统。然而，闭环系统成本的增加意味着比例控制阀仍被普遍使用，因此能够对这些阀门及其系统进行精确建模和控制非常重要。

6.4 海洋地质勘探装备用缆绳

海洋地质勘探装备用缆绳（以下简称"缆绳"）作为海洋工程用缆绳的一个重要分支，主要用于海洋地质勘探装备的收放和拖曳，大部分时候还需具备电力与信号传输的功能。缆绳是维系水下装备与母船的唯一纽带，其重要性不言而喻。在海洋作业环境的恶劣工况下，缆绳的可靠性至关重要，其材料选择、结构设计、制备工艺是关键，此外理论研究对推动缆绳的发展也非常重要。

6.4.1 缆绳分类

海洋地质勘探装备用缆绳的品类繁多，按功能分类如下。

1. 钢丝绳

金属收放缆采用高强度钢丝捻制，因此又称为钢丝绳。钢丝绳的组成结构一般包括绳芯、钢丝及绳用润滑脂。绳芯是钢丝绳的中心部分，可分为钢芯和纤维芯。钢芯又有绳式钢芯（IWR）、股式芯（IWS），纤维芯则有合成纤维（SF）、天然纤维（NF）及固态聚合物芯（SPC）。绳芯的作用主要是支撑钢丝绳外股，保证钢丝绳结构稳定，减少外股之间的挤压，纤维绳芯还具有储油、润滑和防腐的作用。钢丝是指原材料经冷拉形成的具有一定规格形状的线材，线材的表面状态分为光面和镀锌两种，按线材形状可分为圆形丝和异形丝（如Z形、T形）。绳用润滑脂主要用于防腐保护及润滑，根据钢丝绳使用工况的不同，其油脂种类及涂覆方式均不同。

2. 纤维绳

缆绳常用的非金属材料中以纤维材料为主，包括天然纤维、常规合成纤维及高性能纤维。天然纤维是最早被用来制作绳索的，并用于系泊船只及船帆操作等场景，但因天然纤维易腐烂导致其强度降低，且存在纤维不连续、湿重大等缺点，所以现代工业中应用相对较少，大多数应用于日常装饰及捆扎等领域。常用合成纤维性能见表6.2。

表 6.2 常用合成纤维性能

纤维种类	简写	缆绳（纤维）性能特征	典型应用场景
涤纶	PET	挺括小皱、回潮率低（0.4%）、耐化学品、抗老化性好、耐磨性好	海洋工程系泊、拖缆等
锦纶6	PA6	耐磨性好、染色性好、抗老化差、吸湿性好、干湿强度差异大	登山绳、弹性绳等
锦纶66	PA66	耐磨性好、强度高、染色差、抗老化差、吸湿性好、干湿强度差异大	登山绳、救援绳等
乙纶	PE	质轻耐疲劳、回潮率低（0%）、干湿强度基本相同、染色困难、抗老化性较好、耐腐蚀	水产养殖、五金等
丙纶	PP	质轻保暖、回潮率低（0%）、干湿强度基本相同、耐腐蚀但抗老化性差	水产养殖、捆扎等
芳纶（对位）	PPTA	强度高、模量高、耐高温、阻燃、耐酸碱性较差、不耐磨、回潮率高（5%~7%）	消防特种缆绳、吊装、铠装脐带缆编织铠装层等
超高相对分子质量聚乙烯	UHMWPE	质轻、强度高、模量高、抗老化性好、吸湿性低、耐化学品腐蚀、不耐高温、不耐蠕变	海洋工程系泊、铠装脐带缆外铠层等
聚芳酯	Vectran	热稳定性强、耐磨性好、耐蠕变性好、耐化学品腐蚀	消防逃生绳、系泊等
碳纤维	Cabon	高强度、耐热性好、抗冲击好、质量轻、抗腐蚀性好	高温炉隔热、电缆等

缆绳在工业领域的迅猛发展是在合成纤维出现后，第一个应用于缆绳领域的合成纤维是尼龙，由美国杜邦公司的卡罗瑟斯（Caarothers）于1937年发明，并曾用于第二次世界大战期间滑翔机的小编织降落伞绳及三股牵引绳。尼龙纤维具有耐冲击性、耐磨性、高韧性、弹性恢复性及耐腐蚀等特点，广泛应用于渔业、登山、军事等领域。其缺点是，因其纤维分子为线性链状高分子排列，可在化学键处旋转与弯曲，导致弹性模量低；尼龙纤维的耐光性差及吸水的特性影响它在海洋工程的应用。类似的，乙纶和丙纶也存在耐光性差及热稳定性差等问题，其在海洋工程领域中主要以水产养殖等领域应用较多。聚丙烯为聚合后形成的产物，强度较尼龙与聚酯纤维低，在低温下抗冲击性能差且耐候性不佳，常与其他材料混合使用。缆绳中另一个应用最多的常规合成纤维为聚酯纤维（PET），因其耐磨性好、具有抗腐蚀性及在潮湿环境下优异的强度保持性等特点，在系泊领域应用广泛。

高性能纤维通常指的是在20世纪60年代中所开发出来的一类高模量纤维，利用其所制成的缆绳强度与同等直径下的钢丝绳强度一样甚至更高，且重量更轻。高性能纤维在航空航天领域应用广泛,并逐步拓展到海洋领域尤其是深海。芳纶纤维也称为全芳香聚酰胺纤维(Armid Fiber),其结构高度各向异性,具体表现为在平行于纤维轴的方向上很强而在其他方向上则很弱,故其抗拉强度好,是制作缆绳的极佳材料之一。1965年Stephany Kwolek首次发现芳纶纤维,并由美国杜邦公司(DuPont)首先实现产业化,其产品便是广为熟知的凯夫拉(Kevlar)。1937年,荷兰阿克苏诺贝尔(Akzo Nobel)公司开发出一种类芳纶纤维,而在20世纪80年代中期作为一种名为Twaron的商业产品由日本帝人公司推出。芳纶纤维在张力作用下不产生塑性变形,但受到弯曲时,其弯曲一侧会发生塑性变形,因此芳纶纤维能适应施加的应变,且具有很强的韧性及抗冲击载荷特性,但同时也由于其高度各向异性,不能应用于承受轴向压缩载荷的工况。

缆绳常用的高性能纤维之一是高模量聚乙烯(HMPE)纤维。HMPE纤维是典型的高聚晶线性聚乙烯且具有高强度、高模量和低密度等特点,使得它可以漂浮在水上。同时它也具有耐疲劳、耐磨损,酸碱环境耐受性好但耐蠕变性能差等特性,熔点范围在(144~152)℃。与芳纶纤维相比,HMPE纤维缆绳不易受到轴向压缩疲劳的限制。1985年霍尼韦尔公司推出了Spectra防弹纤维,为了更加环保,后采用了DSM纤维挤出工艺;1989年荷兰帝斯曼(DSM)推出了一款Dyneema产品。因HMPE纤维蠕变特性的影响,HMPE缆绳可能会在张力下失效,为此DSM随后又开发了一种新的Dyneema纤维,它能大大减少蠕变带来的影响。HMPE高性能缆绳广泛应用于平台固定缆、单点及码头系泊缆、拖缆、渔网和吊装缆等海洋工程领域、吊绳等航空航天领域及竞技帆船的索具等领域。值得一提的是,超高相对分子质量聚乙烯(UHMWPE)是一种相对分子质量超过150万的聚乙烯,与高模量聚乙烯(HPME)的20~50万相对分子质量相比,各方面的性能均有很大提升,近年来也在海工装备领域崭露头角。聚芳酯纤维同样是一种类似的高性能纤维,与HMPE纤维的不同在于,分子结构并不完全笔直地平行于纤维轴但排列良好,表现出刚性特性且近乎零的平衡吸湿性、耐轴向压缩疲劳强度更高、蠕变小,同等条件下的蠕变率为Kevlar纤维的1/5左右且价格昂贵。1989年由塞拉尼斯公司开发,同年推出Vectran纤维,其主要应用领域为特殊船用绳缆及系泊、张力、吊索绳缆等方面。纤维绳的分类如图6.47所示。

综上所述,合成纤维缆绳在海洋工程下的海洋资源勘探装备领域中应用较广的是芳纶纤维、高模量聚乙烯纤维(HMPE)、超高相对分子质量聚乙烯纤维(UHMWPE)、聚酯纤维(PET)、聚芳酯纤维(Vectran),其他纤维如尼龙、碳纤维、M5纤维、Eppta及美国20世纪80年代发明的PBO纤维等作为缆绳,综合性能也十分优良,但是受到生产技术、成本及自身特性等因素的限制,在海洋资源探采装备领域还需进一步开发与研究。

3. 水下同轴电缆

同轴电缆(Coaxial Cable)是一种电线及信号传输线,一般由四层物料构成:最内里是一条导电铜线,线的外面有一层塑胶(作绝缘体、电介质之用)围拢,绝缘体外面又有一层薄的网状导电体(一般为铜或合金),然后导电体外面是最外层的绝缘物料作为外皮,在必要时也可增加一层外护套提供机械保护,如图6.48所示。陆上的同轴线缆已经是一种非常成熟的产品,其名称即源于中心铜线和外导体屏蔽层之间的同轴关系,这两者共同构成电流的传输回路。

同轴电缆传导交流电而非直流电,也就是说每秒钟会有好几次的电流方向发生逆转。如果使用一般电线传输高频率电流,这种电线就会相当于一根向外发射无线电的天线,这种效

第6章 海洋地质勘探母船配套甲板支持系统

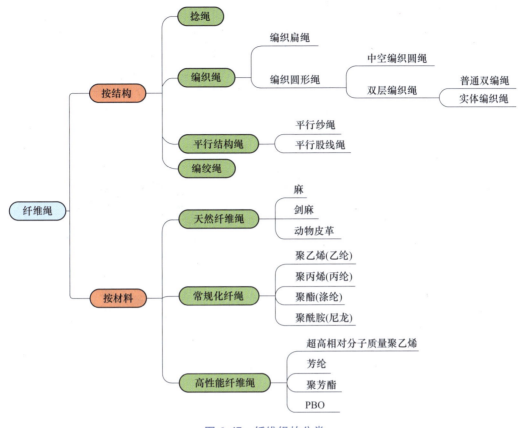

图 6.47 纤维绳的分类

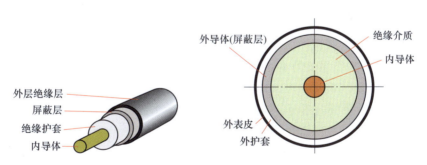

图 6.48 同轴电缆结构图

应损耗了信号的功率,使得接收到的信号强度减小。同轴电缆的设计正是为了解决这个问题。中心电线发射出来的无线电被网状导电层(屏蔽层)所隔离,网状导电层可以通过接地的方式来控制发射出来的无线电。利用金属屏蔽层的反射、吸收和趋肤效应来防止电磁干扰和辐射,可使得同轴电缆具有出色的电磁兼容(EMC)特性。中心导体与屏蔽层之间加入绝缘体是为了确保中心导体与屏蔽层间的同轴关系不会受到线缆挤压、扭曲或变形的影响,以及为了防止中心导体与屏蔽层之间发生短路。

同轴电缆可分为两种基本类型:基带同轴电缆和宽带同轴电缆。基带同轴电缆的屏蔽层通常是用铜做成的网状结构,其特征阻抗为 50Ω,该电缆用于传输数字信号,常用的型号一

313

一般有 RG-8（粗缆）和 RG-58（细缆）；宽带同轴电缆的屏蔽层通常是用铝冲压而成的，其特征阻抗为 75Ω，这种电缆通常用于传输模拟信号，常用型号为 RG-59，是有线电视网中使用的标准传输线缆，可以在一根电缆中同时传输多路电视信号。特性阻抗是射频同轴线缆的重要电气参数，它表示传输线上任一点的总电压与总电流之比。射频同轴线缆的特性阻抗几乎总是 50Ω 或 75Ω，这个数值只与线缆内外导体的直径比和填充介质的等效介电常数有关，与线缆长度无关。简而言之，当外径与内径之比为 0.2785，电介质为空气时，特性阻抗约为 76.65Ω；而线缆通过聚乙烯填充的相对介电常数约为 2.26，所以特性阻抗约为 51.00Ω，这两个值都是四舍五入的结果。

水下同轴缆相比陆上同轴线缆而言，除了传输电力和信号之外，同时还要承受水下装备的有效负载和复杂海洋作业环境导致的附加载荷，所以水下同轴缆的结构往往要更复杂。如图 6.49 所示，该型水下同轴缆的结构外层进行了高强度抗拉绳的编织铠装及挤压式外护套的保护。

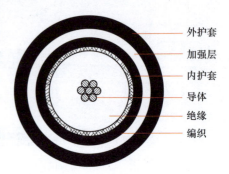

图 6.49　水下同轴缆结构示意图

导体的绞合结构和工艺决定水下同轴缆的柔软性和耐弯曲性；水下同轴缆的通流能力一方面取决于导体截面面积，另一方面取决于绝缘材料；水下同轴缆的环境适应性、耐磨损性则通过护套材料来体现。

4. 水下光电复合缆

（1）金属铠装光电复合缆

适用于 4500m 水深的"海马"号 ROV 金属铠装光电复合缆是由中天科技海缆有限公司于 2014 年研制的，与"海马"号 ROV 适配连接并搭载海洋六号科考船进行海试。如图 6.50 所示，此金属铠装脐带缆结构组成包括动力单元、控制单元、光单元、接地线单元、水密材料填充、绕包层、弹性体内护层及钢丝铠装层。外径为 32.8mm±0.3mm；安全工作载荷为 11.2kN；最小断裂强度为 444.8kN；最小弯曲半径为 670mm。其中为保证 ROV 用金属铠装光电复合缆的使用机械强度，以及保证金属铠装缆承受工作载荷时无旋转，扭矩系数设置为 1；为了平衡铠装层的扭矩，减小扭矩系数并兼顾铠装金属缆的柔软性，内铠装层选用直径较大的钢丝，外铠装层选用直径较小的钢丝。

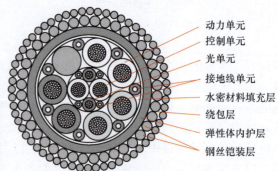

图 6.50　海洋六号与"海马"号用金属铠装光电复合缆

ROV 用金属铠装光电复合缆特殊的使用环境和使用要求，要求其金属铠装层与承重头进行机械固定后，缆芯进入终端盒对各个结构单元进行分离。由于该终端盒内充满了在 ROV 工作水深下保持内外压力平衡的液压油或变压器油，因此这就要求 ROV 用金属铠装光电复合缆缆芯必须具有阻止液压油或变压器油在 ROV 工作水深下过度渗入缆芯的能力。同时，ROV 用金属铠装光电复合缆在使用过程中，一旦使用长度上有任意一点发生破损，则海水会立即沿破损点进入缆芯乃至用电设备，因此其还必须具备纵向水密性能，防止海水沿缆芯渗入至用电设备，造成用电设备短路。为此，需在 ROV 用金属铠装光电复合缆缆芯的各个结构单元间的间隙填充合适的纵向水密材料，以实现空间占位和良好的阻水、阻油的效果，使缆芯具备纵向密封的能力，并保持缆芯的紧实度和圆整度，提高缆芯抗侧压能力，降低缆芯在受压状态下的径向收缩。

中天科技海缆有限公司根据目前国外同类产品的使用经验，联合国内水密材料专业生产厂家，经过多次尝试，共同研制出了室温交联型液体硅橡胶水密材料，并成功用于 4500m 水深 ROV 用金属铠装光电复合缆。该室温交联型液体硅橡胶为双组分硅橡胶，各个单组分硅橡胶在常温下为液态，在线芯成缆过程中，采用合适的设备将预先按照一定比例混合的双组分硅橡胶注入绞合模的喇叭口（图 6.51），随成缆机转动，液体硅橡胶被带入，并紧密粘贴在各线芯上，实现均匀涂覆，填充进各个结构单元间的间隙，经过一定时间的室温下自动交联

图 6.51　水密材料填充

固化，从而实现缆芯纵向密封。该室温交联型液体硅橡胶水密材料具有良好的工艺操作性，填充工艺简单、方便。

（2）非金属铠装光电复合缆

超过 6000m 后金属铠装脐带缆受强度/重量比的限制，很难进行更大深度的突破，更大深度的脐带缆研制仍然是一项国际技术难题。非金属铠装脐带缆与金属铠装脐带缆相比质轻，同等直径下重量为钢丝的 1/7 且其强度相当甚至优于金属铠装脐带缆而备受关注。超 6000m 海深的 ROV 主要有：日本"KAIKO"ROV 是最有代表性的深潜 ROV，设计潜深 11000m，于 1996 年在马里亚纳海沟完成海底采样；2018 年由上海交通大学牵头研制的"海龙"号系列，最大潜深 11000m（图 6.52）；中国科学院沈阳自动化研究所牵头研制的"海星"号，设计潜深 11000m；融合了 ROV 的遥控与 AUV 的自主运行两种特点的"海斗"号是由中国科学院自动化所 2016 年主持研制的，并在 2020 年于马里亚纳海沟潜深 10907m 完成了首次坐底、采样等操作。上述 ROV 潜深深度超过了 6000m，受强度/重量比限制影响较大，因此需采用非金属铠装光电复合脐带缆进行收放作业与信号传输。

以全海深 11000m 非金属铠装光电复合缆为例（图 6.53），该非金属铠装光电复合缆是由中天科技海缆有限公司、上海交通大学及沈阳自动化研究所等科研机构联合研制出的，适用于全水深 11000m。此非金属铠装光电复合缆结构组成包括动力单元、控制单元、不锈钢光纤单元、接地线单元、内护层、铠装层及外被层。外径为 42mm，空气中重量为 1.6kg/m，

图 6.52 "KAIKO" 号与 "海龙" 号

水中重量为 0.5kg/m, 最小断裂强度为 400kN, 安全工作载荷为 66kN, 最小弯曲半径为 700mm, 最大使用水深为 11000m。单根的非金属铠装丝由纤维、数树脂及耐磨层组成, 再将多层的非金属铠装丝绞合形成铠装层, 其目的是保证 ROV 用非金属铠装光电复合缆的使用机械强度。

5. 铠装脐带缆

水下同轴缆在钢丝绳或纤维绳

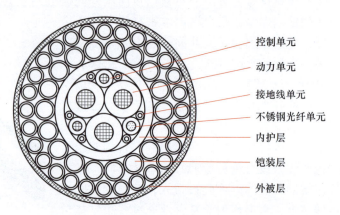

图 6.53 全海深 11000m 非金属铠装光电复合缆

的基础上主要增加了电缆;光电复合缆进一步增加了光纤,脐带缆功能更为丰富,结构也更为复杂。

脐带缆集光纤通信、遥控指令传递、视频影像传输、电力远供、输送工作液体和气体等多种功能,用于水下设备之间的光电传输纽带。它不仅能够向水下设备传递载荷、能量、信息和物质,还能够承受深海环境下的高压、高盐度和低温等极端条件,具备耐海水腐蚀和耐磨损的能力。脐带缆是整个海洋工程用缆绳中的集大成之作,主要用于水下生产系统。

单根脐带缆的使用长度通常为数百米到数千米,并且不同型号和不同作业水深的水下设备对脐带缆有不同的技术要求。因此,脐带缆技术复杂且生产制造难度较高。

脐带缆通常由多个功能单元依据尺寸组合,形成多层同心结构,以维持良好的对称度、圆整度和同心度。相邻层之间通常采用包带缠绕紧固,以保持缆芯的紧凑度和圆整度,增强抗侧压能力,减少受压状态下的径向收缩,并提高耐疲劳性能。铠装不仅为水下设备回收和吊放提供载荷支撑,且保护内部结构单元免受外部机械和环境的损伤。在收放过程中,为防止因受力而打扭,铠装结构通常设计成扭矩平衡结构。此外,铠装外面通常覆有保护层,以防海水腐蚀影响性能。

脐带缆由多个功能单元、填充和护套等组成。其中,各单元的设计需要考虑其在海洋环境中的工作条件,如海水温度、压力、腐蚀性等因素,同时也需要考虑其与设备之间的接口设计,以实现有效的数据传输和控制。因此,在设计水下脐带缆时,需要综合考虑各单元的功能和特点，以确保设备能够稳定可靠地运行。

ROV用脐带缆具备多种综合功能，包括动力传输、光纤通信、铜缆通信、遥控指令传递、视频影像传输及ROV拖体收放等，此外还具有较高的强度与质量比、灵活的弯曲特性、优良的耐腐蚀和耐磨损性能、优异的反复收放能力，能够满足深海机器人和深海探测装备的工作需求。

应用场景不同，ROV用脐带缆的产品结构也会有所不同。在深海钻探中，需要采用高强度、高耐腐蚀性的脐带缆，来承载钻井平台的负载和能源供应；在深海生物探测中，则需要使用柔软、轻便的脐带缆，以避免对海洋生态造成损害。

根据铠装结构，ROV用脐带缆可以分为金属铠装脐带缆和非金属铠装脐带缆。金属铠装脐带缆常用于连接工作母船和放置深海机器人的中继器，而非金属铠装脐带缆则常用于连接中继器和深海机器人。

根据使用环境，脐带缆主要有浅海观察型水下机器人用脐带缆、作业型水下机器人用脐带缆和全海深机器人用脐带缆。不同类型的脐带缆具有不同的特点和应用场景，选择合适的脐带缆能够提高深海机器人的性能和可靠性。其中，一般的水下观测型水下机器人脐带缆和水下测试传感器用脐带缆结构较为简单，满足数据传输和较低功率的电能供给即可；水下作业型机器人脐带缆则结构比较复杂，工作的水深范围由浅海至深海，最深处可达6000m。水下作业型机器人用脐带缆应用最为广泛，但其对设计和制造能力要求较高，尤其是大长度生产，国际上生产厂家较少。为了满足强度和重力要求，全海深机器人用脐带缆的铠装通常采用非金属铠装。

随着国外ROV等潜水器技术的日益成熟，ROV用脐带缆技术不断发展。国外生产厂家有挪威Nexans、美国Rochester、英国JDR Cable Systems、美国Storm Products Company、英国INTERKAB和BPP-Cables等公司。国内用户主要包括国家海洋局下属研究所、中国科学院声系统研究所、国土资源调查系统、中船重工系统、中船工业系统和中海油系统等单位。

（1）关键单元设计

脐带缆的功能单元一般包括动力单元、光纤单元和通信电缆单元，此外，大多数水下生产系统用脐带缆还包含管单元。

1）动力单元。根据水下装备的供电需求，如单相工作电压、三相工作电压、供电功率等参数计算额定电流，通过额定电流计算导体的直流电阻，从而计算和选择适当的截面面积。

2）光纤单元。根据传输容量、带宽和波长等需求，选择合适的光纤类别、光纤芯数等。设计不锈钢管光纤单元时，需要考虑光纤的保护材料和光纤单元数量等因素。为提高不锈钢管光纤单元的防护能力，通常在外挤制一层塑料护套。

3）通信电缆单元。根据不同频率下的工作电容、衰减和特性阻抗等要求，进一步考虑通信单元的类型、导体芯数或对数、导体标称截面面积和屏蔽形式等。

4）管单元。根据水深、功能、质量、强度和柔软度等要求，确定管单元的材料、壁厚、外径，以及保护层的材料和结构，以提高脐带缆的防腐、强度、耐磨等性能。

（2）单元成缆设计

缆芯由多个组成单元绞合而成，各个组成单元间须填充聚合物、硅橡胶和固化聚氨酯等材料，以保证缆芯的紧密度。对于有水密要求的脐带缆，需要填充水密材料。在缆芯制作过程中，通常会使用金属或非金属带将其绕包扎紧。缆芯分为渗漏型和护套型两种类型，其中渗漏型线芯适用于油井钻探等特殊环境，而护套型线芯则具有更好的防水性能和支撑作用。

（3）铠装结构设计

为满足水下装备对脐带缆机械性能的要求，需要设计铠装结构以承担机械荷载。铠装结构一般采用具有较高的强度和耐腐蚀性的金属/非金属材料，非金属纤维材料作为承力元件时，需要考虑其力学性能和化学稳定性等因素。金属承力元件一般选择高强度镀锌钢丝，而其他元件承担的拉伸强度很小可以忽略。因此，只需要计算主要承力元件的抗拉强度。钢丝铠装一般为两层螺旋绞合，有时也采用3层、4层和5层的铠装，设计时应注意绞合方向、绞合角度、绞合节距和铠装单线根数等。

1）绞合方向（通常表示为左向和右向）。内铠装层为右向、外铠装层为左向的布置形式，最早用于石油行业的承荷探测电缆。外层右向、内层左向的铠装，也可以提供相同的使用特性，并在实际应用中证明能够达到预期的性能要求。

2）绞合角度。绞合角度表示铠装螺旋线与轴向的夹角，通常为18°~24°。依据铠装的设计特性和与其他铠装脐带缆部件的内部关系，内外铠装层可以采用不同的绞合角度。

3）绞合节距。绞合节距为螺旋单线绕线芯转动一圈所行进的距离。

4）铠装单线根数。在选择铠装单线直径和根数时，需要满足96%~99%的内护层表面覆盖率或根据具体使用特点进行设计。在节距和铠装材料相同的条件下，较大直径的铠装单线能够提供更高的机械稳定性。经过磨损后，较大规格的铠装单线剩余金属比率较高，因此其强度也较大。相比之下，较小规格的铠装单线具有更长的抗弯曲疲劳寿命。

总的来看，目前水下光电复合缆是海洋地质勘探装备用主力缆绳，见表6.3。

表6.3 缆绳类型总结

类型	功能	特征描述
钢丝绳、纤维绳	力承载	功能单一
水下同轴缆	力承载、传输电力与电信号	主要用于传输视频信号等
水下光电复合缆	力承载，并集成了光纤和电缆的功能，能够同时传输光信号和电信号	可实现高速率、大带宽的数据传输，并且稳定性强
脐带缆	力承载，功能更为多样，除了传输电力、信号（包括控制信号和传感器数据）外，还能为水下生产系统提供液压通道，以及输送油气田开发所需的化学药剂	主要用于水下生产系统

6.4.2 缆绳制备工艺

主要介绍钢丝绳、纤维绳及铠装脐带缆的制备工艺。

1. 钢丝绳制备工艺

钢丝绳具有分层级结构：钢丝、钢丝股、合绳。原材料经过拉拔形成钢丝，多根钢丝经捻制形成绳股，多根绳股经一定的捻制方法与工艺捻成钢丝绳。

金属收放缆一般制作工艺流程为：原材料经过拉拔形成钢丝，多根钢丝经捻制形成绳股，多根绳股经过一定的捻制方法与工艺捻成钢丝绳。

（1）钢丝绳拉丝技术

拉丝是指将原材料经机械去皮、酸洗后镀锌/铜/磷化，其间进行一次或多次的拔拉丝，改变其分子结构,使其达到目标直径的一种工艺手段。钢丝通常是在常温下经拉拔模具而获得的断面直径≤5mm(根据需求也可大于5mm)的冷拉钢材。拉丝工艺流程如图6.54所示。

图6.54 拉丝工艺流程

钢丝采用冷拔工艺,其产出的钢丝具有断面准确、表面光滑、强度高、韧性好等特点。拉丝工艺制定得合理与否将直接影响钢丝绳的质量,所以拉丝工艺设计在整个钢丝绳工艺设计中占有十分重要的地位。因海洋工程用钢丝绳对防腐性能要求较高,其钢丝镀层重量参照表6.4中A级钢丝镀层重量。

表6.4 镀层重量

公称直径/mm	最小镀层重量/(g/m²)					
	B级		AB级		A级	
	一般用途	重要用途	一般用途	重要用途	一般用途	重要用途
0.08≤d<0.15	5	—	—	—	—	—
0.15≤d<0.25	16	—	—	—	—	—
0.25≤d<0.40	21	—	—	—	—	—
0.40≤d<0.50	30	—	61	—	75	—
0.50≤d<0.60	40	44	70	74	91	110
0.60≤d<0.70	52	54	87	89	110	116
0.70≤d<0.80	61	64	87	89	120	128
0.08≤d<1.00	70	74	97	99	132	138
1.00≤d<1.20	80	84	110	114	152	158
1.20≤d<1.50	92	96	118	126	167	175
1.50≤d<1.90	101	106	132	136	181	190
1.90≤d<2.50	110	116	150	156	205	215
2.50≤d<3.20	125	131	165	171	233	245
3.20≤d<4.00	136	143	190	198	243	265
4.00≤d<4.40	150	158	200	208	262	275
4.40≤d<5.20	150	158	200	208	262	275
5.20≤d<6.00	158	166	210	218	270	283

注:镀层钢丝分为三个级别,分别是B、AB、A级。本表来源:《绞股钢丝绳 第3部分:船用镀锌钢丝绳规范》(BS 302-3—1987)。

（2）捻股及成绳工艺

经过拉丝工艺后所得到的钢丝再进行捻股工艺。目前捻股工艺主要取决于目标用途，针对不同使用要求，其捻股的类型结构也有所不同。海洋工程装备缆绳股最基本的结构有瓦林吞式（Warrington）、西鲁式（Seale）和填充式（Filler）。瓦林吞式（W）股通常由两层外层丝加一根中心丝组成，最外层钢丝由粗钢丝与细钢丝交错构成，根数为内层钢丝数量的一倍，粗钢丝嵌入内层钢丝的凹槽中，最外层的细钢丝在两根粗钢丝之间。瓦林吞式钢丝绳较柔软，但耐磨性不及西鲁式钢丝绳。西鲁式（S）通常内层钢丝直径小，外层钢丝直径大，钢丝的排列中，内层和外层的钢丝数目相等。填充式（Filler）股在钢丝的排列中，内层和外层钢丝之间填充了比较细的、根数与内层钢丝根数相同的钢丝，如图 6.55 所示。

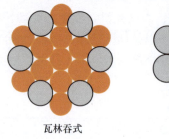
瓦林吞式　　西鲁式　　填充式

图 6.55　捻股类型

钢丝在绳股中及绳股在缆中的捻制螺旋方向称为捻向，捻向分为左捻及右捻。此外，又根据绳股中钢丝的捻向与缆中绳股的捻向之间的相互配合关系，将钢丝绳的捻法分为交互捻与同向捻。根据捻向与捻法的组合对钢丝绳的捻制方式进行分类，则有右交互捻（ZS）、左交互捻（SZ）、右同向捻（ZZ）、左同向捻（SS）四类。其中右交互捻（ZS）与左交互

SZ　ZZ　ZS　SS

图 6.56　钢丝绳捻制方式

捻（SZ）中缆与绳股的捻向相反，而右同向捻（ZZ）和左同向捻（SS）中缆与绳股的捻向相同，如图 6.56 所示。

海洋工程用高强度钢丝绳按结构有单股钢丝绳、6 股钢丝绳、多股钢丝绳以及密封钢丝绳；按截面不同可分为圆股和异形股。部分吊装及船舶用钢丝绳见表 6.5。

表 6.5　海洋工程装备部分钢丝绳推荐表

用途	名称	结构
港口装卸、水利工程及建筑用塔式起重机	多层股钢丝绳	18×19S 18×19W 34×7 36×7 35W×7 24W×7
	四股扇形股钢丝绳	4V×39S 4V×48S

(续)

用途	名称	结构
繁忙起重及其他重要用途	线接触钢丝绳	6×19S 6×19W 6×25Fi 6×29Fi 6×26WS 6×31WS
		6×36WS 6×37S 6×41WS 6×49SWS 6×55SWS 8×19S
		8×19W 8×19S 6×25Fi 8×26WS 8×31WS 8×36WS
		8×41WS 8×49SWS 8×55SWS
	四股扇形股钢丝绳	4V×39S 4V×48S
船舶装卸	线接触钢丝绳（镀锌）	6×19S 6×25Fi 6×29Fi 6×31WS 6×36WS 6×37S
	多层股钢丝绳	18×19S 18×19W 34×7 36×7 35W×7 24W×7
	四股扇形股钢丝绳	4V×39S 4V×48S
打捞沉船	钢丝绳（镀锌）	6×37S 6×36WS 6×41WS 6×49SWS 6×31WS
		6×55SWS 8×19S 8×19W 8×31WS 8×36WS 8×41WS
		8×49SWS 8×55SWS

注：来源《海洋工程系泊用钢丝绳》（GB/T 33364—2016）。

2. 非金属缆绳制备工艺

（1）纤维制备工艺

合成纤维缆绳的一般制备工艺为原材料拉伸成纤维，纤维纺织成纱线，纱线再捻成绳股或者编织成型。纺丝是将固体聚合物制成纤维的第一步，将高分子聚合物材料转变为液态，然后迫使液态聚合物从喷丝板的细孔中流出形成流态状纤维，然后通过冷却的方法进行固化。纺丝方法一般分为两种，分别是溶液纺丝法和凝胶纺丝法。溶液纺丝法也称为溶体纺丝法，一般工艺流程为：固化物经料斗进入螺旋挤出机，加热至熔融状态，接着由计量泵控制流量经纺丝组件进行纺丝，然后被导丝辊快速牵引拉伸，经冷却空气冷却后固化成纤维，如图 6.57 所示。

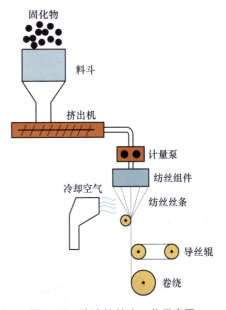

图 6.57 溶液纺丝法工艺示意图

工业上使用凝胶纺丝—热拉伸法制备 UHMWPE 纤维。该方法使用小分子的烷烃（如白油、煤油、十氢萘等）作为溶剂，与 UHMWPE 原料混合，并加入一定量的抗氧化剂配制成稀溶液，UHMWPE 树脂在溶剂中发生溶胀、溶解，使得分子链在溶液中缠结；混合物转移到双螺杆挤出机进行混合挤出，通过喷丝板挤到凝固浴中形成初生纤维，初生纤维的模量和强度都比较低；将初生纤维进行萃取和干燥处理，然后进行超倍热拉伸，纤维的结晶度和取向度增加，UHMWPE 纤维分子由折叠链变成伸直链结晶，最后制备成 UHMWPE 纤维。凝胶纺丝因溶剂不同又细分为干法纺丝和湿法纺丝。

干法纺丝是以十氢萘为溶剂，最后通过挥发除去溶剂。将质量分数约为 6% 的 UHMWPE 混合在十氢萘中，然后送入双螺杆挤出机。加工温度设定为高于聚乙烯的熔点和十氢萘的沸点（十氢萘的沸点约为189℃）。溶液在高温下溶胀、溶解后，在一定的纺丝温度下被挤出到喷丝头中。喷丝板下的丝条被热氮气吹扫，使得大部分溶剂被蒸发。与此同时，一个滚筒在恒温走廊中拉伸这些干燥的细丝，细丝逐渐成形和结晶，然后在热箱中进行预拉伸工艺，以形成最终的初生纤维，如图6.58所示。

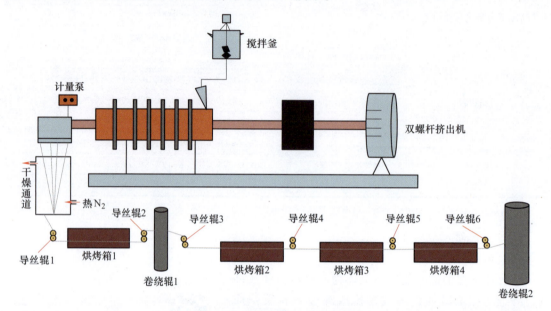

图6.58 干法纺丝工艺示意图

湿法纺丝是以矿物油为溶剂。目前大多数情况下，湿法纺丝的工艺流程都是：UHMWPE悬浮溶液制备→双螺杆挤出机溶解→凝胶纺丝→凝胶纤维冷却→溶剂脱除（萃取）→萃取剂脱除（干燥）→超倍拉伸（图6.59）。

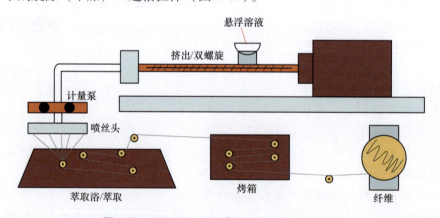

图6.59 UHMWPE凝胶湿法纺丝流程示意图

干法纺丝与湿法纺丝相比较而言，优点是所用溶剂十氢萘易溶解，流程相对比较简单，纺丝速度较快，且此方法产出的产品质量更优，同时也不会造成污染和浪费；缺点是干法纺丝中十氢萘有强烈的刺激性气味，对人体健康存在危害，纺丝过程对生产设备要求高，成本较高，经济效益低。

（2）纤维绳制备工艺

纤维绳按照结构可分为捻绳、编织绳、编绞绳及平行绳，常用缆绳结构如图6.60所示。捻绳是一种较为古老的缆绳结构，来源于天然纤维的手工搓绳技术，其特点是绳股之间呈螺旋扭转结构，扭转角度为30°或者更高。此类缆绳常见的为3股、4股、6股及8股缆绳。平行股纤维缆绳一般由两部分组成，分为平行排列的纱线绳芯与起保护、密实绳芯作用的编织保护套。平行股结构的缆绳是在捻绳基础上研制的新型结构缆绳。一般状态下其螺旋扭转形成股绳后进行多排平行铺设并在外部加上编织保护套，因其中间的多股捻绳处于无扭平行状态，极大地减轻了应力集中的影响，增强了承载能力。

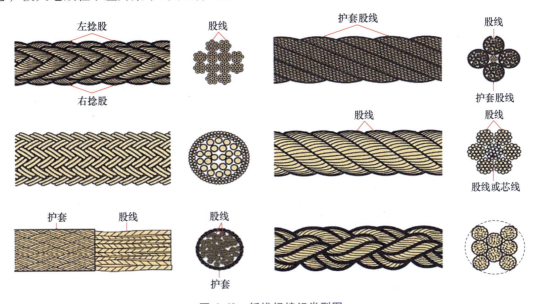

图6.60 纤维绳编织类型图

编织绳是由两个方向的纱线相互交织而成的一种结构稳定、表面纱线呈起伏状的柔性织物。编织绳的结构主要包括1/1编织结构、2/2编织结构和3/3编织结构，其结构如图6.61所示。其中，1/1编织结构的纱线交织点数多，纱线排列较紧密；3/3编织结构的纱线交织点数少，浮线长且排列较稀疏；2/2编织结构介于前两者之间，其因纱线排列均匀而成为编织绳中应用较广泛的一种编织结构。在生产时，编织绳采用12个线轴，每个线轴为一股缆绳，因此也称为12股编织绳，编织时由各绳股顺时针或逆时针交织编织形成。

3. 脐带缆制备工艺

目前，国内外光纤和光纤单元的制造技术比较成熟，许多线缆生产厂家较为熟悉绝缘和护套的挤出工艺和装备。脐带缆在制造过程中难度较大的工序是成缆和铠装，尤其是对于大长度脐带缆。

（1）成缆工艺及设备

在成缆过程中，绞合方向可分为左向和右向。通常最外层的成缆方向为右向。

在实际生产中，采用节径比来估量成缆节距的大小较合适。因不同电缆的缆芯直径差异较大（如生产系统用脐带缆和ROV用脐带缆相比），仅提及节距不能准确估算电缆的各项性能，因此引入节径比，即节距长度与成缆直径的比值。节径比越大，线芯在弯曲时的变形

图 6.61 纤维编织结构

越大,成品的柔软性越差,但强度会增大,电缆外径和绞入率变小,直流电阻也会减小,从而提高生产效率,减少材料用量。选择合适的成缆节距,可以使成品电缆具有良好的结构稳定性和弯曲性,并减少变形、皱折。

线芯成缆时,线芯之间均存在一定间隙,需要采用水密材料进行填充,以保证成缆的圆整度和成品的防渗水、防渗油性能。在成缆完成及收线前,根据设计要求,需要对绞合后的线芯绕包一层或多层金属或非金属包带,可以起到包扎、屏蔽等作用,并在工艺上便于下一道工序的加工。

对于水下生产系统用脐带缆和比较长的 ROV 用脐带缆,成缆设备均较为庞大。单元数较少的可以使用立式成缆机,占地面积少,单元多的则须采用大型卧式成缆机。JDR 大型立式成缆机和大型卧式成缆机如图 6.62 所示。

a) 立式成缆机

图 6.62 JDR 大型成缆机

b) 卧式成缆机

图 6.62　JDR 大型成缆机（续）

(2) 铠装工艺及设备

动态缆的铠装工艺对于高强度金属铠装脐带缆至关重要，与其他静态缆有着显著区别。高强度钢丝铠装的制造过程中，通常需要采取一系列处理措施，包括钢丝预变形去应力前处理、钢丝绞合后变形去应力处理，以及钢丝绞合后预拉伸处理等工艺步骤。

1) 高强度钢丝预变形去应力前处理工艺。为了消除高强度钢丝在绞合过程中产生的内应力，需要在钢丝成形前对其进行预先变形，即预先形成螺旋状。需要在绞线机的绞笼收线装置后、钢丝绞合模前精确设计和安装预变形器（预扭头），预变形器装置如图 6.63 所示。

图 6.63　预变形器装置

轮间距为预变形器的工艺参数，需要通过计算分析，并结合实际预变形效果进行反复校正，最终确定合适的参数值。选择合适的预变形高度非常重要，预变形高度过小，则无法有效消除钢丝绞合应力；预变形高度过大，则会降低金属铠装脐带缆的机械性能，同时影响金属铠装脐带缆的结构稳定性和使用寿命。

2) 高强度钢丝绞合后变形去应力处理。为进一步消除钢丝绞合后的残余应力，并改善钢丝绞合结构和表面质量，需要进行后变形处理，即在钢丝绞合模和牵引轮之间，设置几组水平和垂直的辊轮，使绞合后的钢丝经过反复弯曲和径向压缩。后变形器装置如图 6.64 所示。后变形器的辊轮个数越多，牵引力增大，不仅可以使钢丝绞合更加紧

图 6.64　后变形器装置

密，同时使铠装层表面更加圆整且不松散，显著提高了金属铠装脐带缆的卷绕、弯曲和耐疲劳等机械性能。

3) 高强度钢丝绞合预拉伸后处理。电缆制造完成后，内铠单线会嵌入下层护套中，是不稳定的状态。在工作负载作用下，会产生较大的表面应力，甚至会超过材料的屈服强度。为了保证钢丝铠装 ROV 用脐带缆沿长度方向的稳定性，需要施加预应力，使其达到与后续工程使用时相近的受力状态。

拉伸负荷根据金属铠装脐带缆的最小断裂强度确定。只有在承受足够大的拉伸负荷时，金属铠装脐带缆才能消除钢丝绞合应力，达到自然稳定的状态。通过合理的预拉伸后处理，消除金属铠装脐带缆的钢丝绞合缺陷，改善钢丝受力均匀性，提高其弹性模量和疲劳寿命。预拉伸后处理装置如图 6.65 所示。

图 6.65 预拉伸后处理装置

预拉伸时间包含两方面，一是从零加载到设定预拉伸负荷所用的时间，即加载时间；二是在设定预拉伸负荷作用下的持续时间，即保载时间。保载是为了更彻底地消除金属铠装脐带缆的钢丝绞合应力，通常保载时间越长，消除效果越好，但保载时间也不宜过长，以免影响生产效率。

水下生产系统用脐带缆一般采用常规强度的铠装钢丝，无须预成型和预处理。对于非金属丝加强的铠装成缆机，需要尽可能多的放线装置，有时甚至需要上百个主动放线装置，以提高纤维张力的一致性。非金属管或非金属铠装层外往往编织一层高强度非金属丝保护层，此时需要采用多放线装置的大型卧式编织机。

6.4.3 缆绳附件

不同的水下装备需要的缆绳附件可能不同，以铠装脐带缆为例介绍相关缆绳附件。铠装脐带缆配套使用的附件包括绞车、升沉补偿装置、承重头、光电滑环和水密接插件等。附件性能的优劣，对脐带缆系统的正常运行起着非常关键的作用。

(1) 承重头

在 ROV 或拖体等水下装备的布放和回收过程中，铠装脐带缆需承担载荷。为连接铠装脐带缆与水下 ROV 或拖体，必须使用承重头，其作用是一端通过夹具或灌胶方式连接至水下 ROV 或拖体的铠装脐带缆，另一端则通过法兰等方式与水下 ROV 或拖体固定。

承重头需要具备较高的机械强度和抗腐蚀性能。铠装脐带缆的断裂大多发生在承重头处，因此承重头的力值设计通常要求不小于铠装脐带缆的破断力。

(2) 水密接插件

水密接插件是水下环境中用于传输电源和信号的连接器，在海洋科学研究、海洋石油及天然气钻探与生产、水下工程设备、水下传输及监控网络、深海机器人及国防等诸多领域，均具有十分广泛的应用。使用范围主要包括水下 ROV 或拖体、AUV、海洋仪器、深海油气开发、水下探测、水下摄像机、水下潜标、水下拖体和水下检测等。

根据功能划分，水密接插件可以分为水下光纤接插件、水下电接插件和水下光电复合接插件三类。根据安装和使用环境的要求，可以分为干插拔和湿插拔两类。干插拔水密接插件只能在空气中进行插拔操作，连接后再放入水中使用。在需要维修、更换或增减水下设备时，必须将设备浮出水面才能进行电连接器的分离和连接，操作耗时、费力且成本高。湿插拔水密接插件能够在水下环境中进行插拔操作，快速进行水下环境中设备的组装、增减和更换等工作，特别适用于水下作业装备，如脱落电缆、潜水设备、水下摄像机、海上油田上的电器设备、高压水阀门、压力变送器、水下电话及快速抢修设备等。

干插拔水密接插件主要采用橡胶塑模密封和金属壳体O形圈密封技术。橡胶塑模密封连接器的可靠性取决于密封材料性能和接插件插拔的可靠性。目前，橡胶塑模密封连接器已基本实现国产化。金属壳体O形圈密封连接器已广泛应用于军用产品研究和民用产品开发中，在淡水和海水0~500m深度范围内能够有效密封。湿插拔水密连接器主要采用充油压力平衡式连接器技术，其工作原理是插头与插座首先对接密封，然后继续挤压，排除外部流体和污染物，通过各自的通道完成连接器的对接。

（3）水密接头盒

水下ROV或拖体脐带缆的缆芯通过承重头后，在水密接头盒内与水下ROV或拖体预留线相连接。在水密接头盒内，铠装脐带缆的缆芯动力单元和信号单元分别与水密接插件插座相连接，水下ROV或拖体各设备配备有水密接插件的插头，通过插拔实现动力和信号的通断。在深水区，水密接头盒通常与液压补偿装置联调工作，以减少壳体所承受的水压，从而降低密封的要求。

6.5 A 形 架

A形架是一种专为船舶设计的重型吊装与支撑设备，其主要功能是在收放过程中将水下探采装备由母船舷内摆至舷外（或由舷外摆至舷内）。A形架的突出优势体现在环境适应性与作业效率上：能显著节省甲板空间，尤其适用于船尾等狭小区域；液压驱动系统配合多自由度设计，可在船舶横摇、纵倾等条件下保持设备平稳收放，降低风浪对作业的影响。随着海洋资源开发向深水区延伸，船载A形架凭借模块化设计、智能化控制和恶劣环境下的可靠表现，已成为现代海洋工程装备中不可或缺的关键设备。

6.5.1 工作原理与组成结构

A形架的核心工作原理是通过液压缸或电动推杆调节吊臂俯仰角度，配合绞车与滑轮组控制缆绳收放，实现水下探采装备在船舷内外的精准转移。与其功能相适配，A形架主要由两侧立柱、顶部横梁及液压驱动系统构成，在其横梁上可加装摆动架、对接装置和纵横摇缓冲保护装置等。为了更好地适应海洋工作环境，部分型号还搭载过载保护、紧急制动和实时监测模块，以确保收放过程的安全性与稳定性。图6.66展示了一种A形架结构形式，它主要由A形主体钢架、起吊导向装置、液压驱动装置、固定支撑架及维护装置等部分组成。

6.5.2 关键零部件

(1) A形主体钢架

主体钢架通常由高强度钢材焊接而成，由两侧立柱与顶部横梁构成三角形支撑体系，具备优异的抗弯和抗扭性能，可有效抵御船舶在复杂海况下的颠簸与摇摆。A形主体钢架的两侧立柱通过铰链与固定在甲板上的底座铰接在一起，驱动液压缸也通过铰链安装在甲板底座上，同时其另一端铰链于主体钢架的立柱上。A形主体钢架的摆动靠两个液压缸的伸缩来实现的。A形主体钢架需具备一定的高度和宽度，以便被收放的水下探采装备能顺利通过A形架下方，同时驱动液压缸需具备一定的工作行程，使A形主体钢架的摆动幅度能满足将水下探采装备在船舷内外转移的需求。除了图6.66展示的定高型A形架外，还存在两侧立柱可伸缩的A形架。伸缩臂式A形架既能满足大尺寸水下探采装备的收放需求，又能兼顾小尺寸水下探采装备的转移效率和稳定性（吊点越高越不稳定），使得收放作业具有更大的灵活性和适应性。

(2) 起吊导向装置

1) 摆动架。摆动架是承载被收放水下探采装备的主要构件，它由底座、长轴、滑轮套和多个圆柱滚子轴承构成，其结构如图6.67所示。长轴通过底座固定于A形主体钢架横梁正下方，滑轮套通过多个圆柱滚子轴承与长轴连接，滑轮依靠销轴安装于滑轮套内。缆绳绕过摆动架上的滑轮与水下探采装备相连，滑轮套可绕长轴自由旋转，这有助于使被吊物体在A形主体钢架摆动时保持竖直姿态，同时有利于缆绳的受力。

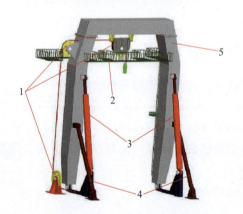 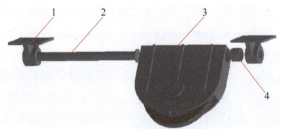

图6.66 一种A形架结构形式 　　　　图6.67 摆动架结构
1—起吊导向装置 2—维护装置 3—液压驱动装置　　1—底座 2—长轴 3—滑轮套 4—圆柱滚子轴承
4—固定支撑架 5—A形主体钢架

2) 导向装置。为了节约工作空间和制造成本，并且避免在吊放水下探采装备的过程中发生安全事故，有必要对收放缆绳的运动方向设计一条合理的路径。如图6.68所示，定滑轮1和定滑轮2的轴向指向船的长度方向，定滑轮3的轴向指向船的宽度方向，这三个尺寸相同的定滑轮为收放缆绳提供了一条合适的路径，当进行水下探采装备的回收时，缆绳的运动方向如蓝色箭头所示。

(3) 固定支撑架

当A形架处于非工作状态时，为了节约能源，通常会使驱动液压装置中的压力降为零，但这难以支撑A形主体钢架保持固定姿态，伴随着母船的摆动可能存在安全风险。为了在节能的同时保证安全，有必要设计一固定支撑装置在A形架处于非工作状态时起固定支撑作用。如图6.69所示，固定支撑装置由铰接座、支撑杆、底座组成，其工作流程如下：当A形架处于非工作状态时，首先利用驱动液压装置使A形主体钢架摆动至与母船甲板垂直的位置，然后转动支撑杆，使其上端部分的圆孔与固定在A形主体钢架上的铰接座的圆孔轴线重合，接着用销轴把铰接座和支撑杆上端部分固定，最后通过液压控制系统使驱动液压装置中的压力降为零。

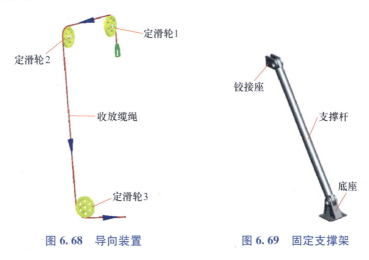

图 6.68 导向装置　　　　图 6.69 固定支撑架

(4) 维护装置

A形架的体积相对庞大，当其上方出现工作故障时，受甲板空间和驱动液压装置行程的限制，往往难以将A形架调至水平放置进行维修，因而需要设计出一套维护装置方便工作人员登上A形架进行维护作业。如图6.66所示，维护装置主要由攀爬梯和廊道组成。

6.6 专用收放装置

海上作业窗口期短，有效作业时间非常宝贵。所以对于收放系统而言，不仅要保障收放作业顺利安全地进行，收放效率也是其非常重要的评价指标。一种常用的做法是，增加专用收放模块以提高收放系统对某些形状或尺寸特殊的水下装备的适用性，同时提高收放作业效率。

6.6.1 海底钻机专用收放装置

收放装置作为收放系统的一部分，必须与铠装脐带缆绞车、深海海底钻机之间保持良好的适配性；必须保证在复杂海况条件下深海海底钻机收放的安全可靠性；考虑到海上作业环境的特殊性，收放装置必须尽可能结构紧凑和自动化程度高。

利用国外现有的深海海底钻机专用型收放装置（如澳大利亚PROD、德国MeBo等深海海底钻机配套专用收放装置）对深海海底钻机进行收放作业，还存在以下几个方面的问题：

1)由于现有的收放装置仅用一个带有收放液压缸的平板作为翻板,这就使得控制深海海底钻机向收放装置对齐和靠拢较为困难。

2)控制深海海底钻机向收放装置对齐和靠拢前,需要先将深海海底钻机提出水面,这将导致深海海底钻机随母船摇荡的幅度增大,并且由于收放装置上没有安装防冲击设备,导致深海海底钻机机架冲击变形的可能性增大。

3)由于深海海底钻机与收放装置没有固定在一起,使得深海海底钻机在整个收放过程中一直处于摇荡状态,钻机很有可能撞击到收放装置两侧的收放液压缸及母船尾部,从而导致收放液压缸和深海海底钻机机架的损坏,进而导致整个收放过程失败。

4)由于深海海底钻机收放装置作业环境的特殊性,即不规则波浪载荷作用的随机性,使得收放装置各部件将受到随机的冲击载荷,为了确保收放装置在深海海底钻机收放作业过程中的安全可靠、准确稳定,有必要对收放装置进行进一步的分析和可靠性研究。

1. 工作原理与组成结构

针对现有深海海底钻机收放装置存在的问题及我国深海海底钻机总重量、外形结构等特点,设计专用型深海海底钻机收放装置,该专用型深海海底钻机收放装置主要由卷扬机、支撑机构、钻机托架、收放液压缸、翻板机构、翻板液压缸、翻板锁紧液压缸、锁紧块、导梁钩液压缸和导梁钩机构等部件组成。

支撑机构固定在母船后甲板上,支撑机构尾部设有两平行的收放液压缸支撑底座,钻机托架的上端通过两根销轴分别铰接在收放液压缸支撑底座上,两根收放液压缸的活塞杆端通过两根销轴分别与钻机托架铰接,两根收放液压缸的液压缸筒端通过两根销轴分别与两平行的液压缸支撑底座铰接,钻机托架可在两根收放液压缸的联合驱动下实现90°转动。钻机托架上设有V形口防冲击机构,钻机托架的下端与翻板机构铰接,翻板机构可在翻板液压缸和翻板锁紧液压缸的联动下实现开启与闭合;导梁钩机构安装在钻机托架上,在导梁钩液压缸的驱动下实现对深海海底钻机机架的抱紧与松开,深海海底钻机收放装置总体构成如图6.70所示。

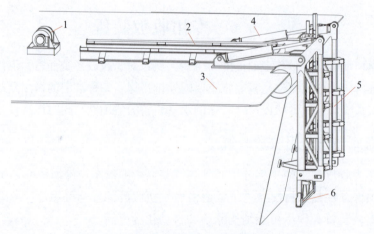

图 6.70 深海海底钻机收放装置总体构成

1—卷扬机 2—支撑机构 3—母船后甲板 4—收放液压缸 5—钻机托架 6—翻板机构

2. 关键零部件

（1）支撑机构

由于项目所研制的深海海底钻机的整机高度为 5.6m，深海海底钻机在直立状态下已经超出了母船 A 形架允许通过的最大高度。因此，在深海海底钻机下放和回收过程中，钻机必须以横躺的方式通过母船 A 形架，为此设计了一套可使深海海底钻机以横躺的姿态向母船后甲板尾部滑动的钻机支撑机构，该支撑机构包括两平行设置的 H 型钢、两根 U 形滑槽、两根液压缸支撑底座及滑轮等部件，如图 6.71 所示。

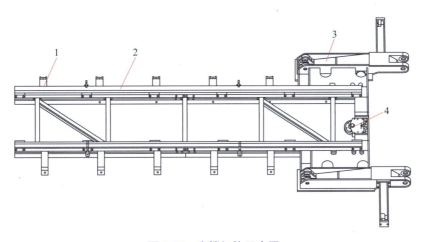

图 6.71　支撑机构示意图

1—H 型钢支撑架　2—U 形滑槽　3—收放液压缸支撑底座　4—滑轮

支撑机构通过螺栓固定在母船后甲板上，在深海海底钻机非工作期间起到固定钻机的作用，两根 U 形滑槽分别与深海海底钻机机架上的两根 U 形滑槽契合，在钻机移动过程中起到导向作用。同时，滑槽底部和两侧面分别安装有尼龙滑板，可有效降低深海海底钻机滑动过程中的摩擦阻力。支撑机构前端中部安装有滑轮，卷扬机上的钢丝绳绕过该滑轮与深海海底钻机顶部牵引板连接，可通过控制卷扬机的正反转实现深海海底钻机在滑槽内的前后移动（滑动）。

（2）钻机托架

针对利用现有深海海底钻机收放装置对深海海底钻机实施收放作业过程中，①控制深海海底钻机向收放装置对齐和靠拢前，需要先将深海海底钻机提出水面，导致深海海底钻机随母船摇荡的幅度增大，②由于收放装置上没有安装防冲击设备，导致深海海底钻机机架受到冲击变形的可能性增大，③当深海海底钻机在支撑机构上滑动至母船后甲板尾部后，需要将钻机从水平位置翻转至垂直位置，这样方便将深海海底钻机下放入水等问题，设计了图 6.72 所示的钻机托架结构。在该钻机托架结构中，可通过驱动收放液压缸伸出/缩回运动实现钻机托架 90°翻转，从而带动深海海底钻机翻转 90°，使得深海海底钻机在母船尾部实现横躺状态翻转为直立状态。所设计的钻机托架主要由托架支撑架、V 形口防冲击机构、U 形滑槽、缓冲支撑架等部分组成。

由于受母船摇荡运动的影响深海海底钻机将一直处于摇荡运动状态，为了减小钻机的摆

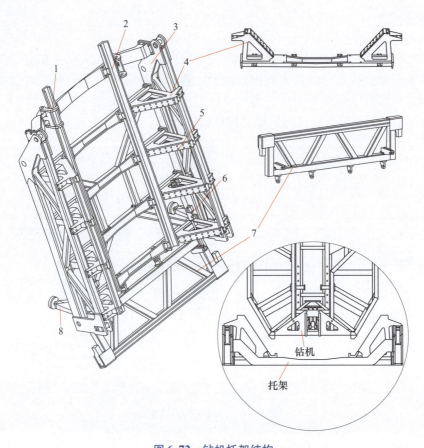

图 6.72 钻机托架结构
1—导梁钩 2—U形滑轨 3—支撑架 4—防冲击架 5—防冲击橡胶块
6—翻板液压缸 7—托架底板 8—缓冲支撑架

动幅度,钻机与钻机托架的对接需在水中完成;为了使深海海底钻机更易于进入到钻机托架内,且在进入钻机托架过程中尽可能降低深海海底钻机与钻机托架的直接碰撞,设计了具有V形开口的V形口防冲击机构。V形口防冲击机构固定在托架支撑架上,V形口防冲击机构的V形口与深海海底钻机八边形机架外形一致,当深海海底钻机向钻机托架靠拢时,V形口防冲击机构可紧贴钻机机架,使深海海底钻机不能左右摆动,从而实现对深海海底钻机自动方位校正与自动止荡功能。同时,安装在V形口防冲击机构上的防冲击橡胶块能够很好地吸收深海海底钻机在向钻机托架靠拢过程中产生的冲击力,从而有效保护钻机机架。并且钻机托架上还分别布置有两根平行U形滑槽,当整个钻机托架从垂直位置翻转至水平位置时钻机托架的两根U形滑槽分别与支撑机构上的两根U形滑槽对接,V形口防冲击机构如图6.73所示。

(3) 翻板机构及翻板锁紧机构

由于深海海底钻机需要在水中与钻机托架对正,同时在钻机翻转过程中对钻机施以支撑,为此设计了可自动开启/关闭的翻板机构和翻板锁紧机构。当对深海海底钻机执行下放作业时,只需打开翻板机构,深海海底钻机便可以顺利沿着钻机托架V形口向下运动。在对深海海底钻机执行回收作业时,当深海海底钻机整体进入钻机托架内后,通过关闭翻板机

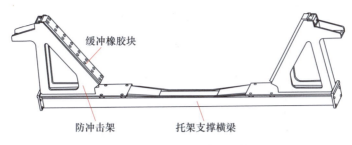

图 6.73　V 形口防冲击机构

构并利用翻板锁紧机构将其锁紧，然后深海海底钻机可坐稳在翻板机构上，这样钻机的全部重量将通过包括钻机托架在内的收放装置整体结构分担。翻板机构及翻板锁紧机构的工作原理为，当深海海底钻机完全进入钻机托架后，通过驱动铠装脐带缆绞车缓慢回收铠装脐带缆，带动深海海底钻机沿钻机托架的两根 U 形滑槽向上滑动，当钻机移动位置超出翻板机构回收后的最高位置时，驱动翻板液压缸带动翻板机构回收，当翻板机构回收到位后，驱动翻板锁紧液压缸推动锁紧块伸出，从而将翻板机构锁紧。然后缓慢释放脐带缆使深海海底钻机在翻板机构上坐稳，翻板机构及翻板锁紧机构如图 6.74 所示。

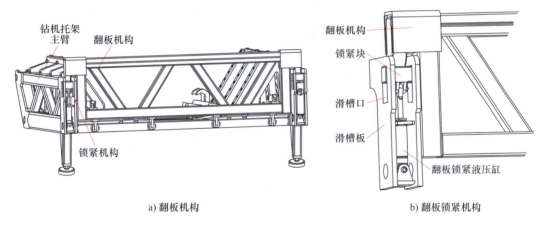

a) 翻板机构　　　　　　　　　　　b) 翻板锁紧机构

图 6.74　翻板机构及翻板锁紧机构

（4）导梁钩机构

针对由于深海海底钻机与收放装置没有固定在一起，使得深海海底钻机在整个收放过程中一直处于摇荡状态，钻机很有可能撞击到收放装置两侧的收放液压缸及母船尾部，从而导致收放液压缸和深海海底钻机机架损坏，进而导致整个收放过程失败的问题，设计了可将深海海底钻机抱紧在钻机托架上的导梁钩机构。当深海海底钻机在翻板机构上坐稳后，通过驱动导梁钩液压缸伸出使得导梁钩紧紧抱住深海海底钻机机架，这就使得深海海底钻机与钻机托架紧紧固定在一起，从而可有效防止因母船摇荡引起的深海海底钻机摆动，导梁钩机构主要由导梁钩和导梁钩液压缸组成，导梁钩机构对称安装在托架支撑梁上面，其结构和工作示意图如图 6.75 所示。

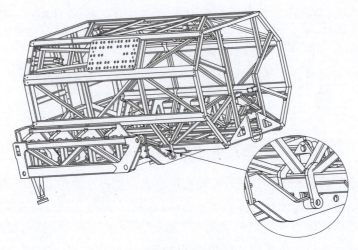

a) 导梁钩工作示意图

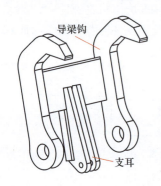
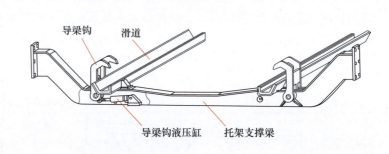

b) 导梁钩结构示意图

图 6.75 导梁钩结构和工作示意图

6.6.2 重力活塞取样器专用收放装置

重力活塞取样是科考船上常用的取样作业之一，其主要的作用是获取深海沉积物。目前，长柱状重力取样面临着巨大的现实需求，所以其技术发展突飞猛进，同时，取样管的长度由于取样需要越来越长，从曾经只有几米的长度跨越到目前普遍 20m 以上的长度，甚至可达 50m。20m 以上的长柱状重力活塞取样器往往不能简单地通过吊架直接进行收放，而需要有一套翻转机构进行辅助作业，这也就加大了这类取样器的操作难度。

现阶段主流的科考船上主要配置了以下三种长柱状重力取样收放系统：长托架式、短托架式和无托架式。

（1）长托架式

长托架式的取样系统如图 6.76 所示，最显著的特征是具有一个可以覆盖取样管全长的框架式托架将其承载于其中，整个托架的强度和刚度都足以支撑一定海况下的收放。而在长框架的头部（主体配重端）有一个机械翻转机构，而在尾部则往往是一台起重机将其牵住，这样就形成了一个双支点的梁支撑整个系统的运作。在需要布放的过程中，头部的翻转机构主动将托架从甲板上抬起并越过舷墙至舷外，同时尾部的起重机跟随整个翻转机构的动作也将取样管起升、移出。在托架完全处于舷外之后头部的翻转机构成为一个旋转中心，而尾部的起重机释放钢丝绳直至整个托架处于垂直位置。随后主吊架（可以是舷侧 A 架也可以是伸缩臂）和主绞车一起运动将重力活塞取样器提出框架，然后由伸缩臂进一步向外移动使框架和取样器完全脱离，然后释放主绞车将重力活塞取样器放向深海。

（2）短托架式

短托架式又称为吊杆式的长柱状重力取样收放机构，如图 6.77 所示。它和长托架最明显的区别是其没有完整长度的托架承载整个取样管，仅在头部有一个非常短的托架承载主体配重部分。而在尾部，由于失去了整个长托架的保护，不可能仅靠一台起重机来起吊取样管，否则取样管脆弱的刚性将会使其在起吊之后迅速弯曲，取而代之地是采用若干台小吊杆均布地承载取样管的质量。当然，与长

图 6.76　长托架式长柱状
重力取样收放机构

托架类似的是，其在头部也有一个翻转机构来完成取样管头部的抬起、平移和翻转工作，后面几台小吊杆也相应做类似的动作。所不同的是，小吊杆与取样管采用卡箍连接，在布放的过程中，当取样管完全竖直之后需要通过松缆等一套特殊的操作来解除卡箍，而在回收过程中也需要人工安装卡箍。

（3）无托架式

无托架式的长柱状重力取样收放装置如图 6.78 所示，其特征是整个取样管的翻转机构长度与取样管的长度几乎一致，但是在高度方向隐藏在舷墙内，在宽度方向尽可能占用最少的船宽。整个取样管则在舷内就对接到翻转机构之上，然后跟随其一起翻出，故而省去了托架结构，在其翻出舷外之后呈现出若干个水平吊杆起到与短托架收放装置类似的作用。而且为保证翻转机构占用的甲板面积最小化导致每个吊点的尺寸不能像短托架一样大，所以其吊点的安全工作负荷可能比较低，需要用更多的吊点来支撑同样规格的活塞取样器。由于整个

图 6.77　短托架式长柱状
重力取样收放机构

图 6.78　无托架式长柱状
重力取样收放机构

取样管需要现场对接到翻转机构之上,同时翻转机构与取样管之间也一样需要卡箍或者类似的连接件连接,再者翻转机构本身并不像短托架一样允许取样管存在变形,所以需要在满足翻转机构精度的条件下同时连接取样管和卡箍,操作非常麻烦,这也是其在综合科考船上使用越来越少的原因。

主要参考文献

[1] 张浩立,邓智勇,罗友高. 潜水器布放回放系统发展现状 [J]. 舰船科学技术,2012,34(4):3-6.

[2] 王昱清. 深海科考船绞车系统结构设计与优化研究 [D]. 大连:大连海事大学,2022.

[3] 张晓峰. 浅析远洋船用拖曳绞车 [J]. 江苏船舶,2011,28(2):16-17.

[4] 朱龙艳. 一种液压单侧式系泊绞车:211918933U [P]. 2020-11-13.

[5] 陈育喜,张竺英. 深海ROV脐带缆绞车设计研究 [J]. 机械设计与制造,2010,(4):39-41.

[6] WOODACRE J K, BAUER R J, IRANI R A. A review of vertical motion heave compensation systems [J]. Ocean Engineering, 2015, 104:140-154.

[7] NI J, LIU S J, WANG M F, et al. The simulation research on passive heave compensation system for deep sea mining [C]//2009 International Conference on Mechatronics and Automation:IEEE, 2009:5111-5116.

[8] DRISCOLL F R, NAHON M, LUECK R G. A comparison between ship-mounted and cage-mounted passive heave compensation systems [C]//IEEE Oceanic Engineering Society. OCEANS'98. Conference Proceedings (Cat. No.98CH36259), IEEE:1449-1454.

[9] KIDERA E. At-sea handling and motion compensation [C]//Proceedings OCEANS'83, IEEE, 1983:766-770.

[10] HATLESKOG J T, DUNNIGAN M W. Heave compensation simulation for non-contact operations in deep water [C]//OCEANS 2006, IEEE, 2006.

[11] 贺子奇,曹旭阳,董航,等. 深海作业起重机升沉补偿系统的研究现状 [J]. 工程机械与维修,2015,(9):56-58.

[12] 方华灿. 海洋石油钻采设备理论基础 [M]:北京:石油工业出版社,1984.

[13] DO K D, PAN J. Nonlinear control of an active heave compensation system [J]. Ocean Engineering, 2008, 35 (5-6):558-571.

[14] SOUTHERLAND A. Mechanical systems for ocean engineering [J]. Naval Engineers Journal, 1970, 82 (5):63-74.

[15] BLANCHET J P, REYNOLDS T J. Crane hook heave compensator and method of transferring loads:4003472 [P].

[16] BARBER N R. Control means for motion compensation devices:US Patent 4349179 [P].

[17] HUTCHINS R. Heave compensation system:US Patent 4091356 [P].

[18] EL-HAWARY F. Compensation for source heave by use of a Kalman filter [J]. IEEE Journal of Oceanic Engineering, 1982, 7 (2):89-96.

[19] JONES A B. CHERBONNIER T. D. Active reference system:US Patent 4962817 [P].

[20] ROBICHAUX L R, HATLESKOG J T. Semi-active heave compensation system for marine vessels:US Patent 5209302 [P].

[21] UMESH A. KORDE. Active heave compensation on drill-ships in irregular waves [J]. Ocean Engineering, 1998, 25 (7):541-561.

[22] GODHAVEN J M. Adaptive tuning of heave filter in motion sensor [C]//IEEE Oceanic Engineering Society.

OCEANS'98. Conference Proceedings (Cat. No.98CH36259), IEEE: 174-178.

[23] STEPHEN B, CHRIS H, TERRY M, et al. A heave compensation algorithm based on low cost GPS receivers [J]. Journal of Navigation, 2008, 61 (2): 291-305.

[24] KYLLINGSTAD A. Method and apparatus for active heave compensation: US Patent 8265811 [P].

[25] KÜCHLER S, MAHL T, NEUPERT J, et al. Active control for an offshore crane using prediction of the vessel's motion [J]. IEEE/ASME Transactions on Mechatronics, 2011, 16 (2): 297-309.

[26] HATLESKOG J T, DUNNIGAN M W. Active heave crown compensation sub-system [C]//OCEANS 2007-Europe, IEEE, 2007.

[27] NICOLL R S, BUCKHAM B J, DRISCOLL F R. Optimization of a Direct Drive Active Heave Compensator [C]//The Eighteenth International offshore and Polar Engineering Conference, 2008, 241-248.

[28] 全伟才，张艾群，张竺英. 复合液压缸式半主动升沉补偿系统建模及仿真 [J]. 机床与液压, 2013, 41 (1): 137-141.

[29] Active heave drilling drawworks system goes to work [EB/OL]. 1999. http://www.offshore-mag.com/articles/print/volume-59/issue-4/news/general-interest/active-heave-drilling-drawworks-system-goes-to-work.html.

[30] ANGELIS V D. Comparison study of electric, electro-hydraulic, and hydraulic drive science winches [C]//11th European Research Vessel Operators Meeting, 2009.

[31] GODBOLE K. Field oriented control reduces motor size, cost and power consumption in industrial applications [EB/OL]. (2006-09-23) [2024-06-18]. http://www.eetimes.com/document.asp?doc_id=1274013&page_number=1.

[32] PAREKH R. AC induction motor fundamentals [R]. 2003.

[33] VIRVALO T, LIANG X. What's wrong with energy utilization in hydraulic cranes [C]//Proceedings of the 5th International Conference on Fluid Power Transmission and Control, 2001.

[34] 苏强，吕海宁，杨建民，等. 履带式深海采矿车软底质行走性能分析 [J]. 海洋工程, 2022, 40 (2): 162-168.

[35] 金永平，万步炎，刘德顺，等. 不同收放速度对海上钻机收放系统影响分析 [J]. 中国机械工程, 2015, 26 (19): 2557-2563.

[36] 杨晓红. 6×36WS+IWR 镀锌钢丝绳生产工艺研究 [J]. 金属制品, 2019, 45 (5): 1-4.

[37] ROY S S, POTLURI P. Braiding: From cordage to composites [C]//Textile research conference, Dhaka, Bengal. 2016, 29: 12-15.

[38] 桑巍，佟寅. 高模量合成纤维缆绳在海洋调查绞车上的应用 [J]. 船舶, 2020, 31 (6): 1-8.

[39] 魏雅斐，孙颖，丁许，等. 高性能纤维编织绳应变测试方法研究进展 [J]. 产业用纺织品, 2021, 39 (1): 8-15.

[40] 王宇骅，李航宇，董海磊，等. 海洋工程中国产深海聚酯缆绳述评 [J]. 合成纤维, 2022, 51 (10): 36-40.

[41] 高欢，谢书鸿，潘盼. 海洋工程用脐带缆技术 [J]. 电线电缆, 2024, 67 (2): 11-20.

[42] 高欢，郭宏，孙科沸，等. 水下生产系统脐带缆初步结构设计 [J]. 电线电缆, 2011 (6): 12-16.

[43] JIA Y, ZHAO H L. All-electric subsea production controlsystem [J]. Applied Mechanics and Materials, 2013, 251: 196-200.

[44] 郭宏，屈衍，李博，等. 国内外脐带缆技术研究现状及在我国的应用展望 [J]. 中国海上油气, 2012, 24 (1): 74-78.

[45] 左信，岳元龙，段英尧，等. 水下生产控制系统综述 [J]. 海洋工程装备与技术, 2016, 3 (1): 58-66.

[46] LOOS B. Operability limits based on vessel motions for submarine power cable installation [D]. Delft: The

Netherlands, 2017.

［47］万步炎，彭奋飞，金永平，等. 海洋探测装备收放缆力学性能研究综述［J］. 中国机械工程，2024，35（9）：1521-1533.

［48］廖薇，赵延明，刘德顺，等. 电驱动海洋绞车主动升沉补偿自抗扰控制系统［J］. 中国机械工程，2018，29（24）：2999-3008.

［49］汤清之. 长柱状重力活塞取样器作业收放方法浅析［J］. 船舶，2019，30（4）：134-142.

［50］彭曼. A支架系统结构设计研究［D］. 哈尔滨：哈尔滨工程大学，2012.

第 7 章

钻探船技术与装备

　　相比于钻井平台，钻探船的机动性能更强。因此，长期以来一直是海洋油气和矿产资源勘探的重要作业装备。根据钻探船的航行能力可分为非自航和自航式两类。根据钻探船的船型可分为端部钻井型、舷侧钻井型、船中钻井型和双体船钻井型四类。根据钻探船的定位方式可分为锚泊、动力定位、锚泊+动力定位三类。近年来随着新技术和装备的不断发展，双井架钻井技术、闭环电力系统、混合动力技术和绿色环保理念在钻探船上逐渐得到应用，大幅提升了作业效率与工作稳定性。未来，钻探船技术将朝着更深的水域、更广的作业区域、更多元的资源勘探类型方向发展。本章首先梳理了钻探船的发展概况，介绍了典型钻探船的性能、结构及技术特点；随后，深入探讨了钻探船的关键技术，包括动力定位技术、钻孔重入技术、船载钻机系统、取芯技术及钻井液技术，详细分析了各技术的原理、分类、发展历程及未来趋势。

7.1　钻探船发展概况

7.1.1　钻探船作业原理

　　钻探船主要包括以下三大模块，钻机模块、动力模块和生活模块。钻机模块通常集中在船的中部。水下设备和钻杆串通过位于船中部的月池进行下放。动力模块集中在船的尾部，其主要是为船舶航行和钻机模块相关设备运转提供足够的动力。生活模块位于船的首部。大型钻探船的生活区通常可容纳 200 人以上，且配备有直升机平台，如图 7.1 所示。

　　钻探船的作业模式通常分为隔水管钻探作业和无隔水管钻探作业。隔水管钻探作业是通过钻井隔水管连接位于海底的防喷器与位于海面的钻探船。通过钻井隔水管实现钻井液循环，如图 7.2 所示。隔水管钻探作业包括常规隔水管钻探作业、高压隔水管钻探作业和铝合金隔水管钻探作业。其中常规隔水管钻探作业应用最广泛。为了减轻隔水管系统的重量还可采用高压隔水管和铝合金隔水管。但是，隔水管钻探作业方式需要携带大量隔水管和浮力

图 7.1 钻探船作业原理

块,因此增加了船体的吨位和运行成本。相较之下,采用无隔水管钻探技术的钻探船则无需装备钻井隔水管及防喷器,有利于降低船体吨位和控制运营费用。无隔水管钻探作业模式又可分为无隔水管开式钻探和无隔水管泥浆闭式循环钻探。无隔水管开式钻探采用超前孔裸眼钻进方法直接钻至目标深度。无隔水管泥浆闭式循环钻探技术则不使用常规钻井隔水管。其利用吸入模块实现井眼和海水之间的密封。吸入模块通过泥浆管线与位于海底的泵组模块相连。泥浆通过位于海底的泵组举升作用沿泥浆返回管线,从而实现钻井泥浆的循环。

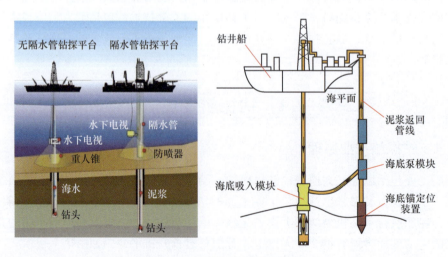

图 7.2 钻探船作业模式示意

7.1.2 国外代表性钻探船

通常,国际上将水深超过 1000m 的海域定义为深海。钻探船技术能够在水深数千米的海底进行钻探作业,是目前开展海底深孔取样的唯一技术手段。海洋环境和陆地环境差异显著,因此,开展海洋钻探时还需考虑海上风、浪、流以及海水腐蚀等因素的影响。相比于传统陆域钻探,开展海洋钻探过程中还面临以下挑战,主要包括钻进时的船体稳定性、更换钻头时的钻孔重入可靠性以及如何实现高质量取芯等。显然,大洋钻探船是一个国家海洋科学水平的标志性象征。技术上讲,钻进能力更强的钻井船同样具备开展勘探作业的能力,因此,本节定义的钻探船同样包括钻井船。

1. "格罗玛·挑战者"号

"格罗玛·挑战者"号(Glomar Challenger)于1968年在美国得克萨斯州建造完成,如图7.3所示。"格罗玛·挑战者"号的作业水深超过6000m,可携带近7000m长的钻杆,配备了当时先进的动力定位系统。"格罗玛·挑战者"号能够在9级风力海况下正常作业。其配置的纵横摇补偿和升沉补偿系统能够确保船舶的纵横摇角度不超过9°。其主要参数见表7.1。

图7.3 "格罗玛·挑战者"号

表7.1 "格罗玛·挑战者"号主要参数

船长	121m	钻塔高度	43m
船宽	19m	钻井方式	无隔水管
排水量	10500t	动力定位等级	DP-2
最大作业水深	6000m	建造年份	1968

1968年8月11日,"格罗玛·挑战者"号首航墨西哥湾,拉开了深海科学钻探的序幕,直至1983年深海钻探计划(Deep Sea Drilling Project,DSDP)结束。1968—1983年,"格罗玛·挑战者"号共完成96个航次,取得岩芯样品97000余米。通过研究"格罗玛·挑战者"号所获得的岩芯样本取得了大量重要科学发现。其中,最引人注目的是DSDP计划第3航次在南大西洋的钻探作业。研究结果表明:南大西洋洋壳的年龄沿洋中脊两侧逐渐变老,这一重大发现有力地证实了海底扩张学说。此外,DSDP计划在地中海的钻探作业中发现其曾经是一个干涸的湖泊,这一结果轰动了当时的科学界。

2. "乔迪斯·决心"号

"乔迪斯·决心"号（JOIDES Resolution）原名为"Sedco/BP 471"号。其原本是一艘石油勘探船。1985 年 1 月，该船在美国帕斯卡古拉完成用于科学考察工作的适应性改造后，成为大洋钻探计划（Ocean Drilling Program，ODP）的专属钻探船，改名为"乔迪斯·决心"号，如图 7.4 所示。其最大作业水深超过 8000m，可携带 9000m 长的钻杆。"乔迪斯·决心"号采用双轴双桨电力推进方式，具备动力定位能力。其配置了 10 台 550kW 的可伸缩式全回转推力器，以及 2 台 550kW 的侧推装置。其可在 7.5m 波高、60 节风速、3 节流速的环境条件下进行定位。相比"格罗玛·挑战者"号，"乔迪斯·决心"号的钻探能力更强、船上实验室装备更加先进。在完成大洋钻探计划（ODP）的使命后，"乔迪斯·决心"号继续服务于综合大洋钻探计划（Integrated Ocean Drilling Program，IODP），并于 2006—2009 年进行了全面的升级改造，提升了作业能力。其主要参数见表 7.2。

图 7.4 "乔迪斯·决心"号

表 7.2 "乔迪斯·决心"号主要参数

船长	143m	大钩载荷	590t
船宽	21m	钻探方式	非隔水管钻探
排水量	16800t	船员数目	130 人
最大作业水深	超过 8000m	动力定位等级	DP-2
钻塔高度	61.5m	钻进方式	无隔水管
月池直径	7m	建造年份	1978

"乔迪斯·决心"号钻探船采用单根操作，自动化程度较低，导致钻探作业效率较低。在 5500m 水深作业时，其下放钻杆所需要时间约为 12h。完成一次钻具内管总成的下放和回收作业所需时间约为 1.5h。船上配置有船载实验室，可对岩芯样品进行岩石学、古生物学、地球物理学和地球化学等方面的分析研究。船上同时配有冷藏存储区，能够对岩芯进行低温保存以便运回陆地做进一步的研究。1985 年 1 月至 2013 年 9 月，"乔迪斯·决心"号先后为"大洋钻探计划"和"综合大洋钻探计划"服务，共完成 145 个航次，钻井 2236 口，获取岩芯 279993m。这些岩芯为地球动力学、地球过去气候变化和深部生物圈等方面的研究提

供了宝贵材料。

3. "地球"号

"地球"号钻探船是在日本行政部门、工业界与科研团队的合作下历经 15 年推出的一艘具有立管系统的深海科学钻探船，如图 7.5 所示。该船是世界上第一艘采用隔水管钻探的大洋钻探船，理论上可在 4000m 水深的海域向海底钻进 7000m，可携带 10000m 长的钻杆，续航力为 20000nmile。"地球"号的船首形式为斜直式，采用电力推进方式，配置了 6 台 4200kW 的全回转推力器，同时还配置了 1 台 2550kW 的首侧推装置。该船经济航速 10 节，最大航速 12 节，可在 4.5m 波高、23m/s 风速、1.5 节流速的环境条件下进行定位。该船配置了 6 台 5000kW 的主柴油发电机和 2 台 2500kW 的辅机。自 2007 年 9 月，"地球"号正式开展和实施 IODP 科学钻探任务。其主要参数见表 7.3。"地球"号采用隔水管钻探方式，配置有海底防喷器，采用闭式泥浆循环技术。隔水管钻探最大作业水深 2500m。该船同样配置有船载实验室，可对岩芯样品进行岩石学、古生物学、地球物理学和地球化学等方面的分析研究，船上的冷藏存储区能够对岩芯进行低温保存。

图 7.5 "地球"号钻探船

表 7.3 "地球"号主要参数

船长	210m	大钩载荷	1250t
船宽	38m	绞车	1250t，5000 马力
排水量	57500t	钻探方式	隔水和无隔水管钻探
最大作业水深	隔水 2500m，无隔水 10000m	船员数目	150 人
钻塔高度	70.1m	动力定位	DP-2
月池直径	12m×22m	建造年份	2005

2012 年 4 月 15 日，"地球"号在日本宫城县牡鹿半岛外 220km 的海域开展了钻探作业，钻探总深度达到了 7740m，打破了海底钻探的世界纪录。通过研究采集的岩芯样本，为测定地震能量、理解东日本地震发生机制提供了重要原始资料。2024 年 9 月 22 日，"地球"号在日本海沟水深 6897.5m 处向下钻探 980m，自海面探测深度达 7877.5m，刷新了该船保持

的深海科学钻探钻深纪录。

4. DP Hunter 号

DP Hunter 号于 1978 年由新加坡 Far East Livingstone 造船厂建造。2002 年在波兰进行了加装钻探系统的改造,是一艘具备动力定位和支持潜水作业的钻探船,如图 7.6 所示。该船是 IODP 欧洲船舶平台的主要用船。DP Hunter 号配置了 2 台全回转推力器和 1 台管隧式推力器。全回转推力器的马力为 2000 马力,管隧式推力器的马力为 800 马力。此外,船首配置了 2 台管隧式推力器和 1 台管隧式推力器。2 台管隧式推力器的马力为 800 马力,1 台管隧式推力器的马力为 1000 马力。6 台推力器协同完成对船舶的动力定位。其主要参数见表 7.4。

图 7.6 DP Hunter 号钻探船

表 7.4 DP Hunter 号主要参数

船长	104m	钻探方式	无隔水管钻探
船宽	18.8m	船员数目	128 人
排水量	8150t	动力定位	DP-2
月池直径	7.6m×6.1m	建造年份	1978

自 2006 年开始,加拿大鹦鹉螺公司租用该船,在巴布亚新几内亚专属经济区俾斯麦海和所罗门海内的勘探执照区进行了多金属硫化物矿藏的岩芯钻探取样。2011 年,加拿大鹦鹉螺公司从巴布亚新几内亚获得俾斯麦海 20 年的开采租赁权。其中,第一个站点被称为 Solwara1,探明的储量约有 21 个足球场的大小。其包含了 24 万 t 铜、2.5 万 lb 黄金,还有银和锌,总价值可达到 30 亿美元。

5. Saipem 10000 号

Saipem 10000 号钻井船由韩国三星重工开发,排水量为 97500t、最大作业水深 3048m、最大可变载荷为 22000t,如图 7.7 所示。其采用双井架钻井系统,具备 DP-3 级动力定位能力。三星重工于 1996 年获得首个钻井船建造合同,Saipem 10000 号是其最常见的钻井船设计船型，目前已建造 22 艘。其主要参数见表 7.5。

图 7.7　Saipem 10000 号钻井船

表 7.5　Saipem 10000 号主要参数

船长	228m	排水量	97500t
船宽	42m	船员数目	172 人
最大作业水深	3048m(10000ft)	动力定位	DP-3
最大钻进深度	9144m(30000ft)		

6. "马士基维京"号

"马士基维京"号（Maersk Viking）是一艘由马士基钻井公司运营的超深水钻井船，如图 7.8 所示，由三星重工建造并于 2013 年交付使用。"马士基维京"号具备集成的受控压力钻井能力，是一艘高规格的超深水钻井船。该船最大作业水深达 3657.6m，最大钻进深度为 12192m。船长 228m，船宽 42m，吃水深度为 19m。月池尺寸为 25.6m×12.5m。可变甲板载荷 19990t。其主要参数见表 7.6。

图 7.8　"马士基维京"号钻井船

表 7.6 "马士基维京"号主要参数

船长	228m	可变甲板载荷	19990t
船宽	42m	吃水	12m×8.5m
月池	25.6m×12.5m	船员数目	230 人
最大作业水深	3657.6m（12000ft）	动力定位	DP-3
最大钻进深度	12192m（40000ft）	建造年份	2014

7. Deepwater Titan 号

Deepwater Titan 号是胜科海事公司根据 Jurong Espadon 3T 设计建造的第二艘第八代钻井船。该船是业内最先进的钻井平台之一，它旨在提高海上钻井的安全性、效率和可持续性，如图 7.9 所示。该船为双井架钻井船，配有两个 20000 psi 防喷器（BOP）、井控、立管和管道系统。该船主要用于高压和高温钻井和完井作业。Deepwater Titan 号主要参数见表 7.7。

图 7.9 Deepwater Titan 号钻井船

表 7.7 Deepwater Titan 号主要参数

船长	249m	最大钻进深度	12192m（40000ft）
船宽	42.5m	钩载	300 万 lb
月池	28m×9m	船员数目	220 人
psi 防喷器	20000	动力定位	DPS-3
最大作业水深	3657.6m（12000ft）	建造年份	2023

8. Stena Evolution 号

Stena Evolution 号由三星重工在韩国巨济造船厂建造，2023 年交付至海上钻井承包商

Stena Drilling。Stena Evolution 号是第七代增强型超深水钻井船,如图 7.10 所示。船长 233m,船宽 42m,能够在水深达 3657.6m 的水域作业,最大钻进深度达到 12192m。Stena Evolution 号的载重量达到 24000t,具备 DP-3 级动力定位能力。该船是 20000 psi 井作业进行升级的主要候选船型。其主要参数见表 7.8。

图 7.10　Stena Evolution 号钻井船

表 7.8　Stena Evolution 号主要参数

船长	233m	psi 防喷器	15000
船宽	42m	船员数目	240 人
月池	25.6m×12.5m	动力定位	DP-3
最大作业水深	3657.6m(12000ft)	建造年份	2023
最大钻进深度	12192m(40000ft)		

7.1.3　国内代表性钻探船

1. "奋斗 5"号

"奋斗 5"号于 1979 年 12 月由广州造船厂建造,是一艘钻探、物探综合调查船,如图 7.11 所示。其可在 300m 以内的近海开展钻探、高分辨率地震勘探等作业。船长 68.5m,船宽 10m,吃水 3.8m,满载排水量 1091.6t,最高航速 14.8 节。所配置的船载海洋钻机型号为 HGD-300,钻探深度为 300m(含水深),月池直径 1.58m,钻塔高度 12m,钻塔承载力 200kN。泥浆循环系统配备了 BW-320 泵和 BW-250 泵各一台。其主要参数见表 7.9。

"奋斗 5"号是我国较早的一批调查船,服役时间可以追溯到 1979 年。"奋斗 5"号在地质调查领域有着丰富的服役经历。其在南海北部陆坡的天然气水合物资源的调查任务中为我国海域天然气水合物资源勘查开发做出了重要贡献。在多个航次中,"奋斗 5"号完成了多波束测量、单道、浅剖、测深等综合物探任务,为海洋地质研究提供了重要数据。

图 7.11 "奋斗 5"号综合调查船

表 7.9 "奋斗 5"号参数

船长	68.45m	钻塔高度	12m
船宽	10m	月池直径	1.58m
排水量	1091.6t	船员数目	51 人
最大钻井深度	300m	建造年份	1979

2. "海洋石油 708"号

"海洋石油 708"号于 2011 年完工交付,是全球首艘集钻井、水上工程、勘探功能于一体的 3000m 水深工程勘探船,如图 7.12 所示。船长 105m、船宽 23.4m、吃水 7.4m,排水量约 11600t,可在无限航区航行。其抗风能力不低于 12 级,可保证在 9 级海况下安全航行。

图 7.12 "海洋石油 708"号勘探船

"海洋石油708"号具备在3000m水深实施工程地质勘查（钻孔）和静力触探试验（Cone Penetration Test，CPT）的能力。最大起吊能力为150t，可开展23.5m以内的深海底水合物保温、保压取样作业。配套的钻探系统由宝鸡石油机械有限责任公司研制。设计钻深4000m（含水深），采用交流变频绞车提升，最大提升能力2250kN。井架为塔式结构，高度34.5m。钻柱升沉补偿装置采用游车补偿结构，补偿模式为被动+主动，最大补偿能力为2250kN，补偿行程±3m。泥浆系统配置了2台500hp（1hp=0.746kW）的泥浆泵。采用5in钻杆作业，单立根长度9.5m。此外，该船还配置了抓管起重机、鹰爪机、液压大钳、顶驱等管柱处理系统设备。其主要参数见表7.10。

表7.10 "海洋石油708"号主要参数

船长	105m	绞车	2250kN
船宽	23.4m	船员人数	90人
排水量	11600t	动力定位	DP-2
最大钻进深度	4000m	建造年份	2011
钻塔高度	34.5m		

2012年至2017年，"海洋石油708"号搭载北京探矿工程研究所研制的深水随钻取样器，在中国南海多个区域进行了深钻取样作业。2012年在番禺区块开展了300m钻深的施工作业，打破了中国海洋钻探船钻孔深度、取样深度两项纪录，标志着中国深海钻探取样技术迈上了新台阶。2014年在荔湾海域588m深水区高效全孔连续取样100m，为地质、生物等研究提供了宝贵资料。2017年在神狐海域成功测试了中国自主的可燃冰取芯工具，打破了国外技术封锁。

3. "海洋地质十号"

"海洋地质十号"由我国自主设计和建造，是一艘集海洋地质、地球物理、水文环境等多功能调查手段为一体的综合地质调查船，如图7.13所示。其可以实现在全球无限航区开

图7.13 "海洋地质十号"钻探船

展海洋地质调查工作。船长 75.8m、船宽 15.4m、吃水 5.2m，排水量约 3400t，续航力 8000nmile。其采用了我国首创的全液压油缸举升式海洋钻探系统，最大钻进深度（水深+钻深）为 1200m，最大荷载 600kN。井架采用门形结构，高度 23m，通过双油缸举升系统起下钻柱，配有被动式钻柱补偿装置，最大补偿载荷 400kN，补偿行程±1.5m。该船配备了抓管起重机、动力猫道、可升降式动力钳、大通径液压顶驱等管柱处理设备，自动化程度高。此外，该船还配置了带动力钳的海底基盘系统，具备 CPT 作业能力。其主要参数见表 7.11。

表 7.11 "海洋地质十号"主要参数

船长	75.8m	钻塔高度	24.5m
船宽	15.4m	船员数目	58 人
排水量	3400t	动力定位	DP-2
最大钻进深度	1200m	建造年份	2017

2020 年，"海洋地质十号"在南海北部陆架刷新了我国陆架海域第四系全程取芯的深度纪录。在该次作业中共钻进 302.07m 且为全孔全程取芯。这次作业获取了我国陆架首口最为连续的第四纪地学钻孔岩芯。研究旨在审视陆架古珠江三角洲第四纪碳埋藏历史，探究全球气候变化与粤港澳大湾区海平面变化之间的关联，揭示古珠江三角洲地质演替规律，并为粤港澳大湾区涉海工程与生态文明建设提供原始地质资料支持。2021 年，"海洋地质十号"成功完成了"深海钻探技术与工程支撑"项目的首次海试，标志着我国海洋科学钻探成功迈出了坚实一步。"海洋地质十号"在四项工艺技术方面取得了突破，包括无导引重入钻孔工艺、随钻扩孔下套管工艺、钻进方法快速切换技术、牙轮绳索取芯钻进技术。以上技术均为自主研发技术在我国的首次应用。

4. "梦想"号

"梦想"号是中国首艘海洋钻探船，也是世界上最先进的海洋钻探平台之一，如图 7.14 所示。"梦想"号的总吨位约 3.3 万 t，船长 179.8m、船宽 32.8m。该船可续航 15000nmile，自持力为 120 天。"梦想"号的设计稳定性和结构强度满足 16 级台风海况的安全标准，能够在全球海域无限航区进行作业，具备开展海域 11000m 的钻探工作能力。"梦想"号的设计

图 7.14 "梦想"号海洋钻探船

目标是从海面上钻穿地壳，到达地幔，实现人类历史上的首次突破。"梦想"号可以开展油气钻探和大洋科学钻探。其中自主研发的深水无隔水管泥浆循环系统（Riserless Mud Recovery，RMR），填补了我国技术空白，配备了30MW闭环环网电站与电池蓄能技术，大幅提升船舶经济性与可靠性，节能降耗超15%。其主要参数见表7.12。

表7.12 "梦想"号主要参数

船长	179.8m	续航	15000nmile
船宽	32.8m	动力定位	DP-3
排水量	33000t	建造年份	2024
最大钻进深度	11000m		

"梦想"号的设计理念遵循"小吨位、多功能、模块化"，突破十余项关键技术，总体性能处于国际领先水平。船上配有全球面积最大的船载实验室。实验室类型主要包括无机地化、有机地化、基础地质、古地磁、微生物、海洋科学、天然气水合物、地球物理、钻探技术等方面。此外，"梦想"号还建有全球规模最大、最先进的科考船综合信息化系统。综合信息化系统主要包括弹性网络、云数据服务、综合调度、作业监控、实验室管理等子系统，采用了超融合、云服务、数据中台、数字孪生等关键技术，全船覆盖超20000个监控点，实现了钻采作业全过程的智能监测与科学实验协同。

7.1.4 钻探船发展趋势

近年来，钻探船领域涌现出了大量技术创新。这些技术不仅致力于提高钻探船的综合性能，还关注作业人员安全以及减少碳排放。在可预见的未来，钻探船将继续在海洋科学研究、海洋矿产资源勘探和海洋工程地质勘查中发挥关键作用。目前，钻探船行业正在积极开展智能化技术的研发与应用，主要包括智能钻井系统、智能监控系统等，以期能够更加精准地掌握作业过程，提高作业效率，减少资源浪费。目前，GE公司和国际知名钻井承包商Nobel Corporation联合推出了世界上第一艘数字化钻探船。该数字化船舶解决方案由GE的Predix工业物联网平台提供支持。该方案已经部署在Noble Globetrotter I钻井船上。通过布置在该船上的传感器和控制系统收集数据，然后实时发送到GE的工业性能和可靠性中心进行预测分析。该系统与所有目标控制系统相连接，包括钻井控制系统、电力管理系统和动态定位系统。这些数据可以与平台的虚拟副本（即数字孪生）进行比较，以检测异常情况，并在故障或问题发生前进行纠正，从而实现作业的可预测性。值得注意的是，随着环保意识的提高和全球气候变化问题的日益严重，钻探船也正在积极推广绿色环保技术。通过采用清洁能源、减少排放、降低噪声等措施，以期降低对海洋环境的影响。通过加强废弃物处理和回收利用，实现资源的可持续利用，为行业的可持续发展提供了有力保障。

7.2 钻探船动力定位技术

7.2.1 船舶定位方式与工作原理

船舶定位方式主要有锚泊定位、动力定位以及锚泊+动力定位三种形式。锚泊定位系统是最传统的船舶定位方式,其通过锚、锚缆和锚链等构成的系泊系统将船舶用锚固定在海底,从而确保船舶在一定的工作区域内作业。在浅水区域,通常使用锚泊系统进行定位。然而,随着水深增加,锚泊系统的抓底力减小,抛锚难度显著增加。另外,随着锚泊系统的锚链长度增加,其重量也随之增加,导致布链作业流程变得复杂,造价和安装成本增加,同时也影响了定位效果。

随着深海资源开发进程的加快,传统的锚泊定位方式已经不能满足深远海域定位作业的要求。相比于传统的定位方式,动力定位方式(Dynamic Positioning,DP)具有定位准确、机动性高、不受水深限制等独特的优点,广泛应用于钻探船、海洋平台、科研考察船、铺缆船、铺管船、挖泥船等。动力定位系统(DP)是一种闭环控制系统,其通过驱动船舶推进器来抵消外部环境力,例如风、浪和流,以确保船舶停靠在海面的特定位置上。该技术通过不断测量船舶实际位置与目标位置的偏差,并根据环境力影响计算出推力值,使船舶回到目标位置。随后,对船舶各推进器进行推力分配,以克服外部环境力的干扰,确保船舶保持在目标位置。船舶动力定位系统是进行深水海洋油气勘探开采不可或缺的技术手段。锚泊+动力定位技术结合了锚泊定位和动力定位二者长处,锚泊系统和船舶推进系统配合使用,既能抵御外界环境干扰,又能够减少能源消耗,同时还可以保证恶劣海况下船舶安全,如图7.15所示。

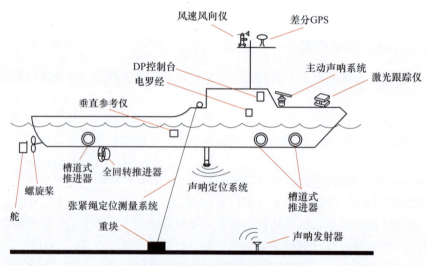

图7.15 动力定位系统工作原理图

7.2.2 动力定位系统组成

国际海事组织(IMO)和国际海洋工程承包商协会(IIMCA)将DP定义为动力定位船舶所需装备的全部设备。IMO和各国船级社制定了三个等级的标准,分别为DP1、DP2和DP3。各船级社根据动力定位系统的功能和设备冗余度授予不同的船级附加标志,见表7.13和表7.14。DP1级别的系统可能在单一故障发生时导致定位失败。DP2级别的系统在发生发电机、推进器、配电盘、遥控阀门等系统单一故障时不会导致定位失败,但若静态元件如电缆、管道、手控阀发生故障则可能导致定位失败。而DP3级别的系统在任何单一故障情况下均不会导致定位失败。船舶动力定位系统主要包括控制系统、测量系统、电源系统及推进系统等。

表 7.13 世界各船级社动力定位附加标志对比

船级社				附 加 标 志		
IMO	符号	—	—	等级 1	等级 2	等级 3
	说明	—	—	发生单个故障，造成位置丢失	单一故障（不包括一个舱室或几个舱室的破损）后，自动保持船位和艏向	单一故障（包括一个舱室或几个舱室的完全破损）后，自动保持船位和艏向
DNV	符号	DYNPOST	DYNPOS AUTS	DYNPOS AUT	DYNPOS AUTR	DYNPOS AUTRO
	说明	设备无冗余，半自动保持船位	设备无冗余，自动保持船位	具有推力遥控备用和位置参考备用，自动保持船位	在技术设计中具有冗余度，自动保持船位	在技术和实际使用中具有冗余度，自动保持船位
BV	符号	—	DYNPOS SAM	DYNPOs AM/AT	DYNPOs AM/AT R	DYNPOS AM/AT RS
	说明	—	半自动模式	自动模式，自动跟踪，要求 1 级设备	自动模式，自动跟踪，要求 2 级设备	自动模式，自动跟踪，要求 3 级设备
ABS	符号	—	DPS-0	DPS-1	DPS-2	DPS-3
	说明	—	集中手动控制船位，自动控制艏向	自动保持船位和艏向，还具有独立集中手控船位和自动艏向控制	单一故障（不包括一个舱室或几个舱室的破损）后，自动保持船位和艏向	单一故障（包括由于失火或进水造成一个舱室或几个舱室的完全破损）后，自动保持船位和艏向
LR	符号	—	DP(CM)	DP(AM)	DP(AA)	DP(AAA)
	说明	—	集中手控	自动控制和一套手动控制	单个故障不能导致失去船位	一般失火或浸水情况下，自动保持船位和艏向
GL	符号	—	—	DP1	DP2	DP3
	说明	—	—	发生单个故障，造成位置丢失	单一故障（不包括一个舱室或几个舱室的破损）后，自动保持船位和艏向	单一故障（包括一个舱室或几个舱室的完全破损）后，自动保持船位和艏向

(续)

船级社				附加标志		
CCS	符号	—	—	DP-1	DP-2	DP-3
	说明	—	—	自动保持船位和艏向,还具有独立集中手控船位和自动艏向控制	单一故障(不包括一个舱室或几个舱室的破损)后,自动保持船位和艏向	单一故障(包括一个舱室或几个舱室的完全破损)后,自动保持船位和艏向

表7.14 DP系统各级的布置最低要求

系统名称	动力定位系统级别	DP1	DP2	DP3
测量系统	运动参照系统	2	3	3(其中之一在另一控制站)
	垂直面参照系统	1	2	2
	陀螺罗经	1	2	3
	风速风向	1	2	3
	UPS电源	1	1	2(舱室分开)
动力系统	发电机和原动机	无冗余	有冗余	有冗余,舱室分开
	主配电板	1	1	2(舱室分开)
	功率管理系统	无	有	有
推力系统	推进器布置	无	有	有
控制系统	计算机系统数量	1	2	3(其中之一在另一控制站)
	带自动定向的人工操纵	有	有	有
	各推进器的单独手柄	有	有	有
	备用控制站	无	无	有

1. DP控制系统

控制系统是动力定位系统的核心,主要由动力定位控制器和推力分配单元组成。控制器根据测量系统的反馈数据计算船舶到达目标位置所需的力和力矩。反馈控制方法包括后反馈和前反馈两种。后反馈控制直接根据船舶的位置偏差进行调整,而前反馈则利用外部环境的干扰信息生成控制指令。控制器输出的三自由度控制指令通过推力分配单元分配给船舶各推进器。控制系统首先根据外部环境(如风、浪、流)计算扰动力,再根据外力和位置偏差计算保持船位所需的推力。在动力定位过程中,控制器获取位置测量系统的信号,并将其与目标位置对比,计算出抵消偏差和外力所需的推力,进而指令推进器调整船位。控制系统集成在DP控制台内,用于收发信息,其主要包括控制输入、按钮、开关、显示器、报警器、显示屏、操作手柄等,以及位置参考系统控制板、推进器控制板和通信板。

2. DP位置测量系统

测量系统主要包括位置参考系统和传感器系统。测量系统的作用是负责测量船舶的当前位置、艏向及外部环境干扰,并将这些数据传递给控制系统进行处理。测量系统的精度对船舶定位精度至关重要。动力定位常采用的位置参考系统主要有差分全球定位系统、张紧索位置基准系统、水声定位系统、激光/微波探测系统等，如图7.16所示。

差分全球定位系统（Differential Global Positioning System，DGPS）利用差分技术在GPS基础上，提供用户更高精度的定位信息。工作原理是在已知地点设立参考台，通过接收参考台信号对GPS数据进行差分校正提高GPS的精度。通过已知点的测距比较，获得每一个卫星测量伪距的修正量，船舶接收机在接收到修正信号后，会对观测伪距进行修正并计算出差分修正后的位置信息。差分全球定位系统能够提供米级以上精度的定位，因此，现代具有动力定位能力的作业船通常采用DGPS作为位置参考系统，以确保较高的测量精度。

张紧索位置基准系统（TWS）适用于船舶位于浅水且长时间停留的工作场景。该系统作为一个机械装置，可灵活安装于船舶的任何位置。张紧索系统主要包括张紧索、角度传感器、索位跟踪器、传感器万向机构等，吊杆的尾部还安装有角度传感器，工作时利用角度传感器测量张紧索的角度。张紧索位置参考系统利用测得的钢绳长度和角度信息，推算得到船舶坐标。值得注意的是，该系统容易受到环境的干扰，特别是海流、潮汐的干扰。

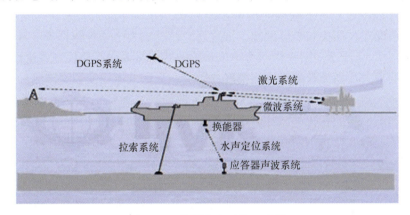

图7.16 位置参考系统示意图

水声定位系统（Hydroacoustic Position Reference）是通过安装在船底的声波收发器搜索固定在海底的应答器测算出位置。通常分为三种声波位置参考系统：超短基线系统（USBL or SSBL）、短基线系统（SBL）和长基线系统（LBL）。激光或微波扫描系统则是采用锁定一个或多个已知位置目标，通过脉冲的发射和接收测量出距离和方位。

传感器系统主要用于测量外界对船舶的作用力以作为动力定位系统数学模型的输入量。其中，风速风向变化是影响船位的主要因素。风向风速传感器可以将风力变化信息实时提供给动力定位的控制系统。由于船舶存在横摇和纵摇，全球导航卫星系统（GNSS）天线也会随之摇摆，导致定位信号不断变化，进而影响推进器的响应时机。因此，全球导航卫星系统GNSS配置了运动参考单元（MRU）。通过MRU来测量船舶摇摆的幅度，达到实时校正GNSS信号的目的。此外，船舶的上下起伏会造成水听器反馈信号变化，导致跟踪失败。MRU除测量船舶的横摇和纵摇外，还可测量船舶的起伏，确保水听器不受船舶起伏的影响。为了获得更准确的测量结果，通常需要将MRU安装在船舶的重心位置。

3. 电源系统

动力定位操纵的重点是控制发电机和供电的分配。大多数具备动力定位功能的船舶配备的是电力推进系统，其功率消耗是通过柴油发电机和电动机驱动推进器。动力定位系统能够控制发电机调节功率以避免不必要的消耗，特别是气象快速变化时，发电机能迅速调节功率。此外，动力定位系统还配备了不间断电源用于防止主电源故障，如果船用交流电中断，不间断电源具备给动力定位系统供电至少 30min。

4. 推进系统

推进器主要是指螺旋桨，其产生推力和方位角控制船舶位置和艏向。具有动力定位能力的船舶常用的推进器类型包括固定方位推进器和全回转推进器，固定方位推进器主要分为主推进器和槽道推进器两种。推进器方向固定不变，推力范围限定在一个线形区域，分别抵抗船舶所受的纵向外载荷和横向外载荷。全回转推进器则能绕竖直轴进行 360°旋转，从而产生水平面任意方向的推力，适用于需要经常调节推力大小和方位的工况场景。

7.2.3 动力定位技术发展历程

20 世纪 60 年代，船舶动力定位系统的应用初现端倪。1961 年，美国壳牌石油公司的 EUREKA 号钻井船率先配备了基础的模拟控制系统，并与外部张紧索参考系统相连。除了主推进器外，该船还在船头和船尾配置了推进器，使其成为全球首艘具备全自动动力定位能力的船舶，如图 7.17 所示。第一代动力定位系统的特点是采用经典控制理论设计其控制器，为了避免一阶波浪力及高频噪声对定位精度的影响，采用低通滤波器滤除测量信号中的高频分量和环境噪声。第一代动力定位系统存在的技术局限主要包括控制方法是基于偏差的控制；控制精度和响应速度存在局限性；PID(Proportional-Integral-Derivative) 参数整定困难且适应性较差；低通滤波技术的定位误差信号产生了相位滞后。第二代动力定位系统起源于 20 世纪 70 年代初，技术特点主要是通过将卡尔曼滤波理论和现代控制理论相结合以提高其定位性能。位置传感器从单一型发展为综合型，一个动力定位系统中可同时采用张紧索、竖管角和声学三种位置基准传感，提出了前馈控制策略。控制系统、测量系统、推进系统采用了冗余设计，提高了系统的定位精度和可靠性。第二代动力定位系统中具有代表性的是 SEDCO 445 号钻井船，如图 7.18 所示。该船于 1971 年投入运营，能够连续作业 50 天，配置了 11 只辅助推进器和 2 只主螺旋桨。1973 年进行的海试报告显示，在 300m 水深，4m 波高海况下作业时，其能保持 15m 以内的定位精度。第三代动力定位系统的技术特点主要体现在采用非线性模型预测控制、自适应模糊控制和鲁棒控制等智能控制方法，旨在提升船舶在运动非线性、传感器误差以及海况多变等环境下的定位控制精度。目前，国际上的动力定位系统制造商主要有挪威 Kongsberg、美国 Marine Technologies、英国 Rolls-Royce、俄罗斯 Navis Engineering 等。

代表性钻探船的动力定位系统参数如下：①"挑战者"号的 DP 系统由主推进器、4 个辅助电动推进器及控制计算机构成。计算机控制主推进器和辅助推进器的输出，确保钻进作业时保持船的位置不变。计算机同时还负责接收海底声呐信标的信号并进行定位，并将其作为船体移位时的参考坐标。②"决心"号的 DP 系统使用长基线、短基线和超短基线技术，使船舶稳定在设定的坐标点位。该系统包括 12 个伸缩式侧推进器和 2 个主推进器。③"地球"号的 DP 系统安装了 6 个全回转推进器，3 台位于尾部，3 台位于首部，能够将船体固定在半径 15m 的范围内。计算机系统对采集的风、波浪流速与流向等数据进行实时分析，并通过对推进器动态控制实现精准定位。

图 7.17　EUREKA 号

图 7.18　SEDCO 445 号

7.3　钻探船钻孔重入技术

7.3.1　钻孔重入技术功用

大洋钻探的开孔位置位于海底，无论是提钻换钻头还是钻孔后下测井仪器测井，均涉及重入钻孔问题。重入钻孔时，海浪和洋流的影响会导致钻杆偏斜，从而无法准确进入孔内。大洋钻探普遍采用无隔水管开式钻进，尽管日本的"地球"号钻探船具备隔水管钻进能力，但仍主要采用无隔水管开式钻进模式。目前，采用无隔水管开式钻进方式最深的钻孔是大洋钻探史上著名的 504B 钻孔，其终孔深度达到 2111m，重入钻孔次数达到 98 次。重入钻孔技术主要用于更换钻头、更换底部钻具、下入和回收井下测量仪器、处理井下事故等，因此，开发深海钻探重入钻孔技术至关重要。

7.3.2　钻孔重入技术原理

钻孔重入技术需要解决的两个关键问题：一是如何准确确定钻杆串与海底钻孔的位置；二是如何控制船体移动以确保钻杆串能顺利入孔。钻孔重入技术的工作原理如图 7.19 所示。首先，通过定位系统明确钻孔位置，并根据钻杆串与重入锥之间的距离，初步调整船体位置。接着，船体带动钻杆串慢慢接近孔口。然后，通过安装在钻头部分的声呐探头和深水电视，向系统进行反馈，指导并精细调整船体移动方向，最终实现钻孔重入。

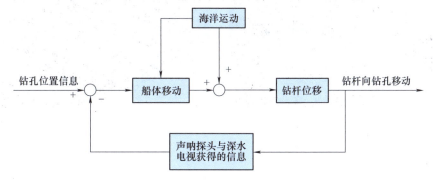

图 7.19　钻孔重入技术的工作原理

7.3.3 钻孔重入技术分类

目前,国内外常用的重入钻孔技术包括海底基盘、声呐重入系统、水下电视重入系统及无人遥控潜水器。

1. 海底基盘

海底基盘是海洋工程勘察船常用的钻孔重入方式,是钻井系统关键装备之一。海底基盘预置在海底目标位置,其作用是在钻进作业时固定和夹持钻杆柱,并在起下钻时导引钻具进入井口。如图7.20所示,海底基盘主要由水下液压系统、控制系统、导向系统、海底钳和以井口为中心对称布局的空间塔形钢架等组成。

如图7.21所示,海底基盘下放有两种方式:一种是先下钻后下放海底基盘。首先将钻具穿过海底基盘导向口并开始下钻。然后,通过基盘绞车将海底基盘沿着钻柱下放至海底。另一种是先下放海底基盘后下钻。首先将海底基盘下放至海底。然后,通过配套导向框架在基盘绞车钢丝绳的导引下下钻,当导向框架坐于海底基盘预定位置后,钻具顺利穿过基盘导向口。施工过程中,若海底基盘发生故障需要回收到甲板维修时,为确保孔内安全需要将钻头提离孔底至一定高度,但钻头不能离开海底孔口,若钻头提离孔口,则很难重入原钻孔。

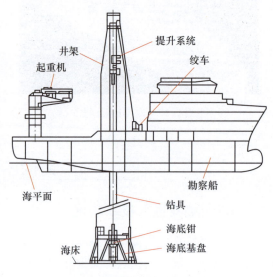

图7.20 海底基盘工作示意

图7.21 海底基盘

2. 声呐重入系统

深海钻探计划(DSDP)的首套重入钻孔系统采用的是高分辨率扫描声呐技术。如

图 7.22 所示,重入作业时通过测井电缆下放扫描声呐,扫描声呐能够穿过钻柱和取芯钻头对目标进行"扫描"。重入锥上设有固定的声呐反射器,扫描声呐不断发出声波并接收反射器回声,最终确定钻柱与重入锥之间的位置关系。钻井作业时,钻柱可通过底部钻具上的水力喷射推动钻头进入重入锥,也可利用钻探船的动力定位系统实现钻孔重入。

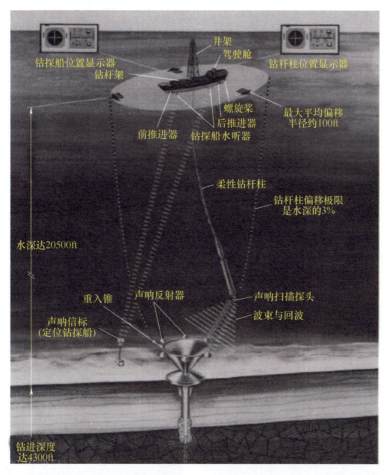

图 7.22　DSDP 动力定位于声呐重入系统

3. 水下电视重入系统

大洋钻探计划（ODP）时期,随着水下摄像技术的发展,水下电视观测取代了声呐扫描定位,实现了海底作业的可视化。如图 7.23 所示,水下电视重入系统主要包括防震水下电视（Vibration-Isolated Television, VIT）和重入锥套管系统。防震水下电视主要用于观测重入过程,实现作业可视化,通常将水下电视和照明灯安装在位于钻柱外部的专用滑车上,通过专用脐带缆和绞车收放。防震水下电视包括水下照明系统、标清黑白测距相机、高清彩色检查相机、平移及倾斜装置、遥测系统、单轴光纤陀螺仪、声呐头和脐带电缆等。重入流程主要包括：首先,利用声呐对摄像范围以外的重入锥进行初步定位；然后,用测距相机确定钻柱和钻探船的位置；最后,利用检查相机通过平移、倾斜和变焦等动作,指导钻柱重入钻孔。

在钻探过程中，提起钻杆后裸露的钻孔易被海底泥沙覆盖，为了降低钻孔重返的难度，在第一次拔出钻杆前，先沿钻杆下放一个倒立的圆锥体（重入锥）。重入锥安装在井口，是一个漏斗状装置，用于引导钻孔重入，其上配有声呐反射器，作为钻杆控制系统的"靶子"。特殊的涂装图案可为视频导引提供距离和方位信息，最终引导重入锥自由落体到钻孔的上方。

重入锥分为两种，包括标准重入锥和自由落体重入锥。标准重入锥由重入漏斗、泥垫、过渡管和壳体组成，如图7.24所示。重入漏斗可引导钻具进入钻孔，通常为圆锥形或多边形，在现场焊接形成一个完整的漏斗，漏斗大端直径和泥垫最大尺寸需依据钻探船月池允许通过的尺寸而定。泥垫位于漏斗下方，通常为方形或圆形，支撑在泥面上，防止重入锥陷入泥中。过渡管的上端与泥垫连接，下端与壳体连接。漏斗内部喷涂醒目同心圆环，便于清晰地观察到重入锥位置。自由落体重入锥由漏斗、泥垫和导管组成，如图7.25所示，与标准重入锥的区别在于导管下端无须悬挂套管，漏斗上焊有穿绳环，释放时通过绳索和释放器配合，沿钻杆自由落体进入海底泥面。重入锥套管系统是一种永久性的海底装置，支持多级套管柱，套管柱可隔离未固结的沉积层，以便进行深部取芯或其他作业。

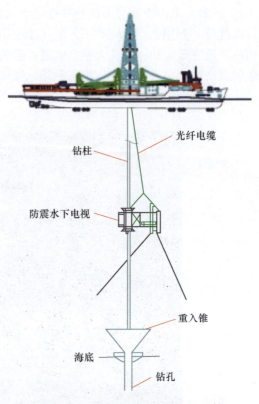

图7.23　防震水下电视（VIT）系统

图7.24　重入锥

4. 无人遥控潜水器

无人遥控潜水器（Remotely Operated Vehicle，ROV）是深海探测的重要装备之一，其因安全、高效、经济和作业深度大等优点得到了广泛应用。ROV 为无人有缆系统，通过脐带缆与母船相连接，传输电力和信息。母船作业人员可通过安装在 ROV 上的摄像机实时观察海底状况，并通过脐带缆远程遥控 ROV、多功能机械手、作业工具等，实现水下作业。ROV 常用的作业内容包括寻找井口、导引钻杆、套管重入井口、寻找丢失在海底的钻进工具、观察防喷器工作情况和协助平台测量井口深度等。

图 7.25　自由落体重入锥结构

海底基盘、声呐、水下电视、无人遥控潜水器重入钻孔技术的优缺点，具体对比见表 7.15。

表 7.15　四种重入钻孔技术优缺点对比

重入技术类别	优点	缺点	常见故障（事故）
海底基盘	①除观测海底外可进行多种参数海底监测；②可辅助完成多种水下作业，如 CPT 原位测试及取芯等	①占用空间大；②需配套专用基盘绞车；③下放、回收稳定性要求高，费时长	①电力、通信故障；②海底不平会影响正常作业，严重时甚至造成卡钻
声呐	①占用空间小；②使用取芯绞车即可，无须单独配备绞车；③一次性投入少，使用成本低；④下放、回收速度快	①非可视化操作较复杂，不直观；②声呐扫描定位误差大；③重入作业效率低；④无法进行复杂的水下作业	①下放扫描声呐时电缆易在钻具内台阶处堆积遇阻被卡；②回收扫描声呐时易遇阻拉断电缆引起事故
水下电视	①占用空间小；②使用取芯绞车即可，无须单独配备绞车；③一次性投入少，使用成本低；④实现可视化作业；⑤下放、回收速度快；⑥精度高，重入效率高；⑦故障率低，可靠性好	仅可以观测，无法进行复杂的水下作业	①电力、通信故障；②脐带缆缠绕结节
无人遥控潜水器	①适用范围广；②既可观测，又可进行复杂的水下作业	①一次性投入大；②占用空间大；③需配套专用绞车；④下放、回收耗时长；⑤作业成本高；⑥操作难度大	①电气接插件密封失效导致潜水器失电；②脐带缆受力复杂易损坏造成 ROV 丢失

7.3.4　钻孔重入工艺流程

钻孔重入技术的基本工作流程设计如下：
（1）建立三维坐标系

以重入锥正上方的海面为原点，船体位置设定在返孔锥的正上方。探测到的返孔锥位置记为 $(0, 0, H)$，如图7.26所示。此时，钻探船位置成为三维坐标系的原点，根据船底水听器的布置确定 X 轴和 Y 轴的方向。在定位钻杆串前，首先要使钻杆串的钻头部分尽可能靠近海底。确定深度后，使用水声定位技术对钻杆串上的声呐信标进行定位，得 (x_1, y_1, H)。钻杆串与重入锥之间的距离为 s，此值通过安装在深水电视上的声呐探头测量而得。

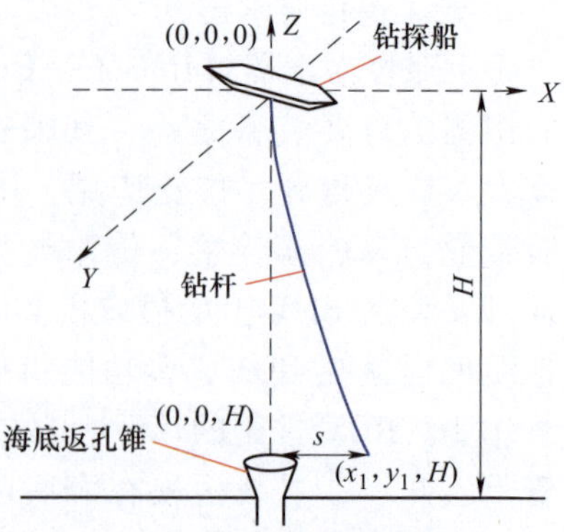

（2）钻杆串接近重入锥

该阶段的任务是确保深水电视的视野能够观测到重入锥。获取重入锥与钻杆串的坐标值后，根据二者的相对位置，通过船舶的动力定位系统精确控制钻探船在 X-Y 平面上的位移，驱动钻杆串移动，直至深水电视能够观察到重入锥。为保证深水电视视野，可适当提起钻杆串以期扩大观测范围。钻探船移动后的位置坐标为 $(x_2, y_2, 0)$，钻杆串与重入锥之间的距离 s 与垂直高度相同，即坐标值为 $(0, 0, H-s)$，如图7.27所示。在调整钻杆串过程中，通过绞车下放深水电视，使其保持在钻杆串附近。

（3）实现钻杆重返钻孔

当钻杆串位于重入锥正上方时，应下放钻杆串并使用深水电视观测，以确认钻杆串已经进入钻孔，如图7.28所示。此时，钻头坐标也为 $(0, 0, H)$。

图7.26 建立坐标系并定位

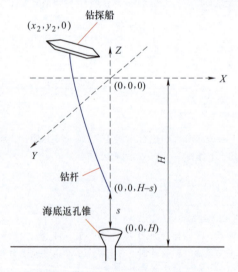

图7.27 船体控制钻杆钻头移动

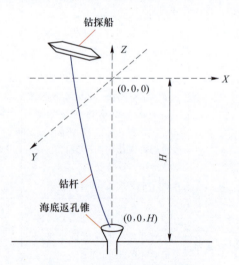

图7.28 钻头重返海底返孔锥

7.3.5 钻孔重入技术发展历程

"挑战者"号主要靠动力定位（DP）系统和重入系统完成重入钻孔。DP 系统主要由推进器和控制计算机构成。DP 系统通过接收海底声呐发生器的信号从而确定重入锥相对于船只的位置，并在风浪中保持二者的相对位置。在重入钻孔时，通过在钻头上的声呐扫描器和重入锥附近的声呐反射器，精确定位钻头与重入锥的距离和方位，再由 DP 系统控制船只的移动，实现重入钻孔。

"挑战者"号使用 DP 系统和喷水嘴重入钻孔的工艺流程如下：①更换钻头时，海底声呐信标与船上 DP 系统保持船体位置不变。②钻杆下放过程中，使用钻头上的声呐扫描仪定位重入锥。重入锥上的 3 个声呐反射器在显示屏幕上显示出 3 个亮点。③钻杆串下放至距离海底一定深度时停止下放，DP 系统根据声呐信标和重入锥的位置计算船只偏移量，并自动定位船体。④由于钻杆串与船体之间存在滞后，每次船只移动后需静止一段时间，确保钻杆串移动到位。⑤重复下放和移动钻杆串。当钻头靠近重入锥时，船上泥浆泵将海水注入钻杆，由于钻头前端的出水孔被封隔器堵塞，水流通过喷水嘴从钻杆侧方喷出，推动钻杆串的移动。通过调节喷嘴流量控制钻杆串移动速度，通过钻杆串旋转调整喷射方向。⑥当钻头近距离对正到重入锥正上方且距离重入锥很近时，下放钻杆串使其进入重入锥中间的钻孔内。

"决心"号的重入钻孔系统相比"挑战者"号有了显著改进。其在保留原有装备的基础上引入了防震水下电视系统。由于声呐扫描图像分辨率较低，可能导致重入失败，所以防震水下电视系统除了配备声呐扫描之外，还配备了深水摄像机，能够实时传输视频图像，从而提高了重入钻孔时目标识别的效率和可靠性。

"地球"号无隔水管钻探施工采用的钻孔重入系统与"决心"号类似，同样配备了防震水下电视系统。下放基本流程包括：①将脐带缆与 VIT 系统进行甲板信号调试；②操作脐带缆绞车将 VIT 系统缓慢沿钻柱下放直至钻头附近；③VIT 系统下放到预定位置后，观察水下设备的姿态信息、周围环境影像和离地高度，指导钻探船或钻柱驱动装置将钻头移入重入锥；④重入钻孔过程完成后，通过脐带缆绞车将 VIT 系统回收至母船甲板。

7.4 船载钻机系统技术

7.4.1 船载钻机的分类

船载钻机是海上钻井系统的核心设备。根据作业水深不同，可将船载钻机分为浅水钻机和深水钻机。浅水钻机通常配置在坐底式钻井平台、自升式钻井平台、导管架平台等浅水平台上。深水钻机则通常配置在钻探船、半潜式钻井平台、深水浮式生产平台等深水平台上。

浅水钻机与陆地钻机相似，具备浅水钻机制造能力的厂家也较多。根据提升方式不同，浅水钻机主要可分为常规钻机、液压钻机、齿轮齿条钻机。常规钻机采用传统的绞车-天车-游车提升方式。液压钻机则去除了传统钻机的绞车和游车系统，其提升系统采用液压缸。但是，适用于浅水作业的液压钻机其大钩荷载一般较小。齿轮齿条钻机的提升系统为齿轮和齿条。其通常有两种结构形式。一种是齿条固定，由齿轮箱带动顶驱沿井架的齿条移动，另一种是齿轮箱固定，由齿条带动顶驱移动。目前，齿轮齿条钻机在深海钻井平台上应用较少，仅在少量浅水导管架平台上应用。陆地钻机、浅水钻机、深水钻机的区别见表 7.16。

表 7.16 陆地钻机、浅水钻机、深水钻机的区别

特征描述	陆地钻机	浅水钻机	深水钻机
布置情况	占地面积大，集成度低	模块化布置，集成度高	平台布置紧凑
移动/搬迁	单个设备搬迁或撬装时需整体搬迁	可整体移动（上下底座）	平台移动
平台运动影响	无	无	对提升系统、起重机、管子处理系统等运动设备有影响
受特殊环境影响程度	无	受高湿度高盐雾腐蚀环境、台风影响	受高湿度高盐雾腐蚀环境、台风影响更大
水下环境作业装置	无	无	隔水管、防喷器
水下控制	无	无	防喷器
升沉运动补偿装置	无	无	隔水管张力器、钻柱升沉补偿器
对作业效率要求	作业日费低，对效率要求不高	作业日费高，对效率要求高	对效率、自动化程度要求高

7.4.2 船载钻机组成

不同于浅水钻机，典型的深水钻机系统包括在平台上的钻机设备和水下设备。钻机设备包括井架及附属设备、钻台及附属设备、提升系统、钻柱升沉补偿装置、旋转系统、高压泥浆输送系统、低压泥浆输送系统、固控系统、吹灰系统、司钻控制系统、管具处理系统、防喷器系统、井控系统、液压动力系统、第三方设备等。水下设备主要包括隔水管系统和水下防喷器组。隔水管结构主要有法兰式、卡箍式、卡扣式等连接形式。主流重型水下防喷器组的技术参数为通径 476.25mm、压力等级 105MPa、闸板数量为 6 个，最大工作水深超过 3000m。新一代超深水半潜式钻井平台的防喷器组闸板数量可达到 7~8 个、压力等级为 140MPa。

目前，国际上用于海洋油气资源开发的船载钻机系统已发展至第七代。钻机系统的代级主要是根据作业水深、钻机大钩载荷等指标来区分。第一代和第二代钻机系统的最大作业水深一般不超过 200m，大钩载荷不超过 200st（1st=0.907t）。第三代钻机系统的最大作业水深为 500m，大钩载荷为 300st。第四代钻机系统的最大作业水深为 1500m，大钩载荷为 300st 以上。第五代钻机系统的最大作业水深为 2250m，大钩载荷为 750st。第六代钻机系统的最大作业水深超过 3000m，大钩载荷为 1000st。第七代钻机系统的作业水深为 3600m 以上，大钩载荷达到 1250st。

深水钻机的类型主要有交流变频钻机、瑞姆钻机、液缸提升钻机和双面多功能塔钻机，其中，交流变频钻机最常用。交流变频钻机采用传统的提升系统，钻井绞车为交流变频绞车。深水交流变频钻机需采用天车补偿装置或者绞车补偿装置对钻柱升沉运动进行补偿。瑞姆钻机是一种液压钻机，目前已经发展到第三代。瑞姆钻机采用升降液缸替代绞车，升降液缸配置了钻柱运动补偿装置，无须额外的升沉补偿装置，并具备液压自动送钻功能。瑞姆钻机的井架形式大多为双井架。第一代和第二代瑞姆钻机的提升液压缸在井架两侧，顶驱/大钩在井架的中间。第三代瑞姆钻机的提升液缸则设置在井架的中间。液缸提升钻机是一种液压钻机，其采用固定井架，提升系统由多组液压缸组成，液压缸位于井架的中间，与第三代

瑞姆钻机类似。双面多功能塔钻机是一种专门为深水作业设计的钻机。钻机的井架为双作业多功能塔，采用焊接箱形梁承载结构，塔体占地面积小，两侧各配置一套起升系统。主动补偿绞车设置在井架中间，游动系统和立根盒位于井架的外侧。

随着海上作业时效要求的提高和作业水深的增加，辅助钻井作业时间在整个钻井作业时间中的占比也随之增加，为提高深水钻井的效率，逐渐形成了"双井架"和"一个半井架"两种基于钻井工艺流程的钻机形式。目前，双井架作业系统已经成为大型船载钻机的标配。双井架钻机通常采用平行型排管系统，平行型排管系统主要适用于需排放大量钻杆、钻铤和套管的平台。通过调节指梁的具体尺寸，可实现不同尺寸的钻柱排放，大多数先进的钻探船均采用双井架系统。随着船载钻机技术的发展，其自动化程度也越来越高，抓管起重机、动力猫道、HTV、排管机、动力指梁、铁钻工、动力卡瓦、动力吊卡、泥浆防喷盒、扶正机械手、隔水管起重机、隔水管立式猫道等自动化管具处理设备正逐渐得到普及和推广。钻机的管具处理系统是一个综合性系统，其主要任务包括完成钻杆、钻铤、套管和隔水管等管具的抓取、运移、组装、拆卸和放置等。为了提高管具在堆场与钻台之间的移运效率，新一代的管具处理系统还配备了折臂起重机和水平动力猫道。

根据安装位置的不同，钻柱升沉补偿装置可分为天车、游车和绞车等类型。设置升沉补偿装置的目的是减少大钩的位移。采用天车升沉补偿装置时，天车上的所有重量均由液压缸支撑并沿垂直轨道进行往复运动，当钻井平台带动垂直轨道和井架升沉时，通过液压缸活塞杆的伸缩实现对钻柱升沉运动的补偿。但是，补偿系统的主要机构需要布置在天车和井架上，因此，天车和井架的结构复杂且设备重心较高。采用游车补偿装置时，游车与大钩之间设置了液压缸，利用液压缸往复运动确保大钩的绝对位移保持不变。采用绞车升沉补偿装置时，绞车滚筒正转或反转带动钢丝绳的收放，从而实现对游动系统的升沉补偿。如果采用的是电驱动绞车，则需增加PLC控制系统和升沉检测系统。根据检测系统检测到的船体升沉运动信号，PLC控制电动机正转或反转实现对钢丝绳的收紧或下放，以达到对游动系统进行升沉补偿的目的。如果采用的是液压驱动绞车，则其利用PLC控制液压泵流量和油源方向，实现对游动系统进行升沉补偿。

根据动力来源的不同，升沉补偿装置可分为主动型、被动型和半主动型。主动型升沉补偿装置使用电动机或液压泵等内部动力源，具有良好的适应性、高精度、强抗干扰能力和稳定的补偿性能。被动型升沉补偿装置无须额外动力支持，因其结构简单和维护方便而得到广泛应用。但是，其响应速度慢、蓄能器体积大、占用空间多、补偿性能不稳定且滞后时间长，因此，其难以有效应对超低频随机海浪振动。半主动型升沉补偿装置则结合了主动型和被动型的优点，能耗较低，补偿效果和精度更佳。使用半主动型升沉补偿装置时，井底钻压变化可控制在±0.5%以内，蓄能器体积减小约60%。然而，由于海浪的周期通常不超过20s，平台频繁升沉且大钩载荷可达数百吨，导致其能耗依然较高。

7.4.3 船载钻机发展趋势

21世纪以来，随着我国海洋油气勘探开发业务的快速增长，船载钻机系统技术取得了显著进展。从技术研发模式来看，我国船载钻机系统经历了仿制、部分研制、自主研制和创新研制四个阶段。目前，国内部分油气钻井装备制造企业已具备浅水海洋钻井装备的设计、制造和总包集成能力，并积极向深水钻机系统领域拓展。

在深水钻探装备领域，业界正在积极开展新一代的液压钻机技术和钻进过程数字化方面的研究。钻机是钻井装备的核心系统，相比传统绞车提升钻机，液压钻机重量更轻，其通过液压缸驱动提升，同时能够实现升沉补偿，因此，具有作业效率高、补偿能力强、响应速度快等优势。新一代的绿色环保液压钻机理论起下钻柱提升速度比绞车提升钻机可提高40%以上，钻机的装机功率仅为同等大钩载荷常规钻机的50%，因此，其在多海域作业的适应性和节能环保方面具有显著优势。值得注意的是，智能化技术的应用将成为新一代钻井装备的突出特征。智能钻机能够实现钻探过程的自动化控制，通过实时监测和预测，能够预防潜在的事故发生，从而提高钻探效率和安全性，同时，智能钻机通过自动化钻井操作和优化管理，降低了钻探成本，缩短了建井周期。

随着技术进步，人工智能（AI）和大数据分析为深水钻井与安全控制技术领域带来前所未有的创新潜力。这些技术在深水钻井中的主要应用包括：

1）智能优化钻井决策过程。人工智能技术通过模式识别和机器学习算法分析历史钻井数据，预测钻进过程中可能遇到的问题，如钻头磨损、井壁不稳定等，从而科学优化钻进工艺参数。

2）大数据实时监控与分析。大数据技术能够实现实时收集和分析来自钻井现场的大量数据，包括压力、温度和钻速等关键参数。AI算法能够实时处理以上数据并快速识别异常情况。因此，能够及时调整钻井参数或启动应急措施，从而提升钻井安全与控制能力。

3）提高井控事件预防与应对能力。通过深度学习和预测模型，AI可以预测井控事件，如井喷或井涌等风险。在井控事件发生时，AI能够快速提供解决方案和操作建议，帮助控制局势。

4）自动化与机器人技术。在深水钻井作业中，AI驱动的自动化技术和水下机器人可以执行危险或人力难以达到的任务，如设备检查、维护和修理等，从而减少人员风险。

5）增强对环境的保护。AI和大数据还可以监测海洋环境参数，评估钻井作业对海洋生态的影响。通过实时数据监控，AI可以帮助制定高效的环境保护措施和应急响应策略。

7.5 钻探船钻探取芯技术

7.5.1 取芯方法分类

大洋钻探取芯主要可分为沉积岩取芯和硬岩取芯两大类。其中代表性的取芯器主要有回转式取芯器（Rotary Core Barrel，RCB）、液压活塞取芯器（Hydraulic Piston Corer，HPC）、超前活塞取芯器（Advanced Piston Corer，APC）、伸缩式取芯器（Extended Core Barrel，XCB）和螺杆取芯器（Push Drill Core Module，PDCM）。回转式取芯器（RCB）采用旋转钻进方式，主要在坚硬的沉积岩和火成岩地层中应用。液压活塞取芯器（HPC）和超前活塞取芯器（APC）是利用液压方式驱动，通过在钻杆内孔施加泵压切断剪切销，从而将岩芯管压入地层，其通常适合在极软的沉积岩地层中使用。伸缩式取芯器（XCB）适用于软硬交互的沉积岩地层。在软沉积岩地层钻进时，伸缩式取芯器（XCB）的内管钻头超前于外管钻头，可有效降低泥浆对岩芯的冲刷。在坚硬沉积岩地层钻进时，内管钻头则会缩回至外管钻头内部。相比传统取芯方式，螺杆取芯器（PDCM）中钻头的回转动力是依靠泥浆驱动，在钻进过程中钻杆串无须转动。这种取芯方式对钻孔的稳定性和钻杆受力改善显著。在深海钻探计划（DSDP）和大洋钻探计划（ODP）采用的均是绳索取芯方式，相关取芯技术的主要性能及适用地层见表7.17。

表 7.17 DSDP 和 ODP 取芯技术的主要性能及适用地层

钻具代号	适用岩层	取芯方式	岩芯直径/mm	岩芯长度/m	卡岩芯方式	回转动力类型
RCB	中等至硬岩层	回转牙轮钻头	58.70	9.5	卡簧	顶驱
HPC	沉积物地层	冲击压入	60	4.5	翻板式	顶驱
XCB	固结的层，软、中硬互层	回转牙轮钻头+金刚石钻头	58.70	9.8	卡簧	顶驱
PDCM	硬岩	回转牙轮钻头	57.10	9.00	卡簧	螺杆电动机
DCS	硬岩（破碎）	金刚石钻头	61.00	6.00	卡簧	电动顶驱
PCS	软至中硬沉积岩、天然气水合物	牙轮钻头	41.9	0.86	岩芯爪	顶驱

7.5.2　代表性取芯技术原理

1. 回转取芯器（Rotary Core Barrel，RCB）

RCB 取芯器回次取芯长度可达到 9.5m，岩芯直径可达到 58mm。该取芯方式是大洋钻探计划（ODP）中最常用的取芯方式，如图 7.29 所示。钻进过程中 RCB 取芯器的内管在轴承的作用下保持静止，该结构形式有利于降低岩芯样品进入内管的阻力和振动，从而达到提高取芯率的目的。RCB 取芯器的内管总成上设置有两个弹卡组件，其作用是防止钻进过程中内管总成发生蹿动。当需要打捞内管总成时，通过下放带有钢丝绳的打捞器对内管总成进行抓捕，此时，弹卡组件发生径向收缩，从而实现内管与外管的分离。此外，内管总成上还设置有调节螺母，能够在一定范围内调整内管总成的长度。

RCB 取芯器的内管总成打捞器由钢丝绳、冲击杆和打捞头组成。大洋钻探计划（ODP）中所采用的打捞器的打捞头形式分别为扩展式和矛头式。两种打捞头都设计有安全销，具备孔内解卡的功能。安全销通常设置在冲击杆内，并配备有振动器，当产生振动力时可实现对打捞器的解卡操作。

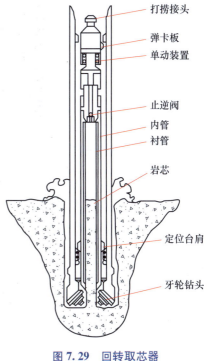

图 7.29　回转取芯器

RCB 取芯器的内管总成中还设置有透明的丁酸脂岩芯衬管。衬管在钻进时可以起到保护岩芯的作用，此外，还能够方便岩芯的快速抽取和转移。岩芯管下部设置有卡簧座，根据地层的特性可配置不同类型的卡簧。RCB 取芯器使用牙轮取芯钻头，其外径为 251mm、内径为 58.7mm、锥形牙轮数量为 4 个。

2. 液压活塞取芯器（Hydraulic Piston Corer，HPC）

液压活塞取芯技术原理是通过液压力将内管压入地层，如图 7.30 所示。该技术的特点是在取芯过程中，活塞能够显著减小作用在岩芯上的背压，使得岩芯进入岩芯管的过程更加顺利，有利于提高取芯率。不同于常规活塞取芯方式，液压活塞取芯方式的驱动力更大。常规活塞取芯是借助钻具自重或钻杆串中的水柱压力作为推动岩芯管的驱动力，液压式活塞取芯的驱动力来源于钻机配套的泥浆泵。泥浆泵对钻杆柱内的泥浆进行加压，当压力大于剪断安全销的破断力时岩芯管快速压入地层。因此，这种方式的驱动力更大，其压入速度可达到 2~6m/s。

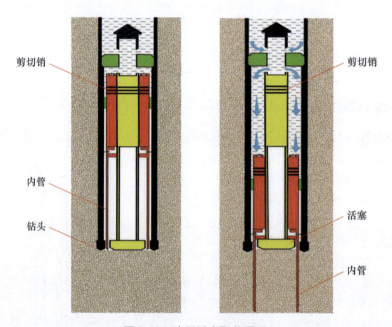

图 7.30　液压活塞取芯原理

3. 超前活塞取芯器（Advanced Piston Corer，APC）

超前活塞取芯器（APC）是在液压活塞取芯器（HPC）的基础上改进而来的，如图 7.31 所示。其回次取芯长度可达到 9.5m，且能够在半固结地层中使用。此外，超前活塞取芯器（APC）还具备定向能力和温度测量功能，超前活塞取芯器（APC）内部同样设置了塑料管以方便抽取和转移。其还可根据地层条件选择不同类型的卡簧，增强了对地层的适应能力。

4. 伸缩式取芯器（Extended Core Barrel，XCB）

在固结地层钻进时，液压活塞取芯器则无法压入地层，因此进一步设计了伸缩式取芯器（XCB），如图 7.32 所示。该取芯器允许岩芯内管超前外管钻头，采用内管超前的形式能够有效避免冲洗液对岩芯样品的冲刷，提高取芯率和岩芯质量，并大幅降低冲洗液对岩芯样品的扰动和破坏。钻进时，内管和外管一同旋转，内衬管则不发生旋转。XCB 取芯器中的共性组件可以和 APC 取芯器互换，XCB 取芯器在投送过程中同样可以采用自由落体或泵送方式。XCB 取芯器的内管钻头超前牙轮钻头端部约 100mm，当加载在岩芯管上的力达到 6700~8900N 时，内管钻头能够克服弹簧力缩回至牙轮钻头的内部。在作业过程中，牙轮钻头和内管钻头共同承担碎岩任务。

5. 螺杆取芯器（Push Drill Core Module，PDCM）

螺杆取芯器是在钻进过程中通过螺杆马达将钻井液的压力能转化为机械能来实现动力传递，如图 7.33 所示。螺杆马达主要由旁通阀总成、防掉总成、马达总成、万向轴总成和传动轴总成五大部分组成。马达总成由转子和定子组成，转子通常是一根多头螺杆，其与定子相互啮合形成密

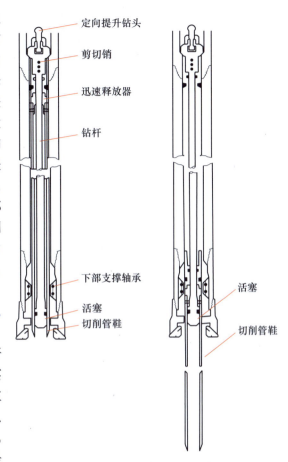

图 7.31 超前活塞取芯器

封腔。当高压钻井液进入螺杆取芯器时，钻井液沿转子与定子橡胶衬套的螺旋通道流动，两者之间形成了交替的高压和低压腔室，使得转子在压差的作用下发生位移。旁通阀总成由阀体、阀芯、阀套、弹簧、筛板、密封件、孔用挡圈等组成。旁通阀总成负责控制马达的起动与关闭，旁通阀总成有旁通和关闭两个位置状态。在起下钻操作时，旁通阀处于旁通位置，使钻柱中的泥浆进入井眼与钻柱的环形空间，当泥浆流量和压力达到预定值时，旁通阀的旁流孔封闭，泥浆流经马达做功。万向轴总成由壳体和万向轴组成。万向轴总成的作用是将转子的偏心转动转化成传动轴的同心转动，从而带动钻头在井底平稳工作，万向轴的结构主要有花瓣式、球铰接式和柔性轴（挠轴）式三种。传动轴总成的作用是将马达的旋转动力传递给钻头。传动轴的上部轴承主要用于承受水力载荷及空转时旋转部件的重量，下部轴承主要用于承受钻压，中部轴承主要用于保持主轴平稳运转。传动轴总成可分为碟簧式、串轴承式和油密封传动式三种结构形式。

6. 原位保压取芯

海底天然气水合物在常温常压下不能维持原位状态，会以较快的速度发生分解变为气体。因此，通常需要采用保压取芯方式对其进行勘探。经过多年的发展，原位保压取芯技术已经发展出了保温保压取样、保压密闭取样等多种技术方案。在国际海洋深海钻探计划（DSDP）和国际大洋钻探计划（ODP）中使用的代表性保压取芯器如下：

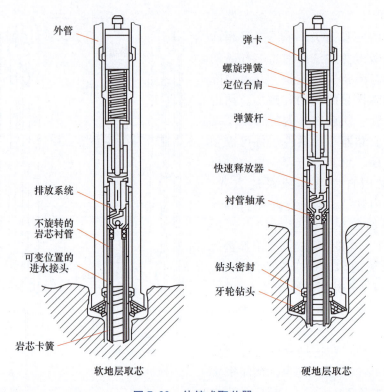

图 7.32 伸缩式取芯器

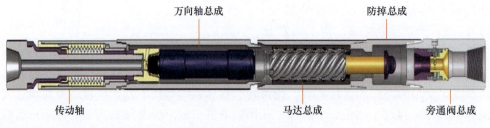

图 7.33 螺杆马达总成

（1）保压取样筒（Pressure Core Barrel，PCB）

保压取样筒（PCB）是深海钻探计划（DSDP）中使用的一种保压取样筒，其能够在原始地层压力下回收沉积物样品。PCB 取样筒由一套绳索保压岩芯管组成，下端部设置有球阀组件，上端部设置有取样机构、排气孔和泄压阀。在钻进开始前，PCB 取样筒沿钻杆串到达预定位置，完成与外管总成的装配。钻进结束后，首先借助卡簧拔断岩芯，然后下放打捞器完成对 PCB 取样筒的抓捕。在回收 PCB 取样筒的过程中，通过压力补偿装置来保持岩芯管内部的原位压力。当 PCB 取样筒岩芯管中的压力超过预设压力时，泄压阀打开实现卸压，其结构原理如图 7.34 所示。

（2）保压取芯器（Pressure Core Sampler，PCS）

在 PCB 取样筒基础上优化和创新形成了保压取芯器（PCS）。PCS 取芯器的输送方式可以是自由落体或液压泵送，通过下放钢丝绳打捞器实现对取芯器的回收。取芯器主要由球

第7章 钻探船技术与装备

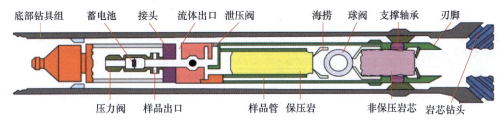

图 7.34 PCB 结构原理

阀、启动装置、锁紧装置、蓄能器、可拆卸样品室和切削管靴等组成。正式钻进前，PCS 取芯器沿着钻杆串的内孔下放至钻具的外管总成中，工作过程中外管总成带动 PCS 取芯器一同旋转碎岩。它还可以与 APC 和 XCB 取芯器进行完全互换，完成从软泥到固化地层和基岩钻进的工作。当钻进结束后，钻机的水泵停止工作并下放绳索打捞器与 PCS 取芯器连接，通过施加触发力释放锁存器中的触发球。岩芯管的下端部通过球阀密封，其结构原理如图 7.35 所示。

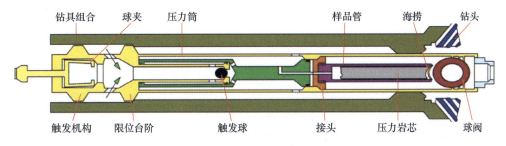

图 7.35 PCS 结构原理

（3）保温保压取芯器 PTCS 和混合压力取芯装置 Hybrid PCS

保温保压取芯器（Pressure and Thermal Core Sampler，PTCS）是日本在进行甲烷水合物研究项目中所采用的一种专用取芯器。为了在回收含有甲烷水合物的沉积物过程中确保样品不发生较大程度的分解，提出了 PTCS 取芯器方案，其同样采用了绳索取芯技术。其采用球阀作为压力保持机构，为了应对球阀密封时内管中的压力泄露情况，在气体蓄压器中还预先充填了高压氮气。Hybrid PCS 取芯器则是采用了 PCS 取芯器和 PTCS 取芯器的组合设计，用于保压控制的中间组件包括加压氮气储罐和用于储存样品的岩芯管。根据目标地层的岩性特征不同，Hybrid PCS 可以配置两种类型的切削管靴，一种在钻头前方延伸 10mm，并随钻杆旋转；另一种在钻头前方延伸 50mm，不随钻杆旋转。PTCS 取芯器和 Hybrid PCS 取芯器结构原理如图 7.36 和图 7.37 所示。

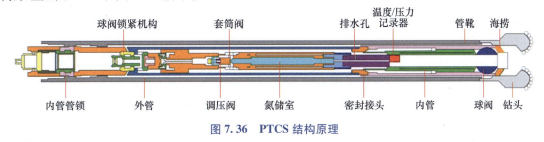

图 7.36 PTCS 结构原理

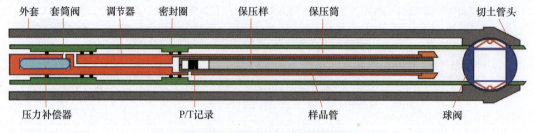

图 7.37 Hybrid PCS 结构原理

(4) HYACE-FPC/HRC 取芯器

欧盟研制的保压取芯器 HYACE 取芯器，主要包括两种类型，分别为 FPC 取芯器和 HRC 取芯器。FPC 取芯器采用冲击取样，由钻机泥浆泵向钻杆串中提供循环流体，驱动岩芯管压入钻头前方 1m 的沉积物中，取芯完成后岩芯管的下端部通过板阀实现密封。FPC 取芯器的设计压力为 25MPa，适用地层包括硬黏土、砂或砾石、未石化沉积物和软沉积物等。HRC 采用旋转钻进取样由沿钻杆向下泵送的循环流体驱动，使切削管靴能够超前钻头 1m 进行碎岩。与 FPC 类似，其下端部采用板阀密封结构。FPC 结构与 HRC 结构原理如图 7.38 和图 7.39 所示。

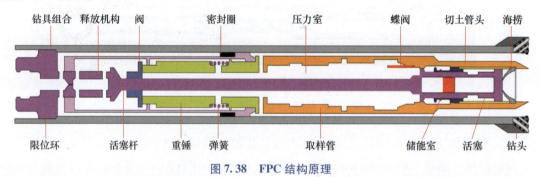

图 7.38 FPC 结构原理

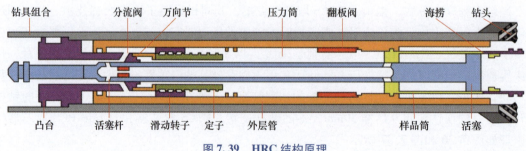

图 7.39 HRC 结构原理

国内研制的保压取芯钻具大多基于大口径油气井钻具进行改进，具有代表性的产品有中石化集团胜利石油管理局钻进工艺研究所研制的绳索旋转式保压钻具和钻柱式旋转保压钻具、北京探矿工艺研究所研制的 TKP 系列保温保压绳索取样器、中国地质大学（北京）研制的绳索取芯保温保压取样器、中国石油大学研制的钻探取样保真器等。上述的保压取芯设备均采用的是主动保压方案，其共性特点是在钻具的上方配备了压力补偿装置，在下方安装了球阀或挡板阀以密封保压。此外，该类型的取芯设备还可以在内部设置保温夹层，以达到主动保温的效果。例如 TKP-1 保压钻具，如图 7.40 所示，采用了模块化设计，取样管长度为 1m，样品直径大于 50mm，保压能力为 20MPa，并通过主动保压与被动保压相结合的方式防止回收过程中压力泄露。其中，主动保压通过蓄能器实现，被动保压通过球阀实现。代表性保压取样器技术指标见表 7.18。

图 7.40　TKP-1 型压入式板阀保温保压取样钻具结构示意

表 7.18　代表性保压取样器技术指标

保压取样器名称	国家/项目	保压方式	保压能力/MPa	岩芯尺寸（长×直径）/mm
PCB	DSDP	球阀	≤35	600×57.8
PCS	ODP	球阀	≤70	860×86
PTCS	日本	球阀	≤24	3000×66.7
Hybrid PCS	日本	球阀	≤35	3500×51
FPC&HRC	欧盟	挡板阀	≤21	1000×51
TKP-1	中国	球阀	≤35	1000×52

7.6　钻探船钻井液技术

7.6.1　钻井液的作用与类型

钻井液是钻探过程中孔内使用的循环冲洗介质的总成，又被称为钻井工程的"血液"。冲洗介质主要包括液体或气体，均被称为钻井液或冲洗液。早期的冲洗液主要由黏土与水混合而成，因此钻井液常被统称为泥浆，其主要功能包括悬浮和运输岩屑、平衡地层压力与井壁侧压力，防止发生井喷、井漏和井塌等事故。同时，钻井液还能够传递动力实现辅助破碎岩石，以及为钻头提供冷却和润滑。此外，钻井液还可以从中提取所钻地层的地质信息。

钻井液根据连续相的相态划分可以分为水基钻井液（泡沫除外）、油基钻井液、合成基钻井液和气体型钻井流体等。按类型和应用地层划分又分为清水和自然造浆、细分散泥浆、粗分散泥浆、不分散低固相（聚合物）冲洗液、无固相冲洗液和乳状液泥浆等。当钻遇黏土类地层时，岩屑与清水混合并分散形成自然造浆。细分散泥浆是指含盐量小于 1%，含钙量小于 120ppm(parts per million)，不含抑制性高聚物的分散型泥浆。其组成除黏土、碳酸钠和水外还可添加降失水剂和防絮凝剂（稀释剂），细分散泥浆适于孔壁较稳定的地层。粗分散泥浆是在细分散泥浆的基础上加入聚结剂使黏土颗粒适度变粗，形成适度聚结的粗分散体系。粗分散泥浆主要有钙处理泥浆、盐水泥浆和钾基泥浆。粗分散泥浆对井壁岩土的分散有一定的抑制作用，自身抗侵能力强而且性能稳定，粗分散泥浆适于水敏性地层、盐碱地层和浅海钻探。不分散低固相（聚合物）冲洗液是指在高聚物的作用下黏土颗粒聚成较大的颗粒,且泥浆体系中的固相含量(包括膨润土和岩屑)按体积计不超过4%。黏土颗粒因高聚物存在而变粗,从而对进入泥浆的岩屑起到很好的絮凝作用,同时,对井壁还能起到抑制和保护作用,一般适用于中硬地层。无固相冲洗液是仅含有无机盐和有机高分子聚合物的钻井液,因不含固相故其相对密度低,可获得较高的钻进效率。其适用于小口径绳索取芯钻进,可降低压力损失和防止钻杆内壁结泥皮。乳状液泥浆是指液体(油和水)分散在另一种液体(水和油)中形成稳定的分散体系,常用的是水包油型乳状液。其具有较好的润滑性能,有利于降低钻进功率和减缓钻杆柱的振动。

油基钻井液是以矿物油(白油)、柴油、气制油等作为连续相的钻井液,虽然不如水基钻井液应用广泛,但其具有更优良的井壁稳定性、抑制性、润滑性、抗温性与抗污染性。该类钻井液常在非常规油气井、复杂结构井、深水与超深水井、高温高压深井、超深井中应用。

合成基钻井液使用有机化合物作为连续相、盐水作为分散相,并融合乳化剂、降滤失剂、流型改进剂的钻井液。合成基钻井液选用了无毒且可生物降解的非水溶性有机物,取代了油基钻井液中常用的矿物油或柴油,因此,该钻井液重金属离子含量低,且具备无毒、可生物降解的环保特性。由于使用了无毒且可生物降解的有机物,合成基钻井液不仅保持了油基钻井液的特性而且更加环保,适用于海洋钻井。

气体型钻井流体是以气体、气液混合流体作为循环介质,主要应用在低压油气层、易漏失地层和稠油油层等。其特点是密度低,能有效保护油气层并防止井漏等复杂情况的发生。通常气体型钻井流体分为空气或天然气钻井流体、雾状钻井流体、泡沫钻井流体、充气钻井流体。

7.6.2 钻井液主要性能参数

1. 钻井液的密度

钻井液的相对密度即其质量与同体积水之比,主要由固相含量及固相自身密度决定。固相含量是指钻井液中固体颗粒的占比,是调控钻井液性能的关键。钻井液的密度直接影响液柱压力,当钻井液的液柱压力无法有效平衡地层压力时,地层中的油、气和水会渗入钻井液,从而破坏其性能。此外,若钻井液的液柱压力不足以平衡井壁侧压力,则容易导致井壁垮塌事故的发生。当钻井液的液柱压力过大时,则钻井液渗透进入地层中对油气层造成破坏,当钻井液的液柱压力大于地层的破裂压力时,则会发生井漏事故。钻井液的密度不仅影响液柱压力,还与机械钻速密切相关。液柱压力增大,则钻杆在井内转动的摩擦力随之增加,易导致钻速下降,同时,液柱压力增大还会使井底压持效应增强导致岩屑难以及时脱离,进而增加钻头重复研磨的风险。

2. 钻井液的流变性

钻井液的流变性能是指其流动变形的特性。黏度和切力是评估其性能的关键指标。钻井液的流动难易程度通过黏度来衡量,这一指标反映了流体在流动过程中遇到内部摩擦阻力的大小。摩擦阻力主要来自于液体之间、黏土颗粒之间以及黏土颗粒与液体之间的摩擦。钻井液的黏度通常可分为漏斗黏度、塑性黏度和表观黏度。如果黏度过大,会造成泵压升高、钻头包泥和起下钻时抽吸力过大等问题。钻井液的静剪切力是指在其静止状态下破坏内部网状结构所需的剪切力,其对于维持钻井液的稳定性至关重要。钻井液的动切力是指在层流状态下，黏土颗粒之间及高聚物分子之间的相互作用力。钻井液的触变性通常是指钻井液的终切与初切的差值。钻井液的黏度和切力越大，其悬浮和携带岩粉的能力就越强，对井眼的净化效果也越好。然而，随着钻井液黏度和切力的升高，钻速则呈现下降趋势。这一方面是因为增加了钻进阻力，消耗了部分功率；另一方面，高黏度的钻井液容易在孔底形成黏性垫层，从而降低了钻头对孔底岩石的切削效果。

3. 钻井液的滤失性

当钻井液的液柱压力与地层压力存在差异时，会出现向地层孔隙和裂缝渗透的现象，这一过程称为滤失。根据滤失的发生机制，可以将其分为静滤失、动滤失和瞬时滤失。静滤失是指钻井液在井内静止时形成的滤失；动滤失是指在不断循环的情况下，钻井液达到动态平衡时所形成的滤失；瞬时滤失则是指在钻进初期，滤饼尚未形成时，钻井液在短时间内渗入地层时所导致的滤失。

若钻井液向井壁的滤失量过大，将产生以下影响：①可能导致水敏性泥页岩地层孔径扩大或缩小，甚至出现塌孔和卡钻事故；②可能导致油层孔隙中的黏土颗粒膨胀，从而堵塞油层孔隙，降低其渗透率；③可能使钻井液脱水变稠，导致流动性显著下降。然而，适量的钻井液向井底的滤失却具有积极作用，滤液渗入地层可以扩大地层裂缝，有利于钻头更有效地破碎岩石并提高机械钻速。但如果钻井液形成的滤饼过厚，则会增加摩阻系数，从而导致钻头包泥、起钻受阻以及下钻遇卡等问题。

4. 钻井液的含砂量

钻井液的含砂量是指钻井液中不能通过200目筛子（边长为74μm）的固体颗粒体积占钻井液体积的百分比。为确保钻井液的高效性能，其含砂量应尽可能低，通常需控制在0.5%的阈值以下。含砂量超标可能导致钻井液密度升高，从而引起机械钻速下降，同时，滤饼摩擦系数的增加会提高黏附卡钻事故的发生概率。此外，滤饼的渗透性增强会加剧钻井液的滤失，增加井壁垮塌的风险，过厚且松散的滤饼还会影响下钻过程，降低电测的一次成功率及固井质量。最终，过高的含砂量也会导致钻头、钻具及机械设备的严重磨损，尤其是钻井液泵组的配件。

5. 钻井液的胶体率

钻井液的胶体率是指泥浆在静置24h后分离出的水体积所占的百分比，这一指标可作为快速评估泥浆质量好坏的有效手段。优质的泥浆在静置过程中几乎不产生水分离现象，相反，黏土颗粒分散不均或水化不充分的低质泥浆则容易析出大量水分。

胶体率的高低直接反映了钻井液的稳定性。高胶体率意味着钻井液能更有效地悬浮钻屑与固体颗粒，从而减少钻屑沉积和对钻具的磨损。此外，较高的胶体率还能显著降低钻井液向地层滤失的风险，进而减轻对井壁渗透率的负面影响。同时，保持适当的胶体率对于维护井壁稳定至关重要，它能有效防止井壁坍塌及渗透率下降等问题的发生。

6. 钻井液的润滑性

润滑性是钻井液重要的性能指标。润滑性直接影响钻井效率和钻具的使用寿命。通常钻井液的润滑性能主要是通过滤饼的润滑性能和钻井液自身的润滑性进行评估。润滑性能良好的钻井液能够减少钻具的扭矩、磨损和疲劳，从而延长钻头轴承的寿命。此外，它还可以降低钻柱的摩擦阻力，缩短起下钻的时间，并防止黏附卡钻和钻头包泥等问题。

7. 钻井液的 pH 值

钻井液的酸碱度，通常通过 pH 值来衡量。这一指标反映了钻井液中氢离子浓度的负对数值，是评价钻井液酸碱性特征的关键参数。pH 值作为钻井液性能的重要调控因子，其保持在适宜范围对维持钻井液的低黏度、低切力以及减少滤失量至关重要。在实践中，常采用高碱性的处理剂来提升钻井液的 pH 值，而对于钾基钻井液，则特定使用氢氧化钾作为调节剂。相反，若需降低 pH 值，则会选择弱酸性的处理剂。

钻井液的 pH 值需严格控制在一定区间内。过高的 pH 值会导致钻井液腐蚀性增强，促进黏土颗粒的水化分散，进而可能引发井径缩小和井壁坍塌等安全问题，增加作业风险。相反，若 pH 值低于 7，钻井液的性能将变得不稳定，同时其腐蚀性也会上升，给钻井作业带来潜在的安全隐患。因此，为了保障钻井作业的安全与效率，通常将钻井液的 pH 值维持在 8 左右。不分散低固相钻井液的 pH 值建议控制在 8~9，弱酸性钻井液及饱和盐水钻井液的 pH 值则宜保持在 6~8。

7.6.3 钻井液的技术体系

1. 水基钻井液

水基钻井液具有成本低、环保性能好的特点。在海底泥页岩的钻进时，可向水基钻井液中添加无机盐、聚合醇和聚胺等作为抑制剂，防止泥页岩发生水化分散。在水合物地层钻进时，可向钻井液中添加氯化钠、甲醇和乙二醇作为水合物热力学抑制剂改变水和烃分子间的热力学平衡条件，防止水合物的生成。此外，还可以添加含内酰胺基团的共聚物、聚乙烯基己内酰胺等作为水合物动力学抑制剂，抑制水合物晶核生成或水合物晶体生长。

高盐/聚合物钻井液广泛应用于早期的深水钻井，主要包括高盐/PHPA 钻井液体系、高盐/聚合物/聚合醇钻井液体系等。通过加入高浓度的无机盐抑制水合物生成，无机盐与聚合物或聚合醇还能起到协同防塌的作用。强抑制高性能水基钻井液是近年来在深水钻井中应用效果较好的水基钻井液，其能有效抑制页岩分散和黏土聚结。更重要的是，强抑制高性能水基钻井液能够重复使用且符合海洋环保要求，有效减少了钻井液废弃物的处理工作。强抑制高性能水基钻井液的关键处理剂为低分子胺基聚合物，其工作原理为聚胺分子部分解离形成铵基阳离子，中和黏土表面负电荷，降低黏土水化斥力。聚胺还可与黏土表面的硅氧烷基形成氢键，吸附在黏土表面。静电引力与氢键共同作用压缩黏土层，进一步抑制了黏土水化膨胀。

2. 油基/合成基钻井液

油基钻井液是一种以油（柴油、原油或合成油）作为连续相，以水作为分散相的钻井液。油基钻井液具有良好的抑制性和井壁稳定性，但其流变性能易受温度影响，温度越低则钻井液越稠。由于当量循环密度（ECD）增大，容易导致井漏、井塌事故发生。由于作为连续相的基油可以防止水合物的生成，而 $CaCl_2$ 盐水作为分散相时高浓度的 $CaCl_2$ 可有效抑制水合物的生成，因此，与水基钻井液相比，油基/合成基钻井液中水合物的生成问题并不突出。

合成基钻井液作为一种新的钻井液技术，采用人工合成的有机化合物作为连续相，并以盐水为分散相，同时还融合了乳化剂、降滤失剂、流型调节剂等多种添加剂。相较于传统的油基钻井液，合成基钻井液不仅环保性能更好，而且还展现出卓越的页岩稳定能力、水合物抑制效果以及润滑特性。因此，日益成为深水钻探领域的首选技术。在合成基钻井液的配方中有机土至关重要，它作为一种有效的增黏提切剂为钻井液提供了必要的黏度和剪力，从而确保了固相颗粒的稳定悬浮和井眼的清洁。然而，在深水钻井作业中尤其是接近泥线区域，低温环境可能使温度降至冰点附近，这时合成基钻井液的黏度和剪力会显著增大，进而增加井壁失稳的风险。为了应对这一挑战，开发了具有"恒流变"特性的合成基钻井液，这类钻井液能够在低温环境下保持稳定的流变性能，有效降低了井壁失稳的风险，为深水钻探作业提供了更加可靠的技术保障。

恒流变是指钻井液在较大的温度范围内（4.4~65℃）保持相对稳定的流变参数，如低剪切速率黏度、动切力和静切力。恒流变特性一般是由两种方式实现。一是有机土颗粒的低温弱增黏作用和温敏性聚合物分子链的高温伸展增黏作用相配合，降低黏度、切力对温度的敏感性。二是用有机土配合流型调节剂形成强度随温度改变而变化的空间网络结构，降低黏度对温度的敏感性。此外，基液也是影响合成基钻井液流变特性的重要因素。在深水钻井中应用最多的合成基液包括α—烯烃、内烯烃及烯烃与酯类等，基于成本和材料的考虑，恒流变合成基钻井液配方中也可使用低毒矿物油作为基液。但是需要指出的是，"恒流变"的定义不包括塑性黏度，因为正常情况下塑性黏度随温度、压力的变化并不会引起当量循环密度的变化。

由于油气资源几乎都埋藏在国家一级海洋保护区内，这对钻井液的环保性要求更高，因此，研发了环保型高效能油基钻井液。油基钻井液一般使用白油或气制油作为基础相。但白油芳烃含量较高，环境保护性差，气制油合成基钻井液虽然对环境的毒副作用小，但存在基础油成本高、乳化和提切困难、高温变稠等问题，因此，难以在环保性的要求下达到高效能。目前，环保型基础油的研究主要集中在地沟油、棕榈油、菜籽油、大豆油等生物类柴油，相关处理剂的研发主要包括淀粉、纤维素、木质素、腐殖酸等天然材料的改性，并通过卤虫幼体半致死浓度进行生物毒性评价。

7.6.4 钻井液面临的挑战与发展趋势

与陆地钻探相比，深水钻井液还面临着海底地层复杂性、钻井液低温流变性调控、天然气水合物的生成与抑制、海洋环境保护等方面的新挑战。在海底沉积物地层钻进时，由于地层承载力和抗剪强度低容易出现井壁失稳现象。在海底欠压实地层钻进时，由于地层的破裂压力低造成钻井液的安全密度窗口变窄，发生井漏事故的风险增加。在海底天然气水合物地层钻进时，受钻杆串与孔壁摩擦、振动及钻井液侵入和传热作用影响，造成井壁地层压力和温度发生变化，这容易导致地层中的水合物发生一定程度的分解，造成坍孔事故。水合物分解过程中大量气体进入井内同样容易引起井涌问题。值得注意的是，低温高压环境还增加了钻井液中生成天然气水合物的可能性，生成的水合物在管道内增加了节流/压井管线和防喷器组件的堵塞风险。在海底盐岩地层钻进时，当盐岩和上覆岩层的密度相同时，盐岩会发生塑性流动，从而增加了井壁失稳和卡钻事故的发生概率。在海底高压层钻进时，还容易出现浅层水-气流动，引起坍孔或井控问题。随着水深的增加，海水的温度呈下降趋势，海底的低温环境容易造成钻井液黏度和切力大幅度上升，引起过高的当量循环密度，造成井漏等问题。如何实现深水钻井"低温-高温"大温差下钻井液流变性的有效调控，控制当量循环密度，是深水钻井液面临的新挑战。近年来，随着环保意识的增强，海洋环保法规严格要求深水钻井液必须具备良好的环保性能，即低毒性和生物可降解性，尤其是油基/合成基井液，需要对岩屑进行回收处理。

目前，大洋钻探配套的钻井液体系较为简单，多以海水为主，但随着作业水深的不断增加，构建专门的钻井液体系显得尤为必要。未来，纳米颗粒技术将在钻井液领域具有广泛的应用前景。纳米颗粒具有独特的表面特性与力学性能，可进入深水疏松地层以及浅层水流砂层的孔隙，通过吸附成膜和架桥封堵作用抑制海底泥页岩分散，达到提高地层强度的目的。同时，其还能够尽可能避免井壁失稳、井漏以及浅层水-气流动等问题。深水钻井液的低温流变性调控与井眼清洗技术同样也是未来潜在的研究方向，通过开展适用于水基钻井液和油基/合成基钻井液的流型调节剂性能优化研究，以期扩宽其使用温度范围。在海洋水合物钻井液体系方面，相关水合物动力学抑制剂的机理研究尚不深入，且抑制剂仍存在受过冷度限制和成本较高等问题，因此，需进一步分析抑制剂分子结构与其性能之间的关系，揭示水合物抑制剂的作用机理，为研发低用量、低成本、低毒性的高效动力学抑制剂提供理论支撑。同时，还可开展动力学抑制剂和热力学抑制剂的协同作用机理研究，形成高效天然气水合物的抑制剂组合。

主要参考文献

[1] 刘成名，李洛东，韦斯俊．大洋钻探计划与大洋钻探船［J］．中国船检，2018，(8)：90-95．

[2] 拓守廷，薅知潜．科学大洋钻探船的回顾与展望［J］．工程研究-跨学科视野中的工程，2016，8（2）：155-161．

[3] 李福建，王志伟，李阳，等．大洋钻探船深海钻探作业模式分析［J］．海洋工程装备与技术，2018，5（5）：320-326．

[4] 赵义，蔡家品，阮海龙，等．大洋科学钻探综述［J］．地质装备，2019；20（3）：11-15．

[5] 吴家鸣．船舶与海洋工程导论［M］．广州：华南理工大学出版社，2013．

[6] 宁伏龙．大洋科学钻探：从 DSDP→ODP→IODP［M］．湖北：中国地质大学出版社，2009．

[7] PASSOW M, PEREIRA H, PEART L. A brief history of scientific ocean drilling programs［J］. Terræ Didactica, 2013, 9：65-73.

[8] 王元慧，张潇月，王成龙．船舶系泊动力定位控制技术综述［J］．哈尔滨工程大学学报，2023，44（2）：172-180．

[9] 贾向锋，李亚伟，赵涛．大洋钻探船钻探系统装备现状及总体配置研究［J］．船舶，2023，34（5）：67-76．

[10] 赵志高，王磊，程俊勇．动力定位系统发展状况及研究方法［J］．海洋工程，2002，(1)：91-98．

[11] 刘健．我国海洋钻机设备发展路径研究［J］．中国工程科学，2020，22（6）：40-48．

[12] IMO. (2017). Guidelines for vessels and units with dynamic positioning (DP) systems (MSC. 1/Circ. 1580, MSC. 1/Circ. 1580)［Z］. International Maritime Organization.

[13] 边信黔，付明玉，王元慧．船舶动力定位［M］．北京：科学出版社，2011．

[14] FOSSEN T. Handbook of marine craft hydrodynamics and motion control［M］. Hoboken：Wiley, 2021.

[15] 徐海祥．船舶动力定位系统原理［M］．北京：国防工业出版社，2016．

[16] WANG S, YANG X, WANG Z, et al. Summary of research on related technologies of ship dynamic positioning system［C］// E3S Web of Conferences, 2021, 233：04032.

[17] ZHANG D, CHU X, LIU C, et al. A review on motion prediction for intelligent ship navigation［J］. Journal

of Marine Science and Engineering, 2024, 12: 107.

[18] 亢峻星. 海洋石油钻井与升沉补偿装置［M］. 北京：海洋出版社，2018.

[19] 朱芝同，刘晓林，田烈余，等. 大洋钻探重入钻孔技术与系统发展应用［J］. 探矿工程（岩土钻掘工程），2020，47（7）：8-15.

[20] 熊亮，谢文卫，卢秋平，等. 我国深海钻探重入钻孔技术优选及设计思路［J］. 探矿工程（岩土钻掘工程），2020，47（7）：1-7.

[21] 宋刚，崔淑英，谢文卫，等. 钻孔重入与跟管钻进技术研究与应用［J］. 海洋地质前沿，2022，38（7）：75-85.

[22] 郭华，周超，郑清华，等. 中国海上固定平台模块钻机自动化技术现状及展望［J］. 中国海上油气，2022，34（4）：194-202.

[23] 杨进，傅超，刘书杰，等. 中国深水钻井关键技术与装备现状及展望［J］. 世界石油工业，2024，31（4）：69-80.

[24] 刘健. 我国海洋钻机设备发展路径研究［J］. 中国工程科学，2020，22（6）：40-48.

[25] 张海彬. 深水钻探装备技术发展现状及展望［J］. 船舶，2022，33（2）：1-12.

[26] 杨进，傅超，刘书杰，等. 中国深水钻井关键技术与装备现状及展望［J］. 世界石油工业，2024，31（4）：69-80.

[27] 张海彬. 深水钻探装备技术发展现状及展望［J］. 船舶，2022，33（2）：1-12.

[28] 单治钢，张明林. 复杂条件地质钻探与取样技术［M］. 北京：中国水利水电出版社，2022.

[29] 王诗竣，宋刚，王瑜，等. 中国主导的IODP航次取芯所遇问题分析及探讨［J］. 钻探工程，2023，50（1）：10-17.

[30] 许振强，沙志彬，张伙带，等. 国际大洋钻探计划钻探建议科学目标纵览［M］. 北京：海洋出版社，2023.

[31] 赵尔信，蔡家品，贾美玲，等. 我国海洋钻探技术［J］. 探矿工程（岩土钻掘工程），2014，41（9）：43-48，70.

[32] SINGH S S P, R. AGARWAL J. Offshore operations and engineering［M］. New York：CRC Press, 2019.

[33] RAHMAN A, GERHARD T. Coring methods and systems［M］. Cham：Springer Cham, 2018.

[34] Committee on the Review of the Scientific Accomplishments and Assessment of the Potential for Future Transformative Discoveries with US-Supported Scientific Ocean Drilling. Scientific ocean drilling: accomplishments and challenges［M］. New York：National Academies Press，2012.

[35] 孙友宏，贾瑞，孙丙伦，等. 地质岩芯钻探工作方法［M］. 北京：地质出版社，2020.

[36] 孙金声，蒋官澄，贺垠博，等. 油基钻井液面临的技术难题与挑战［J］. 中国石油大学学报（自然科学版），2023，47（5）：76-89.

[37] 邱正松，赵欣. 深水钻井液技术现状与发展趋势［J］. 特种油气藏，2013，20（3）：1-7+151.

[38] 郑力会. 钻井流体［M］. 北京：石油工业出版社，2023.

[39] 孙金声，王韧，龙一夫. 我国钻井液技术难题、新进展及发展建议［J］. 钻井液与完井液，2024，41（1）：1-30.

[40] 孙金声，浦晓林，等. 水基钻井液成膜理论与技术［M］. 北京：石油工业出版社，2013.